Applied Mineralogy

Technische Mineralogie

Edited by
Herausgegeben von

V. D. Fréchette, Alfred, N.Y.
H. Kirsch, Essen
L. B. Sand, Worcester, Mass.
F. Trojer, Leoben

8

Springer-Verlag
Wien New York 1975

R. B. Heimann

Auflösung von Kristallen

Theorie und technische Anwendung

Springer-Verlag
Wien New York 1975

Dr. Robert Bertram Heimann
Privat-Dozent am Institut für Mineralogie der Freien Universität Berlin

Mit 172 Abbildungen

Softcover reprint of the hardcover 1st edition 1975

Library of Congress Cataloging in Publication Data. Heimann Robert B. 1938—. Auflösung von Kristallen. (Technische Mineralogie; Bd. 8.) Bibliography: p. Includes index. 1. Crystals-Etching. I. Title. QD931.H43. 548. 75-23471.

ISBN 978-3-7091-3403-0 ISBN 978-3-7091-3402-3 (eBook)
DOI 10.1007978-3-7091-3402-3

Für Giesela

Vorwort

Die Ätzung als gezielte Anlösung einer Kristallfläche zum Zwecke der Erkennung der Symmetrie und unter Umständen der chemischen Zusammensetzung ebendieser Fläche geht vermutlich auf Daniell (1816) zurück. In der Folgezeit beschäftigte sich eine Vielzahl von Mineralogen und Physikern mit Ätzexperimenten an den unterschiedlichsten natürlichen Substanzen. Mehr und mehr wurde die Ätzmethode zum geeigneten Werkzeug, das es gestattete, in der Zeit vor der Entdeckung der Röntgenstrahlen über Symmetriemehrdeutigkeiten von Kristallen zu entscheiden. Die Monographie von Baumhauer (1894) gibt davon eindrucksvoll Kenntnis.

Mit der Entdeckung der Röntgenstrahlen und ihrer Anwendung zur Strukturuntersuchung von Kristallen trat die Ätzmethode naturgemäß in den Hintergrund und wurde gewissermaßen zur teilweise belächelten Marotte einiger weniger Mineralogen, bis, Anfang der fünfziger Jahre, vor allem von Amelinckx und Gilman der Zusammenhang zwischen Versetzungsstruktur und Ätzgrubenverteilung klar und überzeugend herausgestellt wurde. So fand der Umschlag vom makroskopischen Konzept der Symmetrieerkennung zum mikroskopischen Konzept der Darstellung der Versetzungsstruktur eines Kristalls statt. Ätzung wurde nun zu einer Methode der Beschreibung des Realkristalls mit allen seinen Baufehlern, so wie er dem Festkörperchemiker und -physiker entgegentritt.

Dem beabsichtigten und gezielten Effekt der Ätzung steht der unbeabsichtigte und zufällige Angriff einer Feststoffoberfläche durch Korrosion gegenüber. Daher ist „Korrosion" im engeren Sinn nicht Thema der vorliegenden Monographie. Es kann aber auch nicht die Aufgabe eines Buches über ein derart weitgespanntes Thema sein, eine erschöpfende Sammlung von umfangreichem Tatsachenmaterial zu geben. Vielmehr wurde versucht, die für die Ätzung und Auflösung maßgeblichen allgemeinen Gesichtspunkte herauszuarbeiten und an ihnen die Prinzipien und Mechanismen zu erläutern, nach denen Lösungsvorgänge ablaufen. Die zu diesem Zweck ausgewählte Literatur erhebt bei weitem nicht den Anspruch auf Vollständigkeit. Jedoch bin ich in vielen Fällen auf das Ursprungszitat zurückgegangen. Dabei ergaben sich oft Schwierigkeiten bei der Beschaffung der Originalarbeiten, die aber durch den Reiz des Vergleichs der älteren Hypothesen mit den daraus entwickelten modernen Theorien mehr als ausgeglichen wurden. Diese Theorien sind der Vollständigkeit halber recht detailliert abgehandelt (vgl. besonders in Kapitel 2.2. und 10.3.), obwohl sie sich der experimentellen Bestätigung weitgehend entziehen.

Der zweite Teil des vorliegenden Buches beschäftigt sich mit den aus Einkristallkugeln entstehenden Lösungskörpern. Dieses spezielle Gebiet der physikalisch-chemischen Kristallographie ist reichlich hundert Jahre alt, und es existiert eine ganze Anzahl von älteren und alten Arbeiten, in denen sich namhafte Mineralogen wie Becke, V. Goldschmidt, Rinne und Kleber mit den morphologischen Aspekten der Lösungskörperbildung, insbesondere der Wechselwirkung zwischen Wachstums- bzw. Gleichgewichtsformen und Lösungsformen beschäftigten.

Es ist mir eine angenehme Pflicht, den Herren S. Amelinckx (Mol, Belgien), J. Bohm (Berlin), J. Burmeister (Hamburg), R. L. Fleischer (Schenectady, N. Y.), W. Franke (Berlin), B. F. Mason (Ottawa), D. McLachlan (Columbus, Ohio), J. W. Nielsen (Murray Hill, N. J.), A. R. Patel (Vallabh Vidyanagar), P. Paufler (Dresden), R. C. Rau (Cincinnati, Ohio), H. Schloemer (Saarbrücken), P. Schreiter (Leipzig), G. E. R. Schulze (Dresden) und H. H. Strehblow (Berlin) für die Überlassung von Originalphotos herzlich zu danken. Frau B. Jelinski hat mit großem Fleiß und bewundernswerter Geduld die Anfertigung der Zeichnungen übernommen, Frau U. Leder die umfangreichen Schreibarbeiten. Beiden Damen sei hier ebenfalls sehr herzlich gedankt.

Mein Dank gilt ferner meinen Kollegen W. Franke (Berlin) und R. Lacmann (Braunschweig) für ihre Ermutigung zum Verfassen der vorliegenden Monographie und für zahlreiche Diskussionen und Hinweise. Dem Springer-Verlag in Wien danke ich für die gute Ausstattung des Buches und sein freundliches Entgegenkommen.

Berlin, im Sommer 1975

R. B. Heimann

Inhaltsverzeichnis

Einleitung

Bringt man einen kristallisierten Festkörper in Kontakt mit a) seiner untersättigten flüssigen Mutterphase, b) seinem untersättigten Dampf oder c) einem mit ihm reagierenden flüssigen oder gasförmigen Medium, so tritt im allgemeinen ein Abbau des Gitters des Festkörpers ein. Die physikalisch-chemischen Triebkräfte dieses Abbaus können sehr verschiedener Natur sein. Im Falle a) tritt bei Ionenkristallen einfache Lösung unter Bildung einer dissoziierten Verbindung ein, im Falle b) eine Abdampfung und im Falle c) eine Reaktion unter Bildung von Reaktionsprodukten, deren Abtransport aus der Phasengrenzschicht im allgemeinen den geschwindigkeitsbestimmenden Schritt des Vorganges darstellt. Die beiden ersten Fälle sind reversibel, d. h. bei Änderung der Konzentrationsverhältnisse kann der anfänglich gelöste Kristall wieder wachsen, der letztere Fall ist irreversibel.

Physikalisch-chemische Triebkräfte für die Auflösung von Festkörpern können weiterhin grenzflächenenergetische Vorgänge (z. B. lokale Wirbelphänomene an Dreiphasengrenzen, die zur Bildung von Spülkanten und zum Lochfraß führen) und elektrochemische Potentialunterschiede sein, die verantwortlich sind für das Auftreten von Korrosion im engeren Sinne an metallischen Werkstoffen.

Im folgenden soll ganz überwiegend Fall c) besprochen werden, d. h. die irreversible Auflösung unter Bildung fester, flüssiger oder gasförmiger Reaktionsprodukte. Entscheidend für den qualitativen und quantitativen Ablauf der Reaktion sind sowohl milieubedingte Faktoren (Temperatur, Druck, Konzentration und Fremdstoffgehalt des Lösungsmittels) als auch strukturbedingte Faktoren (Gitterbau, Orientierung, Versetzungsdichte, und Oberflächenenergie des zu lösenden Einkristalls).

Die Oberflächenkrümmung hat entscheidenden Einfluß auf den Mechanismus der Auflösung in bezug auf die entstehenden Lösungsflächen. Unter Verzicht auf an anderer Stelle abzuleitende Gesetzmäßigkeiten sei hier erwähnt, daß bei der Auflösung von Konvexkörpern (= Kugeln) als begrenzende Flächenelemente solche mit maximaler Verschiebungsgeschwindigkeit, bei der Auflösung von Konkavkörpern (= Hohlhalbkugeln) solche mit minimaler Verschiebungsgeschwindigkeit auftreten. Letztere entsprechen im Sinne des „Prinzips der bedingten Korrespondenz" (u. a. Kleber [284]) Wachstumsflächen von Konvexkugeln. Die Erscheinungen, die bei der Auflösung von Konvex- und Konkavkörpern auf ihrem Wege zur Ausbildung eines „Endkörpers" (Goldschmidt [205]) auftreten, sollen unter dem Begriff *Makromorphologie* zusammengefaßt werden. Dagegen sollen relativ kurzzeitige, nur die oberflächennahen Bereiche des Ausgangskörpers angreifende Lösungs-, richtiger Ätzvorgänge, die im allgemeinen zur Ausbildung von Ätzgruben und -hügeln führen, unter dem Begriff *Mikromorphologie* beschrieben werden. Der Mechanismus der Auflösung eines makroskopischen Kristalls folgt völlig anderen Prinzipien als den bei der Bildung von Ätzgruben an Versetzungen in Betracht zu ziehenden kinetischen Vorgängen (Ives und Hirth [309]; Ives [307]).

A. Mikromorphologie

1. Geometrisch-kinematische Theorien der Ätzgrubenbildung

Betrachten wir eine plane Fläche eines Einkristalls, so bilden die durch das angreifende Medium erzeugten Ätzgruben im allgemeinen von rationalen Flächenelementen[1] begrenzte Einsenkungen in die Oberfläche. Die Symmetrie dieser Einsenkungen entspricht meist der Flächensymmetrie (vgl. 7.1.). Durch flächenspezifische Adsorption (Kleber [341]) asymmetrischer Molekülkomplexe, z. B. optisch aktiver Säuren kann Symmetrieverminderung (Hypomorphie) der Ätzgruben auftreten (vgl. 7.2.). In einem geometrischen Modell können die Ätzgruben beschrieben werden als Schnittfiguren zwischen der Wachstums- (Gleichgewichts-) Form eines Kristalls und einem fiktiven „Ätzpolyeder", das, wie wir später sehen werden, in vielen Fällen identisch ist mit der Lösungsform, die man aus einer konvexen Einkristallkugel erhält. Als Beispiel seien die Schnittfiguren gezeigt, die bei der Ätzung eines CdS-Kristalls mit Wurtzit-Struktur in HCl bzw. HNO_3 entstehen ([644], vgl. auch [304]; Abb. 1).

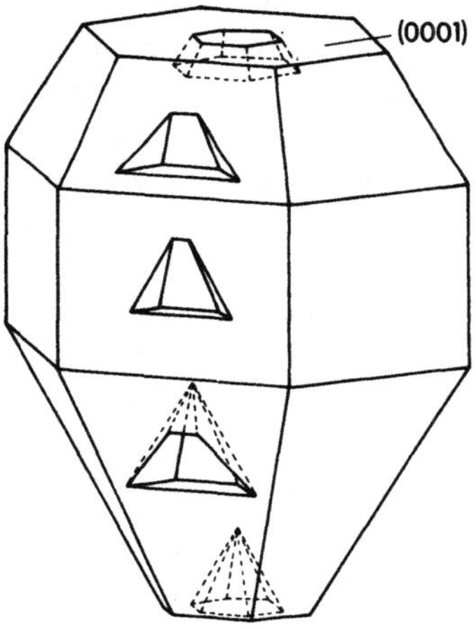

Abb. 1. Beschreibung von Ätzgruben als Schnittfiguren zwischen der Wachstumsform und einem fiktiven (negativen) Ätzpolyeder (aus [644])

[1] Diese Flächenelemente sind im allgemeinen nicht niedrig indizierbar und oft gekrümmt. Es existiert jedoch eine Reihe von Ätzmitteln, die tatsächlich Ätzgruben mit kristallographischen Flächen erzeugen und daher zur Bestimmung von Kristallorientierungen herangezogen werden können (Barrett [28], Spink und Ives [560]). Diese Gruben sind von F-Flächen begrenzt, wenn die Diffusion beim Lösungsvorgang vernachlässigbar ist.

Vom kinematischen Standpunkt aus werden sich Ätzgruben immer dann bilden, wenn die radiale Auflösungsgeschwindigkeit senkrecht zur Oberfläche (ν_F) größer ist als die tangentiale parallel zur Oberfläche (ν_h) (Abb. 2). Die Wandneigung der

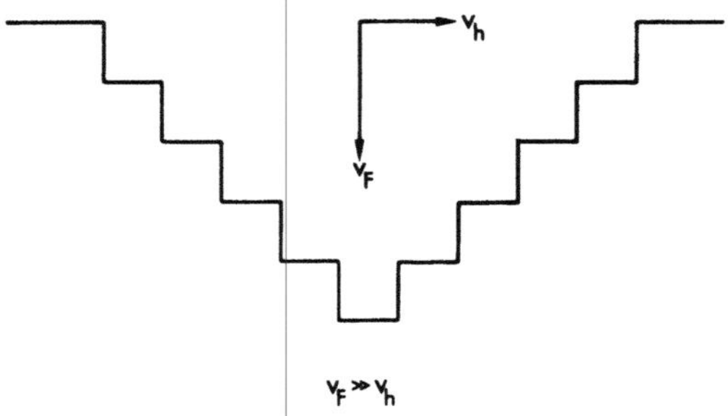

Abb. 2. Auflösung einer Kristallfläche durch Bildung von Ätzgruben

Ätzgruben tgα ergibt sich zu ν_F/ν_h. Sind beide Auflösungsgeschwindigkeiten etwa vergleichbar (Abb. 3), so tritt flächenhafte Abtragung unter Zurückdrängung der

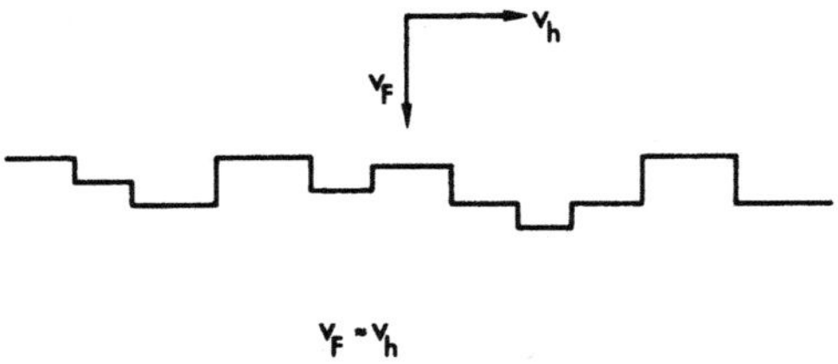

Abb. 3. Auflösung einer Kristallfläche durch flächenhafte Abtragung

Ätzgrubenbildung auf. Ist $\nu_F \ll \nu_h$, so wird Netzebene für Netzebene abgetragen und es entsteht eine im Mikrobereich glatte Oberfläche. Diesen Vorgang bezeichnet man als chemisches Polieren. Die Auflösungsgeschwindigkeit ν_F ist eine Funktion der Oberflächenenergie und der Bindungsfestigkeit und ist für einen gegebenen Kristall mit einer ungestörten Oberfläche festgelegt. Bei Vorhandensein von Versetzungen wird ν_F jedoch vergrößert (Cabrera [91] s. unten). ν_h kann durch geeignete Lösungsgenossen (Inhibitoren) über die Adsorption an Stufen erniedrigt werden, so daß dann eine bevorzugte Ätzgrubenbildung eintritt (Gilman et al. [201], Ives und Hirth [309]). Durch Änderung der Temperatur kann unter Ausnutzung der unterschiedlichen Temperaturabhängigkeit der Aktivierungsenergien von ν_F und ν_h ihr Verhältnis und damit die Tendenz der Ätzgrubenbildung ebenfalls beeinflußt werden[2]. Je kleiner das Verhältnis ν_h/ν_F gemacht wird, um so deutlicher und schärfer sind die Ätzgruben ausgebildet. Es existieren viele sogenannte selektive Ätzlösungen, von denen eine große Zahl in den Arbeiten von Johnston [318] und Amelinckx [7] tabelliert worden sind.

---

[2] Neels und Voigt [437] erklärten die Änderung der Neigungswinkel der an GaAs erzeugten Ätzgruben durch Änderung von ν_h mit der Viskosität der Schmelze. ν_h nimmt mit der Reichweite des zwischen Schmelze und Kristall herrschenden Diffusionsfeldes zu.

1.1 Klassische kinematische Theorie nach Gross

Die klassische kinematische Theorie der Bildung von Ätzgruben stammt von Gross [219]. Seine bereits 1916 angestellten Überlegungen haben in hohem Maße befruchtend auf spätere Bearbeiter gewirkt. So finden wir z. B. bei Frank [178] und Batterman [30] in moderner Form, leider ohne seine Erwähnung, viele von Gross geäußerte Gedanken wieder.

Für die Entstehung von Ätzgruben ist nach Gross entscheidend ein „Einzelkampf der einzelnen Lösungsgeschwindigkeiten unterschiedlicher Neigungen, die ihren Ausgang nehmen an einer zufälligen, vielleicht nur mikroskopisch erkennbaren Verletzung der makroskopischen Fläche". Hier finden wir bereits Ansätze zu der später von Gevers u. a. [194] und Gilman u. a. [201] entwickelten Theorie der Versetzungen als Ätzgrubenquelle. Abb. 4a zeigt das Fortschreiten der Lösung längs einer keilförmigen Diskontinuität der Oberfläche unter der Bedingung, daß $\nu_{\text{Ecke}} \gg \nu_{\text{Fläche}}$ ist, Abb. 4b unter der Bedingung $\nu_{\text{Ecke}} \ll \nu_{\text{Fläche}}$. Im ersten Fall kommt

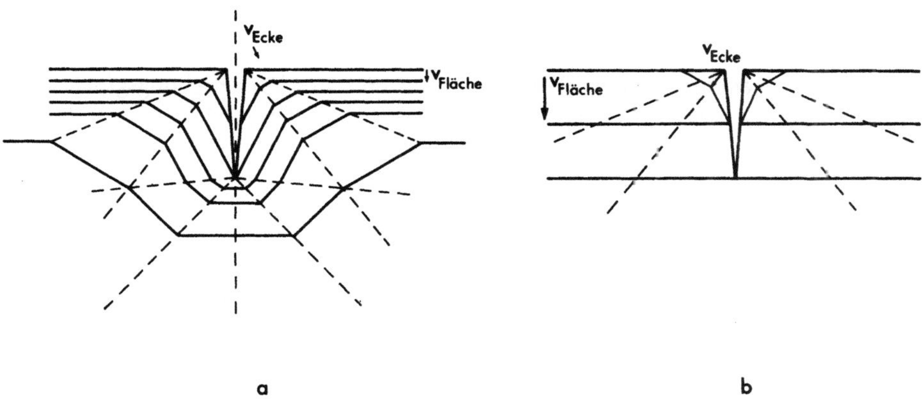

Abb.4. Kinematische Ableitung der Bildung einer Ätzgrube nach Gross [219]

es zu der Bildung von Ätzgruben und unechten Ätzhügeln, im zweiten Fall bleibt die Lösungsfläche mehr oder weniger glatt. Davon ausgehend kann man ein wichtiges Gesetz formulieren: Ausgangskörperflächen größter Lösungsgeschwindigkeiten haben die geringste Neigung zur Bildung von Ätzgruben, Flächen geringster Lösungsgeschwindigkeit werden mit den zahlreichsten und bestentwickelten Ätzgruben bedeckt ([219], [222]). Durch seitliche Ausbreitung zweier oder mehrerer Ätzgruben wird die Ausgangsfläche immer mehr abgetragen, bis nur noch einzelne sogenannte unechte Ätzhügel stehenbleiben, die dann im Verlauf der weiteren Ätzung immer niedriger werden und schließlich ganz verschwinden.

Ergänzend zu dem oben beschriebenen und in Abb. 4 dargestellten Sachverhalt ergibt sich, daß offenbar nur diejenigen Ätzgruben bzw. -hügel existenzfähig sind, bei denen die Verschiebungsgeschwindigkeit ihrer Wandflächen in einem bestimmten geometrischen Verhältnis zur Verschiebungsgeschwindigkeit der gesamten Oberfläche steht.

Es gilt für die Stabilität einer Ätzgrube (Abb. 5)

$$\nu_F' > \nu_F \cdot \cos \Theta, \qquad (1\text{--}1)$$

wobei ν_F' die Verschiebungsgeschwindigkeit der Ätzgrubenwand, ν_F die der Ausgangsfläche und Θ den Winkel zwischen den Flächennormalen bedeuten.

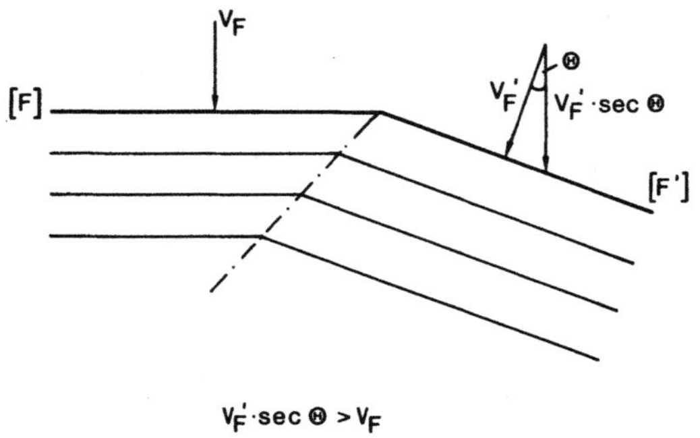

Abb. 5. 1. Stabilitätskriterium für die Bildung einer Ätzgrube nach Batterman [30]

Eine Ätzgrubenneigung ist generell dann stabil, wenn ihre Verschiebungsgeschwindigkeit ${}^a\nu_F'$ zu den Verschiebungsgeschwindigkeiten ${}^1\nu_F$, ${}^2\nu_F$..... ${}^n\nu_F$ der am Ausgangskörper vorhandenen n Flächen im Verhältnis

$$ {}^a\nu_F' > \left\{ \begin{array}{l} {}^1\nu_F \cdot \cos \Theta_1 \\ {}^2\nu_F \cdot \cos \Theta_2 \\ \vdots \\ {}^n\nu_F \cdot \cos \Theta_n \end{array} \right. \qquad (1\text{--}2)$$

steht.

Umgekehrt ist eine zweite Ätzgrubenneigung instabil auf m Flächen des Ausgangskörpers, wenn für ihre Verschiebungsgeschwindigkeit ${}^b\nu_F'$ gilt

$$ \left. \begin{array}{l} {}^1\nu_F \cdot \cos \Theta_1 \\ {}^2\nu_F \cdot \cos \Theta_2 \\ \vdots \\ {}^m\nu_F \cdot \cos \Theta_m \end{array} \right\} \ngtr {}^b\nu_F' > \left\{ \begin{array}{l} {}^{m+1}\nu_F \cdot \cos \Theta_{m+1} \\ {}^{m+2}\nu_F \cdot \cos \Theta_{m+2} \\ \vdots \\ {}^n\nu_F \cdot \cos \Theta_n . \end{array} \right. \qquad (1\text{--}3)$$

Dagegen ist sie für (n-m) Flächen charakteristisch. In der Tat wurde experimentell gefunden, daß bestimmte Ätzgrubenneigungen auf allen Flächen des Ausgangskörpers auftreten können, während andere Neigungen für einzelne Flächen, meist Flächen maximaler Belastungsdichte, charakteristisch waren. So ermittelte z. B. Holmes [293], daß bei der Ätzung von Ge-Kugeln in einer Lösung von 6 g KOH und 4 g $K_3Fe(CN)_6$ in 50 ml Wasser Ätzgruben, bestehend aus {211}-Flächen, nur auf {111}-Flächen auftreten, während andere Ätzmittel, z. B. „WAg-etch" (2 Teile HF, 1 Teil HNO_3, 2 Teile 5%ige $AgNO_3$-Lösung) Ätzgruben in Bereichen aller Orientierungen der Kugel erzeugen.

Der geometrische Grund für die Persistenz der Ätzgruben auf {111} liegt offenbar in der Bedingung

$$\nu_{112} > \nu_{111} \cdot \cos \Theta_{112/111} > 0{,}9428 \cdot \nu_{111}. \quad (1-4)$$

Weitere experimentelle Beispiele für den Sachverhalt, daß bei der Ätzung die unmittelbare Nachbarschaft der Pole minimaler Lösungsgeschwindigkeit ätzgrubenfrei ist, lieferten N. Gross [218] bei der Auflösung von Gips-Einkristallen und Schmidt [522] bei der Auflösung von Wolframkugeln in wäßrigen Alkalien und Alkalischmelzen. Auf der anderen Seite liegt der kinetische Grund dafür, daß sich auf hochindizierten Flächen (= Flächen geringer Belastungsdichte) keine bzw. wenig Ätzgruben bilden, darin, daß dort eine genügend hohe Zahl von Störstellen vorliegt, die den Aufbau einer ausreichend hohen Untersättigung verhindert, die für die Ausbildung von Ätzgruben an Versetzungen nötig ist [7].

1.2 Stabilitätskriterien für Ätzgruben und Ätzhügel

Die von Gross angegebene Stabilitätsbedingung findet sich erweitert und modifiziert in einigen Arbeiten, die sich an die experimentellen Untersuchungen von Batterman [30] anschließen ([305], [311]), der orientierte Platten und Kugeln von Germanium in „Superoxol" (1:1:4 Volumenteile von H_2O_2 (30%), HF (49%) und H_2O) nach Theuerer ätzte. Die dabei gewonnenen Ergebnisse zeigen auch hier, daß sich Ätzgruben bzw. -hügel (Hillocks) dann bilden, wenn die Verschiebungsgeschwindigkeiten ν_F' eines bestimmten Flächenelementes in den Kristall hinein größer bzw. kleiner sind als die Verschiebungsgeschwindigkeiten ν_F der Umgebung (1. Bedingung, Abb. 5 und 6). Der Grund für die bevorzugte Ätzgrubenbildung an bestimmten Punkten des

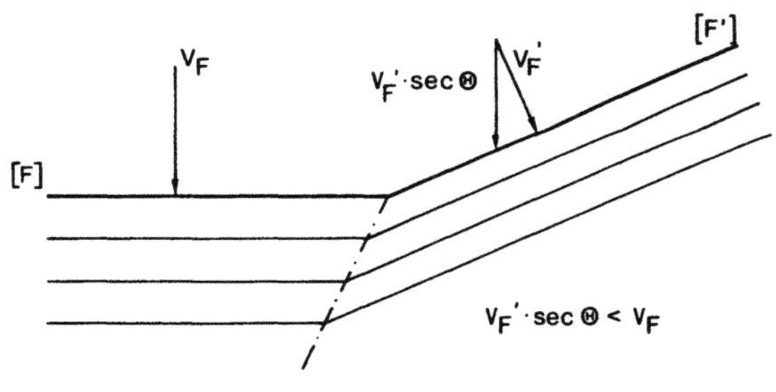

Abb. 6. 1. Stabilitätskriterium für die Bildung eines Ätzhügels nach Batterman [30]

Gitters liegt in der Erniedrigung der Aktivierungsenergie für eine zweidimensionale Lochkeimbildung durch Freisetzung der an einer Versetzung lokalisierten elastischen Verzerrungsenergie; erst die thermodynamische Theorie der Kristallauflösung nach Cabrera [90] war in der Lage, die komplizierten Vorgänge der Ätzgrubenbildung und -umbildung zu erklären (vgl. 5.2.2). Der Grund für die Entstehung von Ätzhügeln ist weniger eindeutig. Während man die Bildung sogenannter unechter Hügel einfach aus geometrischen Gründen erklären kann (vgl. [219]), liegt für die echten Hügel, die sich auf sonst glatten Flächen ohne vorherige Ätzgrubenbildung behaupten ([30], [156], [157], [219], [305], [311], [608]), bisher keine plausible Theorie vor.

Experimentell konnte von Bowen [69] an MgO (vgl. auch Abb. 7) und von Haneman und Chung [235] an Ge wahrscheinlich gemacht werden, daß Hillocks dort entstehen, wo die Verschiebungsgeschwindigkeit einer bestimmten Oberflächenstelle durch das Vorhandensein einer Verunreinigung geringer ist als die der Umgebung. Auch Hettich [278] beobachtete das Auftreten von (110)-Hillocks auf (100) von KCl durch Schutzwirkung von Eisenoxid-Partikelchen bei der Ätzung. Danilov [118] vermutet als Grund für die Hillockbildung an thermisch geätztem Silber makroskopische und mikroskopische Spannungsgradienten, die an Korngrenzen zwischen deformierten und undeformierten Teilen der Probe auftreten.

Abb. 7. Ätzhügel auf (100) von MgO, geätzt in 2N HCl bei 20°C. Blickrichtung ungefähr [111]. Der Ätzhügel besteht aus *(hkl)*-Flächen. V = 280 x (Stereo-Scan)

Eine weitere, 2. Bedingung für die Bildung einer Ätzgrube ist die Forderung, daß wegen der konvexen Krümmung in der Umgebung der Schnittlinie zwischen $[F]$ und $[F']$ keine zwischen $[F]$ und $[F']$ liegende Fläche existieren darf, deren Verschiebungsgeschwindigkeit größer ist als ν_F'. Umgekehrt darf bei der Bildung eines Hügels wegen der konkaven Krümmung in der Umgebung der Schnittlinie zwischen $[F]$ und $[F']$ keine zwischen $[F]$ und $[F']$ liegende Fläche existieren, deren Verschiebungsgeschwindigkeit geringer als ν_F' ist. Anders ausgedrückt bedeutet diese 2. Bedingung, daß konvexe Oberflächen bei der Auflösung begrenzt werden von schnell sich lösenden Flächen, während konkave Oberflächen sich mit langsam lösenden Flächenelementen umgeben (Reziprozitätsbedingung zwischen Lösungsgeschwindigkeit und Krümmung).

Für die Ausbildung stabiler Ätzgruben gilt also

a) $\nu_F' \cdot \sec \Theta_{F'/F} > \nu_F$ (1. Stabilitätsbedingung)

b) $\nu_F' < \nu$ aller benachbarten Orientierungen für konvexe Oberflächen (1–5) (2. Stabilitätsbedingung)

Die Bedingungen stimmen mit der Formulierung von Wolff und Broder [643] überein, daß Ätzgruben von vizinalen S-Flächen begrenzt werden und nur dann stabil sind, wenn ihre konvexen Ränder stabil sind.

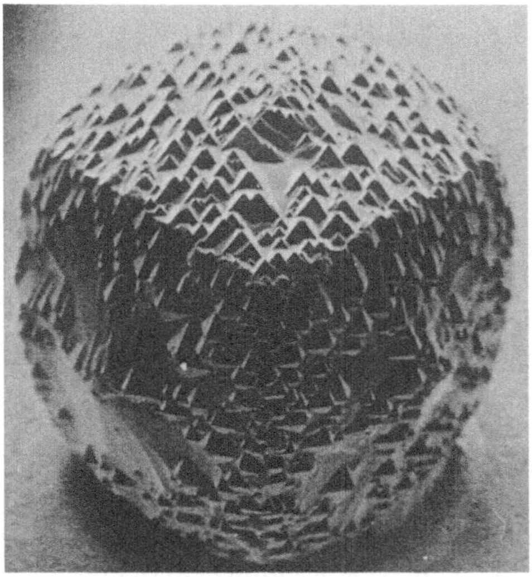

Abb. 8. Ätzhügel auf einer in 6N HCl bei 20°C geätzten MgO-Kugel. Blickrichtung [111]. V = 28 x (Stereo-Scan)

Die experimentellen Untersuchungen an Germanium, gelöst in „Superoxol", ergaben als hauptsächliche Ätzhügelfläche {322} ([30], [54]). Diese Flächen sind stabil, weil

$$
\begin{aligned}
&1)\ \nu_{322} \cdot \sec \Theta_{322/F} < \nu_F \ (\rho_{111} > \rho_F > \rho_{110}) \\
&2)\ \nu_{322} > \nu \text{ aller benachbarten Orientierungen} \\
&\qquad \text{bei konvexer Oberfläche.}
\end{aligned}
\qquad (1-6)
$$

Bedingung 1) ergibt sich aus der unterbrochenen Kurve der Abb. 9. Dort sind in den Orientierungen zwischen A und B die {322}-Hillocks stabil. A entspricht etwa der Flächenlage (755), B ergibt sich zu (15.15.1).

Bedingung 2) ergibt sich aus Abb. 10, bei der die Verschiebungsgeschwindigkeiten als Funktion der Orientierung aufgetragen sind.

(322) bildet senkrecht zum Zonenkreis $<0\bar{1}1>$ (Verbindungslinie (101) – (110)) ein Minimum und hat daher die niedrigste Verschiebungsgeschwindigkeit aller Flächenlagen zwischen den Punkten A und B. In der Zone $<0\bar{1}1>$ zwischen (100) und (111) hat (322) ein relatives Maximum, das auch in Abb. 9 als Sattelpunkt auftritt.

Auf {110} tritt als Hillock-Fläche neben {322} noch {310} auf, so daß auf dieser Fläche die Ätzhügel sechsseitige Pyramiden sind, begrenzt jeweils von vier {322} - und zwei {310}-Flächen. {310} genügt aber weder der 1. noch der 2. Stabilitätsbedingung. Eine detaillierte Erklärung für das Auftreten von {310} als stabiler Hillock-Fläche gab Irving [305], indem er als 3. Stabilitätsbedingung forderte, daß die Richtung des Scheitelpunktes eines Hillocks parallel zu einer

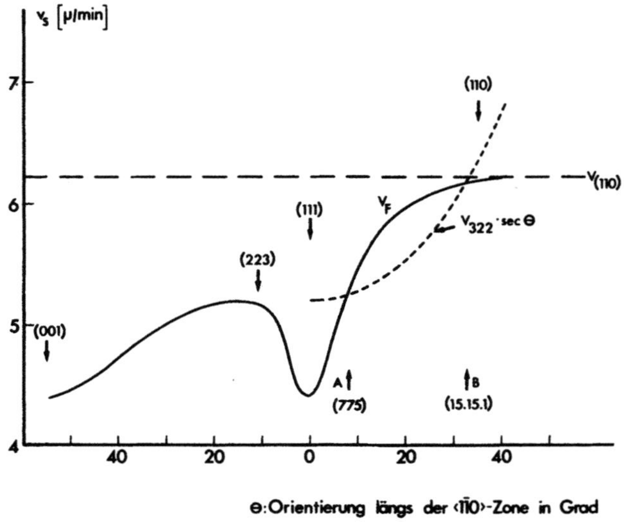

Abb.9. Abhängigkeit der Verschiebungsgeschwindigkeit v_s von der Orientierung bei der Auflösung von Germanium in „Superoxol" (nach Batterman [30]

Richtung minimaler Verschiebungsgeschwindigkeit liegen muß. Analog gilt als 3. Stabilitätsbedingung für eine Ätzgrubenfläche, daß die Richtung des Schnitt-

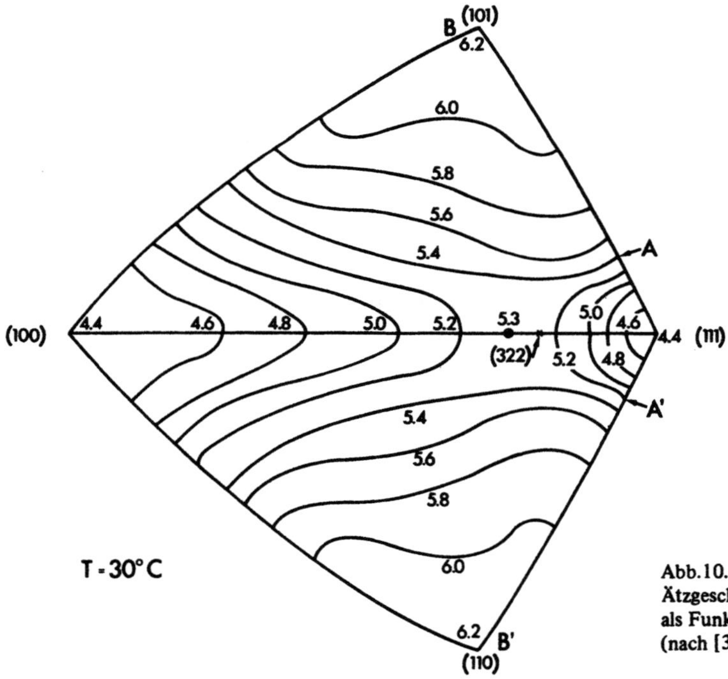

Abb.10. Ätzgeschwindigkeit (μ/min) als Funktion der Flächenlage (nach [30])

punktes aller Flächen innerhalb der Ätzgrube die Richtung maximaler Verschiebungsgeschwindigkeit sein muß. Betrachtet man die Ätzgeschwindigkeit in der

<001> -Zone (Abb. 11), so ist offenbar die Bildung stabiler Hillock-Flächen nur möglich innerhalb ca. 20° von (100) entfernt, weil nur diese Orientierungen die 1. Stabilitätsbedingung erfüllen. Nun liegt aber die Richtung [2$\bar{6}$3] in diesem Bereich, die gleichzeitig die Richtung der Kante zwischen (322) und (310) ist. Daher muß für [2$\bar{6}$3] ebenfalls die Reziprozitätsbedingung für konvexe Oberflächen gelten.

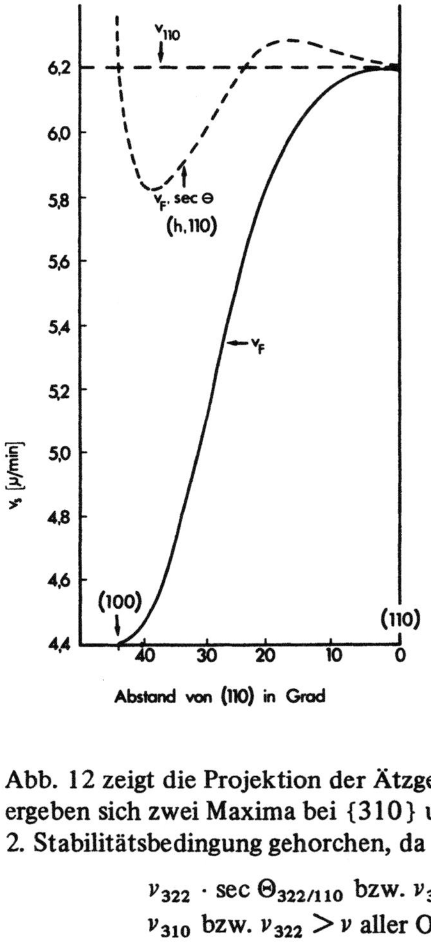

Abb. 11. Projektion der Ätzgeschwindigkeit v_s (µ/min) auf die [001]-Achse (nach [305])

Abb. 12 zeigt die Projektion der Ätzgeschwindigkeiten auf die [2$\bar{6}$3]-Achse. Es ergeben sich zwei Maxima bei {310} und {322}, die sowohl der 1. als auch der 2. Stabilitätsbedingung gehorchen, da für sie gilt

$$\nu_{322} \cdot \sec \Theta_{322/110} \text{ bzw. } \nu_{310} \cdot \sec \Theta_{310/110} < \nu_{110} \text{ und}$$

$$\nu_{310} \text{ bzw. } \nu_{322} > \nu \text{ aller Orientierungen zwischen (310) und (322).}$$

Bei entsprechender Analyse der Stabilität von Ätzhügeln auf einer von Goldschmidt und Bauhans [32] in HNO_3 geätzten Flußspatkugel ergeben sich nach den von Ernst [157] mitgeteilten Meßwerten als stabile Hillock-Flächen {112} und {113} auf der [441]-Fläche[3] des Lösungskörpers. Diese Hillock-Flächen sind stabil zwischen den Orientierungen etwa (775) und (661) (Abb. 13) und erreichen ihre maximale Flächenausbildung zwischen den Neigungen (221) und (331), weil dort gilt

$$\Delta\nu = \nu(\rho) - \nu_{211} \cdot \sec \Theta = \text{Max.}$$

---

[3] vgl. Anmerkung S. 162.

Die von [32] ermittelte Hillock-Fläche {113} gehorcht zwar der 1., aber nicht der 2. Stabilitätsbedingung von Batterman. Erst bei weiterer Analyse nach Irving [305]

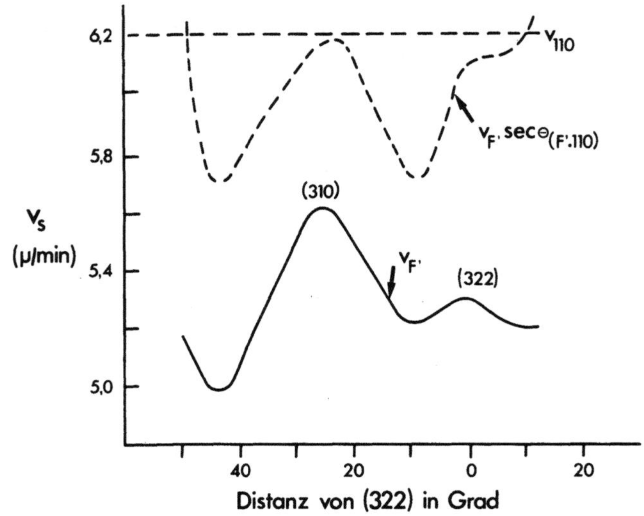

Abb. 12. Projektion der Ätzgeschwindigkeit auf die [$2\bar{6}3$]-Achse (nach [305])

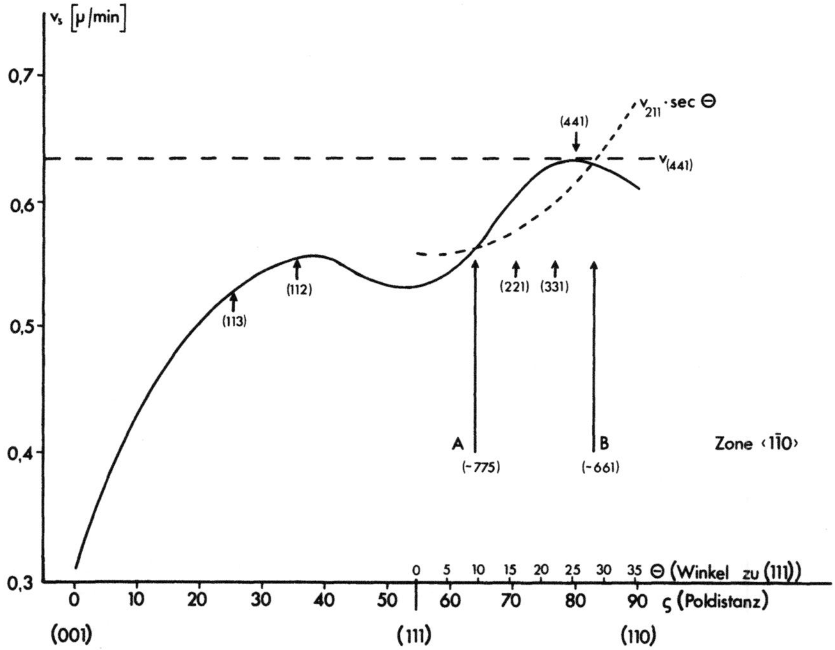

Abb. 13. Abhängigkeit der Verschiebungsgeschwindigkeit v_s von der Orientierung bei der Auflösung von Fluorit in HNO_3 (Bauhans und Goldschmidt [32], Meßwerte von Ernst [157])

zeigt sich, daß auch {113} als stabile Hillock-Fläche anzusehen ist, die zwischen den Orientierungen (111) und etwa (10.10.1) auftreten kann. Übereinstimmend mit [32] ergibt sich ferner, daß die Orientierung (100) frei von Ätzhügeln ist.

1.3 Gittergeometrisches Modell (vgl. auch 7.1.)

Die Grubenformen, die bei der Ätzung von {01.2}-Flächen von Hämatit mit HCl entstehen [313], wurden von Baro und Janot [27] dadurch erklärt, daß jeweils ganze Fe_2O_3-Moleküle[4] aus der Kristalloberfläche entfernt werden und damit entsprechend

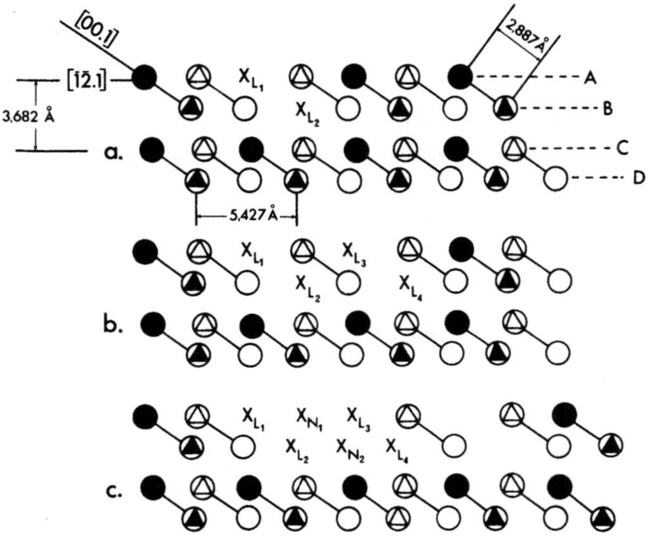

Abb. 14. Fortschreitender Angriff einer (21.0)-Fläche von Hämatit. Die Kreuze symbolisieren die ursprünglichen Positionen der herausgelösten Eisenatome (nach [27])

der Anordnung der Gitterbausteine für die F-Fläche {01.2} ([42]) typische drachenförmige Ätzgruben zurückbleiben. Abb. 14 zeigt, wie sukzessive jeweils 2 Fe-Atome aus den Schichten herausgelöst werden. Die Form der resultierenden Ätz-

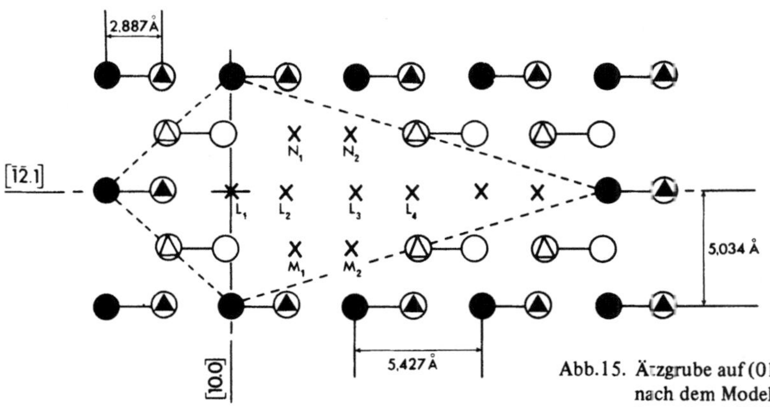

Abb. 15. Ätzgrube auf (01.2) von Hämatit nach dem Modell von Baro und Janot (nach [27])

grube ist in Abb. 15 zu sehen, die die Orientierung der {01.2}-Fläche senkrecht zur oben abgebildeten (2Ī.0)-Fläche zeigt (vgl. auch [679]).

[4] Ähnliche Betrachtungen stellten bereits Tammann und Krings [579] für die Herauslösung von CaF_2-Molekülen aus der (110)-Fläche bei alkalischer Ätzung an.

2. Molekular-kinetische Theorien

2.1 Kinematische Theorien des Stufenkontinuums

2.1.1 Topographische Theorie der Kristallauflösung nach Frank

Weitergehende Analysen der für die Auflösung notwendigen kinetischen Beziehungen erfolgten durch die sogenannte topographische Theorie der Kristallauflösung von Frank [178] und ihre Anwendung auf die Bildung von Ätzgruben durch Cabrera [91]. Frank beschreibt den Lösungsprozeß als Verschiebung von Stufen der atomaren Höhe h längs einer dichtgepackten Kristalloberfläche (Abb.16)[5].

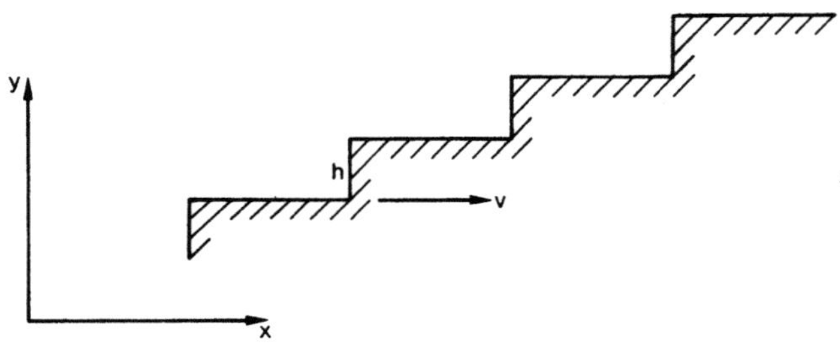

Abb.16. Aufbau einer Kristalloberfläche aus Stufen der atomaren Höhe h und deren Verschiebung bei der Auflösung in x-Richtung

Ist k die Stufendichte (Zahl der Stufen pro Einheitslänge) und q der Stufenfluß (Zahl der Stufen, die einen bestimmten Punkt in der Zeiteinheit passiert), so gilt für die Neigung der entstehenden Oberfläche gegen die x-Achse

$$h \cdot k = \frac{dy}{dx} \tag{2-1}$$

und für die Verschiebungsgeschwindigkeit normal zur Oberfläche

$$h \cdot q = -\frac{dy}{dt} \; . \tag{2-2}$$

Unter der Annahme

$$q = q(k)$$

sind zwei Geschwindigkeiten zu definieren, nämlich

$$v(k) = \frac{q}{k} \quad \text{und} \quad c(k) = \frac{dq}{dk} \, . \tag{2-3}$$

---

[5] Chernov [103] zeigte, daß diese Theorie auch auf nicht dichtgepackte Kristallgitterebenen angewendet werden kann.

$v(k)$ ist die Verschiebungsgeschwindigkeit einer Einzelstufe (Abb. 16), $c(k)$ die „kinematische Wellengeschwindigkeit" (Lighthill und Whitham [387]).
Aus Gleichung (2–1) und (2–2) folgt unmittelbar, daß k und q die Kontinuitätsgleichung

$$\frac{\partial k}{\partial t} + \frac{\partial q}{\partial x} = 0 \tag{2–4}$$

erfüllen müssen. Diese Gleichung besagt, daß die Zahl der Stufen während des Lösungsvorganges erhalten bleiben muß.
Wir erhalten durch Umformen von Gleichung (2–4)

$$\frac{\partial k}{\partial t} + \frac{\mathrm{d}q}{\mathrm{d}k} \cdot \frac{\partial k}{\partial x} = 0$$

bzw. unter Berücksichtigung von (2–3)

$$\frac{\partial k}{\partial t} + c(k) \cdot \frac{\partial k}{\partial x} = 0. \tag{2–5}$$

Die Lösung dieser Partialgleichung 1. Ordnung ist

$$c(k) = \frac{\mathrm{d}x}{\mathrm{d}t} = \frac{\mathrm{d}q}{\mathrm{d}k}. \tag{2–6}$$

Aus (2–6) folgt, daß k konstant ist. Damit ist auch q konstant (stationäres Stufenfeld). Eine solche Gerade nennen wir eine „Charakteristik" der (x, t)-Fläche, die das Fortschreiten der „kinematischen Wellen" über die Oberfläche eines Kristalls beschreibt, an der gleiche Stufendichte herrscht.

Für die (x, y)-Fläche, d. h. das Ätzgrubenprofil gilt

$$\begin{aligned} \frac{\mathrm{d}y}{\mathrm{d}x} &= \frac{\partial y}{\partial x} + \frac{\partial y}{\partial t} \cdot \frac{\mathrm{d}t}{\mathrm{d}x} \\ &= h(k - q/c) = -h \cdot \frac{k}{c} \cdot (v - c), \end{aligned} \tag{2–7}$$

wobei $\frac{\mathrm{d}y}{\mathrm{d}x} = \text{const}$. Die Charakteristik ist auch für die (x, y)-Fläche eine Gerade und beschreibt Linien gleicher Stufendichte.

Im dreidimensionalen Fall ergibt sich nach dem Erhaltungssatz der Quantität, daß die in einem Volumenelement V pro Zeiteinheit vorhandene Stufenzahl N gleich ist

$$N = \iiint_V q \cdot \mathrm{d}\tau, \text{ wobei } q \text{ den Stufenfluß darstellt.}$$

Die Gesamtstufenanzahl N wird einmal durch die Erhöhung der Stufendichte k pro Zeiteinheit bestimmt (N_1), zum anderen dadurch bestimmt, daß durch das Flächenelement F von V mehr austritt als einströmt (N_2).

Die Stufenzahl N_1, die sich aus der Erhöhung der Stufendichte ergibt, ist

$$N_1 = \iiint_v \frac{\partial k}{\partial t} \cdot d\tau,$$

die Stufenanzahl N_2 ist mit dem Geschwindigkeitsvektor

$$\mathrm{w}_n = \overline{u}(x,y,z)\,\mathbf{i} + \overline{v}(x,y,z)\,\mathbf{j} + \overline{w}(x,y,z)\,\mathbf{k}$$

gleich $N_2 = \iint_F k \cdot \mathrm{w}_n \cdot df.$

Die Bilanz ist dann

$$N = N_1 + N_2.$$

Formt man das Flächenintegral für N_2 nach dem Gaußschen Satz in ein Volumenintegral um, so erhält man

$$\iiint_v q \cdot d\tau = \iiint_v \frac{\partial k}{\partial t} d\tau + \iiint_v \operatorname{div}(k \cdot \mathrm{w}_n) d\tau.$$

Daraus kann man auf die Gleichung

$$q = \frac{\partial k}{\partial t} + \operatorname{div}(k \cdot \mathrm{w}_n)$$

schließen.

Für quellenfreie Gebiete ($q = 0$), d. h. weit von der Stufenquelle im Vergleich zum Stufenabstand entfernt, folgt dann unmittelbar die Kontinuitätsgleichung

$$\frac{\partial k}{\partial t} + \operatorname{div}(k \cdot \mathrm{w}_n) = 0,$$

wobei

$$\operatorname{div}(k \cdot \mathrm{w}_n) = \frac{\partial q}{\partial x} \quad \text{für } k = \text{const.}$$

Im Gegensatz zu Frank betrachtet Chernov [102] die Zahl der Stufen als nicht konstant und zieht die Möglichkeit der Verschmelzung und des Zerfalls von Stufen in Betracht. Entweder koagulieren zwei Stufen der Höhen h und h' zu einer Stufe der Höhe $\overline{H}$ ($h + h' = \overline{H}$) (Zunahme der Gesamtzahl der Stufen der Höhe $\overline{H}$) oder eine Stufe der (mittleren) Höhe $\overline{H}$ verschmilzt mit anderen Stufen (Abnahme der Gesamtzahl der Stufen der Höhe $\overline{H}$). Diese Vorgänge werden statistisch betrachtet. Ihre Summierung führt zu einem komplizierten Ausdruck

$$\frac{\partial k}{\partial t} + v \cdot \frac{\partial k}{\partial x} = \int_0^{\bar{H}/2} k(h,x,t) \cdot f(h,\bar{H}-h) \cdot k(\bar{H}-h,x,t)\mathrm{d}h -$$

$$-k(\bar{H},x,t) \left[\int_0^{\bar{H}} k(h,x,t) \cdot f(h,\bar{H})\mathrm{d}h + \int_{\bar{H}}^{\infty} k(h,x,t) f(\bar{H},h)\mathrm{d}h \right] + \int_{\bar{H}}^{2\bar{H}} k(h,x,t) P(h,h-\bar{H})\mathrm{d}h$$

$$+ \int_{2\bar{H}}^{\infty} k(h,x,t) \cdot P(h,\bar{H})\mathrm{d}h - k(\bar{H},x,t) \int_0^{\bar{H}/2} P(\bar{H},h)\mathrm{d}h. \qquad (2-8)$$

Die letzten drei Glieder der Gleichung (2–8) berücksichtigen die Wahrscheinlichkeit $P(h,\bar{H})$ des Zerfalls einer Stufe der Höhe $\bar{H}$ in zwei Stufen der Höhen h und $\bar{H}-h$.

Es sind $k(h)$, $k(\bar{H})$ und $k(\bar{H}-h)$ die Stufendichten von Stufen der Höhen h, $\bar{H}-h$ bzw. $\bar{H}$; $f(h, \bar{H}-h)$ bzw. $f(h, \bar{H})$ die relativen Geschwindigkeiten von Stufen der Höhen h und $\bar{H}-h$ bzw. h und $\bar{H}$. Es gelten die Beziehungen

$$\begin{aligned} v(h)-v(\bar{H}-h) &= f(h, \bar{H}-h); \\ v(h)-v(\bar{H}) &= f(h, \bar{H}). \end{aligned} \qquad (2-9)$$

Die rechte Seite der Gleichung (2–8) entspricht einem „Koagulationsintegral" (nach Chernov [102]) und wird Null im stationären Fall, d. h., wenn die Stufenhöhen erhalten bleiben. Dann erhält man den Ausdruck

$$\frac{\partial k}{\partial t} + v \frac{\partial k}{\partial x} = 0 \text{ (Kontinuitätsgleichung)}, \qquad (2-10)$$

der mit Gleichung (2–5) von Frank [178] identisch ist.

2.1.2 Kinematische Theorie nach Cabrera

Zwischen q und k existiert eine Beziehung, die sich graphisch in einer Stufenfluß-Stufendichte-Kurve darstellen läßt (Abb. 17).

Typ I entspricht den Verhältnissen im reinen System, Typ II ergibt sich bei einer Blockierung der Stufenverschiebung durch adsorbierte Verunreinigungen.

Typ I zeigt eine Kurve, bei der q proportional k für kleine k ist. Sie besitzt ein flaches Maximum und q geht auf Null zurück für die nächste dichtgepackte Netzebene der Kristalloberfläche (vgl. Fußnote auf S. 12). Für alle Werte von k hat die Kurve eine negative Krümmung, d. h.

$$\partial^2 q/\partial k^2 < 0 \text{ und } v > c.$$

Bei Typ II ist q proportional k^2 für kleine k. Die Krümmung wechselt ihr Vorzeichen ($\partial^2 q/\partial k^2 > 0$ für kleine k) und es existiert eine bestimmte kritische Stufendichte k_c und ein kritischer Stufenfluß q_c, für die v und c identisch werden (Abb. 17).

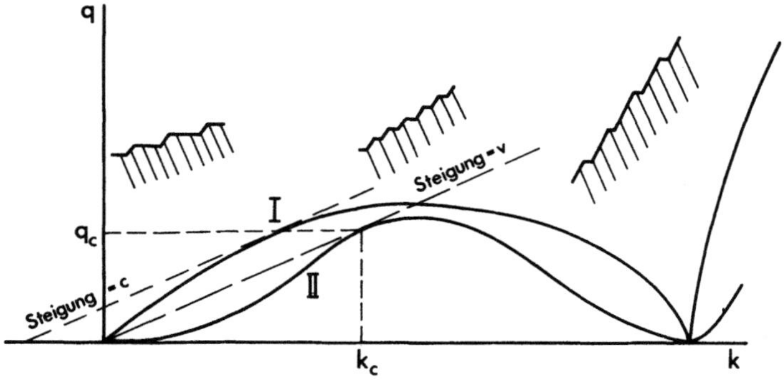

Abb.17. Stufenfluß-Stufendichte-Kurve nach Cabrera [91] und Frank [178]

Die Profile im oberen Teil der Abb. 17 entsprechen den verschiedenen Stufendichten k.

a) q_o = const.
Ausgehend von der Stufenfluß-Stufendichte-Kurve kann man unter Berücksichtigung folgender Randbedingungen

$$t = 0,\ x > 0,\ k\ (x,\ 0) = 0,\ (y = 0)$$
$$t > 0,\ x = 0,\ q_o\ (t) = q_o = \text{const.}$$

das kinematische Wellenprofil (x,t-Fläche) und das Ätzgrubenprofil (x,y-Fläche) für beide Kurventypen ermitteln (Abb. 18–21).

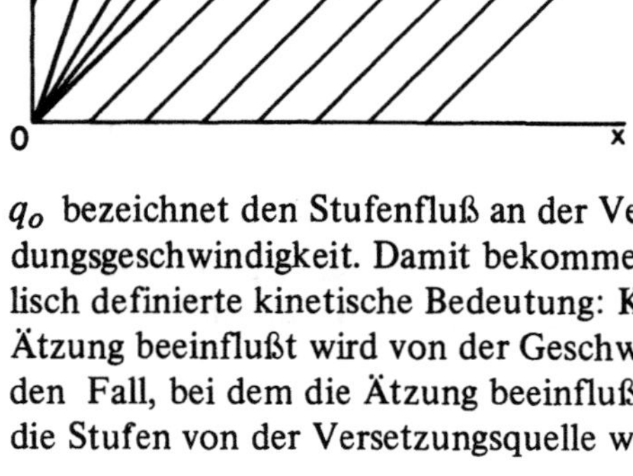

Abb.18. Kinematische Wellen (Typ I) (nach Cabrera [91])

q_o bezeichnet den Stufenfluß an der Versetzungsquelle, d. h. also die Stufenbildungsgeschwindigkeit. Damit bekommen die Kurventypen I und II eine physikalisch definierte kinetische Bedeutung: Kurve I beschreibt den Fall, bei dem die Ätzung beeinflußt wird von der Geschwindigkeit der Bildung der Stufen, Kurve II den Fall, bei dem die Ätzung beeinflußt wird von der Geschwindigkeit, mit der die Stufen von der Versetzungsquelle wegwandern (s. oben).

Während bei Typ I jede Stufenbildungsgeschwindigkeit q_o zu einer Bildung von Ätzgruben führt, ist im Geltungsbereich der Kurve von Typ II Ätzgrubenbildung

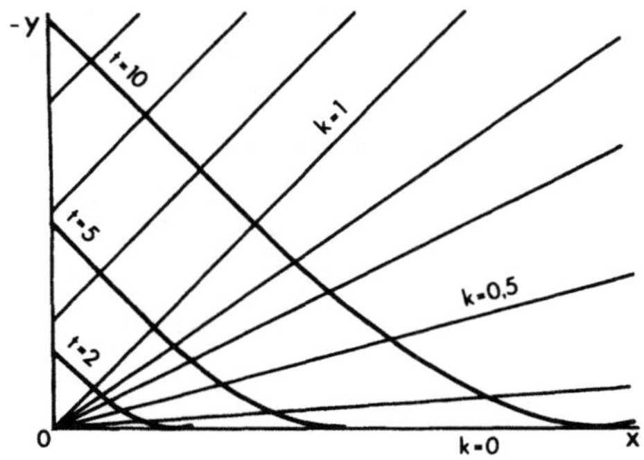

Abb.19. Ätzgrubenprofile und Kurven gleicher Stufendichte (Typ I) [91]

nur möglich, wenn die Geschwindigkeit der Stufenbildung den kritischen Wert q_c (Abb. 17) übersteigt.

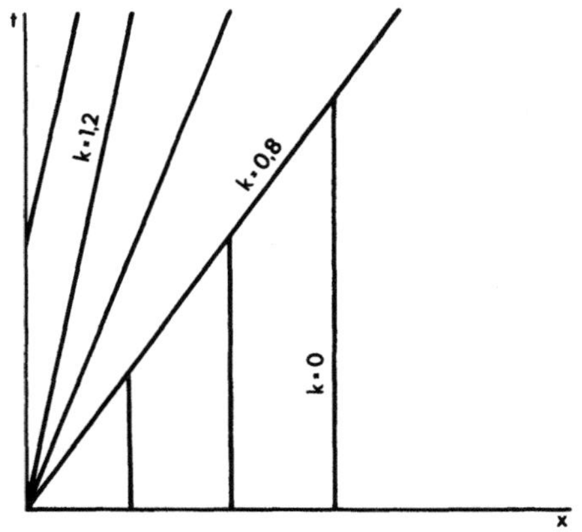

Abb.20. Kinematische Wellen (Typ II) [91]

Die Abb. 20 und 21 beziehen sich auf die gleichen Randbedingungen wie oben angegeben. Im Gegensatz zu den Abb. 18 und 19 ist hier jedoch jede Ätzgrube be-

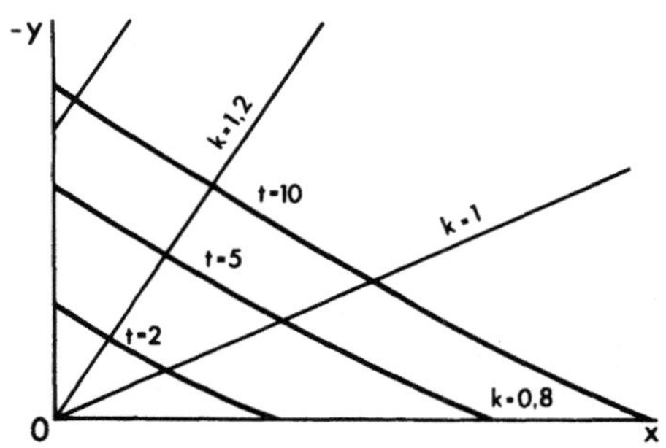

Abb.21. Ätzgrubenprofile und Kurven gleicher Stufendichte (Typ II) [91]

stimmt durch eine scharfe Kante, an der die Stufendichte plötzlich von Null auf den Wert k_c springt.

Unter der Annahme, daß q nur von c abhängt, nicht aber von t, erhält man nach Frank [178] für kleine Stufendichten k Charakteristiken mit geringerer Steigung $[dt/dx = 1/c(k)]$ als für höhere Stufendichten. Nehmen wir weiter an, daß die Kristalloberfläche zwar ursprünglich eine geringe Stufendichte hat, daß aber an einer Stelle die Stufendichte signifikant erhöht ist, z. B. durch den Austrittspunkt einer Versetzung, eine Kleinwinkelkorngrenze oder ähnliches. Vor der Versetzung divergieren die Charakteristiken, d. h. die Linien gleicher Stufendichte, hinter der Versetzung konvergieren sie und es entwickelt sich eine Dichtediskontinuität, die über die Kristalloberfläche nach dem Prinzip einer Stoßwelle wandert (Abb. 22). Die Wanderungsgeschwindigkeit dieser kinematischen „Schockwelle" ist dabei kleiner als die Stufenwanderungsgeschwindigkeit v, d. h. die Wellenfront wird von ihren eigenen Stufen überrollt.

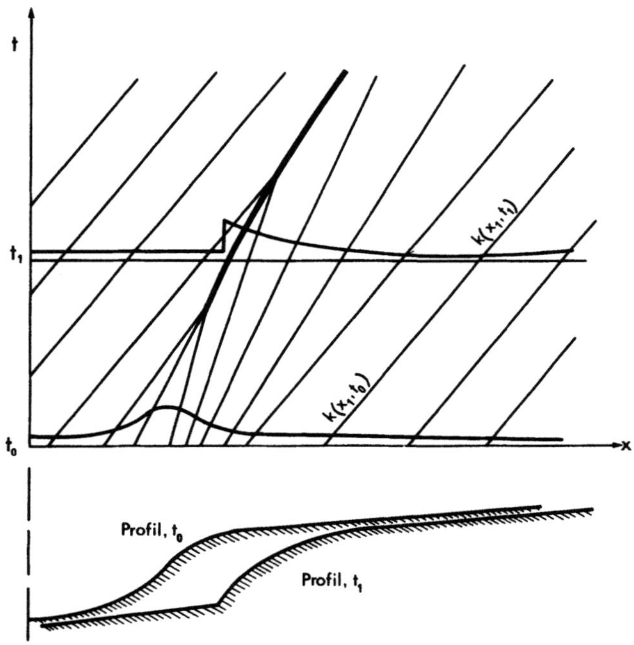

Abb.22. Entwicklung einer Stufendichte-Diskontinuität und deren Wanderung beim Ätzvorgang (nach Frank [178])

Abb. 22 zeigt im oberen Teil die Ausbildung der Dichtediskontinuität und ihre Wanderung nach rechts. Im unteren Teil ist das resultierende Kristall- bzw. Ätzgrubenprofil für t_o und t_1 dargestellt, das man mathematisch beschreiben kann durch $h \cdot \int k dx$. Damit ergibt sich, daß der Rand einer Ätzgrube von der Front der Dichtediskontinuität gebildet wird. Die Verschiebungsgeschwindigkeit der Diskontinuität ist nach [299]

$$v_{k_o, k_1} = \frac{q(k_o) - q(k_1)}{k_o - k_1} \qquad (2\text{–}11)$$

Die q- und k-Werte können berechnet werden aus interferometrischen Messungen an Ätzgruben. Aus dem Ätzgrubenprofil $y(x)$ (Abb. 19 und 21) kann durch Differentiation die Stufendichteverteilung

$$k = \frac{dy}{dx} = f(x) \qquad (2-12)$$

ermittelt werden. Betrachtet man nun eine Schar von k-Kurven zu verschiedenen Zeiten t, so ergeben sich in einer einfachen Darstellung die $x(t)$-Trajektorien für konstante k (vgl. Abb. 18 und 20). Die so ermittelten Trajektorien[6] sind identisch mit den Cabreraschen „kinematischen Wellen". Den Stufenfluß q seinerseits erhält man aus der Steigung der Trajektorien und Auftragen der Werte dq/dk gegen k. Die graphische Interpretation liefert die $q(k)$-Kurve (Abb. 17). Ausführlich ist diese Arbeitsvorschrift bei [299] abgehandelt. Eine Beschreibung der Verschiebungsgeschwindigkeit der Stufendichtediskontinuität unter Berücksichtigung der Aufspaltung des halbunendlichen Stufenzuges in zwei mit unterschiedlicher Geschwindigkeit wandernde Komponenten findet sich bei Mullins und Hirth [428] (vgl. 2.2).

b) $q_o = f(t)$

Abweichend von Frank [178] betrachtet Cabrera [91] den Fall, daß die Stufenbildungsgeschwindigkeit an der Versetzungsquelle nicht zeitunabhängig ist. Geht man von der Annahme aus, daß q_o mit der Zeit abnimmt, was einer Änderung des Diffusionsfeldes bei fortschreitender Ätzung entspricht, so treten die oben beschriebenen „Schockwellen" im Innern der Ätzgruben auf und verändern das ursprünglich angelegte Ätzgrubenprofil. Es kommt zu einer Abflachung oder Versteilerung der Grubenwand und letztlich zu einer Verwischung der Symmetrie bei längeren Ätzzeiten.

Experimentelle Beispiele für eine Abflachung der Ätzgrubenwände bei fortschreitender Ätzzeit zeigten Yamamoto [661] an LiF, geätzt mit 1:1-Mischungen von 47%iger HF und Eisessig unter Zusatz von FeF_3 (Abb. 23), und Horn und Maurette

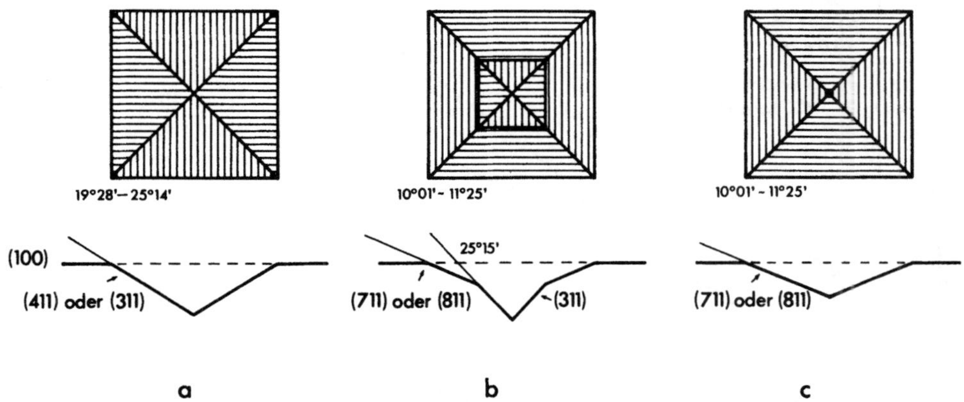

Abb.23. Ätzgruben auf (100) von LiF und die Änderung ihrer Wandneigungen mit zunehmender Ätzzeit (nach [661]). (a) 3 min, (b) 10 min, (c) 40 min

[6] Zur Definition und Ableitung der Trajektorien vgl. 10.1.

[298] an Olivin, geätzt mit 48%iger HF. Auch Becke [34] erwähnt bei der Ätzung von Zinkblende in HCl Winkeländerungen an Ätzgruben, die aus Tristetraedern (*hll*) bestehen.

Ein ähnliches Lösungsverhalten, das die Zeitabhängigkeit der Adsorption von sogenannten Lösungsgiften („Poisons") an den Stufen beschreibt, wurde experimentell von Gilman, Johnston und Sears [201] nachgewiesen und theoretisch von Ives und Hirth [309] begründet. Ihre Schlußfolgerungen beruhen auf dem Wechselspiel zwischen der Änderung des Diffusionsfeldes um einen sich lösenden Kristall und dem Adsorptionseinfluß der Lösungsgifte, das durch Beeinflussung des Konzentrationsverhältnisses c/c_o bzw. der spezifischen freien Oberflächenenergie γ direkt die Ätzgrubenbildungskinetik steuert.

Da ein elementarer Zusammenhang zwischen k und q bzw. k_o und q_o besteht (Abb. 17), ist nicht nur q_o, sondern auch k_o eine Funktion der Zeit. Experimentell wurde ermittelt (vgl. z. B. Artemiew [17]), daß auf der Oberfläche von Einkristallkugeln, die in Schmelzen getaucht werden, grobe Stufen bis 0,2 mm Höhe entstehen, deren Bildung durch Verschmelzung von Stufen molekularen Ausmaßes erklärt werden kann. Die mittlere Stufenhöhe nimmt proportional t zu, die Stufendichte dagegen proportional $1/\sqrt{t}$ ab (Chernov [102]).

Eine schöne experimentelle Bestätigung findet das Cabrera-Modell auch durch die Arbeiten von Hulett und Young [299]. Bei der anodischen Ätzung von (111)-Flächen von versetzungsarmem Reinstkupfer in HCl (6 n) mit Zusätzen von HBr (0,03–1,0 n) ergibt sich bei geringen Br^--Konzentrationen eine Stufenfluß-Stufendichte-Kurve, deren $\partial^2 q/\partial k^2$-Werte für alle k negativ sind (Kurventyp I nach Cabrera), bei höheren Br-Konzentrationen Kurven, die einen Wendepunkt besitzen und bei denen $\partial^2 q/\partial k^2$ positiv ist für kleine k-Werte (Kurventyp II nach Cabrera). Dieser Befund läßt sich zwanglos durch die „Poison"-Wirkung des Bromid-Ions erklären (Abb. 24).

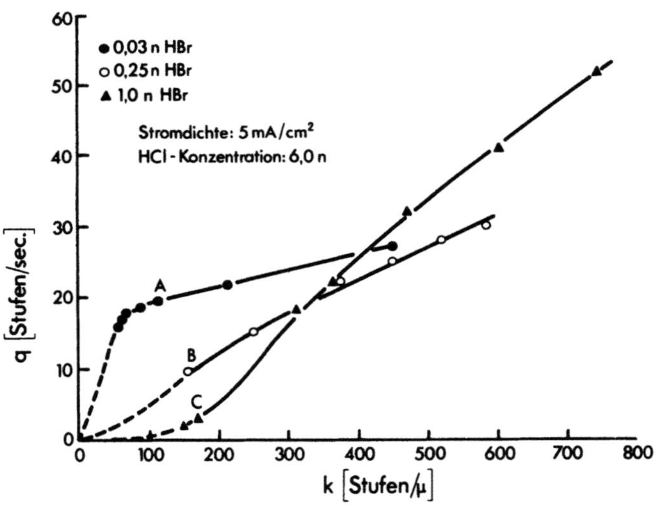

Abb. 24. Stufenfluß-Stufendichte-Kurve für die Auflösung von Kupfer-(111)-Flächen in Abhängigkeit von der Br^--Konzentration (nach [299])

Andererseits bewirkt eine Zunahme der Stromdichte eine Veränderung der *q*-*k*-Kurve vom Typ II zu Typ I. Die Autoren erklären diese Beobachtung damit, daß bei höheren Stromdichten die Änderung der Konzentrationsüberspannung im Verein mit der Änderung der Cu- und/oder Bromid-Konzentration eine Änderung der Steigung der Trajektorien bzw. des kinematischen Wellenprofils (*x*-*t*-Fläche) bewirkt. Der tiefere Grund scheint darin zu liegen, daß hohe Stromdichten flache Ätzgruben produzieren. Für eine Kurve vom Typ I nimmt die Steigung $\partial q/\partial k$ kontinuierlich mit steigenden *k*-Werten ab, so daß eine Ätzgrubenwand mit geringerer Steigung schneller wandert als eine solche mit größerer Steigung. Es treten die gleichen Verhältnisse ein, wie sie in den Abb. 18 und 22 dargestellt sind.

2.2 Kinematische Theorie unter Berücksichtigung der Aufspaltung von wandernden Stufenzügen

Bei der experimentellen Untersuchung der Ätzung von LiF-Einkristallen bei Gegenwart von Fe-Ionen durch Ives und Hirth [309] zeigte sich, daß die Frankschen Bedingungen, daß die Stufengeschwindigkeit *v* nur Funktionen der Stufendichte *k* und daher die Trajektorien von Punkten gegebener Orientierung (d. h. gegebener Stufendichte) Geraden sein sollen, nicht erfüllt sind. Deshalb wurde als Hypothese angenommen, daß der Grund für die Nichtanwendbarkeit des topographischen Modells nach Frank in einer zeitabhängigen Adsorption von Lösungsgiften an den Stufen des sich lösenden Kristalls liegt (vgl. 3.2). Auf Grund der Komplexität dieses Prozesses konnte nur ein qualitativer Zusammenhang der Experimentalergebnisse mit den theoretischen Voraussagen angegeben werden.

In einer neueren Arbeit wurde jedoch durch Mullins und Hirth [428] der Fall gezeigt, daß für die exakte Beschreibung des Lösungsvorganges nach dem kinematischen Modell die zeitliche Veränderung der Stufenabstände und die daraus sich ergebenden Aufspaltungen der Stufenketten unterschiedlicher Länge in Betracht gezogen werden müsse. Ferner zeigte sich, daß in der Nähe einer Stufenquelle, d. h. einer Kristallkante oder einer makroskopischen Stufe, die Stufendichte *k* sich sehr rasch mit der Zeit infolge der Beschleunigung der wandernden Stufen durch Bildung einer Dichtediskontinuität ändert. Daher ist die Stufengeschwindigkeit *v* bzw. der Stufenfluß *q* nicht nur eine Funktion der Stufendichte *k*, sondern auch eine Funktion der örtlichen Änderung der Stufendichte $(\frac{dk}{dx})$. Auch daraus ergibt sich, daß in der Nähe von Kanten die Trajektorien nicht notwendigerweise Geraden sein müssen [287]. Als Konsequenz dieser Untersuchungen wurde die kinematische Theorie des Stufenkontinuums nach Frank [178] und Cabrera [91] neu formuliert und als Spezialfall der hier zu beschreibenden Theorie dargestellt.

2.2.1 Gleichungen für die Stufengeschwindigkeiten

Wir betrachten eine Kristalloberfläche, die aus Stufen λ_i im Abstand ϵ_i besteht (Abb. 25). Diese Stufen bewegen sich mit einer Geschwindigkeit ν_i nach rechts,

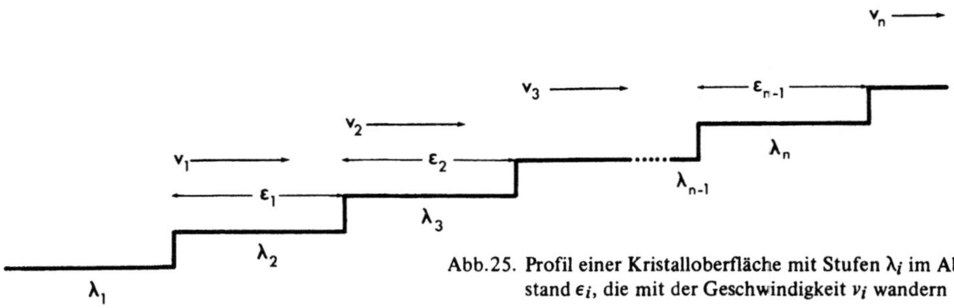

Abb. 25. Profil einer Kristalloberfläche mit Stufen λ_i im Abstand ϵ_i, die mit der Geschwindigkeit ν_i wandern

wobei angenommen wird, daß die Geschwindigkeit nur abhängig ist vom Abstand zweier benachbarter Stufen. Die Abhängigkeit kann ausgedrückt werden als Summe zweier Geschwindigkeitsfunktionen f, d. h. wir erhalten ein Gleichungssystem

$$\begin{aligned}
\nu_1 &= f(\infty) + f(\epsilon_1) \\
\nu_2 &= f(\epsilon_1) + f(\epsilon_2) \\
&\;\;\vdots \\
\nu_i &= f(\epsilon_{i-1}) + f(\epsilon_i) \\
&\;\;\vdots \\
\nu_n &= f(\epsilon_{n-1}) + f(\epsilon_n).
\end{aligned} \tag{2–13}$$

Unter der zusätzlichen Annahme, daß $f(\epsilon)$ monoton mit wachsendem ϵ zunimmt bis zum Grenzwert $f(\infty)$, erhalten wir den in Abb. 26 dargestellten funktionalen Zusammenhang.

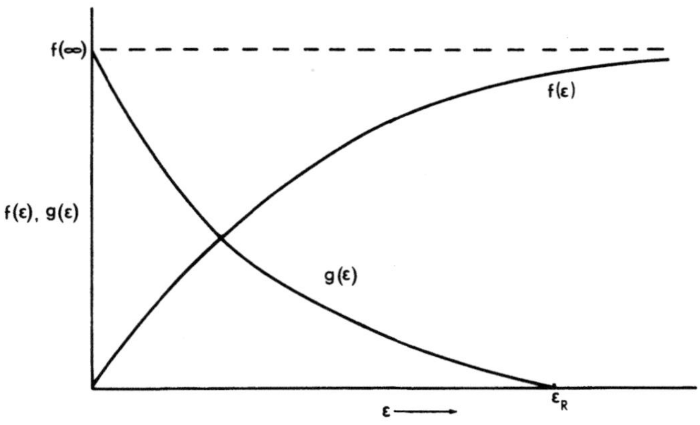

Abb. 26. Geschwindigkeitsfunktionen $f(\varepsilon)$ und $g(\varepsilon)$ nach [428]

Führen wir weiterhin die Funktion $g(\epsilon) = f(\infty) - f(\epsilon)$ unter der Bedingung $g(\infty) = 0$ ein, und berücksichtigen, daß die Geschwindigkeitsdifferenz zweier Stufen bzw. die zeitliche Änderung des Stufenabstandes gegeben ist durch

$$\frac{d\epsilon}{dt} = \dot{\epsilon}_n = v_{n+1} - v_n = f(\epsilon_{n+1}) - f(\epsilon_{n-1}) \qquad (2-14)$$
$$= g(\epsilon_{n-1}) - g(\epsilon_{n+1}),$$

so können wir die Gleichung (2–13) neu schreiben:

$$\begin{aligned} \dot{\epsilon}_1 &= -g(\epsilon_2) \\ \dot{\epsilon}_2 &= g(\epsilon_1) - g(\epsilon_3) \\ &\vdots \\ \dot{\epsilon}_{n-1} &= g(\epsilon_{n-2}). \end{aligned} \qquad (2-15)$$

Die Funktion $g(\epsilon)$ nimmt monoton mit wachsendem ϵ ab (Abb. 26) und erreicht für einen endlichen Wert ϵ_R den Wert Null. Für $\epsilon \geqslant \epsilon_R$ beeinflussen sich die beiden Stufen nicht mehr.

Wenn n die Anzahl der Stufen ist, so erhalten wir einen für jedes n (gerade und ungerade) gültigen Ausdruck durch Multiplikation der j-ten Gleichung (2–15) mit $g(\epsilon_j)$ und Summation:

$$\sum_{j=1}^{j=n-1} \dot{\epsilon}_j \cdot g(\epsilon_j) = 0 \qquad (2-16)$$

oder

$$\sum_{j=1}^{j=n-1} G(\epsilon_j) = C \qquad (2-17)$$

mit

$$G(\epsilon) = \int_0^{\epsilon} g(\epsilon) d\epsilon. \qquad (2-18)$$

Die Funktion $G(\epsilon)$ nimmt monoton zu mit ϵ (Abb. 27) und es existiert ein Grenz-

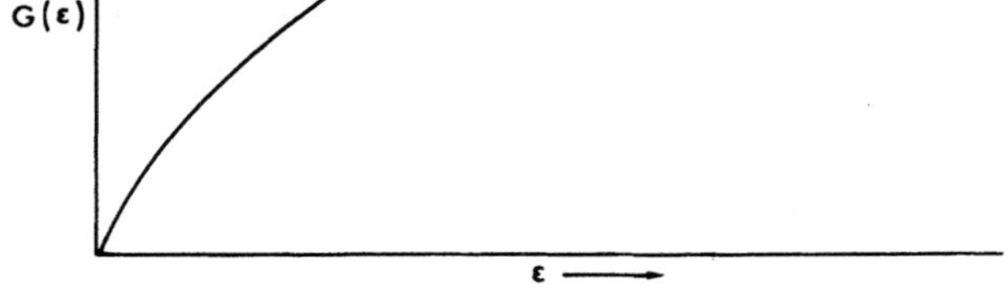

Abb. 27. Funktion $G(\varepsilon)$ nach [428]

wert $G(\infty) = \int_0^{\infty} g(\epsilon) d\epsilon$. Der Kurvenverlauf ergibt die Beziehung

$$d^2 G / d\epsilon^2 = dg/d\epsilon \leqslant 0.$$

2.2.2 Verhalten von Stufenketten mit unterschiedlichen Stufenzahlen

Durch Einsetzen unterschiedlicher Werte n (= Stufenzahl) in die Gl. (2–16) bis (2–18) und Anwendung der Gl. (2–15) erhalten wir unterschiedliches zeitliches Verhalten. Ausführlich ist dieses Verfahren bei [428] dargestellt und abgeleitet. Hier sei nur soviel gesagt, daß z. B. bei Vorhandensein von vier Stufen diese Stufen in eine paarweise Gruppierung aufgespalten werden, deren Abstand sich ständig vergrößert, da das vorauseilende Paar schneller wandert als das zurückbleibende. Das zurückbleibende Paar seinerseits behält je nach Wahl der Randbedingungen entweder einen konstanten Abstand voneinander oder verschmilzt zu einer Stufe doppelter Höhe (vgl. [102]).

Nehmen wir eine Stufenkette mit $n = \infty$ an, deren Stufenabstände ϵ nur gering um einen mittleren Stufenabstand $\bar{\epsilon}$ schwanken und lassen diese Stufenkette mit dem zeitlichen Phasenverhalten einer Sinusschwingung wandern, so erhalten wir für die Phasengeschwindigkeit der Welle bei der Bewegung in Richtung größerer n (d. h. nach rechts) den Ausdruck

$$\nu_w = 2f(\bar{\epsilon}) - 2f'(\bar{\epsilon})\bar{\epsilon}\left(\frac{\sin \nu}{\nu}\right). \tag{2–19}$$

Unter Berücksichtigung der Frankschen Nomenklatur (2.1.1)

$$2f(\bar{\epsilon}) = \nu(k) = 2f\left(\frac{1}{k}\right), \text{ wobei } k = \frac{1}{\bar{\epsilon}}$$

wird aus Gl. (2–19) die Beziehung

$$\nu_w = \nu(k) + k \cdot \frac{d\nu}{dk} \; \frac{\sin \nu}{\nu} \; . \tag{2–20}$$

Die Schwingungszahl ν ist gegeben durch $\nu = 2\pi/\Lambda$, wobei Λ die „Wellenlänge" in Einheiten von $\bar{\epsilon}$ ist.

Ist $\nu \ll 1$, entsprechend einer Welle mit großem Λ, so wird $\sin \nu/\nu \cong 1$ und die Gl. (2–20) geht über in den Ausdruck

$$\nu_w = \nu(k) + k(d\nu/dk) \tag{2–21}$$

der mit dem analogen Ausdruck der Kontinuitätstheorie übereinstimmt und offensichtlich keine Aufspaltung des Stufenzuges beinhaltet ($\nu_w = 0$).

Nimmt jedoch ν zu, so wird der Faktor $\sin \nu/\nu$ zunehmend kleiner, bis er endlich für $\nu = \pi$ ($\Lambda = 2$) gleich Null wird.

Dann ist

$$\nu_w = \nu(k) \tag{2–22}$$

und diese Beziehung entspricht der Annahme, daß ein Stufenzug bei paarweiser Aufspaltung ($\Lambda = 2$) und gleichen Abständen der Paare als Einheit wandert, daß also dann die Wellengeschwindigkeit gleich der Geschwindigkeit der Stufenpaare ist. Deshalb kommt es auch in diesem Falle zu keinem Stufenstau und damit zu keiner Ausbildung einer Dichtediskontinuität.

2.2.3 Aufspaltung in Stufenpaare

Zur Beschreibung der unterschiedlichen Verschiebungsgeschwindigkeit von Stufenpaaren relativ zueinander ist es notwendig, den im vorstehenden verwendeten Begriff ϵ für die Stufenabstände bzw. Terrassenbreiten zu modifizieren. Wir bezeichnen den Abstand von Stufen innerhalb eines Paares als ungerade (u), den Abstand gegenüberliegender Stufen zweier benachbarter Paare als gerade (w) (Abb. 28).

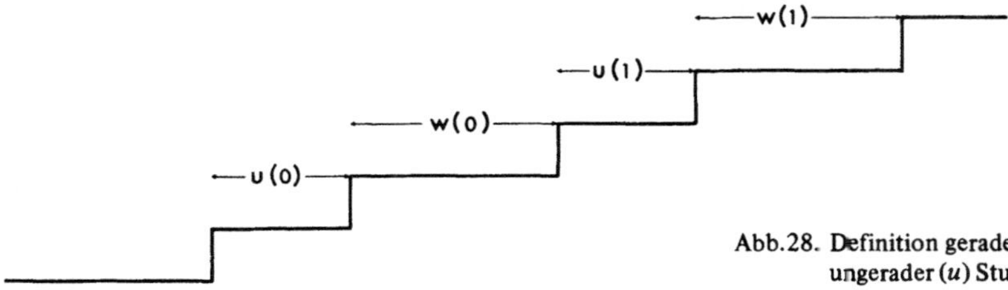

Abb. 28. Definition gerader (w) und ungerader (u) Stufenabstände

Die Terrassenbreiten bzw. Stufenabstände sind Funktionen der Terrassenlaufzahl und der Zeit ($u(n,t), w(n,t)$) [vgl. Gl. (2–15)]. Nehmen wir an, daß u und w nur langsam mit der Laufzahl variieren, so kann Gl. (2–15) geschrieben werden

$$\dot{u}(n,t) = -(\mathrm{d}g/\mathrm{d}w)(\partial w/\partial n) = -p(w)(\partial w/\partial n) \qquad (2–23)$$

und

$$\dot{w}(n,t) = -(\mathrm{d}g/\mathrm{d}u)(\partial u/\partial n) = -p(u)(\partial u/\partial n). \qquad (2–24)$$

Sind u und w nur unwesentlich verschieden voneinander, so reduzieren sich obige Gleichungen zu

$$\dot{u} = -p(u)(\partial u/\partial n). \qquad (2–25)$$

Schreibt man diese Gleichung in den Symbolen von Frank [178], so ist

$$u = \frac{1}{k}, \ (\partial u/\partial n) = (\partial u/\partial x)(\partial x/\partial n) = (\partial u/\partial x)u$$

und Gl. (2–25) geht über in den Ausdruck

$$(p/k)(\partial k/\partial x) + (\partial k/\partial t) = 0,$$

der der Kontinuitätsgleichung entspricht, wobei

$$p = k(\mathrm{d}q/\mathrm{d}k)$$

ist.

Für den speziellen Fall, daß $g(\epsilon)$ eine lineare Funktion von ϵ ist, erhalten wir folgenden Zusammenhang (Abb. 29), der sich durch die Gleichung darstellen läßt

$$g(\epsilon) = (\epsilon_R - \epsilon) \cdot g(0)/\epsilon_R = c\,(\epsilon_R - \epsilon), \qquad (2–26)$$

wobei dann $p(\epsilon) = -c$ für $\epsilon < \epsilon_R$ und $p(\epsilon) = 0$ für $\epsilon \geqslant \epsilon_R$ ist.

Für $\epsilon < \epsilon_R$ erhält man durch Einsetzen in (2–23) bzw. (2–24) die beiden partiellen Differentialgleichungen

$$\dot{u} = c(\partial w/\partial n) \text{ und } \dot{w} = c(\partial u/\partial n), \tag{2–27}$$

deren Lösungen die Gleichungen

$$\begin{aligned} u(n,t) &= \epsilon_o & \text{für } t < n/c \\ &= \epsilon_o + (\epsilon_o - \epsilon_R)\ [1 - e^{(n-ct)}] & \text{für } t > n/c \end{aligned}$$

und

$$\begin{aligned} w(n,t) &= \epsilon_o & \text{für } t < n/c \\ &= \epsilon_o - (\epsilon_o - \epsilon_R)\ [1 - e^{(n-ct)}] & \text{für } t > n/c \end{aligned} \tag{2–28}$$

sind.

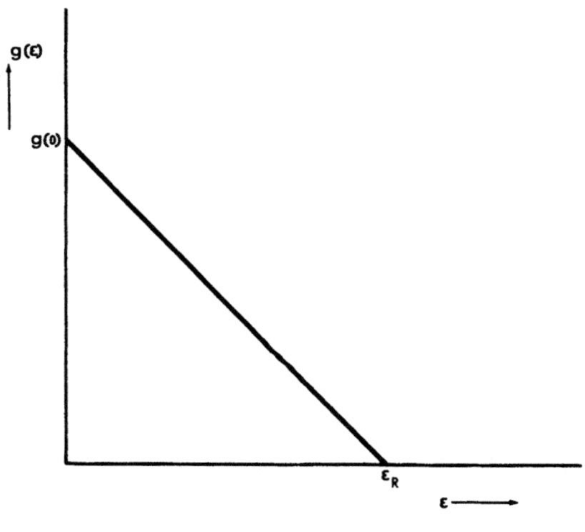

Abb. 29. Linearer Zusammenhang zwischen der Geschwindigkeitsfunktion $g(\varepsilon)$ und der Terrassenbreite ε (vgl. Abb. 26)

Die Gleichungen (2–28) zeigen, daß sich die Abstände von Stufen innerhalb eines Stufenzuges nach der Art einer Welle mit der Geschwindigkeit $c = -g'(\epsilon)$ und einer Wellenfront bei $n = ct$ ändern. Die ungeraden Abstände (u) hinter der Wellenfront nehmen ab mit der Zeit und mit wachsendem Abstand von der Wellenfront zu einer gegebenen Zeit; die geraden Abstände (w) hinter der Wellenfront nehmen zu mit zunehmender Zeit und wachsendem Abstand von der Front zu einer gegebenen Zeit.

Die Grenzwerte von u und w für sehr lange Zeiten erhält man aus Gl. (2–28) zu

$$\begin{aligned} u(n,\infty) &= 2\epsilon_o - \epsilon_R \\ w(n,\infty) &= \epsilon_R . \end{aligned} \tag{2–29}$$

Es zeigt sich, daß die vorstehenden Überlegungen nur gültig sind, wenn gilt

$$u(n,\infty) = 2\epsilon_o - \epsilon_R \geqslant 0$$

bzw.

$$\epsilon_o \geqslant \frac{\epsilon_R}{2}\,. \tag{2–30}$$

Diese Bedingung sagt aus, daß dann ein Stufenpaar nicht koaguliert. Aus Gl. (2–29) ergibt sich ferner, daß nur dann, wenn bei einem Stufenpaar der Abstand der Stufen innerhalb des Paares $2\epsilon_o - \epsilon_R$ und der Abstand der gegenüberliegenden Stufen zweier benachbarter Paare ϵ_R ist, sich die Paare nicht beeinflussen, d. h. der Abstand der Paare bleibt dann konstant

$$2\epsilon_o = (2\epsilon_o - \epsilon_R) + \epsilon_R\,.$$

Die Grenzgeschwindigkeit eines aus Paaren bestehenden Stufenzuges ist

$$v_p = f(2\epsilon_o - \epsilon_R) + f(\epsilon_R) = 2c \cdot \epsilon_o\,, \tag{2–31}$$

die eines Zuges von isolierten Stufen ist

$$v_E = f(\epsilon_R) + f(\epsilon_R) = 2c \cdot \epsilon_R\,. \tag{2–32}$$

Es zeigt sich ferner, daß unter den Annahmen $\epsilon_o \geqslant \epsilon_R/2$ (keine Stufenkoagulation) und $\epsilon_o < \epsilon_R$ (Wechselwirkung zwischen Stufenpaaren) ein begrenzter Zug aus Stufen mit anfänglich gleichen Abständen aufgespalten wird in zwei Gruppen: eine Gruppe von Stufenpaaren hinter der Wellenfront, die mit der Geschwindigkeit v_p wandert [vgl. Gl. (2–31)] und eine Gruppe von isolierten Stufen vor der Wellenfront, die mit der höheren Geschwindigkeit v_E wandert [vgl. Gl. (2–32)]. Diese beiden Gruppen entfernen sich bei fortschreitender Stufenverschiebung mit der relativen Geschwindigkeit

$$v = v_E - v_p = 2c(\epsilon_R - \epsilon_o)\,. \tag{2–33}$$

2.2.4 Anwendung des Mullins-Hirth-Modells auf die topographische Theorie nach Frank

Die unterschiedlichen Geschwindigkeiten vor und hinter der wandernden Stufen-Dichtediskontinuität wurden von der (topographischen) kinematischen Theorie des Kontinuums, so wie sie von Frank [178] und Chernov [102] entwickelt wurde, nicht berücksichtigt. Wendet man jene Theorie auf den in Abb. 29 dargestellten Spezialfall an, so ergibt sich folgende $q(k)$-Darstellung (vgl. [91], [178] und Abb. 30). Solange $k < k_R = 1/\epsilon_R$ ist, ergibt sich nach der kinematischen Theorie, daß der ganze Stufenzug einem Trajektor $dy/dx = 0$ folgt und daß die Geschwindigkeiten der Stufendichtediskontinuitäten an den vorauseilenden und zurückbleibenden Enden des Stufenzuges identisch sind. Im Gegensatz dazu zeigt die obige Analyse, daß sich der Stufenzug nicht einheitlich verhält, sondern sich in zwei Züge aufspaltet, die sich mit unterschiedlichen Geschwindigkeiten voneinander entfernen. Analog zu der Frankschen Auffassung kommt es zu einem Stufenstau im Rücken der wandernden Dichtediskontinuität unter Ausbildung einer paarweisen Gruppierung von Stufen, wobei die Stufengeschwindigkeiten und die Orientierungtrajektorien von u und w abhängen. Daher läßt in diesem Punkte die Franksche Darstellung, daß ν (und daher q) nur eine Funktion des mittleren Stufenabstandes $(u + w)/2$ ist, keine genaue quantitative Zeitabhängigkeit des Lösungsvorganges erkennen.

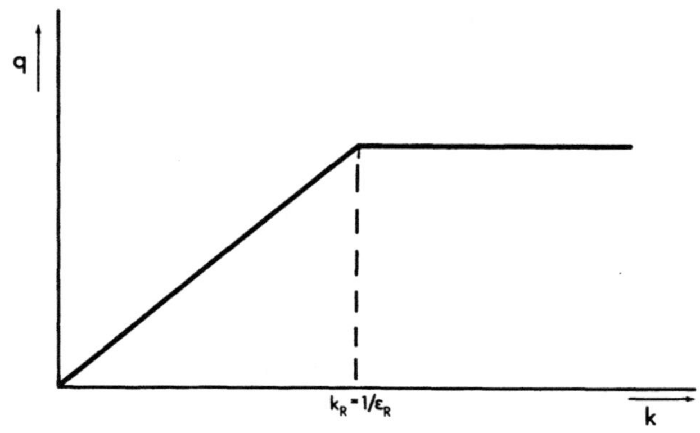

Abb.30. Stufenfluß-Stufendichte-Beziehung für den in Abb.29 dargestellten Spezialfall $q(\epsilon) = c(\epsilon_R - \epsilon)$. Nach [428]

Betrachten wir noch einmal Abb. 27, so zeigt sich, daß als Bedingung für unterschiedliches Verhalten von Stufenzügen die Beziehung $d^2 G/d\epsilon^2 < 0$ bzw. $d\nu/d\epsilon > 0$ gelten muß. Beim Vergleich mit der Frankschen äquivalenten Bedingung $d^2 q/dk^2 < 0$ unter Berücksichtigung des Zusammenhanges $q = \nu \cdot k$ wird die Franksche kritische Bedingung für die Ausbildung einer Stufendichtekontinuität, d. h. das Auftreten eines Stufenstaus, $d^2 q/dk^2 = 0$

$$\frac{dq}{dk} = \nu + k \cdot \frac{d\nu}{dk} = \text{const.} \tag{2–34}$$

Da $dq/dk = \nu$ wenn $dq/dk = \text{const.}$ (vgl. [178]), vereinfacht sich die Gl. (2–34) zu

$$\frac{d\nu}{dk} = 0 \tag{2–35}$$

oder, da $k = 1/\epsilon$, zu

$$\frac{d\nu}{d\epsilon} = 0. \tag{2–36}$$

Es ist damit gezeigt worden, daß die kritische Bedingung von Frank [178] identisch ist mit der von Mullins und Hirth angegebenen Gl. (2–36): Aufspaltung von Stufenzügen erfolgt, wenn $d\nu/d\epsilon > 0$, Stufenstau und Ausbildung von Stufendichtediskontinuitäten, wenn $d\nu/d\epsilon < 0$ ist.

In Übereinstimmung mit der kinematischen Theorie des Stufenkontinuums kann ferner gezeigt werden, daß sowohl Adsorption von Fremdstoffen als auch Verschmelzung von Stufen (vgl. dazu auch [102]) zu einem negativen $d\nu/d\epsilon$ und mithin zu einem Stufenstau und makroskopischer Stufenbildung führt. Experimentelle Beispiele für solche makroskopische Stufenbildung bei der Verdampfung bzw. Auflösung von Kristallen finden sich z. B. bei Walter und Dunn [625], Hirth und Pound [287] und Artemiew [17]. Vlach [616] zeigte an Siliziumkarbid, daß Wachstumsspiralen mit großen Stufenhöhen bei bestimmten Übersättigungsverhältnissen zur Aufspaltung in zwei oder mehrere Spiralen mit niedrigeren Stufenhöhen neigen.

3. Diffusions-Theorien

Bei den im vorstehenden angestellten kinematischen und molekular-kinetischen Betrachtungen über die Ursachen der Bildung und Veränderung von Ätzgruben unter dem Aspekt der Bewegung von Stufen über die Kristalloberfläche und der Stufenbildungskinetik an Versetzungsquellen wurde die Diffusion der Lösungsmittelionen bzw. -moleküle und hydratisierten Ionenkomplexe zur Phasengrenze und das wichtige Problem des Stoffaustausches in und an Ätzgruben ausgeklammert. Die besonderen geometrischen Verhältnisse an Ätzgruben in bezug auf die mehr oder weniger ungestörten intakten Kristallflächen der Umgebung zwingen uns, die Diffusion als geschwindigkeitsbestimmenden Schritt bei der Bildung einer Ätzgrube näher zu betrachten.

3.1 Diffusionstheorie der Ätzgrubenbildung ohne Fremdstoffadsorption

Unter vereinfachenden Annahmen, insbesondere unter der Annahme eines reinen Lösungsmittels ohne flächenspezifisch adsorbierte wirksame Fremdstoffe (Inhibitoren, „Poisons"), können wir zur Ermittlung der Konzentrationsverteilung in der Umgebung einer Ätzgrube unter Voraussetzung einer linearen Verschiebungsgeschwindigkeit nach Kleber [62] folgende Betrachtungen anstellen (Abb. 31).

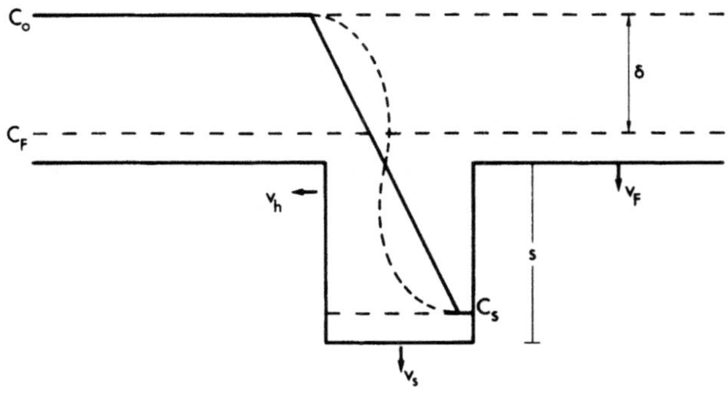

Abb.31. Idealisierte Darstellung der Konzentrationsverteilung in der Umgebung einer Ätzgrube (nach [62])

Die Tiefe der Ätzgrube s wird vom Verhältnis der Verschiebungsgeschwindigkeiten v_F der Kristallfläche und der Verschiebungsgeschwindigkeit v_s der Ätzgrube in

Richtung einer primären linearen Störung (Stufenversetzung) bestimmt. Die laterale Verschiebungsgeschwindigkeit ν_h der Stufen soll klein sein gegenüber ν_F und ν_s. Ihre Größe ist eine Funktion des Stufenabstandes und des mittleren freien Diffusionsweges und bestimmt die Wandneigung der Ätzgrube.

Da ν_F proportional $c_F(= n)$, der Konzentration des Lösungsmittels in einer dünnen Schicht dicht am Kristall ist, können wir ansetzen

$$\nu_F = k_F \cdot c_F, \tag{3–1}$$

wobei k_F die Geschwindigkeitskonstante der Grenzflächenreaktion bedeutet. Außerhalb einer Schicht der Dicke δ (Nernstsche Diffusionsgrenzschicht) sei die Lösungsmittelkonzentration $c_o(= n_o)$. Unter Verwendung des 1. Fickschen Gesetzes gilt

$$\nu_F = k_F \cdot c_F = \frac{D}{\delta}(c_o - c_F) \text{ bzw.}$$

$$c_F = \frac{c_o}{(k_F \cdot \frac{\delta}{D} + 1)} \quad . \tag{3–2}$$

Am Boden der Ätzgrube mit der Tiefe s gilt dann entsprechend

$$c_s = \frac{c_o}{(k_s \cdot \frac{\delta + s}{D} + 1)}. \tag{3–3}$$

Gehen wir davon aus, daß die Konzentration von c_o auf c_s nicht linear, sondern steiler abfällt (Abb. 31), so ergibt sich

$$k_s \cdot c'_s = D \frac{c_F - c'_s}{s} \tag{3–4}$$

und durch Einsetzen von (3–2) endlich

$$c'_s = \frac{c_o}{(k_s \frac{s}{D} + 1)(k_F \frac{\delta}{D} + 1)}. \tag{3–5}$$

k_s ist stets größer als k_F, da der Energieinhalt der linearen Störung am Boden der Ätzgrube höher ist als in der Umgebung und damit auch die Reaktionsgeschwindigkeit. Mit wachsender Tiefe s nimmt c_s bzw. c'_s ab [(3–3), (3–5)].

Für c_s bzw. $c'_s = \frac{k_F}{k_s} \cdot c_F$ folgt $\nu_F = \nu_s$. Bei Erreichen dieses Grenzwertes kann eine einmal angelegte Ätzgrube nicht mehr tiefer werden.

Aus Gl. (3–4) erhält man durch Auflösen nach s und Einsetzen von $\frac{k_F}{k_s} \cdot c_F$ für c'_s

einen Ausdruck für die maximale Tiefe einer Ätzgrube

$$s_{max} = D \frac{k_s - k_F}{k_s \cdot k_F} \ . \qquad (3-6)$$

Damit hängt in 1. Näherung s_{max} nur ab vom Diffusionskoeffizienten, nicht aber von der Konzentration des Lösungsmittels c_o. Diese Beziehung gilt nicht mehr, wenn die Größe der Ätzgrube in den Bereich der Größenordnung von δ kommt. In diesem Fall folgt die angenommene Konzentrationsverteilung der Morphologie der Oberfläche und die Ätzgrube vergrößert sich unbeschränkt.

3.2 Fremdstoff-Diffusionsmechanismus bei der Ätzgrubenbildung

Beziehen wir die Lösungsgeschwindigkeit nicht auf die gesamte makroskopische Kristallfläche in der Umgebung der Ätzgrube, sondern betrachten wir wie vorher als kinematisches Prinzip der Bildung und Vergrößerung einer Grube die Verschiebung von Stufen unter dem Einfluß der Diffusion des Lösungsmittels, so kommen wir zu einem von Ives und Hirth [309] abgeleiteten Diffusions-Mechanismus der Ätzgrubenbildung. Danach ist die Wandneigung einer Ätzgrube an einer Versetzungsquelle gegeben durch den Ausdruck

$$(\mathrm{tg}\,\alpha) = \frac{h}{s_o} = h \cdot k \cdot T \cdot \ln(c_o/c)/4\,\pi\,\gamma\,\Omega, \qquad (3-7)$$

wobei h die Höhe der (monomolekularen) Stufen, s_o der Abstand zwischen den Stufen an der Versetzungsquelle, c_o die Sättigungskonzentration, γ die spezifische freie Oberflächenenergie und Ω das Atomvolumen des gelösten Ions bedeuten.

Insbesondere kann s nach dem Modell von Burton, Cabrera und Frank [88] approximiert werden. Eine von einer Schraubenversetzung ausgehende Stufe windet sich in einer archimedischen Spirale solange um die Quelle, bis die Krümmung im Zentrum der Spirale einen kritischen Wert von $1/\rho_c$ annimmt. Man erhält dann für den Stufenabstand

$$s_o = 4 \cdot \pi \cdot r_K \, [7] \qquad (3-8)$$

mit

$$r_K = \gamma \cdot \Omega/kT \ln(c_o/c) \qquad (3-9)$$

und durch Kombination wieder Gl. (3–7).

Bei ausreichend hoher Untersättigung ($c \ll c_o$) wird r_K so klein, daß eine zweidimensionale Keimbildung einsetzen kann. Das Ergebnis ist die Bildung von Ätzgruben an der Schraubenversetzung, die durch Unterschreiten des kritischen Radius des „Lösungskeims" überhaupt erst möglich wird (Cabrera und Levine [92]). Bei Ätzgrubenbildung längs Stufenversetzungen muß die Aktivierungsenergie für die zweidimensionale Lochkeimbildung lokal verringert werden. Diese Erniedrigung erfolgt dadurch, daß bei Auflösung des in der Umgebung der Versetzung deformierten Materials die sogenannte Verzerrungsenergie freigesetzt wird (Cabrera [90]; vgl. 5.1.3).

---

[7] Der Wert ist nach Cabrera und Levine [92] $19\,r_K$.

Für den Wert von s_o existieren zwei Randbedingungen:

Ist $s_o > 6\,\overline{x}_s$, wobei $\overline{x}_s$ der mittlere freie Diffusionsweg auf einer Stufe ist, so behalten die Stufen einen konstanten Abstand und die Neigung der Ätzgruben ist konstant entsprechend dem durch Gl. (3–7) gegebenen Wert.

Ist $s_o < 6\overline{x}_s$, so nehmen der Stufenabstand und die Neigung der Ätzgruben mit zunehmender Entfernung von der Versetzungsquelle ab und die Neigung strebt einem Grenzwert von $h/6\overline{x}_s$ zu.

Die Messung der Wandneigung von Ätzgruben ist daher ein Kriterium, um zwischen Lösungsmechanismen zu unterscheiden, bei denen einerseits Volumen-, andererseits Oberflächendiffusion geschwindigkeitsbestimmend sind (vgl. 2.1.2).

Bei Vorhandensein eines Inhibitors[8] bzw. eines Lösungsgiftes, das an der Oberfläche des sich lösenden Kristalls adsorbiert wird, werden die freie Oberflächenenergie γ und die Sättigungskonzentration c_o in der Gl. (3–7) erniedrigt (vgl. Mullins [427], Gjostein [202], Knacke und Stranski [345]). Damit ändert sich das Verhältnis h/s_o und andere kristallographisch definierbare Neigungen treten als begrenzende Wandelemente von Ätzgruben auf. Für die Stufenfortschreitgeschwindigkeit bei der Auflösung erhalten wir dann die allgemeine Gleichung (vgl. Hirth und Pound [286])

$$v = K \cdot 2\overline{x}_s \tanh(s/2\overline{x}_s) D \cdot \Omega \cdot (c_o - c'_o)/h\delta \qquad (3\text{–}10)$$

für $c'_o < c_o$.

(D = Diffusionskoeffizient, δ = Dicke der Nernstschen Diffusionsschicht, K = kinetischer Koeffizient)

Die Stufenfortschreitgeschwindigkeit erreicht ihren Grenzwert v_∞, wenn der Tangens hyperbolicus für sein Argument $s/2\overline{x}_s \approx 3$ gegen 1 geht:

$$v_\infty \sim D \cdot \Omega\, (c'_o - c) \cdot s/3\delta h \qquad (3\text{–}11)$$

Eine einfache Überlegung zeigt, daß bei Annäherung von c, also der aktuellen Konzentration an der Phasengrenze Kristall/Lösung an c_o der Wert von v gegen Null geht, s also gegen Unendlich. Das heißt, daß sich keine Ätzgruben bilden, wenn $c \to c_o$ geht. Das gilt für das reine System. Bei Vorhandensein von Inhibitoren wird dieser Punkt jedoch eher erreicht. Nach Ives und Hirth [309]) geht die Verschiebungsgeschwindigkeit der Ätzgruben von LiF, gelöst in sehr verdünnter Eisenchloridlösung, schon für $c \approx 0{,}25\, c_o$ gegen Null (Abb. 32), wenn Lösungsgifte vorhanden sind.

Eine theoretische Beziehung zwischen der Vergrößerungsgeschwindigkeit einer Ätzgrube und der Untersättigung im reinen System bzw. bei Anwesenheit eines Lösungsgiftes zeigt Abb. 33.

Die Gerade 1 entspricht der linearen Abnahme der Lösungsgeschwindigkeit mit zunehmender LiF-Konzentration im reinen System entsprechend Gl. (3–11). Gerade 2 gibt den steileren Abfall der Geschwindigkeits-Konzentrations-Kurve wieder, der durch das Vorhandensein eines Lösungsgiftes bewirkt wird.

[8] Es sei hier erwähnt, daß die Ätzgrubenbildung unter Mitwirkung lösungshemmender Spuren von Fremdionen bereits 1926 von Hettich [278] beschrieben wurde, allerdings nur unter phänomenologischen Aspekten.

Da der Inhibitor die Abtrennung der LiF-Moleküle aus der Halbkristallage behindert, wird die aktuelle Konzentration c an dieser Stelle erniedrigt und der Wert c kann ersetzt werden durch den Wert c'_o, wobei gilt: $c'_o < c$. Somit bewirkt der Inhibitor

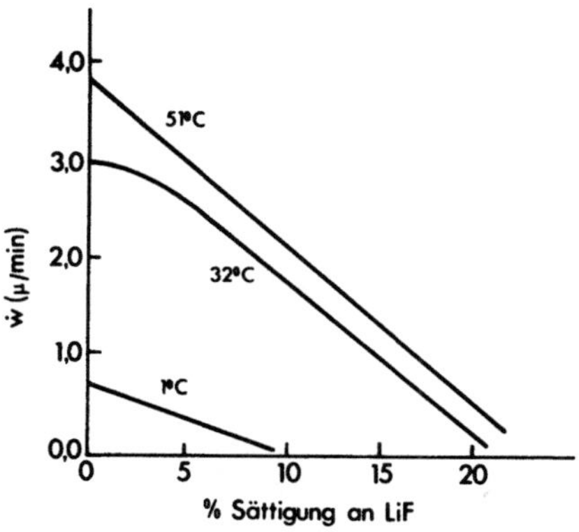

Abb.32. Mittlere Verbreitungsgeschwindigkeit w auf (100) von LiF als Funktion der Sättigung (nach [309])

einerseits eine Verringerung der spezifischen freien Oberflächenenergie und damit eine Änderung der Wandneigung der Ätzgruben $\frac{h}{s}$, andererseits wird der Fremdstoff an den Stufen adsorbiert, blockiert deren laterale Ausbreitung ([52]) und verringert die aktuelle Konzentration c bzw. c'_o([538]). Das Ergebnis [vgl. Gl. (3–7)] ist ein steilerer Anstieg und damit eine Vertiefung der Ätzgrube. Im Gegensatz zum vorstehend behandelten Diffusionsmechanismus ohne Fremdstoffadsorption [62] (vgl. S. 29) ist hier die maximale Ätzgrubentiefe von der Fremdstoffkonzentration abhängig. Inhibitoren müssen eine bestimmte, mit den Atomen des aufzulösenden Stoffes vergleichbare Größe haben, um optimale Ätzgrubenbildung zu bewirken. Die ausführlichen Versuche von Gilman, Johnston und Sears [201] über die Auflösung von LiF-Kristallen und den Einfluß des als Inhibitor wirkenden FeF_3 legen

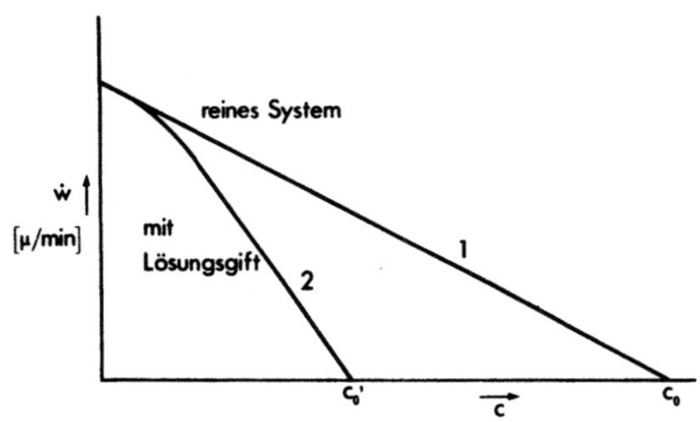

Abb.33. Verschiebungsgeschwindigkeit w von Ätzgruben als Funktion der Untersättigung (nach [309])

den Schluß nahe, daß das Fe^{3+}-Ion (Ionenradius 0,64 Å) an einer Halbkristallage adsorbiert wird und dort ein Li^+-Ion (Ionenradius 0,68 Å) ersetzt. Das Fe^{3+}-Ion geht eine koordinative Bindung ein unter Bildung eines $FeF_6{}^{3-}$-Komplexes, bei dem drei Bindungen zu F^--Ionen des ursprünglichen LiF-Gitters gehen (in Abb. 34 mit Kreuzen markiert), und drei Bindungen durch die Ionen der Lösung abgesättigt werden. Auf gleiche Weise ist die morphologische Veränderung der Ätzgruben

Abb.34. Absorption eines Fe^{3+}-Ions an einer Stufe (Halbkristallage) von LiF (nach Gilman et al. [201])

auf {100}-Flächen von NaCl (r_{Na^+} = 0,97 Å) durch Cd^{++} und Sn^{++} ($r_{Cd^{++}}$ = 0,97, $r_{Sn^{++}}$ = 0,93 Å) [355], Ca^{++} ($r_{Ca^{++}}$ = 0,99 Å) [510] und Mn^{++} ($r_{Mn^{++}}$ = 0,80 Å) [510], [367], [432], zu erklären. Der misfit $\Delta r/r_{Na}(\%)$ steigt in der Reihenfolge Cd–Ca–Sn–Mn von 0 über 2 und 4 auf 17 %. Auch die Untersuchungen von Kern über die Veränderung von konkaven Lösungsflächen von NaCl durch Zusatz von $PbCl_2$ [334], Harnstoff, Glykokoll und Kaliumferrocyanid [48] gehören hierher. Zusätze von Hg^{++} zu Äthylalkohol bewirken eine Rotation der Ätzgruben auf {100} von NaCl. Reiner Alkohol produziert Ätzgruben mit Kanten parallel [110], Alkohol mit Zusatz von $HgCl_2$ Ätzgruben mit Kanten parallel [100] ([238]). In einer ausführlichen Arbeit beschäftigen sich Haussühl und Müller [253] mit der Wirkung von Fremdionen auf die Auflösungsgeschwindigkeit wasserlöslicher Kristalle. Zusätze, die schon in geringen Konzentrationen beim Wachstum trachtändernd wirken, verringern auch drastisch die Lösungsgeschwindigkeit. Die Beobachtung, daß diejenigen Fremdionen, die mit dem zu lösenden Kristall schwerlösliche Verbindungen bilden, zu besonders starker Herabsetzung der Lösungsgeschwindigkeit führen, legt den Schluß nahe, daß es sich um die Wirkung epitaktischer Vorgänge handelt. Ob durch die schwerlöslichen Komplexe die Lösungszentren (Halbkristallagen) blockiert werden oder ob die gesamte Kristallfläche statistisch überdeckt wird, kann durch die Autoren nicht entschieden werden. Auf jeden Fall zeigen sich hier Übergänge zu der von Kleber [341] entwickelten Adsorptionstheorie der Auflösung (s. S. 41). Vermilyea [611] untersuchte die Auflösung von MgO und $Mg(OH)_2$ in wäßrigen

Lösungen unter Zusatz von Anionenkomplexen, wie Perjodat, Germanat, Tellurat, Tellurit und Vanadat. Alle genannten Anionen setzen die Lösungsgeschwindigkeit stark herab. Es zeigt sich, daß für die inhibierende Wirkung eines Anionenkomplexes sowohl das Radienverhältnis als auch das Protonenniveau (in *eV*) r^+/r^- ausschlaggebend sind. Unter Protonenniveau versteht man die Differenz der freien Energien des dem Anion zugeordneten Protons und dem Proton eines Wasser-(H_3O^+-)moleküls. Das Radienverhältnis bestimmt die geometrische Möglichkeit einer strukturgelenkten Adsorption des Anionenkomplexes, während das Protonenniveau wahrscheinlich für die Ausbildung starker Wasserstoffbrücken verantwortlich ist.

3.3 Halbkristallage und Fremdstoffadsorption

Ives [308] untersuchte den Einfluß von an Halbkristallagen („Kinks") adsorbierten Inhibitor-Ionen auf die Art und Geschwindigkeit der Ätzgrubenbildung. Ausgehend vom Kossel-Modell, das prinzipiell zwei verschiedene Arten von Flächen in bezug auf die Anordnung der Bausteine kennt, nämlich a) $\{hk0\}$-Flächen mit parallelen Bausteinketten und b) $\{hhl\}$-Flächen mit maximaler Dichte an Halbkristallagen, wird die Änderung des Ätzmechanismus durch Adsorption von Inhibitor-Ionen an Bausteinketten bzw. Halbkristallagen diskutiert. Dabei beeinflußt der zugesetzte Inhibitor sowohl die Bildungsgeschwindigkeit der Halbkristallagen als auch ihre Verschiebungsgeschwindigkeit längs der Kristalloberfläche. Experimentelle Ergebnisse zeigen, daß $\{hhl\}$-Flächen stabil sind bei geringer Untersättigung und hoher Konzentration an Fe^{3+}-Ionen (vgl. auch [661]), $\{hk0\}$-Flächen dagegen bei geringer Konzentration an Eisenionen (Abb. 35), d. h. im reinen System. Experimente von

Typ	{hk0}			{hhl}	
Interferenzbild der Ätzgrube	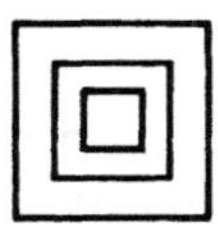	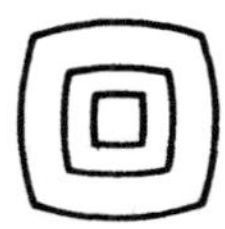			
Bildungsgeschwindigkeit der Halbkristallage	klein	klein	hoch	hoch	hoch
Fremdstoffkonzentration	niedrig	mittel	niedrig	mittel	hoch
Ätzmittel	W	W (Überschuss von Fe^{+++})	W+HF	W+F	F

Abb.35. Abhängigkeit des Ätzgrubentyps von der Bildungsgeschwindigkeit der Halbkristallage und der Fremdstoffkonzentration (nach [308])

Kawabuchi [325] ergaben, daß bei der Ätzung von Silber die Ätzgrubenform eine Funktion des NH_4OH/H_2O_2-Verhältnisses im Ätzmittel ist. Suzuki [575] ätzte ebenfalls {100}-Flächen von Silber in ammoniakalischem H_2O_2 und konnte in Abhängigkeit von der Ätzzeit eine Rotation der Ätzgruben feststellen. Die anfänglich parallel [110] orientierten Gruben gehen sukzessive in Gruben mit Kanten parallel [100] über (vgl. auch Kawabuchi und Suzuki [326], Rozhanskii et al. [510], Bhagavan und Bansigir [47]). Der Grund dafür liegt vermutlich darin, daß während der Auflösung gebildete Silberkomplexe unterschiedlicher Stöchiometrie an den Halbkristallagen unterschiedlich adsorbiert werden und damit zur Änderung der Ätzgrubenmorphologie führen.

Typ $\{hk0\}$: Dieser Ätzgrubentyp tritt auf, wenn die Verschiebungsgeschwindigkeit einer Halbkristallage größer als die Bildungsgeschwindigkeit ist. Der Fall entspricht dem Typ I der Stufenfluß-Dichte-Kurve von Cabrera [91], bei dem ebenfalls die Beziehung $q > q_o$ gilt, wobei q der Stufenfluß von der Versetzungsquelle weg und q_o die Stufenbildungsgeschwindigkeit bedeuten (s. oben).

Typ $\{hhl\}$: Hierbei macht sich der Einfluß des Fremdstoffes in der Weise bemerkbar, daß die Verschiebungsgeschwindigkeit einer Halbkristallage (= Stufe) durch das adsorbierte Fremdion gehemmt und damit zum geschwindigkeitsbestimmenden Schritt wird. Dadurch, daß die Bildungsgeschwindigkeit einer Stufe an der Versetzungsquelle größer wird als die Verschiebungsgeschwindigkeit, kommt es gewissermaßen zu einem „Stau" von Stufen und es wird eine Fläche gebildet, die ein Maximum von Halbkristallagen besitzt. Analoge Verhältnisse liegen beim Typ II der Cabreraschen Kurve vor, für den $q_o > q$ gilt (s. oben).

In einer neueren Arbeit simulieren Kohli und Ives [347] mit einem Computerprogramm durch die Monte-Carlo-Methode die Vorgänge bei der Auflösung im Hinblick auf die Abtrennwahrscheinlichkeit von Bausteinen einer {100}-Fläche eines einfach-kubischen Kristalls. Unter Zugrundelegung des Kossel-Stranski-Modells („T-L-K"-Modell) betrachten sie die Abhängigkeit der Abtrennwahrscheinlichkeit $P(n_1, n_2)$ von der Aktivierungsenergie $Q(n_1, n_2)$:

$$P(n_1, n_2) = \nu \cdot (n_1, n_2) \exp [-Q(n_1, n_2)/kT], \tag{3–12}$$

wobei n_1 und n_2 die Zahl der nächsten bzw. zweitnächsten Nachbarn und ν die Schwingungsfrequenz eines Atoms sind. Die Aktivierungsenergie Q ist abhängig sowohl von der Untersättigung in der Lösung als auch im Falle des Vorhandenseins eines Inhibitors von dessen Ladung, Ionengröße und Konzentration.

In einer ersten Näherung kann angesetzt werden

$$Q(n_1, n_2) = n_1 \cdot \phi_1 + n_2 \cdot \phi_2, \tag{3–13}$$

wobei ϕ_i und ϕ_2 die Bindungsenergien für die nächsten bzw. zweitnächsten Nachbarn sind. Die Bindungsenergien der einzelnen Bausteine werden über eine Morse-Potentialfunktion (s. unten) ermittelt und man erhält eine Reihe von Wahrscheinlichkeiten für die Abtrennung aus verschiedenen Lagen relativ zu einer Bausteinreihe oder Halbkristallage. Besondere Aufmerksamkeit wird dabei einer isolierten Halbkristallage (3,6), d. h. 3 nächste, 6 zweitnächste Nachbarn, einem System von zwei oder mehreren benachbarten Halbkristallagen (3,7) und der Hohlkante (4,6) geschenkt (Abb. 36).

Es zeigt sich, daß zwischen vier Typen von „Ätzgruben" unterschieden werden muß, nämlich zwischen

1. Quadraten mit Kanten in [10]-Richtung
2. achteckigen Figuren mit Kanten parallel [10] und [11]
3. Rhomben mit Kanten in [11]-Richtung
4. unregelmäßigen Figuren.

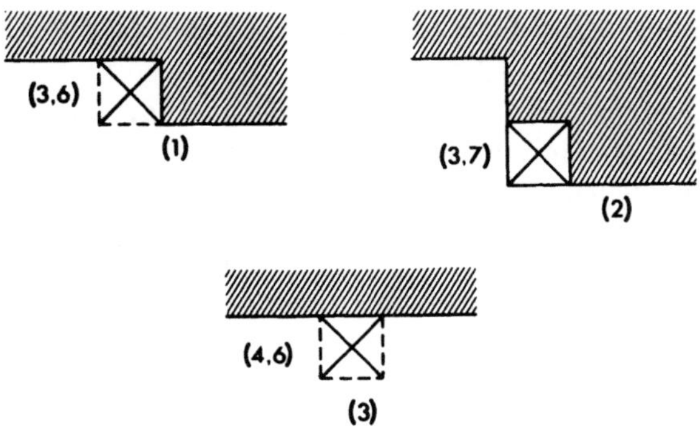

Abb.36. (1) isolierte und (2) benachbarte Halbkristallagen mit $n_1 = 3$ und $n_2 = 6$ bzw. 7, (3) Hohlkante mit $n_1 = 4$ und $n_2 = 6$. Das schraffierte Gebiet liegt eine Atomlage unter dem unschraffierten (nach [347])

Insbesondere ergeben sich Figuren vom Typ 1, wenn

$$\frac{P(3,7)}{P(4,6)} \geqslant 1, \qquad (3-14)$$

vom Typ 3, wenn entweder

$$\frac{P(3,6)}{P(4,6)} \geqslant 10^2 \quad \text{und} \quad \frac{P(3,7)}{P(4,6)} \leqslant 10^{-2} \qquad (3-15)$$

oder

$$1 \leqslant \frac{P(3,6)}{P(4,6)} < 10^2$$

Typ 1 entspricht einer Ätzgrube, die von $\{hk0\}$-Flächen, Typ 3 einer Grube, die von $\{hhl\}$-Flächen umgeben ist. Mit diesem Computer-Modell kann auch der experimentell beobachtete Übergang von $\{hk0\}$ zu $\{hhl\}$ (vgl. [47], [308], [355], [575]) bei Veränderung der Inhibitor-Konzentration simuliert werden. Dabei ist die Aufgabe zu lösen, die spezifischen Wirkungen eines Inhibitors, d. h. Erniedrigung der Löslichkeit und Blockierung der Halbkristallage in eine Änderung der Abtrennwahrscheinlichkeit P umzusetzen. Das erfolgt durch Verringerung der Zahl der „freien Bindungen" eines Atoms an einer bestimmten Lage, zum anderen durch eine Verringerung der Zahl der Bindungen zwischen dem Inhibitoratom und dem Kristallgitter.

Die Erniedrigung der Abtrennwahrscheinlichkeit ist dann

$$\log \left[\frac{P - \Delta P}{P}\right] = f_1(a-c) + f_2(b) = K(a-c+b), \qquad (3-16)$$

wobei a die Zahl der freien Bindungen eines Atoms in einer charakteristischen Gitterposition bei Abwesenheit eines Inhibitors, b die Zahl der Bindungen zwischen dem Inhibitoratom und dem Gitteratom und c die Zahl der freien Bindungen eines Atoms in einer charakteristischen Gitterposition bei Anwesenheit eines Inhibitors bedeuten.

Unter der schon ausgesprochenen Annahme, daß diejenigen Ionen die stärkste Inhibitorwirkung hervorrufen, deren misfit besonders gering ist, kann man die Werte für a, b und c annähern. Tatsächlich ergibt sich bei Verringerung der durch die Morse-Funktion[9] ermittelten Abtrennungswahrscheinlichkeiten für die Lagen (3,6) und (3,7) um $r(a-c+b)$ Größenordnungen, daß für einen Wert $r = 2$ Ätzgrubentyp 1) noch stabil ist, während bei $r = 4$ Übergang zu Typ 3) erfolgt.

Bhagavan und Bansigir [47] untersuchten die Änderung der Leitfähigkeit der adhärierenden Schicht um einen NaCl-Kristall mit der Konzentration des als Inhibitor („Poison") wirkenden $CdCl_2$ und verglichen die erhaltenen Werte mit der Form der entstehenden Ätzgruben (vgl. auch Figueroa und Laredo [172]). Dabei ergab sich ein Zusammenhang, wie ihn Abb. 37 darstellt.

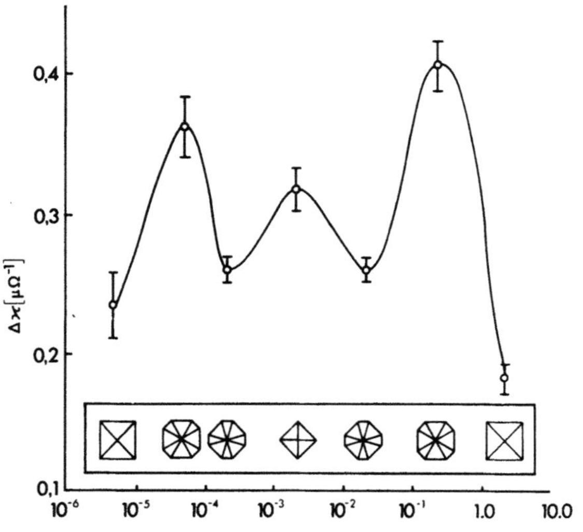

Abb.37. Änderung der Leitfähigkeit der adhärierenden Schicht um einen NaCl-Kristall mit der Inhibitorkonzentration (aus [47])

Maximale Werte für $\Delta\ \kappa$ ergeben Ätzfiguren, bei denen $\{hk0\} > \{hhl\}$ ist, minimale Werte entsprechen $\{hhl\} > \{hk0\}$. Die $\Delta\kappa/c$-Kurve ist symmetrisch in bezug auf eine Konzentration von $CdCl_2$, die als Ätzfigur ein reines $\{hhl\}$ liefert. Die Form der Kurve ist folgendermaßen erklärbar: die Stabilität einer Halbkristallage hängt ab vom Verhältnis der Lebensdauer eines an dieser Halbkristallage adsorbierten Komplexes (vgl. [575]) zu der eines in der adhärierenden Schicht um den Kristall befindlichen. Beide Arten von Komplexen tragen unterschiedlich zur Gesamt-

---

[9] $\psi(|\bar{r}_{ij}|) = D\ \{\exp[-2\alpha(|\bar{r}_{ij}|-r_o)] - 2\exp[-\alpha(|\bar{r}_{ij}|-r_o)]\}$ wobei $\bar{r}_{ij}$ der Vektor ist, der die Lage des Atoms i relativ zum Atom j beschreibt, r_o ist der Atomabstand, α und D sind Konstanten mit Dimensionen von reziproker Länge und Energie.

leitfähigkeit bei. Aus der Form der Kurve ergibt sich, daß für Ätzgruben der Orientierung [100], d. h. {*hk0*} als Ätzflächen die Komplexe mit niedriger Ladung die Halbkristallage blockieren, während diejenigen höherer Ladung die Leitfähigkeit bestimmen und zu den Maxima von $\Delta\kappa$ bei $7{,}3 \cdot 10^{-5}$ und $3{,}6 \cdot 10^{-1}$ mg/ml führen. Umgekehrt blockieren für Orientierungen parallel [110] (Ätzflächen entsprechend {*hhl*}) die Komplexe mit der höheren Ladung die Halbkristallagen, während die mit der niedrigen die Leitfähigkeit entsprechend den Minima bei $3{,}6 \cdot 10^{-4}$ und $3{,}6 \cdot 10^{-2}$ mg/ml $CdCl_2$ bestimmen.

Diese Erklärung setzt voraus, daß ein Komplexgleichgewicht für die jeweilige Cd-Ionenkonzentration tatsächlich existiert, z. B. in der Art der Bildung eines Autokomplexes

$$3\,CdCl_2 \rightleftharpoons Cd^{++} + 2\,[CdCl_3]^- .$$

Ferner ergeben die Schwierigkeiten bei der Messung der tatsächlichen Oberflächenleitfähigkeit eine große Fehlerquelle, so daß nicht ausgeschlossen werden kann, daß die Leitfähigkeit des freien Lösungsvolumens die Meßwerte verfälscht.

Auch bei der Abdampfung von Kristallen kann, induziert durch wechselnde Gehalte von Verunreinigungen, ein Übergang von {*hk0*}-Gruben zu {*hhl*}-Gruben stattfinden. So vermutet z. B. Turchanyi [600], daß die von ihm beobachtete Gestaltänderung der Ätzgruben an thermisch geätztem NaCl auf das Vorhandensein von Si (aus der verwendeten Apparatur) zurückzuführen ist. Ähnliche Beobachtungen stammen von Bethge [44] und Grimes et al. [216]. Kawabuchi und Suzuki [326] ätzten Silber chemisch und elektrolytisch in Lösungen von KCN und $AgNO_3$ und stellten eine Änderung der Orientierung der Ätzgruben in Abhängigkeit von der Zusammensetzung der Lösung und der Stromdichte fest.

4. Adsorptions-Theorie

4.1 Formal-thermodynamische Methode nach Gibbs-Wulff

Im Rahmen der bisher gemachten Überlegungen, die vorwiegend geometrisch-kinematische (Gross [219], Batterman [30], Jaccodine [311]) bzw. molekular-kinetische (Frank [178], Cabrera [91], Chernov [102]) Prinzipien der Ätzgrubenbildung herausstellten, wurde weitgehend auf eine thermodynamische Betrachtungsweise verzichtet.

Ansätze dazu finden sich in der formal-thermodynamischen Methode nach Gibbs-Wulff [649], die die Änderung der Gleichgewichtsform durch Adsorption solcher Stoffe beschreibt, die sich in bezug auf den Kristall oberflächenaktiv verhalten. Unmittelbarer Grund für die Veränderung ist die Verringerung der spezifischen freien Oberflächenenergie durch Adsorption. Die Gibbs-Curiesche Bedingung

$$\Sigma F_i \cdot \sigma_i = \text{min für } V,T = \text{const.} \qquad (4\text{–}1)$$

besagt, daß eine Fläche dann stabil ist („Gleichgewichtsformfläche"), wenn für sie obige Beziehung gilt. Die geometrische Ermittlung erfolgt durch die Wulffsche Konstruktion [649].

Für das Vorhandensein eines Fremdstoffes gilt

$$\Sigma(\sigma_i^o - \Delta\sigma_i)F_i = \min \text{ für } V,T = \text{const.}, \tag{4-2}$$

wobei σ_i^o die Oberflächenspannung der i-ten Fläche, $\Delta\sigma_i$ die durch Adsorption verringerte Oberflächenspannung der gleichen Fläche und F_i der Flächeninhalt bedeuten.

4.2 Oberflächenenergieerniedrigung durch Adsorption

Ein Schritt weiter gingen Stranski und Knacke [345], indem sie die Erniedrigung der spezifischen freien Oberflächenenergie durch Adsorption eines Fremdstoffes (nach Gibbs [197])

$$\frac{d\sigma}{dn} = \frac{\kappa \cdot kT}{n_o} \tag{4-3}$$

mit der relativen Belegungsdichte der Oberfläche, ausgedrückt durch die idealisierende Adsorptionsisotherme nach Langmuir, verknüpften:

$$\frac{\kappa}{\kappa_o} = \frac{n_o}{\Lambda + n_o}\,;\ \Lambda = \frac{\kappa_o \cdot \nu \cdot \exp(-\lambda_{Ad}/kT)}{\sqrt{kT/2\pi m}} \tag{4-4}$$

Hierbei bedeuten κ und κ_o die aktuelle bzw. maximal mögliche Belegungsdichte der Oberfläche [cm^{-2}], n_o die Konzentration des Adsorbenden (Säureanion) in der homogenen Phase [cm^{-3}], σ die spezifische freie Oberflächenenergie [erg cm^{-2}], ν die Schwingungsfrequenz der Atome [10^{13} sec^{-1}], λ_{Ad} die Adsorptionswärme [kcal/mol] und der Wurzelausdruck die mittlere gaskinetische Geschwindigkeit aus einer Richtung. Die Verknüpfung ergibt eine spezielle Form der v. Szyškowskischen Gleichung:

$$\Delta\sigma = kT \cdot \kappa_o \cdot \ln\left(1 - \frac{\kappa}{\kappa_o}\right) < 0. \tag{4-5}$$

Bisher gelang es allerdings nur in wenigen Fällen, exakte Werte für die spezifischen freien Oberflächenenergien zu ermitteln. Von Brace und Walsh [71] stammen Untersuchungen über die spezifischen Oberflächenenergien von Quarz und Kalifeldspat, die mit der Obreimoff-Gilman-Methode (bei [199]) ermittelt wurden. Danach ist σ proportional dem Quadrat der Kraft K, die nötig ist, um einen in einem rechteckigen Kristallstab der Dimensionen a, b, c induzierten Riß zu vergrößern:

$$\sigma = \frac{6}{E}\,\frac{K^2 \cdot b^2}{a^2 \cdot c^3}, \tag{4-6}$$

wobei E der Youngsche Elastizitätsmodul bedeutet[10]

[10] Eine modifizierte Formel findet sich bei Metzik und Afanasjewa [413].

Eine Zusammenfassung der experimentell bestimmten Oberflächenenergiewerte findet sich bis einschließlich der frühen fünfziger Jahre bei Kuznetsov [366].

Weitere Ergebnisse in dieser Richtung erzielten v. Engelhardt und Sell [151], die über die Messung des Randwinkels, der sich zwischen zwei nicht mischbaren Phasen (Wasser und Dodecylamin bzw. *n*-Oktanol in Tetrachlorkohlenstoff) auf (100)-, (110)- und (111)-Flächen von Alaun ausbildet, zumindest relative Werte für die Grenzflächenenergien der einzelnen Flächen berechnen konnten (vgl. auch [641]). Entsprechende Daten liegen inzwischen vor für LiF, NaF und Calcit [150].

4.3 Topochemische Adsorptionstheorie der Einkristallätzung

Diese Grundlagen benutzte Kleber [341] zur Ableitung einer quantitativen Beziehung für die Verschiebungsgeschwindigkeit einer Einkristallfläche unter der Annahme, daß die Adsorption der Lösungsmittelionen bzw. -moleküle an dieser Fläche geschwindigkeitsbestimmend ist. Sein Verdienst liegt darin, die zuerst von Pietsch [471] entwickelte topochemische Adsorptionstheorie der Korrosion von Metallen auf die Ätzung von Einkristallen angewendet zu haben (vgl. auch Kleber [337]).

Die Grundidee liegt in der Annahme einer flächenspezifischen Adsorption, d. h. einer „strukturgelenkten" Anlagerung von Fremdbausteinen (= Lösungsmittelbausteinen) nicht nur an Störungen der Kristalloberfläche, sondern auch an normale Oberflächenplätze. Der Gesamtvorgang der Reaktion baut sich aus vier Teilprozessen auf:

1. Diffusion der reagierenden Komponenten zur Phasengrenzschicht
2. Flächenspezifische Adsorption auf einer Kristallfläche
3. Oberflächenreaktion
4. Ablösung der Verbindung von der Kristallfläche

Die Schritte 1 und 3 sind im allgemeinen in Systemen geringer Viskosität so schnell, daß sie als geschwindigkeitsbestimmende Schritte nicht in Frage kommen. Ist τ die mittlere Verweilzeit einer Admolekel an einer Adsorptionsstelle, τ_o die mittlere Zeit zwischen zwei Ad- bzw. Desorptionsakten und n die Konzentration der Admolekeln (pro cm^2 und sec), so gilt

$$n = \frac{\kappa}{\tau} = \frac{\kappa_o}{\tau_o} \qquad (4\text{–}7)$$

Die für die Abtragung einer angerissenen Bausteinreihe auf einer Netzebene notwendige Zeit ist damit

$$t = \frac{\tau_o - \tau}{\kappa/\kappa_o}$$

und die Abtragungsgeschwindigkeit ergibt sich zu

$$v = \frac{\mathrm{d}}{t} = \mathrm{d} \cdot \frac{\kappa/\kappa_o}{\tau_o - \tau} = \frac{\mathrm{d}}{\tau_o} \cdot \frac{\kappa/\kappa_o}{1 - \kappa/\kappa_o} \qquad (4\text{–}8)$$

wenn d der Abstand zweier aufeinanderfolgender Bausteinketten ist.

Setzen wir für κ/κ_o den Ausdruck von Gl. (4–4) ein, so erhalten wir unter Verwendung von Gl. (4–7)

$$\nu = \frac{d}{\tau_o} \cdot \frac{n_o}{\Lambda} = \frac{d \cdot n \cdot n_o}{\kappa_o^2 \cdot \nu} \cdot \sqrt{kT/2\pi m} \cdot e^{\lambda_{Ad}/kT} \tag{4–9}$$

Die für Schritt 4 notwendige Aktivierungsenergie Q' für die Ablösung der neugebildeten Verbindung von der Kristalloberfläche verringert den Wert von λ_{Ad}, so daß wir exakt schreiben müssen

$$\nu = \frac{d \cdot n \cdot n_o}{\kappa_o^2 \cdot \nu} \cdot \sqrt{kT/2\pi m}\, e^{-(Q'-\lambda)/kT} \tag{4–10}$$

Wir erhalten eine lineare Beziehung zwischen der Verschiebungsgeschwindigkeit einer Kristallfläche und der Konzentration der Adsorbenden (Säureanion) n_o in der homogenen Phase. Ist die Tendenz zur Ablösung des gebildeten Reaktionsproduktes von der Kristalloberfläche gering, d. h. ist das Reaktionsprodukt im Lösungsmittel schwer löslich, so ist $\nu = f(n_o)$ nicht mehr linear, sondern ν geht mit wachsendem n_o in einen Sättigungsbereich über. In diesem Fall ist nicht die flächenspezifische Adsorption geschwindigkeitsbestimmend, sondern die Auflösungsgeschwindigkeit der neugebildeten Phase. Die Größe von ν wird bestimmt von der maximalen Belegungsdichte κ_o (die der Netzebenenbelastung proportional ist) und der Adsorptionsenergie λ_{Ad}. Beide Werte sind Funktionen der Flächenlage (hkl) und beweisen den flächenspezifischen Charakter des Ätzvorganges.

Bei Anwendung der PBC-Methode nach Hartman und Perdok [249] sehen wir, daß wegen der Zunahme von ν mit λ_{Ad} solche Flächen bevorzugt realisiert werden, die hohe Adsorptionsenergien besitzen. Das aber sind Flächen mit einer großen Zahl von austretenden PBC-Vektoren, also K-Flächen in der Hartmanschen Bezeichnungsweise. Da ν ferner umgekehrt proportional zur Belegungsdichte κ_o ist, werden solche K-Flächen entstehen, die eine geringe Belastungsdichte haben (hoch-indizierte bzw. nicht-rationale Flächen). Im Gegensatz dazu entstehen beim Wachstum unter Adsorptionseinfluß K-Flächen mit hoher Belastungsdichte, weil $\Delta\sigma$ direkt proportional zu κ_o ist [vgl. Gl. (4–5)]. Nach Kleber [341] erklärte sich daraus die oft beobachtete Tatsache, daß nur bei der Ätzung, nicht aber beim Wachstum unter Einfluß eines Adsorbenden Vizinalflächen entstehen.

Eine besondere Rolle spielen in der Theorie die flächenspezifisch adsorbierten optisch-aktiven Substanzen, die zu einem Asymmetrie-Effekt bei der Ätzung führen, da an spiegelbildlichen äquivalent angeordneten Flächen asymmetrische Admolekeln strukturgeometrisch unterschiedlich adsorbiert werden. Das bedingt voneinander abweichende λ_{Ad}-Werte und bei hinreichend großer Differenz auch voneinander abweichende ν-Werte ([62], [136], [336]) (vgl. 7.2).

Mit Hilfe der topochemischen Adsorptionstheorie läßt sich auch verstehen, warum verschiedene Ätzmittel unterschiedliche Ätzgrubenformen bzw. Lösungsendkörper-Flächen erzeugen: Durch die strukturgelenkte Adsorption der Anionenkomplexe werden einzelne Orientierungen schneller, andere langsamer abgebaut, je nach dem unterschiedlichen Adsorptionsverhalten geometrisch verschieden gebauter Anionen.

5. Thermodynamische Theorien der Ätzgrubenbildung

5.1 Versetzungen als Ätzgrubenquelle

5.1.1 Typen von Versetzungen

Ätzgrubenbildung auf einer ideal-ungestörten Kristallfläche setzt hohe Aktivierungsenergien für die zweidimensionale Lochkeimbildung voraus. Durch Versetzungen im Kristallgitter wird lokal diese Aktivierungsenergie verringert, und die Weiterentwicklung einer Ätzgrube erfolgt dann nach den oben beschriebenen kinematischen Prinzipien.

Als Versetzungen können sowohl Stufen- als auch Schraubenversetzungen fungieren, die mit unterschiedlichen Energiebeträgen in die Gleichungen für die Änderung der freien Enthalpie bei der Ätzgrubenbildungen eingehen (s. unten).

Wenn wir als Versetzung die Grenzlinie zwischen den zwei Kristallbereichen verstehen, die gegeneinander „versetzt" sind, so gibt der sogenannte Burgers-Vektor $\vec{b}$ [85] die Richtung der gegenseitigen Verschiebung der Gitterbausteine an. Sein Betrag $|\vec{b}| = b$ ist die Versetzungsstärke.

Charakteristisch für eine Stufenversetzung ist die Tatsache, daß Burgers-Vektor und Versetzungslinie senkrecht aufeinanderstehen, während sie bei der Schraubenversetzung parallel liegen. Die beiden Versetzungstypen kann man anschaulich durch den Burgers-Umlauf beschreiben (Abb. 38). Läuft die Umlauflinie in einer Ebene

(1)

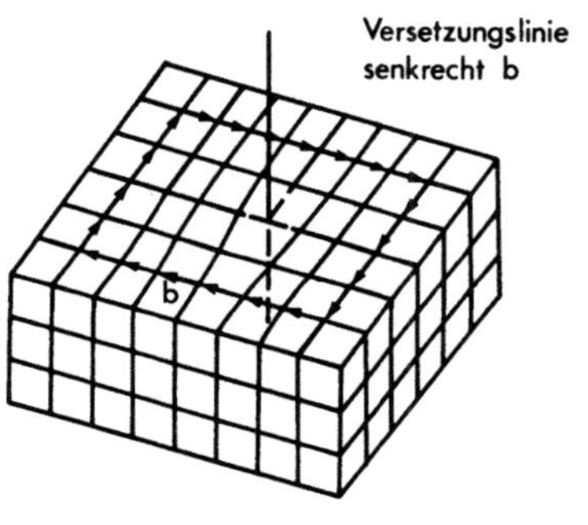

(2)

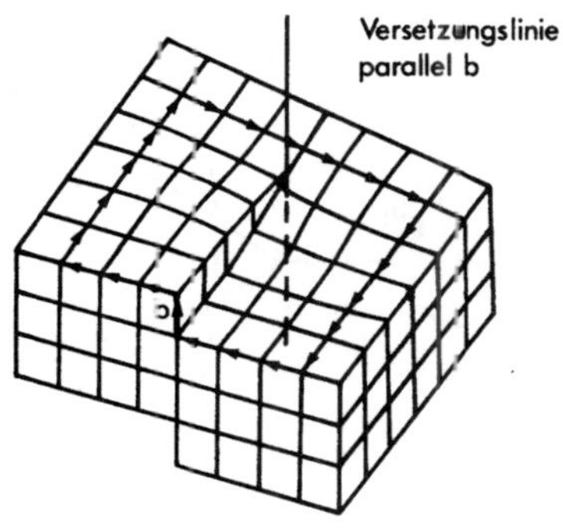

Abb.38. Burgers-Umlauf (1) bei einer Stufen-, (2) bei einer Schraubenversetzung (aus [414])

senkrecht zur Versetzungslinie in sich zurück, so liegt eine Stufenversetzung[11] vor ($\vec{b} \perp$ Versetzungslinie), macht sie einen Sprung, so ist die Richtung des Sprungs und sein Betrag gleich der Richtung und dem Betrag des Burgers-Vektor bei einer Schraubenversetzung ($\vec{b} \parallel$ Versetzungslinie).

---

[11] Die Stufenversetzungen werden durch das Zeichen $\perp$ definiert [vgl. Abb. 38 (1)]. Der waagrechte Balken gibt die Gleitrichtung, der senkrechte die eingeschobene Netzebene an.

5.1.2 Dissoziation von Burgers-Vektoren

Diese beiden Versetzungstypen sind im allgemeinen nicht rein realisiert, sondern man unterscheidet an einer dann notwendigerweise gekrümmten Versetzungslinie Schrauben- und Stufenanteile. Daraus ergibt sich auch, daß Versetzungslinien im Innern eines Kristalls entweder in sich selbst zurückführen (Versetzungsring) oder sich verzweigen (dissoziieren) müssen. Wird ein Versetzungsring von der Kristalloberfläche geschnitten, so entsteht eine Versetzungsschleife (Dislocation loop), die im allgemeinen sehr empfindlich auf Zugspannungen reagiert (vgl. 6.1.1). Durch Beobachtung der Änderung von Größe und Form der Ätzgruben längs einer solchen Schleife können Aussagen gemacht werden über Stärke und Richtung der Deformation, Versetzungsmultiplikation [663], Änderung des elektrischen Verhaltens von Halbleitern [381], Entstehung von Gleitbändern [315], [232], gegenseitige Beeinflussung von Versetzungslinien und Gleitbändern [562] usw.

Bei einer Verzweigung von Versetzungen (Abb. 39) ist die notwendige Bedingung, daß die Summe der Beträge der Burgers-Vektoren Null ist, daß also gilt

$$b_1 + b_2 + b_3 = 0 \tag{5–1}$$

bzw. allgemein

$$\sum_1^n b_i = 0. \tag{5–2}$$

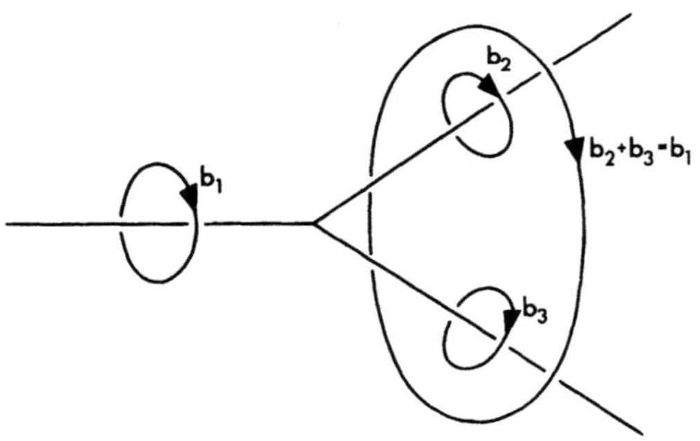

Abb.39. Verzweigung einer Versetzung

Eine derartige Versetzungs"reaktion" hat ähnlich wie eine chemische Reaktion eine Wärmetönung ΔQ. Bei einer exothermen Versetzungsreaktion des Typs

$$\vec{b}_1 \rightarrow \vec{b}_2 + \vec{b}_3 + \Delta Q \tag{5–3}$$

läuft diese sogenannte Versetzungsdissoziation freiwillig ab, da sich aus dem großen, instabilen Burgers-Vektor $\vec{b}_1$ zwei kleine, stabile Vektoren $\vec{b}_2$ und $\vec{b}_3$ bilden.

Nach Frank [176] ist die Energietönung einer Versetzungsreaktion proportional dem Quadrat des Betrages des Burgers-Vektor, d. h. der Versetzungsstärke:

$$Q = \alpha \cdot G \cdot |b|^2 \qquad (5\text{–}4)$$

wobei $\alpha \sim 0{,}5-1{,}0$ und G der Schermodul ist. Eine Dissoziation findet nur statt, wenn die Beziehung gilt

$$b_1^2 > b_2^2 + b_3^2. \qquad (5\text{–}5)$$

Ferner kann man zeigen, daß bei der Betrachtung der Wechselwirkungskräfte zwischen b_2 und b_3 der Vektor $\vec{b}_1$ stabil ist, wenn sich $\vec{b}_2$ und $\vec{b}_3$ anziehen, d. h. wenn sich ihre elastischen Spannungsfelder addieren; dagegen wird $\vec{b}_1$ instabil und dissoziieren, wenn sich $\vec{b}_2$ und $\vec{b}_3$ abstoßen. Eine ausführliche Analyse dieser Zusammenhänge findet sich bei [629].

Jede Kristallstruktur hat eine begrenzte Anzahl stabiler Burgers-Vektoren, die nicht mehr dissoziieren können. Tab. 1 zeigt für einfache Strukturtypen stabile ($b_1^2 < b_2^2 + b_3^2$) und indifferente ($b_1^2 = b_2^2 + b_3^2$) Burgers-Vektoren.

Tabelle 1. Burgers-Vektoren stabiler und indifferenter Versetzungen

Strukturtyp	stabil	indifferent
kubisch-flächenzentriert	1/2 [110]	[100]
kubisch-raumzentriert	1/2 [111], [100]	
hexagonal-primitiv	1/3 [11$\bar{2}$0], [0001]	1/3 [11$\bar{2}$3]
Diamantgitter	1/2 [110]	[100]
NaCl	[110]	[200]

Normalerweise sind Versetzungen vollständig, d. h. ihre Burgers-Vektoren sind Gittervektoren des Bravais-Gitters der betreffenden Struktur. Bei einer Unordnungs-Ordnungs-Umwandlung können unvollständige Versetzungen auftreten, die zwischen sich Bereiche von Stapelfehlern aufspannen. Unvollständige Versetzungen sind solche, deren Burgers-Vektoren keine Gittervektoren im Bravais-Gitter sind. Bei einer order-disorder-Umwandlung können daher aus vollständigen Versetzungen des ungeordneten Kristalls unvollständige des geordneten Kristalls werden. Das bedeutet, daß vollständige Versetzungen in mindestens zwei unvollständige dissoziieren können. Beispielsweise erfordert eine vollständige Versetzung $b = 1/2\ [\bar{1}01]$ längs der (111)-Gleitebene eines kubisch-flächenzentrierten Gitters (Abb. 40), daß ein oberhalb der gezeichneten Schicht befindliches Atom der Position 1 nach Position 3 gebracht wird. Dieser Schritt benötigt aber wegen der stärkeren Dilatation senkrecht zur Gleitebene (das Atom geht über eine Sattellage) eine höhere Energie, als wenn das Atom erst über Position 2 nach 3 gelangt, also von Muldenlage zu Muldenlage.

Damit ergibt sich die Versetzungsreaktion

$$1/2\ [\bar{1}01] = 1/6\ [\bar{2}11] + 1/6\ [\bar{1}\bar{1}2], \qquad (5\text{–}6)$$

die der Frankschen Bedingung gehorcht

$$b^2 > b_1^2 + b_2^2.$$

Unvollständige Versetzungen des Typs 1/6 $[\bar{1}\bar{1}2]$ nennt man Shockley-Teilversetzungen [256]. Eine weitere im kubisch-flächenzentrierten Gitter häufig auftretende unvollständige Versetzung 1/3 [111] ist die Frank-Teilversetzung [177]. Eine Shockley-Teilversetzung kann mit einer Frank-Teilversetzung reagieren zur Einheitsversetzung [110]:

$$1/6\,[\bar{1}\bar{1}2] + 1/3\,[111] \rightarrow 1/2\,[\bar{1}\bar{1}0], \tag{5–7}$$

bzw.

$$C\delta + D\delta \rightarrow CD.$$

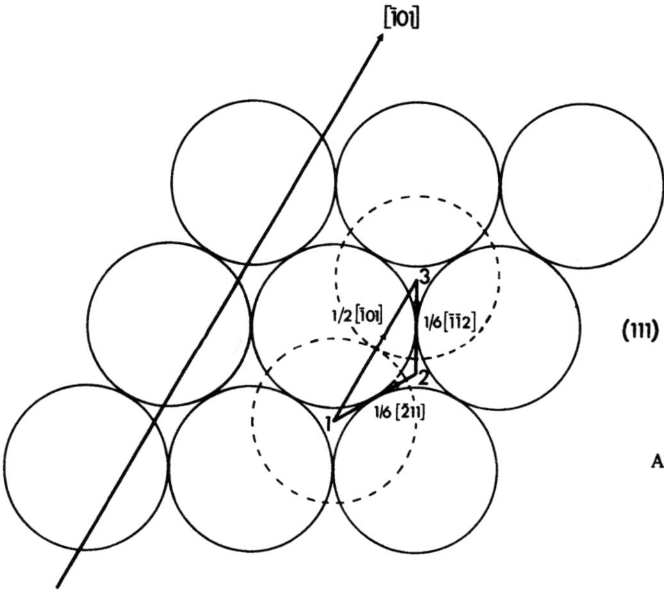

Abb.40. Gleitebene (111) eines kubisch-flächenzentrierten Gitters mit vollständiger Versetzung und zwei Shockleyschen Teilversetzungen (nach [288])

Zwei Shockley-Teilversetzungen können unter Bildung einer Lomer-Cottrell-Barriere [110] reagieren:

$$1/6\,[\bar{1}1\bar{2}] + 1/6\,[\bar{2}1\bar{1}] \rightarrow 1/3\,[\bar{1}01] \tag{5–8}$$

bzw.

$$A\beta + A\gamma \rightarrow \beta\gamma.$$

Zur Beschreibung dieser komplizierten Zusammenhänge dient das Thompsonsche Versetzungstetraeder [587]. Die Flächen des Tetraeders[12] stellen die vier Gleitflächen {111} des kubisch-flächenzentrierten Gitters dar, die Kanten symbolisieren die sechs [110]-Gleitrichtungen. Ferner entsprechen die Verbindungslinien zwischen Ecken und Flächenmitte den Burgers-Vektoren der 12 Shockley-Teilversetzungen, während die Verbindungslinie der Ecken mit den gegenüberliegenden Flächenmitten die Burgers-Vektoren der 4 Frank-Teilversetzungen darstellen. Die Burgers-Vektoren der Lomer-Cottrell-Barrieren sind dann entsprechend die Verbindungen zwischen den Flächenmitten.

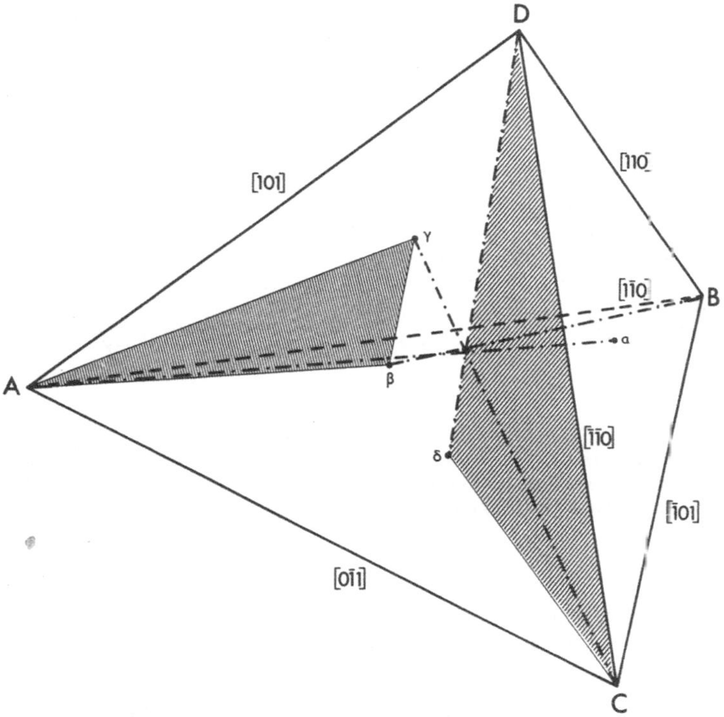

Abb. 41. Thompson-Tetraeder für das kubisch-flächenzentrierte Gitter

ABC = (111)
ACD = $(1\bar{1}\bar{1})$
ABD = $(\bar{1}\bar{1}1)$
CBD = $(\bar{1}1\bar{1})$
Gleitebenen

Aα : $[\bar{1}1\bar{1}]$
Bβ : $[\bar{1}\bar{1}\bar{1}]$
Cγ : $[\bar{1}\bar{1}1]$
Dδ : [111]
Burgers-Vektoren der Frank-Teilversetzungen

Aδ : $[\bar{1}2\bar{1}]$
Bδ : $[2\bar{1}\bar{1}]$
Cδ : $[\bar{1}\bar{1}2]$
Bα : $[1\bar{1}\bar{2}]$
Cα : $[\bar{2}\bar{1}1]$
Dα : $[12\bar{1}]$
Burgers-Vektoren der Shockley-Teilversetzungen

Aβ : $[\bar{1}1\bar{2}]$
Cβ : $[\bar{1}\bar{2}1]$
Dβ : [211]
Aγ : $[\bar{2}1\bar{1}]$
Bγ : $[1\bar{2}\bar{1}]$
Dγ : [112]
Burgers-Vektoren der Shockley-Teilversetzungen

Abb. 41 zeigt das Thompson-Tetraeder. Eingetragen sind die Ebenen, die die Burgers-Vektoren der Reaktionen mit den Gl. (5–7) und (5–8) innerhalb des Tetraeders aufspannen.

---

[12] In analoger Weise benutzt man nach Berghezan, Fourdeux und Amelinckx [40] zur Beschreibung der Versetzungen eines Kristalls mit hexagonal-dichtester Kugelpackung eine trigonale Bipyramide.

Die Anordnung von Versetzungen in Gleitbändern und ihre Veränderung beim Erhitzen (Ausheilung von Gitterdefekten durch intrakristalline Diffusion) konnte von Stokes [566] elektronenmikroskopisch am MgO sichtbar gemacht werden. Schematisch ist das in Abb. 42-1 wiedergegeben.

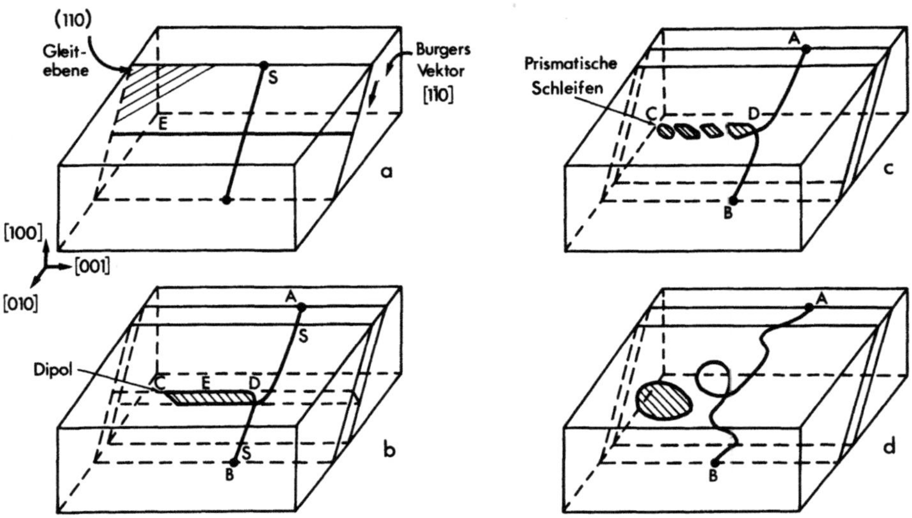

Abb.42-1. Versetzungsanordnung im Steinsalzgitter bei steigender Temperatur (nach [566]). (a) Einfache Schrauben(S)- und Stufen(E)versetzungen, (b) Versetzungsdipol *CD*, (c) Aufspaltung des Dipols in eine Kette von Versetzungsschleifen, (d) Kombination mehrerer Schleifen mit Versetzungslinien

Ursprünglich vorhandene Versetzungsdipole (*b*) werden mit zunehmender Temperatur durch Diffusion von Punktdefekten längs Versetzungslinien (Groves und Kelly [223]) in prismatische Versetzungsschleifen (*c*) aufgespalten (Seitz [542]). Bei noch weiterer Temperatursteigerung treten Platzwechselvorgänge auf, die zum „Klettern" (Climb) der Versetzungen senkrecht zur Gleitebene und damit zum Verschmelzen verschiedener Versetzungsschleifen mit Versetzungslinien unter Bildung spiralförmiger gemischter Versetzungen (*d*) führen. Diese spiralförmigen Versetzungen (Helical dislocations) treten oft neben geschlossenen Versetzungsringen auf [542].

Den Entstehungsmechanismus kann man nach Amelinckx [7] so erklären, daß ein kugelförmiger Einschluß in einem Kristall zylindrische Streß-„röhren" in den Gleitrichtungen erzeugt. Die Stufenkomponente E einer gemischten Versetzung wandert von der Oberfläche des Zylinders nach außen, während die Schraubenanteile S_1 und S_2 im entgegengesetzten Sinn längs der Zylinderoberfläche rotieren. Treffen sich die Schraubenkomponenten nach einer halben Umdrehung, so entsteht ein geschlossener Versetzungsring, der nach außen abströmt. Verfehlen sich jedoch die beiden Segmente S_1 und S_2, so rotieren sie weiter unter Bildung einer Doppel-Helix, aus der durch Kombination mit einer anderen Schraubenversetzung wieder eine Folge von Versetzungsschleifen entstehen kann.

Abb. 42-2 zeigt durch CaO dekorierte spiralförmige Versetzungen und einige Versetzungsschleifen in CaF_2. Beim Erhitzen von CaF_2 in feuchter Luft (30 min, 800°C) bildete sich durch teilweise Hydrolyse CaO, das an den Versetzungen ausgefällt wurde und diese dekorierte [66], [7]. Die Richtung der Spiralachsen ist [110].

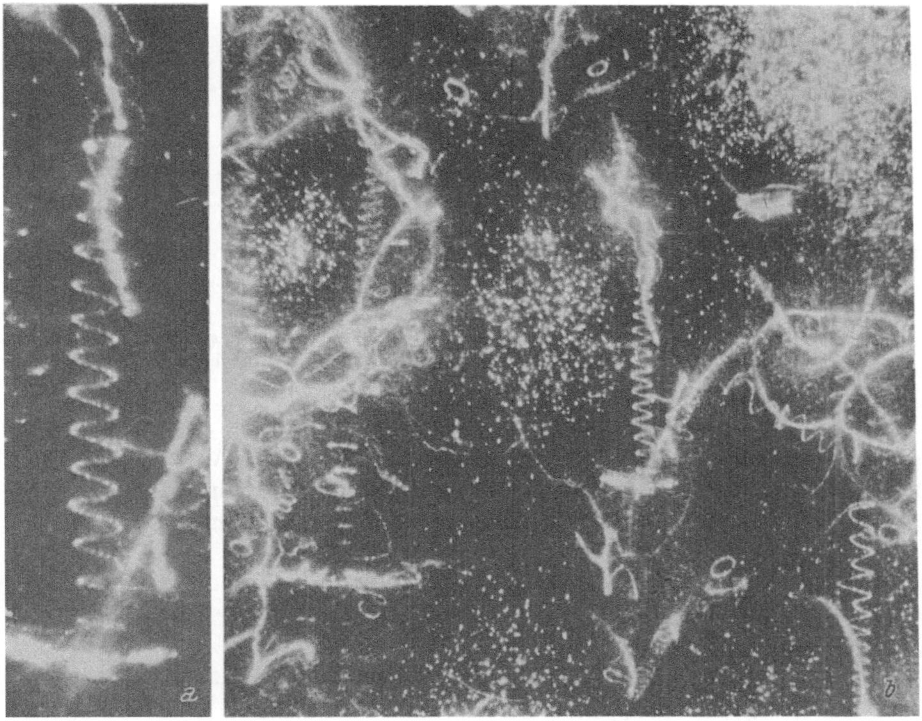

Abb. 42-2. Spiralförmige Versetzungen (Helical dislocations) und Versetzungsschleifen in CaF_2, dekoriert mit CaO (aus Amelinckx [7])

5.1.3 Verzerrungsenergie von Versetzungen

Die durch eine Versetzung bewirkte Gitterverschiebung produziert ein elastisches Spannungsfeld rund um die Versetzung, dessen Stärke bzw. Energieinhalt durch folgende Überlegungen angenähert werden kann.

Die Gitterverzerrung um eine Schraubenversetzung kann stark vereinfacht dargestellt werden[13] als Deformation eines zylindrischen Ringes [300] (Abb. 43). Ein

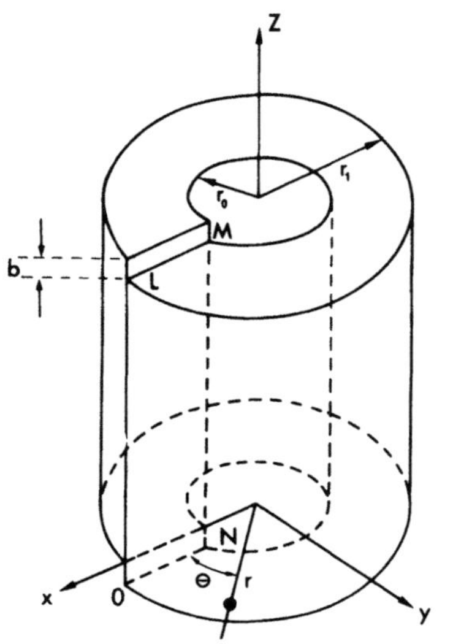

Abb.43. Elastische Verzerrung eines zylindrischen Ringes zur Simulation einer Schraubenversetzung ([300])

geschlitzter zylindrischer Ring wird um den Betrag b (= Burgers-Vektor) längs einer Ebene LMNO parallel zu z verschoben. Die dabei entstehende Schubspannung ϵ ist gleich dem Quotienten aus der Stufenhöhe b und dem Kreisumfang $2\pi r$:

$$\epsilon = \frac{b}{2\pi r} \qquad \text{(Hookesches Gesetz)} \tag{5-9}$$

und die Gesamtspannung ist

$$\tau = \frac{G \cdot b}{2\pi r} = G \cdot \epsilon, \tag{5-10}$$

wobei b die Versetzungsstärke und G der Schermodul sind. Da angenommen wird, daß die Verzerrung nur in z-Richtung erfolgt, werden alle anderen Spannungskomponenten in x- und y-Richtung Null gesetzt. Da das Spannungsfeld rotationssymmetrisch ist, ist es auch unbehängig vom Winkel Θ [176].

---

[13] Diese mechanische Betrachtungsweise stellt nur eine qualitative Analogie zu den wirklichen Vorgängen dar. Insbesondere ergeben sich zwei Begrenzungen:
1. Die mathematische Lösung erfordert einen Ring aus isotropem Material, nicht aber einen massiven Zylinder. Gl. (5–10) zeigt, daß die Gesamtspannung τ umgekehrt proportional zu r ist. Geht r gegen Null, so geht τ gegen Unendlich. Wegen dieser physikalischen Unmöglichkeit ist es nötig, einen Minimalradius r_0 einzuführen, der nicht unterschritten werden darf. Er liegt in der Größenordnung von einigen Ångström. Das Gebiet um den Versetzungsradius r_0 wird dann als Versetzungskern bezeichnet.
2. Ein Realkristall ist kein isotropes Kontinuum. Es ist daher notwendig, im Versetzungskern die Verschiebung und die Wechselwirkungskräfte einzelner Atome zu berücksichtigen.

Wollen wir nun die elastische Verzerrungsenergie einer Schraubenversetzung berechnen, die bei Verschiebung eines Kristallbereichs der Einheitslänge um die Strecke b längs der Gleitrichtung auftritt, so integrieren wir über alle Volumenelemente eines Halbzylinderringes:

$$E_{\mathrm{Schr}} = 1/2 \int_{r_o}^{r_1} \tau\, b \cdot \mathrm{d}r = 1/2 \int_{r_o}^{r_1} \frac{Gb^2}{2\pi} \frac{\mathrm{d}r}{r}$$

$$= \frac{Gb^2}{4\pi} \ln (r_1/r_o). \qquad (5-11)$$

r_1 ist der äußere Durchmesser des Kristalls, r_o der Radius des Versetzungskerns (s. oben). Aus Gl. (5–11) ergibt sich, daß der Energieinhalt einer Versetzung nicht konstant ist, sondern von der Kristallgröße abhängt.

Unter analogen Bedingungen erhalten wir einen Ausdruck für die elastische Verzerrungsenergie einer Stufenversetzung

$$E_{\mathrm{St}} = \frac{Gb^2}{4\pi(1-\nu)} \ln (r_1/r_o), \qquad (5-12)$$

wobei ν die Poissonzahl bedeutet. Sie geht in die Gleichung ein, weil bei einer Stufenversetzung neben der reinen Scherkomponente noch eine Kontraktion des umgebenden Gitters zu berücksichtigen ist. Abb. 44 zeigt die elastische Verformung

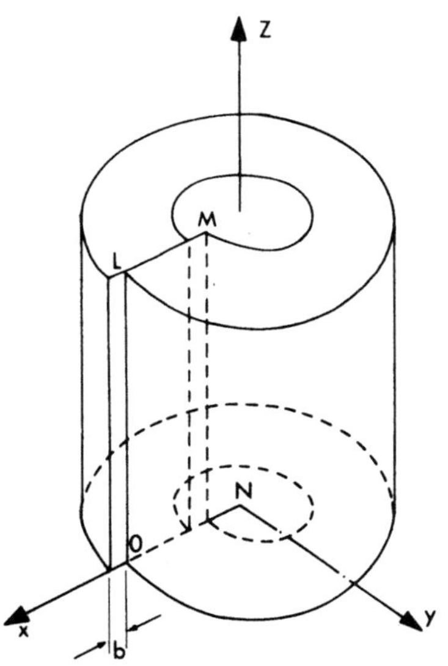

Abb.44. Elastische Verzerrung eines zylindrischen Ringes zur Simulation einer Stufenversetzung ([300])

eines zylindrischen Ringes, die eine Stufenversetzung simuliert. Es ist erneut zu beobachten, daß hier der Burgers-Vektor senkrecht zur Versetzungslinie steht, während er bei der Schraubenversetzung in Abb. 43 parallel zur Versetzungslinie liegt.

Da die meisten Versetzungen gemischte Schrauben- und Stufenversetzungen sind, muß bei der Berechnung ihrer Gesamtenergie der Burgers-Vektor in eine Schrauben- und in eine Stufenkomponente aufgespalten werden. Schematisch zeigt die Abb. 45 die Analyse eines Burgers-Vektors einer gemischten Versetzung.

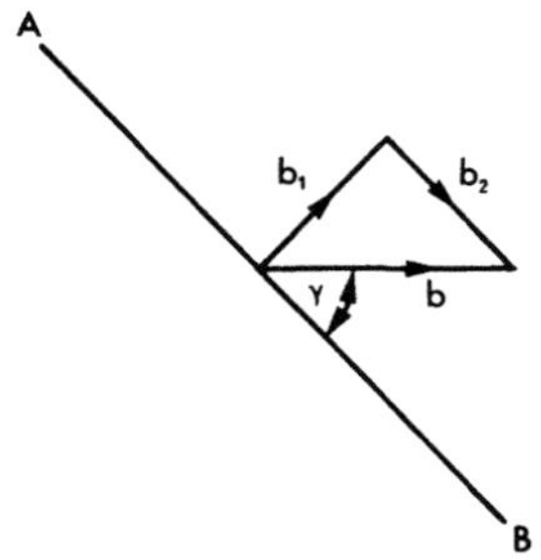

Abb.45. Der Burgers-Vektor $\boldsymbol{b}$ einer gemischten Versetzung AB kann aufgespalten werden in eine Stufenkomponente $\boldsymbol{b}_1$ senkrecht AB und eine Schraubenkomponente $\boldsymbol{b}_2$ parallel AB

Aus Abb. 45 ergibt sich für $b_1 = b \cdot \sin\gamma$ und $b_2 = b \cdot \cos\gamma$. Setzt man diese Werte in die Gl. (5–11) und (5–12) ein und berücksichtigt, daß die elastische Gesamtverzerrungsenergie einer gemischten Versetzung gleich der Summe der Versetzungsenergien der Stufen- und Schraubenversetzungsanteile ist, so erhält man

$$E_{\text{gemischt}} = \left\{ \frac{Gb^2 \sin^2\gamma}{4\pi(1-\nu)} + \frac{Gb^2 \cos^2\gamma}{4\pi} \right\} [\ln (r_1/r_o)]$$

$$= \frac{Gb^2}{4\pi(1-\nu)} \ln (r_1/r_o) \, [1-\nu \cdot \cos^2\gamma]. \qquad (5\text{–}13)$$

5.2 Mechanismen der Versetzungsätzung

Wir nehmen mit Stranski [568] und Burton, Cabrera und Frank [88] an, daß die Abtragung von Gleichgewichtsformflächen nur durch die horizontale Verschiebung monomolekularer Oberflächenstufen mit konstanter Geschwindigkeit vor sich geht (vgl. 2.1). Dann ist die Abtragungsgeschwindigkeit senkrecht zur betrachteten Oberfläche

$$v_F = \frac{v_h \cdot h}{s}, \qquad (5\text{–}14)$$

wobei h die Stufenhöhe, s der mittlere Stufenabstand und v_h die horizontale Verschiebungsgeschwindigkeit der Stufen ist.

Als einfacher Grenzfall sei zunächst die Wanderung von Stufen einer gegen die Gleichgewichtsformfläche um den Winkel α schwach geneigten Vizinalfläche erwähnt. Hierbei wird eine versetzungsfreie Oberfläche betrachtet, auf der die Ätzgrubenbildung nicht thermisch aktiviert ist. Dann haben die Stufen einen Abstand $s = h/tg\,\alpha$ und

$$v_F \approx v_h \cdot tg\alpha. \qquad (5\text{–}15)$$

5.2.1 Spiralmechanismus an Schraubenversetzungen

Bei Vorhandensein von Schraubenversetzungen, die senkrecht auf der betrachteten Oberfläche enden und deren Burgers-Vektor definitionsgemäß dann normal zur Oberfläche steht, erfolgt die Stufenverschiebung nicht mehr linear, sondern es bilden sich Spiralstufen aus, die mit einer von der Potentialdifferenz Δg zwischen Kristall und umgebender Phase abhängigen Geschwindigkeit rotieren [515]. Für den Fall des Wachstums einer Spiralstufe gilt $\Delta g > 0$, für die Lösung $\Delta g < 0$.
Die Arbeit, die zur Bildung eines zweidimensionalen runden Lochkeims der Tiefe h nötig ist, beträgt

$$G_S^* = \pi \cdot \Gamma^2 /(\Delta g/kT) \qquad (5-16)$$

mit der „reduzierten Randspannung"

$$\Gamma = h \sqrt{aa^*} \cdot \gamma / \sqrt{kT}.$$

Für $h \approx a \approx a^*$ ist $haa^* = \Omega$ (Atomvolumen), wenn a bzw. a^* die Abstände benachbarter Atome auf Gittergeraden senkrecht aufeinanderstehender Gitterebenen sind. Bezeichnen wir weiter mit r_K den Radius des kritischen Lochkeims für die zweidimensionale Keimbildung auf einer Kristalloberfläche, der durch die Beziehung (Brandes [73])

$$r_K = f_o \cdot \rho/\Delta g \qquad (5-17)$$

(f_o Flächenbedarf eines Bausteins, ρ Randspannung, Δg Potentialdifferenz) gegeben ist, so erhalten wir nach Cabrera und Levine [92] für den Abstand der einzelnen Windungen der Frankschen Spirale den Wert

$$s = 19 r_K = 19 f_o \cdot \rho/\Delta g\,. \qquad (5-18)$$

Setzen wir diesen Wert unter der Voraussetzung $a \approx h$ in die Gl. (5–14) ein, so ergibt sich als lineare Geschwindigkeit, mit der sich eine Ätzgrube längs einer Schraubenversetzung in die Oberfläche eines Kristalls hineinbohrt der Ausdruck

$$v_F \sim v_h\, h \cdot \Delta g/19 f_o \cdot \rho, \qquad (5-19)$$

wobei v_h selbst eine Funktion von Δg ist.

5.2.2 Modell der Lochkeimbildung nach Cabrera

Unter 5.2.1 wurde die Lochkeimbildung an einer Schraubenversetzung beschrieben, deren Burgers-Vektor parallel zur Versetzung und damit senkrecht zur Oberfläche steht. Beim Vorhandensein einer Stufenversetzung mit einem entsprechend oberflächenparallelen Burgers-Vektor ist die bevorzugte Auflösung in Richtung der Versetzung aus geometrischen Gründen nicht mehr gegeben. Unter gewissen Annahmen kann nach Cabrera [90] die zweidimensionale Lochkeimbildung spontan ohne thermische Aktivierung durch Freiwerden der im Lochvolumen enthaltenen elastischen Verzerrungsenergie (vgl. 5.1.3) erfolgen.

5.2.2.1 Lochkeimbildung auf einer ideal-ungestörten Oberfläche. Zunächst sei jedoch die Bildung eines Lochkeims der Tiefe h und mit Radius r auf einer ideal-ungestörten Oberfläche beschrieben. Die Änderung der freien Enthalpie bei der Bildung des zweidimensionalen runden Lochkeims setzt sich zusammen aus einem Term, der die zur Erzeugung des Lochrandes aufzuwendende Arbeit beschreibt und aus einem Term, der die durch den Phasenübergang gewonnene Arbeit definiert:

$$\begin{aligned} \Delta G_{\text{ideal}} &= \Delta G_{\text{Rand}} - \Delta G_{\text{Fläche}} \\ &= 2\pi\, r\, \rho - \pi\, r^2 \cdot h\Delta g/\Omega \end{aligned} \qquad (5\text{--}20)$$

mit ρ als spezifischer freier Randenergie, Δg als Änderung der freien Enthalpie bei der Auflösung und Ω als Atomvolumen. Da ΔG offensichtlich eine Funktion des Keimradius r ist, kann man einen kritischen Radius r_K definieren, bei dessen Unterschreitung die spontane Vergrößerung eines einmal gebildeten zweidimensionalen Lochkeims unwahrscheinlich ist. Der kritische Keimradius r_K ergibt sich aus der Bedingung

$$(\partial \Delta G/\partial\, r)_{r=r_K} = 0 \qquad (5\text{--}21)$$

zu

$$r_K = \Omega \cdot \rho/\Delta g\, h = f_o \cdot \rho/\Delta g \text{ [vgl. 3.2, Gl. (3–9) und (5–17)].} \qquad (5\text{--}22)$$

Bei Einsetzen von Gl. (5–22) in (5–20) erhält man die maximale (kritische) Keimbildungsarbeit für die Bildung eines runden zweidimensionalen Lochkeims monomolekularer Tiefe auf einer versetzungsfreien Gleichgewichtsformfläche zu

$$\Delta G_K = \pi \cdot \rho^2 \cdot f_o/\Delta g\,. \qquad (5\text{--}23)$$

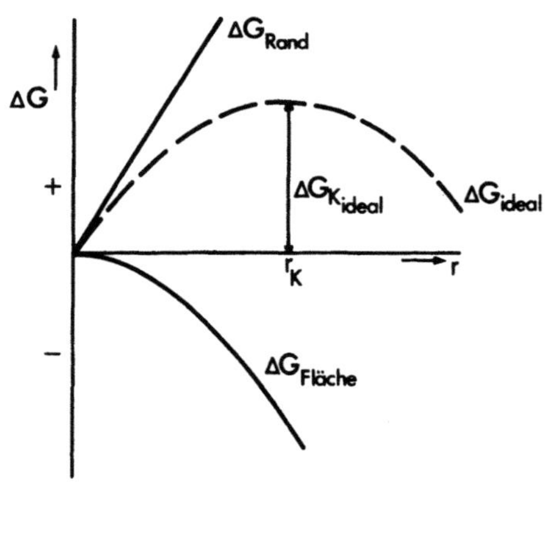

Abb.46. Freie Bildungsenthalpie ΔG_K für einen Lochkeim auf einer ideal-versetzungsfreien Oberfläche

Abb. 46 zeigt den Verlauf der ΔG_K-Kurve mit den zugehörigen ΔG_{Rand}- und $\Delta G_{\text{Fläche}}$-Kurven [Gl. (5–20)].

5.2.2.2 Lochkeimbildung an einer Versetzung. Durch die von einer Versetzung erzeugte elastische Gitterverformung wird in der Umgebung der Versetzungslinie ein Spannungsfeld aufgebaut, das bei der Ätzgrubenbildung unter Gewinn der elastischen Verzerrungsenergie abgebaut wird. Daher geht in den Ausdruck für die Gesamtänderung der freien Enthalpie bei der Ätzgrubenbildung noch ein Verzerrungsterm ein, und wir erhalten

$$\Delta G_{\text{real}} = \Delta G_{\text{Rand}} - \Delta G_{\text{Fläche}} - \Delta G_Z \tag{5-24}$$

mit

$$\Delta G_Z = h \cdot A \cdot \ln(r_1/r_o) + B \; (r_1 \geqslant r_o). \tag{5-25}$$

Die Größe A hängt von der Art der Versetzung ab, die Größe B vom Grad der Lösungsmitteladsorption an der Versetzung. r_o ist der Radius des sogenannten Versetzungskerns. Für eine reine Stufenversetzung gilt

$$A_{\text{St}} = G\, b^2/4\pi(1-\nu), \tag{5-26}$$

für eine reine Schraubenversetzung entsprechend

$$A_{\text{Schr}} = G\, b^2/4\pi \text{ [vgl. 5.1.3, Gl. (5-11) und (5-12)].} \tag{5-27}$$

Setzen wir in Gl. (5–24) bzw. (5–25) die Werte von (5–26) und (5–27) ein, so ergibt sich für die freie Enthalpie der Keimbildung an einer Stufenversetzung die Gleichung

$$\Delta G_{\text{real}} = 2\pi\, r\, \rho - \pi\, r^2\, h\, \Delta g/\Omega - \left[\frac{hGb^2}{4\pi(1-\nu)} \ln(r_1/r_o) + B\right], \tag{5-28}$$

für die Schraubenversetzung die Gleichung

$$\Delta G_{\text{real}} = 2\pi\, r\, \rho - \pi\, r^2\, h\, \Delta g/\Omega - \left[\frac{hGb^2}{4\pi} \ln(r_1/r_o) + B\right]. \tag{5-29}$$

Das Verhalten der ΔG-Kurve gegenüber dem Lochkeimradius r (Abb. 47) wird bestimmt durch die beiden Ableitungen:

$$1.\left(\frac{\partial \Delta G}{\partial r}\right)_{r=r_K} = 2\pi\, \rho - 2\pi\, rh\, \Delta g/\Omega - \frac{hGb^2}{4\pi\, r} \tag{5-30}$$

$$2.\left(\frac{\partial^2 \Delta G}{\partial r^2}\right)_{r=r_K} = -2\pi\, h \Delta g/\Omega + \frac{hGb^2}{4\pi\, r^2}. \tag{5-31}$$

Setzt man die 1. Ableitung Null, so ergibt sich eine quadratische Gleichung mit den Lösungen

$$\left.\begin{matrix} r_{\max} \\ \\ r_{\min} \end{matrix}\right\} = \frac{\rho \cdot \Omega}{2 \cdot \Delta g \cdot h} \cdot \left\{\begin{matrix} 1 + \sqrt{1-\xi} \\ \\ 1 - \sqrt{1-\xi} \end{matrix}\right\} \tag{5-32}$$

wobei

$$\xi = \frac{Gb^2 \cdot h^2}{2\pi^2 \rho^2 \Omega} \cdot \Delta g$$

ist.

Ist $\xi = 1$, so ist

$$r_{max} = r_{min} = \frac{\rho \cdot \Omega}{2\Delta g \cdot h} = \frac{r_K}{2} \ . \qquad (5\text{–}33)$$

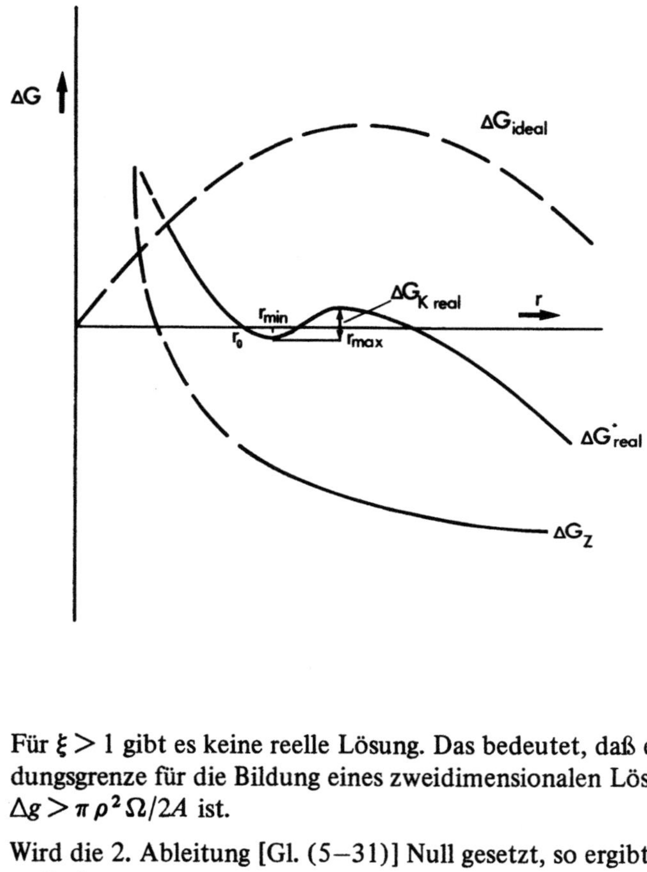

Abb. 47.
Freie Bildungsenthalpie ΔG_K^* für einen Lochkeim am Ende einer Schraubenversetzungslinie

Für $\xi > 1$ gibt es keine reelle Lösung. Das bedeutet, daß es dann keine Keimbildungsgrenze für die Bildung eines zweidimensionalen Lösungskeims gibt, wenn $\Delta g > \pi \rho^2 \Omega / 2A$ ist.

Wird die 2. Ableitung [Gl. (5–31)] Null gesetzt, so ergibt sich als einzige positive reelle Lösung

$$r^* = \sqrt{\xi}\, \frac{\rho \cdot \Omega}{2\Delta g \cdot h} = \frac{r_K}{2} \sqrt{\xi} \qquad (5\text{–}34)$$

Somit hat jede $\Delta G_{real}/r$-Kurve einen Wendepunkt.

Nach der Boltzmann-Statistik ist die Keimbildungsgeschwindigkeit proportional $e^{-\Delta G/kT}$, wenn ΔG die Arbeit ist, die zur Bildung eines zweidimensionalen Lochkeims aufgewendet werden muß. Da aber nach Gl. (5–23) bzw. (5–28) und (5–29) die Potentialdifferenz Δg in die Ausdrücke für die Keimbildungsarbeiten eingeht, die ihrerseits definiert werden kann als

$$\Delta g = kT \ln(c_o/c) \tag{5-35}$$

ist für die Geschwindigkeit der Keimbildung eines Loches von monomolekularer Tiefe h die lokale Untersättigung in der unmittelbaren Nachbarschaft der Versetzung entscheidend.

Setzen wir $\xi < 1$, so ergibt sich die kritische freie Enthalpie für die Lochkeimbildung an einer Schrauben-Versetzungslinie zu

$$\Delta G^*_{\mathrm{real}} = \Delta Gr_{\max} - \Delta Gr_{\min} \cdot \tag{5-36}$$

Aus den Gl. (5–29), (5–32) und (5–36) erhalten wir

$$\Delta G^*_{\mathrm{real}} = \pi \cdot \rho \cdot r_K \cdot \sqrt{1-\xi} + \frac{hGb^2}{4\pi} \ln \left\{ \frac{1-\sqrt{1-\xi}}{1+\sqrt{1-\xi}} \right\} \tag{5-37}$$

für $r_1 \geqslant r_o$ und $\xi < 1$.

Aus Gl. (5–37) kann man die Erniedrigung der Keimbildungsarbeit an einer Versetzung gegenüber einer ungestörten Kristalloberfläche direkt ablesen, wenn man $\xi \gtrsim 1$ setzt. Dann erhalten wir die Beziehung

$$\Delta G^*_{\mathrm{real}} = \Delta G_{\mathrm{ideal}} \cdot \sqrt{1-\xi} \tag{5-38}$$

d. h. die Keimbildungsarbeit an einer Versetzung ist gerade um den Faktor $\sqrt{1-\xi}$ kleiner als auf einer perfekten Oberfläche.

Entsprechend dem Vorstehenden ergibt sich auch, daß Ätzgruben nur dann auftreten können, wenn das Verhältnis der Untersättigung in der unmittelbaren Umgebung der Kristalloberfläche geringer ist als eine kritische Untersättigung, bei der an den Versetzungen spontane Lösung eintritt [538]. Die Untersättigung bewirkt eine Änderung von ξ und kann u. a. auftreten bei Anwesenheit von sogenannten Lösungsgiften (Inhibitoren), die die freie Enthalpie der Lochkeimbildung drastisch herabsetzen (vgl. 3.2).

Bei Abwesenheit von Lösungsgiften tritt ein Poliereffekt ein, d. h. $\nu_F \lesssim \nu_h$ (s. oben).

5.2.3 Vergleich der verschiedenen Ätzmechanismen

Das von Cabrera [90] entwickelte Modell der Lochkeimbildung am Ende einer Versetzung bezieht sich auf einen großen Burgers-Vektor $\boldsymbol{b}$ und geringe Randenergie ρ. Bei diesem Modell kommt nur die elastische Verzerrungsenergie (z. B. bei der Auflösung von Kristallen mit überwiegend heteropolarer Bindung) zum Zuge, während bei der Auflösung von Metallen nach Schaarwächter [514] hauptsächlich die Energie des Versetzungskerns berücksichtigt werden muß. Die Verringerung der Keimbildungsarbeit an der Versetzung wird berücksichtigt durch Einführung eines Faktors $p < 1$, für den gilt

$$p = \left(1 - \frac{\alpha \cdot qGbh}{4\pi\,\rho}\right)^2 \tag{5–39}$$

wobei α eine Konstante, die für Schraubenversetzungen bei etwa 1,5, bei Stufenversetzungen bei 2 liegt, und q das Verhältnis der durch die Versetzung hervorgerufenen Schubspannung [vgl. Gl. (5–9)] zum Schermodul G ist und bei ca. 0,1 liegt.

Nach Schaarwächter [514] ist das Cabrera-Modell anzuwenden, wenn Gbh/ρ größer als 50 bis 100 ist. Bei Metallen ist jedoch dieser Faktor erheblich kleiner, und die Keimbildung erfolgt nach einem anderen Modell, bei dem nur die Energie des Versetzungskerns mit dem Radius r_o berücksichtigt zu werden braucht.

Mit

$$\Delta G_z' = \alpha \cdot h\,\frac{Gb^2}{4\pi}\left(\frac{r}{r_o}\right) \tag{5–40}$$

folgt für die Bildung eines zweidimensionalen Lochkeims bei einem Metall unter ausschließlicher Berücksichtigung der Energie des Versetzungskerns

$$\Delta G_{\text{Metall}} = \Delta G_{\text{Rand}} - \Delta G_{\text{Fläche}} - \Delta G_z'$$

und damit

$$\Delta G_{\text{Metall}} = 2\pi\,r\,\rho - \pi\,r^2 h\,\frac{\Delta g}{\Omega} - \alpha \cdot h\,\frac{Gb^2}{4\pi}\left(\frac{r}{r_o}\right). \tag{5–41}$$

Beim Vergleich dieses Ausdrucks mit Gl. (5–29) zeigt sich, daß hier die Verzerrungsenergie $\Delta G_z'$ linear mit dem Radienverhältnis r/r_o wächst, während beim Cabrera-Modell ΔG_z eine Funktion des Logarithmus der Radienverhältnisse ist. Von Huntington u. a. [301] und Englert und Tompa [153] stammen numerische Berechnungen, die den Ansatz entsprechend Gl. (5–40) bestätigen.

Mit dem Faktor p ergibt sich die vertikale lineare Auflösungsgeschwindigkeit längs einer Versetzungslinie zu

$$v_F = h \cdot \nu \cdot \exp\{-(p\Delta G_s^* + \Delta H)/kT\} \tag{5–42}$$

mit

$$\Delta G_s^* = \pi\,\Gamma^2/(\Delta g/kT). \tag{5–16}$$

ΔH ist die bei der Loslösung eines Bausteins aus seiner Gitterposition und beim Transport durch eine Grenzschicht erforderliche Energie, ν die Schwingungsfrequenz eines Atoms, die bei etwa $10^{13}\,\text{sec}^{-1}$ liegt.

Für die Wandneigungen der Ätzgruben ist das Verhältnis der Auflösungsgeschwindigkeiten senkrecht und parallel zur Fläche maßgebend. Unter Berücksichtigung der unterschiedlichen Lösungsmechanismen erhält man unterschiedliche Ausdrücke für v_F. Die tangentiale Geschwindigkeitskomponente v_h der Oberflächenstufen bzw. Ätzgruben wurde von Schaarwächter u. a. [314], [515] zu

$$v_h = a^* \cdot k^* \cdot \kappa \cdot \nu \cdot \exp\{-\Delta H/kT\} \tag{5–43}$$

gefunden, wobei a^* der Abstand benachbarter Atome in einer Richtung parallel zur Oberfläche, k^* eine vom Mechanismus der Auflösung abhängige Geschwindigkeitskonstante[14] und

$$\kappa = 1 - \exp\{-\Delta g/kT\} \tag{5–44}$$

ist.

Mit den beiden Geschwindigkeiten v_F und v_h erhält man folgende Ausdrücke für die Wandneigung von Ätzgruben bzw. die sogenannten „reduzierten linearen Abtragungsgeschwindigkeiten":

1. auf versetzungsfreien Vizinalflächen

$$v_F/v_h \approx \operatorname{tg}\alpha \tag{5–15}$$

wobei α der Neigungswinkel der wahren Oberfläche (Vizinalfläche) gegen die Gleichgewichtsfläche ist,

2. durch Lochkeimbildung in der versetzungsfreien Oberfläche

$$v_F/v_h \approx (\kappa\, k^*)^{-1/3} \exp\left\{-\frac{\pi}{3}\,\Gamma^2 \cdot \frac{kT}{\Delta g}\right\} \tag{5–45}$$

3. durch Spiralmechanismus an Schraubenversetzungen (nach Cabrera und Levine [92])

$$v_F/v_h \approx \frac{\Delta g}{19\Gamma\, kT} = \frac{h \cdot \Delta\mu}{19 f_o \cdot \rho} \tag{5–19}$$

4. durch bevorzugte Keimbildung an Versetzungen

$$v_F/v_h \approx (\kappa \cdot k^*)^{-1} \exp\left\{-\pi\, p\, \Gamma^2 \cdot \frac{kT}{\Delta g}\right\} \tag{5–46}$$

mit

$$\Gamma = \frac{\Omega \cdot \gamma}{\sqrt{kT}} \quad \text{bzw.} \quad \frac{h\,\sqrt{a a^*}\,\gamma}{\sqrt{kT}}\,.$$

Die der Arbeit von Schaarwächter und Lücke [515] entnommenen Abb. 48 und 49 zeigen den Einfluß der Parameter Γ, k^*, p und α auf die relative Wirksamkeit der unter 1. bis 4. aufgeführten Ätzmechanismen. Es ist der Logarithmus der reduzierten Abtragungsgeschwindigkeiten v_F/v_h gegen die auf die thermische Energie bezogene Potentialdifferenz $\Delta g/kT$ aufgetragen. Für große Γ (Abb. 49) überwiegt bei geringen $\Delta g/kT$-Werten der Spiralmechanismus, während für kleine Γ (Abb. 48) die auf Keimbildungsprozessen beruhenden Mechanismen 2 und 4 auftreten. $\Gamma = 4$ bewirkt bei $\Delta g/kT = 3$ eine Auflösungsgeschwindigkeit, die gleich der einer um 2,5° gegen die ursprüngliche Oberfläche geneigten Vizinalen ist, $\Gamma = 1$ eine solche, die der einer um etwa 8° geneigten Vizinalen entspricht.

---

[14] Bei Vorhandensein von Oberflächendiffusion gibt k^* die Zahl der Schritte an, die ein Baustein nach Abtrennung aus der Halbkristall-Lage auf der Oberfläche vor der Desorption zurücklegt. Bei fehlender Oberflächendiffusion ist k^* die Konzentration der Halbkristall-Lagen. Für freie Verdampfung in ein Vakuum ist $k^* \sim 10^2 - 10^4$, für elektrolytische Auflösung $\sim 0{,}1$.

Ferner ergibt sich aus den Abb. 48 und 49, daß Verringerung von p und k^* zu einer Erhöhung der Wahrscheinlichkeit eines Versetzungskeimmechanismus führt.

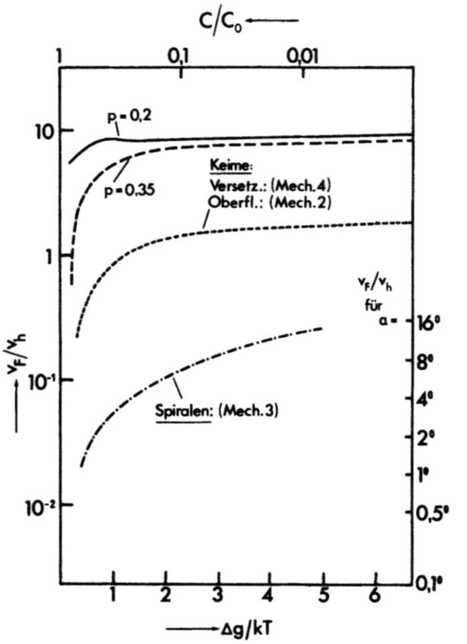

Abb. 48. Einfluß der Parameter Γ, p, k^* und α auf die relative Wirksamkeit der Ätzmechanismen 2. bis 4. (nach [515]). $\Gamma = 1$, $k^* = 0.1$

Die linearen reduzierten Abtragungsgeschwindigkeiten nach Modell 2 (versetzungsfreie Oberfläche) und nach Modell 4 (bevorzugte Lochkeimbildung an Versetzungen) verhalten sich wie ein Faktor $\beta \leqslant 1$:

$$\beta = (\kappa\, k^*)^{2/3} \exp\left\{\pi\, \Gamma^2 \cdot \frac{kT}{\Delta g} \cdot (p - 1/3)\right\} \leqslant 1. \qquad (5-47)$$

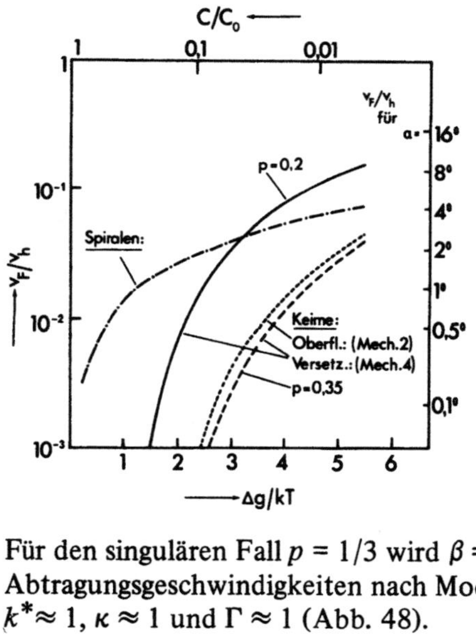

Abb. 49. Einfluß der Parameter Γ, p, k^* und α auf die relative Wirksamkeit der Ätzmechanismen 2. bis 4. (nach [515]). $\Gamma = 4$, $k^* = 1$

Für den singulären Fall $p = 1/3$ wird $\beta = 1$, d. h. unter diesen Verhältnissen sind die Abtragungsgeschwindigkeiten nach Modell 2 und 4 etwa gleich, wenn ferner gilt $k^* \approx 1$, $\kappa \approx 1$ und $\Gamma \approx 1$ (Abb. 48).

6. Ätztechnik und Untersuchung von Ätzfiguren

Die Anwendung bestimmter Ätztechniken und die Untersuchung der Ergebnisse dieser Prozeduren sind in weiten Grenzen variabel und abhängig vom angestrebten Ziel.

Das Hauptanwendungsgebiet der Ätzung liegt in der Möglichkeit der Erkennung von Baufehlern in natürlichen oder synthetischen Kristallen. Erinnert sei hier an die weitverbreiteten Methoden der Versetzungsätzung, mit denen die Versetzungsstrukturen in Kristallen sichtbar gemacht werden können. Leider gibt es weder für die Methode noch für das Ätzmittel universal anwendbare Regeln, so daß auch heute noch die resignierende Feststellung von Honess [295] gilt: "It is useless to attempt to formulate any set of rules, the strict adherence to which always secure successful results in the etching of crystals"

Mit geeigneten Ätzmitteln kann man die Lage von *Zwillingsgrenzen* in Kristallen ermitteln und so unverzwillingte Kristalle z. B. für die Produktion von frequenzstabilisierenden Oszillatorquarzen gewinnen. Die Feststellung polarer Achsen[15] und Rückschlüsse von der Form von Ätzgruben auf die Symmetrie der Kristalle gestatten die *Identifizierung von Mineralen* [544] (vgl. Kapitel 7). In der Zement- und Stahlindustrie sind Verfahren weitverbreitet, in Anschliffen die einzelnen kristallinen Phasen aufgrund ihres verschiedenen Ätz- und Anfärbeverhaltens zu unterscheiden (Sterk [563], Taran [582], Treffner [591], Trojer [593]).

Ebenfalls benutzt der Petrograph die Anfärbung von Plagioklas und Kalifeldspat nach einer Ätzung mit Fluorwasserstoff zur Identifizierung der Feldspäte[16]. Die Angreifbarkeit unterschiedlicher Ni-Fe-Legierungen durch Salpetersäure wird seit langer Zeit zur Erzeugung charakteristischer Ätzmuster (Widmannstätten-Figuren) von Eisenmeteoriten verwendet und dürfte die erste wissenschaftliche Verwendung von Ätzerscheinungen überhaupt sein (Schreibers [529]). Moderne geochemische Analysenmethoden bedienen sich der Tatsache, daß die Ätzbarkeit von Kristallen, die einer hochenergetischen Strahlung unterworfen wurden, im allgemeinen stark zunimmt, so daß die Spuren radioaktiver Zerfälle innerhalb eines Kristalls durch Ätzung sichtbar gemacht werden können („Fission Track"-Methode) ([174], [463], [465], [618], [622], [662]). Hilfestellung leisten geeignete Ätzmethoden auch bei der *Orientierung von Einkristallen*, indem aus der Form der Ätzgruben bzw. durch die Ermittlung der Indizes der die Ätzgruben bildenden Facetten auf die Orientierung der geätzten Flächen geschlossen wird (Faust [164], Barrett [28]; vgl. auch Kapitel 7). Wir kennen für die unterschiedlichsten Materialien Polierlösungen, die die Eigenschaft haben, den Kristall nicht strukturgelenkt anzugreifen (vgl. 6.1.4). Mit solchen Lösungen lassen sich Polituren erzeugen, bei denen die Oberflächenrauhigkeiten unter den 1μ-Bereich gedrückt werden können. Neben der Politur gibt es Verfahren, bei denen die Ätzung extrem dünner Plättchen zur *Formgebung*

---

[15] vgl. z. B. Austerman et al. [19], Warekois et al. [626], Liebmann [386].

[16] vgl. z. B. Chayes [101], Nold und Erickson [446], Boone und Wheeler [67], Dickson [132].

von Halbleiterkristallen und zur Kapazitätsfixierung dient (vgl. z. B. Bilenko et al. [50], Swann et al. [576], Stiehr [565]). Mittels Ätzen kann die *Festigkeit* eines Werkstoffes durch Weglösung gestörter Oberflächenschichten erhöht werden. Bei der Bearbeitung von Glas spielen geeignete Ätztechniken eine überragende Rolle, sei es zur Mattierung oder zur Formgebung und Ornamentierung von Kunstgläsern (Altmann [3]). Unter dem Namen „Fotoform" kommen Gläser auf den Markt, bei denen aufgrund ihrer phototropen Eigenschaft die Ätzbarkeit von durch Belichtung entstandenen entglasten (kristallisierten) Bereich um ein Vielfaches höher ist als die der unbelichteten und daher nicht entglasten.

Das graphische Gewerbe verwendet Ätzverfahren zur Herstellung von Druckfolien, von Kupfer- und Stahlstichen.

Diese Auswahl aus den Anwendungsgebieten der Ätzverfahren soll zeigen, wie verschiedenartig die Aufgabenstellung ist und wie Methoden und Material den gewünschten Zielen angepaßt werden müssen, um einen optimalen Erfolg zu gewährleisten.

6.1 Ätztechnik

6.1.1 Versetzungsätzung

Es wurde bereits gezeigt, wie die Entwicklung von Ätzgruben an Störstellen im Gitter (Punktdefekte, Versetzungen, Kleinwinkelkorngrenzen, Mosaikblöcke) vor sich geht, welche Triebkräfte zu ihrer Bildung führen und wie die begrenzenden Flächenelemente der Ätzgruben durch Änderung der Lösungsparameter verändert werden können.

Das Problem, ein wirksames selektives Ätzmittel zu finden, kann gelöst werden durch gegenseitiges Aufeinanderabstimmen von v_F und v_h (vgl. 1.3.1): Je kleiner das Verhältnis v_h/v_F wird, um so mehr ist das betreffende Ätzmittel geeignet, durch Bildung scharfer, definierter Ätzgruben unter streng reproduzierbaren Bedingungen die Versetzungsstruktur einer Kristallfläche deutlich zu machen. Die Verkleinerung des Verhältnisses v_h/v_F kann prinzipiell auf dreierlei Weise erfolgen:

1. Verkleinerung von v_h durch Inhibitorwirkung eines Lösungsgiftes (vgl. 3.2)
2. Vergrößerung von v_F durch Freiwerden der Energie des Versetzungskerns (vgl. 5.2.2 f) oder durch Verunreinigungen im Gitter [103]
3. Änderung des Verhältnisses v_h/v_F durch Temperaturänderung und Ausnutzung der unterschiedlichen Temperaturabhängigkeiten der Aktivierungsenergien von v_h und v_F.

Experimentell wurde ermittelt, daß das optimale Verhältnis etwa $v_h/v_F \lesssim 10$ beträgt (Gilman, Johnston und Sears [201]). Die Versetzungsätzung gestattet es, aus der Form der Ätzgruben Rückschlüsse zu ziehen auf die Richtung der Versetzungslinien ([226], [320], [455]). Abb. 50 zeigt von $\{hk0\}$- bzw. $\{hhl\}$-Flächen begrenzte Ätzgruben auf $\{100\}$ von NaCl nach Amelinckx [5] und die Richtung der Versetzungslinien relativ zur Kristalloberfläche. Der Neigungswinkel der Versetzung gegen die Oberfläche kann berechnet werden aus der Tiefe der Ätzgrube y und dem

Abstand a des Durchstoßpunktes der Versetzung vom Zentrum der Ätzgrube, d. h. der Verrückung des Mittelpunktes (Exzentrizität):

$$\mathrm{tg}\,\alpha = \frac{y}{a} \qquad (6-1)$$

(vgl. [320], [463]).

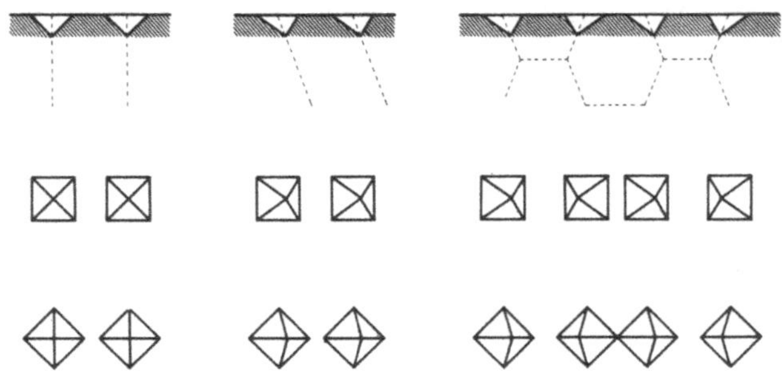

Abb. 50. Die Form von Ätzgruben in Abhängigkeit von der Neigung der Versetzungslinien zur Kristallfläche. (a) Parallele Linien senkrecht zur Oberfläche erzeugen symmetrische Gruben, (b) Parallele Linien schräg zur Oberfläche erzeugen gleichsinnig asymmetrische Gruben, (c) Ein hexagonales Versetzungsnetz erzeugt asymmetrische und für benachbarte Positionen ungleichsinnige Gruben (aus Amelinckx [5])

Bei der Untersuchung von Ätzgruben wurde schon vor langer Zeit (vgl. Ebner [139], „retardierte" und „instantane" Ätzfiguren) darauf hingewiesen, daß es möglich ist, zwei Typen von Ätzgruben zu unterscheiden, und zwar flache, große, sich langsam entwickelnde und tiefe, kleine, sich rasch entwickelnde. Quantitativ konnten Gilman und Johnston [201] am LiF festlegen, daß erstere „alten" Versetzungen (Grown-in dislocation) entsprechen, die sich während des Wachstums- oder Abkühlungsprozesses z. B. eines aus der Schmelze gezogenen Kristalls gebildet haben, entweder durch Kleinwinkelkorngrenzen oder durch Abscheidung von Verunreinigungen (vgl. z. B. Faust et al. [165]), letztere „frischen" Versetzungen, entstanden durch mechanische Bearbeitung (Spaltung) ohne anschließendes Ausheilen der plastischen Deformation durch Tempern (Abb. 51)[17]. Ähnliche Ergebnisse erhielten Patel und Desai [458].

Ein Problem besteht nun darin zu erkennen, ob jeder Ätzgrube eine Versetzung zugeordnet werden kann[18], jedoch auch die umgekehrte Frage, ob jede Versetzung

---

[17] Experimente von Erdmann-Jesnitzer et al. [155] über die Korngrenzenwanderung von zonengeschmolzenem Germanium beim Tempern bei 800°C zeigten hinter der wandernden Korngrenze eine geringere Versetzungsdichte als vor ihr.

[18] Untersuchungen von Suzuki [574] über die thermische Ätzung von Kupfer und von Vassamillet und Hirth [607] an Silber geben zu der Vermutung Anlaß, daß makroskopische Ätzgruben keine Einzelversetzungen, sondern Bündel von Schraubenversetzungen abbilden. Springer [561] untersuchte die Korrelation von Ätzgrübchendichte und Versetzungsdichte an Germanium.

automatisch eine und nur eine Ätzgrube produziert, bedarf einer experimentellen Prüfung. Zur Beantwortung dieser Fragen wurden verschiedene Kriterien entwickelt, die darauf hinauslaufen, die Zahl der berechneten Versetzungen mit den beobachteten Ätzgruben zu vergleichen. Eine festgestellte 1:1-Korrespondenz kann Aufschluß geben über die Zuordnung von Ätzgruben zu Versetzungen. Häufig angewendete experimentelle Methoden dafür sind:

1. Ätzung von Spaltflächen („Matched cleavages") ([5], [320], [459], [461])
2. Biegung von Kristallen ([7], [365], [450], [573], [635], [663])
3. Dekoration ([5], [119], [344])
4. Winkelmessung an einer Korngrenze und Auszählen der Ätzgruben bzw. Verzweigung von Kleinwinkelkorngrenzen ([468], [617]).

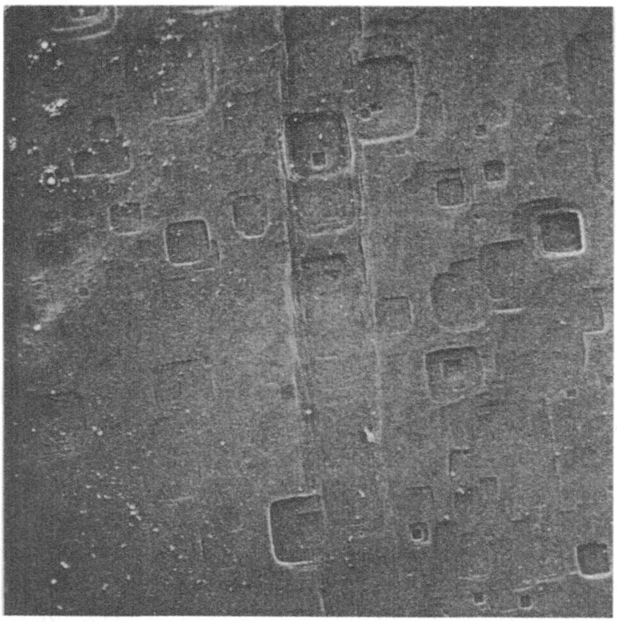

Abb. 51. Große flache Ätzgruben („alte Versetzungen") und kleine tiefe Ätzgruben („frische Versetzungen") auf (100) von MgO, geätzt in 0,5 M $AlCl_3$-Lösung bei 60°C, 2 min (Verfahren nach Stiefbold et al. [564]). V=3900x, Stereo-Scan

1. Bei der Ätzung von korrespondierenden Spaltflächen zeigt sich, daß in vielen Fällen die Ätzgruben spiegelbildlich angeordnet sind (Abb. 52). Dann erscheint es gerechtfertigt, eine 1:1-Korrespondenz anzunehmen, bei der jede Ätzgrube einer Versetzung zugeordnet werden kann. Geringe Abweichungen von einer idealspiegelbildlichen Anordnung können auftreten bei der Verzweigung der Versetzungen in der Spaltebene [5].

Durch elektronenmikroskopische Untersuchung von geätzten Fluorit-Spaltflächen konnten Patel und Patel [462] zeigen, daß innerhalb größerer Ätzgruben gebildete kleine Gruben keine 1:1-Korrespondenz zeigen und vermutlich auf die Existenz eines Versetzungsnetzwerkes (s. unten) zurückzuführen sind.

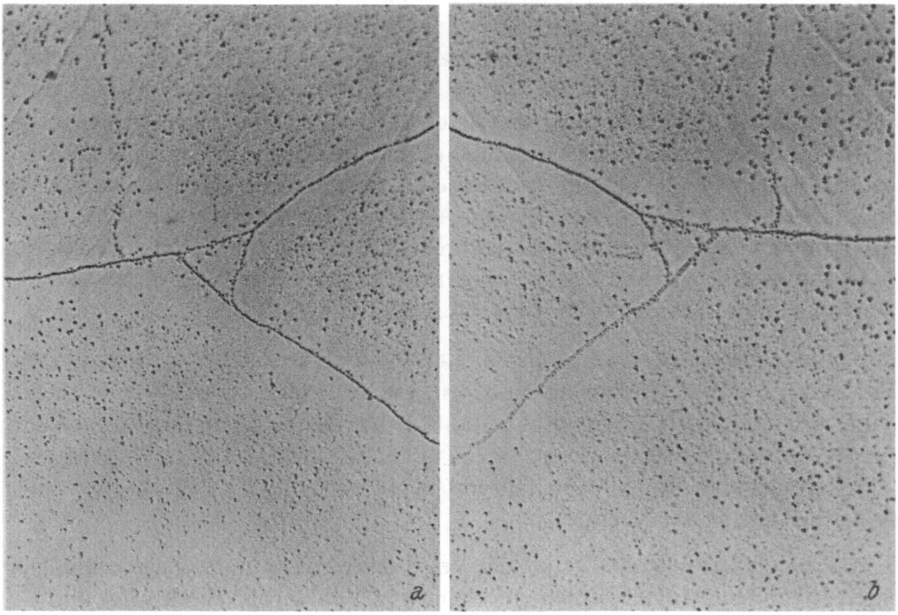

(1)

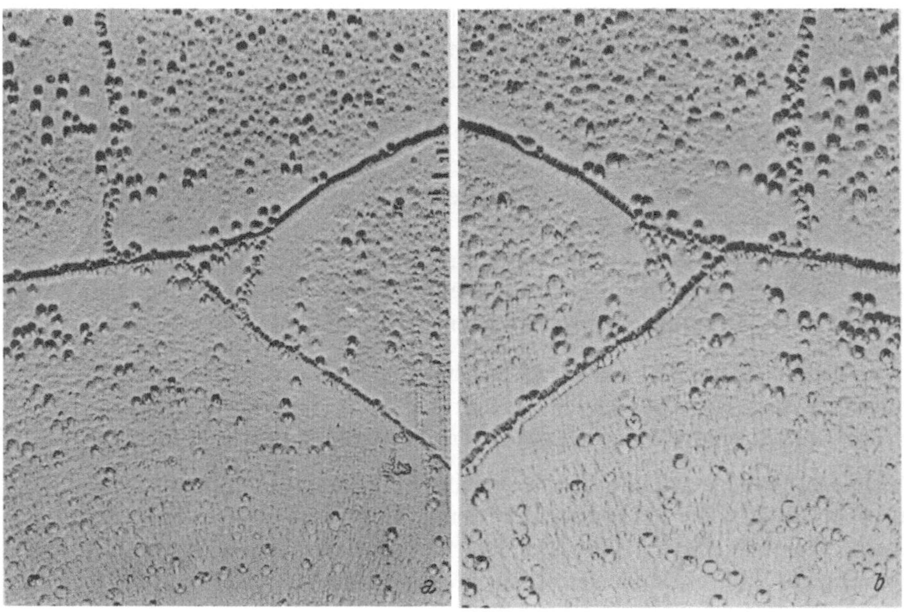

(2)

Abb. 52. Spiegelbildliche Anordnung von Ätzgruben bei der Markierung von Kleinwinkelkorngrenzen auf korrespondierenden Spaltflächen von MgO, geätzt in H_2SO_4/NH_4Cl-Lösung. V=340x. (1) Ätzzeit 5 min, (2) Ätzzeit 15 min

2. „Alte" Versetzungen sind im allgemeinen nicht mehr beweglich, da sie durch an der Versetzung angelagerte Verunreinigungen blockiert werden (s. unten). Um das Verhalten einer Versetzung unter der Wirkung einer äußeren Zugspannung zu studieren, muß eine frische Versetzung an der Oberfläche der Probe erzeugt werden, z. B. durch den Eindruck einer Diamantpyramide ([319], [507], [547], vgl. auch Abb. 53). Unterwirft man dann den Kristall nach der Ätzung einer Zugspannung und ätzt erneut, so entstehen längs der Gleitlinie Grubenpaare, die von innen nach außen kleiner werden. Das erklärt sich daraus, daß die Ätzgrubenpaare die Durchstoßpunkte einer Versetzungsschleife markieren, die unter dem Einfluß der Zugspannung wandert (Abb. 54). Bei erneuter Ätzung entsteht an den neuen Durchstoßpunkten ein weiteres Grubenpaar, während sich die bereits vorhandenen lateral vergrößern und einen flachen Boden bekommen, da die Versetzung weggewandert ist (vgl. Gilman und Johnston [200] und Gorum et al. [209]).

Das Modell gilt streng nur für einen Einkristall. Bei polykristallinen Aggregaten wird die Bewegung der Versetzungen an den Korngrenzen gebremst durch Versetzungsstau (Livingston [390]). Andererseits besteht die Möglichkeit, daß Gleitbänder ihre Orientierung durch Versetzungsreaktionen (vgl. 5.1.2) ändern. Die neu entstehenden Versetzungen können sich ebenfalls aufstauen, vermutlich durch eine Verunreinigungsbarriere an der Korngrenze.

Diese unübersichtlichen Vorgänge bei der Versetzungsätzung unter Zugspannung an polykristallinen Materialien wurden eingehend von Young [663] an Kupfer und Dash [119] an Silizium studiert.

Beim Eindruck einer Diamant-Pyramide auf einer (100)-Spaltfläche von MgO(Abb. 53 wird Material in der [110]-Gleitrichtung unter Bildung einer Doppelreihe von Versetzungen verschoben, die mit den Seiten der Pyramide übereinstimmen ([669]).

Gleitfläche beim MgO ist (110), der Burgers-Vektor hat die Richtung [110]. Beim anschließenden Ätzen entwickeln sich demgemäß zwei Typen von Ätzgrubenanordnungen: eine stark ausgeprägte Doppelreihe von Ätzgruben in [110]-Richtung, die Stufenversetzungen entspricht und eine schwächer entwickelte Schar von Ätzgruben in [100]-Richtung, die Schraubenversetzungen entspricht (Abb. 53-2). Analoge Beobachtungen über die unterschiedliche Tiefe von Ätzgruben längs Stufen- und Schraubenversetzungen am NaCl stammen von Amelinckx [5].

Wird an der gleichen Stelle erneut mit höherer Prüfkraft ein Eindruck erzeugt, so wandern die Stufenversetzungen je nach ihrem Vorzeichen entweder nach außen oder nach innen, während die Schraubenversetzungen unbeeinflußt bleiben (Abb. 53-3

Abb. 53-4 zeigt die gleiche Probe mit siedender Phosphorsäure poliert und anschließend erneut geätzt. Die Versetzungsanordnung ist im wesentlichen erhalten geblieben („Memory effect"). Bemerkenswert ist die Tatsache, daß die unmittelbare Umgebung der Eindruckstelle versetzungsfrei ist (Shaskolskaja et al. [547]).

Die Abb. 53 zeigt ferner Ätzgruben, bei denen vier Kanten in der Mitte der Gruben zusammenlaufen („Point-bottomed etch pits") und solche mit flachem Boden („Flat-bottomed etch pits"). Erstere entsprechen Stufen-, letztere Schraubenversetzungen.

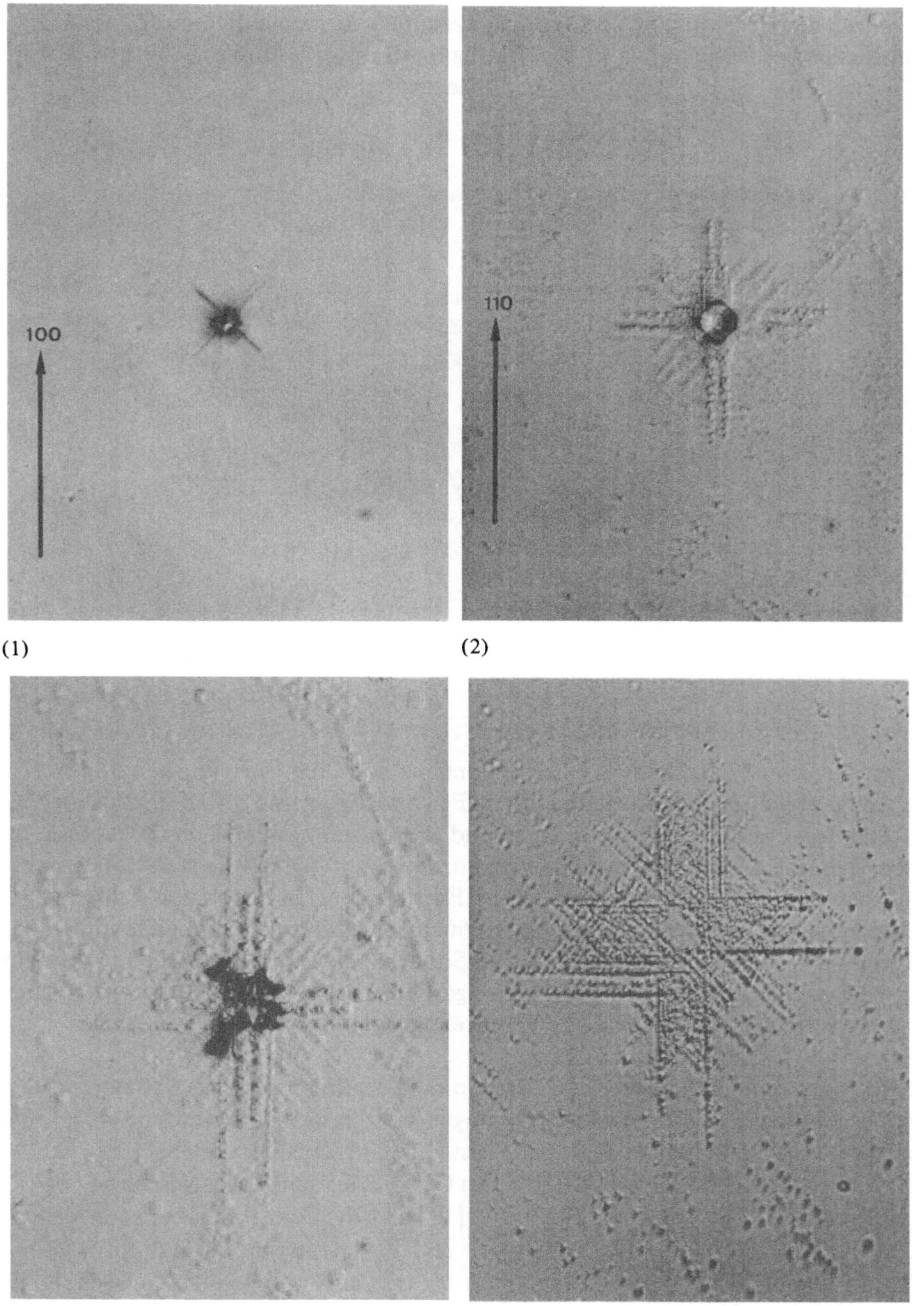

Abb. 53. Erzeugung von Versetzungen durch Eindruck einer Diamantpyramide auf (100) von MgO. Ätzung mit 0.5 M $AlCl_3$ bei 65°C. (1) gegenüber (2)–(4) um 45° gedreht. V = 260 x.
(1) Frische Spaltfläche mit Vickers-Eindruck von 100 p Prüfkraft, (2) 2 min geätzt, (3) erneuter Eindruck mit 150 p Prüfkraft und 2 min geätzt, (4) Probe 30 s in 89%iger siedender H_3PO_4 poliert und erneut 2 min geätzt

Die durch die mechanische Verformung erzeugte Versetzungsdichte n ist abhängig vom Radius des Biegekreises R, dem Betrag des Burgers-Vektors $|\vec{b}|$ und vom Winkel γ zwischen $|\vec{b}|$ und der neutralen Achse der Probe:

$$1/n = R \cdot |\vec{b}| \cdot \cos\gamma \tag{6–2}$$

wenn die Biegeachse senkrecht zu $|\vec{b}|$ gewählt wird.

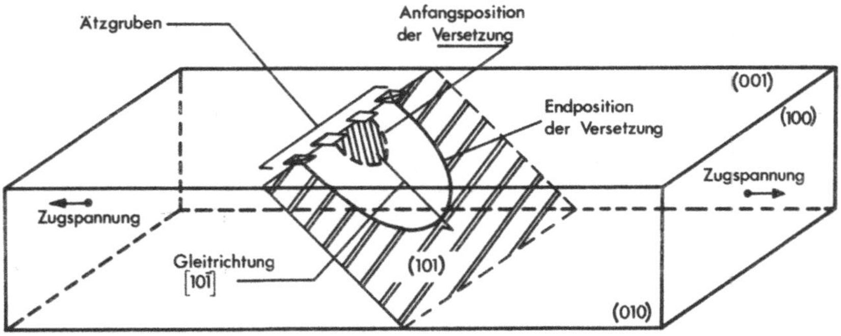

Abb. 54. Wanderung einer Versetzungsschleife unter der Wirkung einer äußeren Zugspannung (nach Johnston [318])

3. Eine weitere Möglichkeit, 1:1-Korrespondenz zwischen Versetzungen und Ätzgruben zu erkennen, besteht in der erstmalig von Hedges und Mitchell [254] beobachteten Dekoration von Versetzungen und Vergleich mit dem Oberflächenbild. Unter Dekoration versteht man Hochvakuumbedampfung von Kristallflächen mit Kohlenstoff, Gold, Platin oder Palladium. Entscheidend ist dabei, daß sich keine zusammenhängenden Kristallfilme, sondern einzelne Mikrokristalle bilden, die aufgrund der energetisch ausgezeichneten Situation an Gitter-Störstellen (Versetzungen, Kleinwinkelkorngrenzen usw.) abgelagert werden. In vielen Fällen wirken auch längs Versetzungen diffundierende Verunreinigungen dekorierend (vgl. z. B. Pulliam [480], s. auch Abb. 42-2).
An Alkalihalogeniden konnten mit dem Golddekorationsverfahren Abdampfstrukturen um Schrauben- und Stufenversetzungen sichtbar gemacht werden ([45], [330]). Analoge Versuche liegen vor z. B. von Dash [119], [120] an Si, Amelinckx [6] an KCl, Bontinck und Amelinckx [9], [66] an CaF_2, Klija und Tschernischewa [344] an Korund und Amelinckx und Strumane [11] an Siliciumcarbid, bei denen Versetzungen in Form polygonaler Netzwerke und Versetzungsdipole erkannt werden konnten. Die oft beobachtete Polygonisierung tritt auf, wenn ein Kristall senkrecht zu einem Burgers-Vektor gebogen und anschließend getempert wird [110]. Es bilden sich symmetrische Kleinwinkelkorngrenzen („Tilt boundaries"), die im Falle der NaCl-Struktur ein hexagonales oder quadratisches Netz aufspannen, je nach dem ob [111] oder [100] die Biegeachsen sind [5]. Polygonisierung ist das Ergebnis der Anordnung von Versetzungslinien in einer Gleichgewichtskonfiguration. Im Prinzip verschmelzen zwei Korngrenzen, die gegeneinander um die Winkel ξ_1 und ξ_2 ge-

neigt sind, zu einer einzigen mit dem Neigungswinkel $\xi_1 + \xi_2$. Die bei diesem Prozeß freiwerdende Energie ist letztlich die Triebkraft der Polygonisierung (vgl. dazu Cottrell [110]).

4. Eine einfache und elegante Methode besteht darin, die den einzelnen Ästen einer Kleinwinkelkorngrenzen-Verzweigung zuzuordnenden Ätzgruben auszuzählen [79]. Aus den Frankschen Korngrenzenbeziehungen ergibt sich (vgl. 5.1.2), daß die einem Versetzungssystem innewohnende Energie minimal wird für parallele Stufenversetzungen mit zwei von den drei möglichen Burgers-Vektoren [468]. Diese schließen mit der Grenze den größten Winkel ein. Bei Verzweigungen gilt nach Wernick et al. [633], daß sich bei einem vollen Umlauf die Orientierung des Ausgangskornes nicht ändern darf, d. h. $\Sigma\, \Theta_i = 0$. Bei Darstellung des Kippwinkels $\Theta \approx \sin \Theta$ als Funktion der Zahl der Versetzungen (= Zahl der Ätzgruben) $2n_i$ ergibt sich unter der Voraussetzung, daß ζ_i der kleinste Winkel zwischen dem Korngrenzenzweig i und einem möglichen Burgers-Vektor ist, die Beziehung

$$\Sigma\, \Theta_i = \Sigma\, n_i/\cos \zeta_i = 0 \text{ (vgl. [4], [467]).} \qquad (6-3)$$

Ist diese Beziehung erfüllt, so kann 1:1-Korrespondenz angenommen werden, d. h. alle Ätzgruben stellen Durchstoßpunkte von Versetzungen dar (Abb. 55).

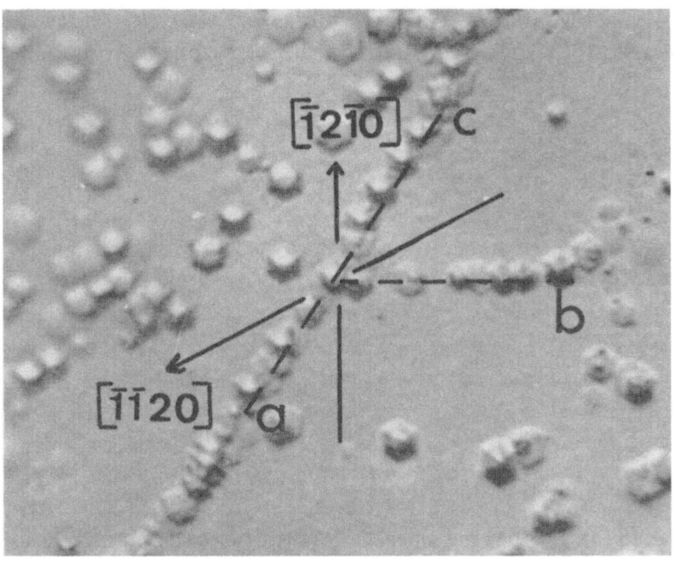

Abb. 55. Ätzgrubendichte einer Verzweigung von Kleinwinkelkorngrenzen auf (0001) von $MgZn_2$ (Paufler und Schulze [468]). Es gilt die Beziehung $\sum n_i/\cos \zeta_i = 0$, wobei n_i die Zahl der Ätzgruben im Zweig i und ζ_i den Winkel zwischen dem Zweig i und dem Burgers-Vektor [$11\bar{2}0$] bedeuten. V=1865 x

Die vorstehend beschriebenen Methoden stellen nur einige Aspekte der Anwendung der Ätztheorie auf die Erkennung und Untersuchung von Versetzungsstrukturen in Festkörpern dar. Ihre überragende Bedeutung für die Produktion von Halbleiterelementen definierter Versetzungsdichte braucht nicht besonders betont zu werden.

Für weitergehende Informationen sei auf die Arbeiten von Johnston [318], Amelinckx [7], Regel et al. [488], Bogenschütz [56] und Ives [677] verwiesen, die mit sehr reichhaltigen Literaturhinweisen und Ätzrezepten für Versetzungsätzungen eine Fundgrube für den Praktiker darstellen. Eine Zusammenstellung neuerer Ätzrezepte findet sich in Tab. B im Anhang.

6.1.2 Thermische Ätzung

Unter thermischer Ätzung versteht man die Veränderung eines Oberflächenprofils unter Bildung von Ätzgruben, Stufen oder Facetten bei Temperaturen, die im allgemeinen in der Nähe des Schmelzpunktes liegen, um in angemessenen Reaktionszeiten optimale Verdampfungseffekte zu erzielen. Die Verdampfung kann in ein Vakuum hinein erfolgen, so daß sich der Kristall nur mit seinem eigenen Dampf umgibt (vgl. Mullins [427]), kann aber auch unter Mitwirkung eines Fremdgases vor sich gehen.

6.1.2.1 Ätzgruben. Durch die thermische Beanspruchung werden im Kristall Spannungen induziert, die nicht durch die elastischen Eigenschaften des Materials, sondern nur durch plastisches Fließen unter Bildung von Versetzungen abgebaut werden können.

Die thermische Spannung ist

$$\vartheta = E \cdot \alpha \cdot \Delta T, \tag{6–4}$$

wobei E der Youngsche Modul, α der lineare thermische Ausdehnungskoeffizient und ΔT die Temperaturdifferenz im Kristall bedeuten.

Die resultierende Versetzungsdichte wird dann bestimmt durch den Ausdruck

$$n = \frac{\alpha}{|\boldsymbol{b}|} \cdot \Delta\left(\frac{\mathrm{d}T}{\mathrm{d}r}\right) \tag{6–5}$$

mit der Änderung des thermischen Gradienten $\Delta\left(\frac{\mathrm{d}T}{\mathrm{d}r}\right)$ und dem Betrag des Burgersvektors $|\boldsymbol{b}|$ (Billig [51]). Die bei thermischer Beanspruchung neu erzeugten Versetzungen führen ihrerseits zur Bildung thermischer Ätzgruben. Deo und Kumar [127] ermittelten experimentell an schmelzgezogenen KCl-Kristallen, daß die Versetzungsdichte und damit die Zahl der thermischen Ätzgruben stark zunimmt mit steigendem $\Delta\left(\frac{\mathrm{d}T}{\mathrm{d}r}\right)$. Tab. 2 gibt die Ergebnisse ihrer Untersuchungen wieder. Goujon et al. [211] konnten durch wiederholtes Ätzen von $\{100\}$-Flächen von NaCl zeigen, daß die Versetzungsdichte in der Tiefe des Kristalls schnell abnimmt und schlossen daraus, daß die Versetzungen durch thermischen Stress erzeugt worden sind.

Tabelle 2. Abhängigkeit der Versetzungsdichte n vom thermischen Gradienten $\Delta \frac{dT}{dr}$ (Deo und Kumar [127])

$\Delta(dT/dr)$ [°K/mm]	n [cm^{-2}]	T[°K]
0	10^4	1039
140	10^6	900
440	10^7	600

Die Ätzung wird hauptsächlich von zwei Faktoren beeinflußt:

1. von der Oberflächendiffusion der Gitterbausteine vor dem Übergang in die Dampfphase[19] und
2. von der durch Gasadsorption verringerten freien Oberflächenenergie, die die Bildung neuer Flächenelemente durch die thermische Ätzung begünstigt [275], [202] (vgl. 6.1.2.2).

Die komplizierte Kinetik dieser Vorgänge ist extensiv bei Hirth und Pound [287] dargestellt. Während die Bildung von thermischen Ätzgruben dem Versetzungsmodell weitgehend entspricht und den im vorangehenden besprochenen Prinzipien gehorcht (vgl. z. B. Young und Gwathmey [664] und Ejima, Robinson und Hirth [145]) zeigt sich einerseits, daß im Gegensatz zu den selektiv wirkenden chemischen Ätzmitteln beim thermischen Ätzen Strukturen auf allen Kristallflächen gefunden werden (Heuer und Roberts [279]). Andererseits ergibt sich beim Vergleich der durch chemisches und thermisches Ätzen erhaltenen Oberflächenstruktur in vielen Fällen (vgl. z. B. Patel, Bahl und Vagh [457] und Levi, de Micheli und Lubart [384]), daß 1:1-Korrespondenz in der Zahl und Position der Ätzgruben besteht, obwohl nur die durch chemisches Ätzen erzeugten Gruben eine regelmäßige Größe und Gestalt haben. Die thermisch erzeugten sind meist gerundet und zeigen auf zusammengehörigen Spaltflächen keine strenge Korrespondenz. Das liegt möglicherweise darin begründet, daß die Oberflächenschichten durch Verdampfung so schnell entfernt werden, daß neue, nicht mehr korrespondierende Bereiche zum Zuge kommen und der thermischen Ätzung ausgesetzt werden [457]). Im Gegensatz dazu beobachteten Mason und Williams [403] bei der thermischen Ätzung von LiF regelmäßige quadratische Gruben, die sie auf das Vorhandensein von Verunreinigungen, wahrscheinlich Calcium, im Vakuum zurückführen (Abb. 56). Analoge Beobachtungen stammen von Slack [554] am KCl.

Bei der thermischen Ätzung von NaF und NaF-$Na_2U_2O_7$-Mischkristallen durch Maas [396] und Maas und Recker [397] zeigte sich, daß aufgrund des partiell-isomorphen Einbaus von $Na_2U_2O_7$ in das NaF-Gitter (maximal 2 %) die Tracht der Ätzgruben verändert wird. Während bei reinem NaF {100} ausschließlich auf-

[19] Oberflächendiffusion der Gitterbausteine unter „Hillock"-Bildung, die der freien Verdampfung in den Gasraum vorausgeht, wurde z. B. von Smakula und Klein [555] bei der thermischen Ätzung von Thalliumbromjodid beobachtet.

tritt, werden bei NaF-$Na_2U_2O_7$-Mischkristallen diese Flächenelemente durch $\{hkl\}$-Vizinale ersetzt; daneben treten $\{111\}$-Flächen auf, die bei reinem NaF völlig fehlen.

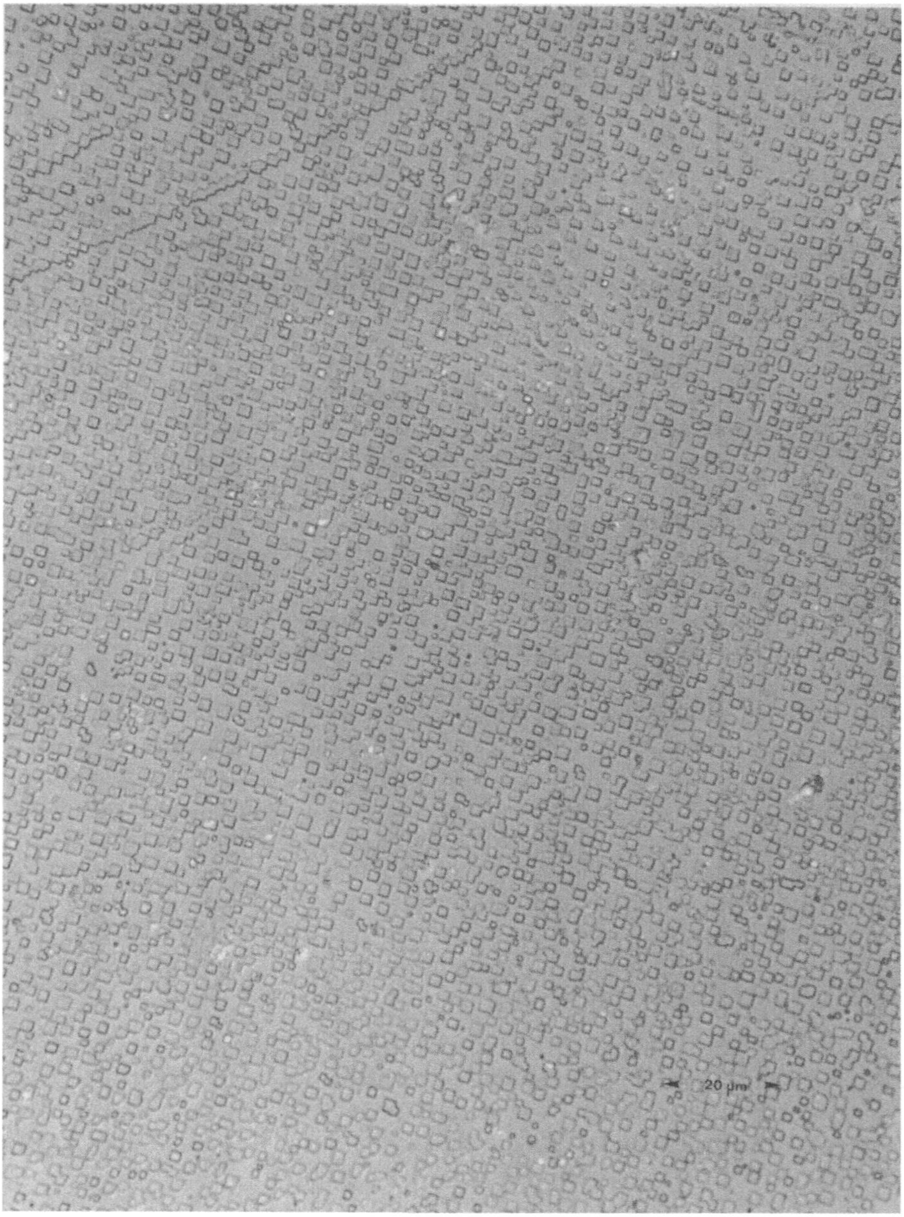

Abb. 56. Thermische Ätzgruben auf (100) von LiF im Hochvakuum. Die Kanten der Gruben sind in Richtung [100] orientiert (Mason und Williams [403])

Experimentelle Ergebnisse an NaCl liegen von Grinberg [217], Patel, Bahl und Vagh [457] und Patel, Vagh und Bahl [466] vor. In der keramischen Industrie und der Kerntechnik dienen thermische Ätzverfahren zur Prüfung der Eignung des Werkstoffes für extreme Temperaturbelastung. Entsprechende Untersuchungen stammen von Palmour III [453], Evans und Wildsmith [159], Iljuschenkow et al. [303], Heuer und Roberts [279], Ciszewski et al. [106], Gibbs und Rawson [196] und Grappiolo [215]. In seiner klassischen Arbeit über die Gletscher der Alpen erklärte Tyndall [601] die nach ihm benannten Tyndall-Sterne im Eis als Schmelzfiguren durch thermische Ätzung. Neuere Arbeiten, die sich mit der thermischen Ätzung von Eis beschäftigen, liegen von Levi et al. [384], de Micheli und Lubart [125], Krausz und Gold [357], Käss und Magun [322] und Knight [346] vor. In neuerer Zeit wurde auch eine Mikroheizspule entwickelt, mit deren Hilfe thermische Ätzgruben auf Mineralkörnern in Dünn- und Anschliffen zu deren Identifizierung erzeugt werden können (Kelly und de Noyer [332]).

6.1.2.2 Facettierung. Neben der Bildung isolierter thermischer Ätzgruben an den Orten der Durchstoßpunkte von Versetzungen durch die Kristalloberfläche und an den Kleinwinkelkorngrenzen tritt eine weitere Erscheinung auf, die als thermische Facettierung bezeichnet wird und deren topographische Prinzipien und thermodynamische Grundlagen im folgenden beschrieben werden sollen.

Bereits seit über 50 Jahren ist bekannt, daß Metalle bei erhöhten Temperaturen Streifung und Facettenbildung zeigen. Als Gründe dafür kommen sowohl kinetische als auch thermodynamische Prinzipien in Frage:

1. die kinetischen Vorgänge bei der Wanderung von Oberflächenatomen und
2. die Gleichgewichtsvorgänge, die mit dem Bestreben der Oberfläche verbunden sind, ihre freie Energie unter Bildung einer „Hill- and valley"-Struktur zu verringern, die eine Gleichgewichtskonfiguration minimaler freier Oberflächenenergie darstellt.

Eine glatte Fläche erhält nach Herring [275] eine Facettierung dann und nur dann, wenn sie weder tatsächlich noch entartet in der Gibbs-Wulffschen Gleichgewichtsform vorhanden ist (Theorem von Herring). Thermodynamisch ist dann eine Hill- and valley-Struktur wegen ihrer geringeren freien Oberflächenenergie stabiler als die glatte Fläche.

Einen geometrischen Aspekt erhält das Herringsche Theorem durch die folgende Formulierung: Eine gleichmäßig gekrümmte Oberfläche ist stabil in bezug auf eine Hill- and valley-Struktur, wenn und nur wenn die γ-Fläche an keinem Punkt eine Kugel schneidet, die durch den Ursprung (Wulff-Punkt) geht und die γ-Fläche im Punkte A tangiert.

Mullins [427] vereinfachte diese Bedingung, indem er die sogenannte γ_2-Kurve einführte, die einen zweidimensionalen Schnitt durch die γ-Fläche darstellt. Damit vereinfacht sich die Tangentenkugel zu einem Tangentenkreis (Abb. 57). Die γ_2-Kurve selbst stellt den geometrischen Ort der Oberflächenenergie aller Flächen dar, deren Normalen senkrecht zu der Facetten-Achse stehen. Daraus ergibt sich das Herringsche Theorem für den zweidimensionalen Fall: Eine Fläche verringert ihre freie Oberflächenenergie durch Facettierung längs einer bestimmten Achse dann, wenn und nur wenn diese Fläche weder tatsächlich noch entartet in der Gleichgewichtsform, die zu der entsprechenden γ_2-Kurve gehört, vorhanden ist. Eine entsprechende Bestätigung findet dieses Theorem z. B. durch die Arbeiten von Schmidt [523], der beim Glühen von Wolfram (s. unten) Facettierung vorwiegend auf {111} fand. Diese Fläche gehört nach Honigmann u. a. [297] und Drechsler und Vanselow [135] nicht zur Gleichgewichtsform, da Wolfram im kubisch-raumzentrierten Gitter kristallisiert, dessen theoretische Gleichgewichtsform bei alleiniger Wirkung erstnächster Nachbarn {110} ist, zu der bei Berücksichtigung der zweitnächsten Nachbarn (Stranski und Kaischew [570]) bzw. bei Fremdstoffadsorption (Knacke und Stranski [345]) {100} tritt.

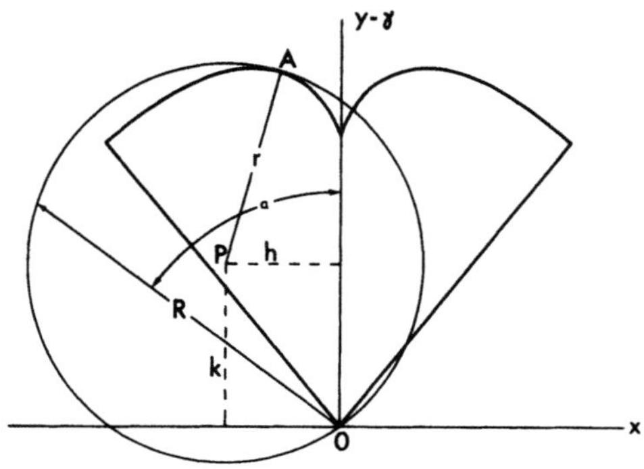

Abb. 57. Konstruktion des Tangentenkreises im Punkte A der γ_2-Kurve zur Ermittlung der Stabilität einer durch thermische Ätzung gebildeten Facette (nach Gjostein [202])

Abb. 57 zeigt die Tangentenkreis-Konstruktion nach Herring [275] bzw. Gjostein [202], wobei R und α die Polarkoordinaten, h und k die x- und y-Koordinaten sind und r der Radius bedeutet. Nach der Definition muß der Tangentenkreis zwei Bedingungen erfüllen:

1. durch den Ursprung 0 (= Wulffpunkt) gehen
2. die γ_2-Fläche im Punkte A tangieren, was den Beziehungen $R_A = \gamma_A$ und $\left(\frac{\partial \gamma}{\partial \alpha}\right)_A = \left(\frac{\partial R}{\partial \alpha}\right)_A$ entspricht.

Bedingung 1 ist gegeben durch

$$r^2 - (h^2 + k^2) = 0. \tag{6–6}$$

Da die allgemeine Gleichung des Kreises in Polarkoordinaten lautet

$$R^2 - 2R(h \cdot \sin \alpha + k \cdot \cos \alpha) = r^2 - (h^2 + k^2), \tag{6–7}$$

wird die rechte Seite Null.

Bedingung 2 führt dann zu

$$\gamma_A = 2(h \cdot \sin \alpha_a + k \cdot \cos \alpha_a)$$

und (6–8)

$$\left(\frac{\partial \gamma_A}{\partial \alpha}\right)_A = 2(h \cdot \cos \alpha_a - k \cdot \sin \alpha_a).$$

Löst man die letzte Gleichung für h und k, so kann man einen kritischen Tangentenkreis definieren, der Bedingung 2 erfüllt. Er tangiert die γ_2-Kurve im Punkte C entsprechend einem Winkel $\alpha_{\text{krit.}} = \alpha_c$ (Abb. 58), geht durch den Ursprung 0 und

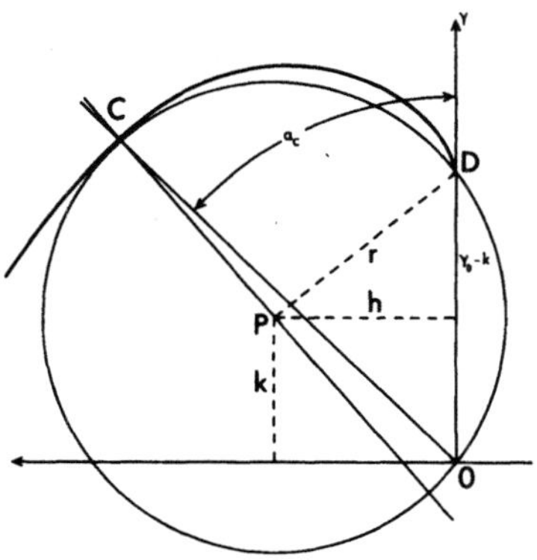

Abb.58. Konstruktion des kritischen Tangentenkreises im Punkt C der γ_2-Kurve (nach Gjostein [202]

zusätzlich noch durch den Punkt D (mit $\gamma = \gamma_D$ und $\alpha = 0$), der das Minimum der γ_2-Kurve darstellt[20]. Damit liegt der kritische Tangentenkreis für alle facettenbildenden Bereiche der Ausgangsoberfläche ($0 < \alpha < \alpha_c$) außerhalb der γ_2-Kurve, für alle nichtfacettenbildenden ($\alpha > \alpha_c$) innerhalb. Da die Oberflächenenergie eines Kristalls durch Adsorption erniedrigt wird (Gibbs [197], Knacke und Stranski [345]; vgl. 4.2) erfolgt unter Umständen auch durch Adsorption eines Fremdstoffes an Metalloberflächen thermische Facettierung. Abb. 59 zeigt schematisch, wie in

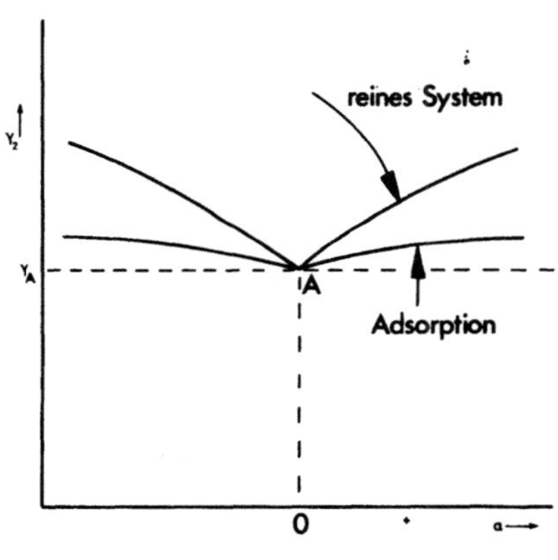

Abb.59. Veränderung der γ_2-Kurve im Minimum durch Adsorption (nach Gjostein und Winterbottom [203])

einem Minimum der γ_2-Kurve („Cusp"), das einer niedrig indizierten Gleichgewichtsformfläche entspricht, durch Adsorption an Stufen bzw. Terrassen, deren Energie erniedrigt und $\partial\gamma/\partial\alpha$ verringert wird.

---

[20] Dem Minimum der γ_2-Kurve entspricht eine Fläche, die dem Gleichgewichtspolyeder nach Wulff angehört.

Nach Herring [276] kann die Steigung der γ_2-Kurve im Punkte A negativ werden. Entsprechend ändert sich dann die Gleichgewichtsform: anstelle einer Fläche tritt eine Ecke. Abb. 60 zeigt die Beziehungen zwischen der γ_2-Kurve und der zugehörigen Gleichgewichtsform. Danach ändert sich mit wachsendem Bedeckungsgrad κ, d. h. zunehmendem Partialdruck p des adsorbierten Gases (z. B. Sauerstoff) die Steigung der γ_2-Kurve im Punkte A. Dann sollte $\log p$ eine lineare Funktion von $1/T$ sein und der Anstieg der Geraden der Adsorptionswärme entsprechen.

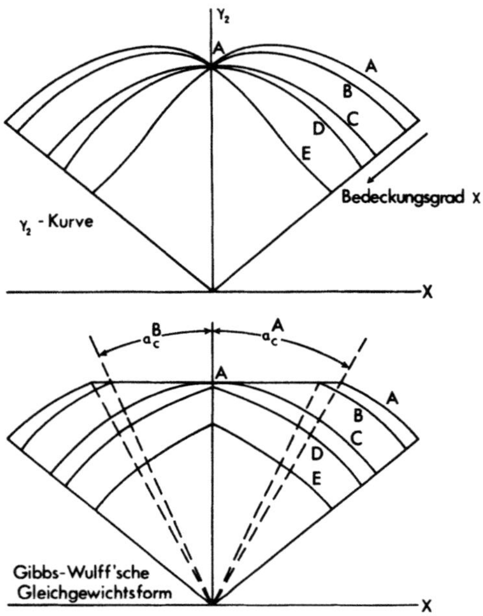

Abb. 60. γ_2-Kurve und zugehörige Gleichgewichtsform. Die Abbildung zeigt, wie sich das Minimum der γ_2-Kurve mit zunehmender Adsorption, d.h. wachsendem Bedeckungsgrad sukzessive in ein Maximum verwandelt (nach Gjostein [202])

Tatsächlich wurden solche linearen Zusammenhänge experimentell von Moreau und Benard [425] bei der thermischen Facettierung von Eisen und von Chalmers, King und Shuttleworth [100] bei der thermischen Ätzung von Silber jeweils bei Adsorption von Sauerstoff gefunden. Die Tatsache, daß bei längerem Erhitzen von Ag in N_2-Atmosphäre eine Wiedereinebnung einmal gebildeter Facetten erfolgt, erklärte Mullins [427] damit, daß durch Veränderung der γ-Fläche die ursprüngliche Oberfläche nun wieder zur Gleichgewichtsform gehört. Ähnliche Gründe dürfte das von Gwathmey und Benton [230] (vgl. auch Menzel [408]) beobachtete Verschwinden thermischer Facetten beim Erhitzen einer Cu-Kugel im Wasserstoffstrom haben, die vorher in Sauerstoff geglüht wurde. Von Menzel und Mitarbeitern [411] stammen ausführliche Untersuchungen über die Facettierung von Kupferkugeln in Gegenwart von Sauerstoff.

Von Mullins [275] wurde ein relativ einfacher Ausdruck für das Facettenprofil angegeben, wenn man als Transportmechanismus ausschließlich Verdampfungs- und Kondensationsvorgänge berücksichtigt und annimmt, daß das verdampfende Metall in Kontakt steht mit seinem eigenen Dampf. Dann erfüllt für einen uniformen Teilchenfluß das Oberflächenprofil $y(x, t)$ die Gleichung ([426])

$$\frac{\partial y}{\partial t} = A\,\frac{\partial^2 y}{\partial x^2} \tag{6–9}$$

mit

$$A = \frac{p_o \cdot \Omega^2 \cdot \gamma_s}{\sqrt{2\pi}\,M(kT)^{3/2}} \tag{6–10}$$

Es ist p_o der Dampfdruck in dyn · cm^{-2}, Ω das Atomvolumen, γ_s die freie Oberflächenenergie und M das Molekulargewicht. Für eine ursprünglich glatte Kristalloberfläche [$y(x,0) = 0$] und mit einer konstanten Steigung $(\mathrm{d}y/\mathrm{d}x)_{x=0} = m'$ in $x = 0$ ist die Lösung der obigen Gleichung

$$y(x,t) = -2m' \cdot (A \cdot t)^{1/2}\ \mathrm{ierfc}\ \frac{x}{2(A \cdot t)^{1/2}}\,. \tag{6–11}$$

Die Funktion ierfc (integral error function complement) ist definiert als

$$\mathrm{ierfc}\,(u) = \int_u^\infty \mathrm{erfc}\,(s) \cdot \mathrm{d}s, \tag{6–12}$$

wobei

$$\mathrm{erfc}\,(s) = \frac{2}{\sqrt{\pi}} \int_s^\infty \exp(-\epsilon^2)\mathrm{d}\epsilon$$

die Fehlerfunktion bezeichnet.

Das Facettenprofil wird dargestellt durch Abb. 61, wobei der Abstand jedes Profilpunktes $y(x, t)$ vom Ursprung ($x = 0$) proportional $\sqrt{t}$ ist.

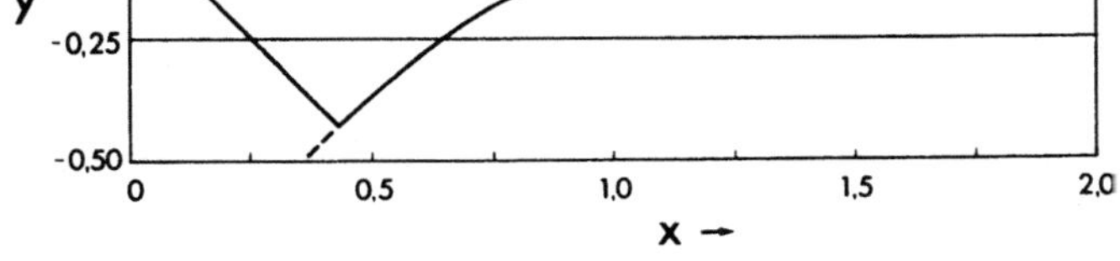

Abb. 61. Verdampfungs-Kondensations-Profil einer Facette (aus Mullins [427])

Der an vielen Metallen beobachtete *Gleichstromeffekt*, z. B. bei Wolfram [523], Tantal, Molybdän, Eisen und Nickel, beruht ebenfalls auf der Minimalisierung der freien Oberflächenenergie durch thermische Facettenbildung. Leitet man durch einen Draht einen Gleichstrom, so wandern die Metallionen unter dem Einfluß des elektrischen Feldes und es bildet sich ein sägezahnartiges Profil aus. Der Stufenabstand ist eine Funktion der Temperatur. Die bei Glühen von Wolframdrähten in Wasserstoffatmosphäre auftretenden Facetten bestehen aus (110)- und (112)-Flächen, während bei Vorhandensein von Wasserspuren (100) in der Abbauform sichtbar wird, vermutlich durch Bildung von WO_x [440][21]. Während die Versetzungsdichte die Facettenbildung nicht beeinflußt, verändern sich mit dem Druck der Gasatmosphäre die Winkel α zwischen den Facetten, und es kann eine Beziehung

$$1 \geqslant \frac{\gamma_{hkl}}{\gamma_N} \geqslant \cos\alpha \qquad (6-13)$$

angegeben werden, wobei γ_{hkl} die Oberflächenenergie der betrachteten neugebildeten Fläche und γ_N die der Umgebung ist [440]. Ausführliche Untersuchungen über den Mechanismus des Gleichstromeffektes bei Wolfram finden sich bei Neumann et al. [673].

6.1.3 Ätzung durch Ionenbombardement (Ionenätzen)

Wird die Oberfläche von Metallen, Legierungen oder hochschmelzenden keramischen Materialien unter niedrigem Druck mit Ionen beschossen, die längs eines elektrischen Feldes beschleunigt werden, so tritt spontane Zerstäubung (Sputtering) ein. Dadurch werden Korngrenzen, Einschlüsse und Gitterstörungen sichtbar. Prinzipiell sind alle denkbaren Ionen geeignet, jedoch bedient man sich vorwiegend der Edelgasionen, speziell Argon. Zur Beschreibung der Effektivität des Ätzverfahrens dient der Begriff der Ausbeute, d. h. das Verhältnis der Zahl der zerstäubten Atome N_z zur Zahl der auftreffenden Ionen N_i · N_z wird bestimmt aus dem Gewichtsverlust der Probe W und ergibt sich zu (Wehner [630])

$$N_z = W/(1{,}7 \cdot 10^{-24} \cdot A), \qquad (6-14)$$

wobei A das Atomgewicht ist.
Die Zahl der auftreffenden Ionen N_i ist eine Funktion des Ionenstroms I^+ und der Zeit t:

$$N_i = (I^+ \cdot t)/(1{,}6 \cdot 10^{-19}). \qquad (6-15)$$

Daraus ergibt sich die Ausbeute S in Atome/Ionen zu

$$S = 10^5\, W/(A \cdot I^+ \cdot t). \qquad (6-16)$$

Für Edelgase liegen nun die Ionenenergien V_s (gemessen in eV), die zur Erreichung einer bestimmten Ausbeute nötig sind, sehr niedrig. Geringe Ionenenergien (< 500 eV) mit Ausbeuten $S < 1$ werden besonders häufig angewendet, da hierbei gutausgebildete Ätzgruben auftreten (Dillon und Oman [133]). Höhere Ionenenergien führen zu nichtselektiven Verdampfungsvorgängen und damit zur Bildung gerundeter und verzerrter Gruben. Unter kritischen Zerstäubungsbedingungen (kurzzeitige Einwirkung mit hoher Ionenstromdichte) erhielten Sirotenko und Spivak

---

[21] Prager [670] fand beim Glühen einer W-Einkristallkugel in H_2-freiem Stickstoff oder Argon und im Vakuum bei Anwesenheit von Wasserspuren neben Würfel- auch Trisoktaederflächen.

[552] reproduzierbare Ätzfiguren, die sie als Durchstoßpunkte von Stufenversetzungen durch die Oberfläche deuteten. Im Gegensatz dazu stehen Untersuchungen von Wehner [631], dem es nicht gelang, Korrespondenz zwischen den durch Ionenbeschuß und durch chemische Ätzung mit CP4 auftretende Strukturen am Germanium herzustellen.

Ergänzend sei festgehalten, daß die zur Erzielung bestimmter „Ätzausbeuten" S nötigen Ionenenergiewerte V_s proportional der Sublimationswärme H_s des Targets und umgekehrt proportional dem sogenannten Impulsübergangsfaktor $\mu_m = m_2/(m_1 + m_2)$ sind, wobei m_1 das Atomgewicht des auftreffenden Ions und m_2 das des Targetatoms ist. Für einen S-Wert von 0,25 folgt

$$V_{0,25} \sim K' \cdot H_s/\mu_m \quad [\mathrm{eV}]. \tag{6-17}$$

K' ist für kubisch-flächenzentrierte Gitter 1, für kubisch-raumzentrierte Gitter 1,38 und hexagonal-dichteste und Diamantgitter 1,78 [630].

Der Vorteil der Ionenbeschuß-Methode besteht darin, daß im allgemeinen Einschlüsse im Gitter nicht zerstört werden, so daß sie in ihrem Relief und ihren wirklichen Umrissen erhalten bleiben. Diese Tatsache ist wichtig für die Präparation metallischer und nichtmetallischer Proben für die Elektronenmikroskopie. Ferner erlaubt die Methode die Ätzung praktisch aller Metalle, Legierungen und hochfeuerfester Oxide (Rexer und Vogel [490]) unter den gleichen, reproduzierbaren Bedingungen. Eine moderne Anwendung findet das Verfahren bei der Herstellung extrem feiner Oberflächenreliefs, z. B. bei der Erzeugung von Hologrammen (Hanak und Russell [233]). Apparaturen für Ionenbombardements wurden u. a. von Wehner [630], Bierlein et al. [49], Keig und Haines [329], Armstrong et al. [16], Quinn [481], Fiedler et al. [170], [171] und Bernstein und Labuda [41] entwickelt und beschrieben. Den prinzipiellen Aufbau einer solchen Apparatur zeigt Abb. 62. In letzter Zeit wurde von Crockett [112] eine Glimmentladungs-Ionenkanone konstruiert, die innerhalb eines Rasterelektronenmikroskops montiert werden kann. So ist es möglich, unter Vakuum sowohl zu Ätzen als auch die erzeugten Strukturen zu betrachten.

Typische apparative Daten sind:

Hochspannung	1–2kV (bis 12 kV, vgl. [138])
Argondruck	$3-5 \cdot 10^{-2}$ Torr
Magnetfeld	100 Oersted
Ionenstromdichte	100 μA/cm^2 – 1 mA/cm^2
Ionenenergie	500 eV

Eine einfache Methode zur Orientierung von Einkristallen stammt von Cunningham und Ng-Yelim [113], [114], [115]. Die Verdampfung von Oberflächenatomen ist hauptsächlich auf einige ausgezeichnete Gitterrichtungen beschränkt, z. B. [110] und [111] für kubisch-flächenzentrierte und kubisch-raumzentrierte Gitter. Bedeckt man nun den Einkristall mit einem halbkugelförmigen Schirm, auf dem sich die verdampften Atome niederschlagen können, so erhält man aus der Verteilung der Atome die Orientierung der Probe (Abb. 63). Als Schirm dient ein halbierter

Tischtennisball, an dem die Punkte maximaler Schwärzung durch Perforieren mit einer Nadel markiert werden. Bei der Projektion auf ein Wulffsches Netz kann dann

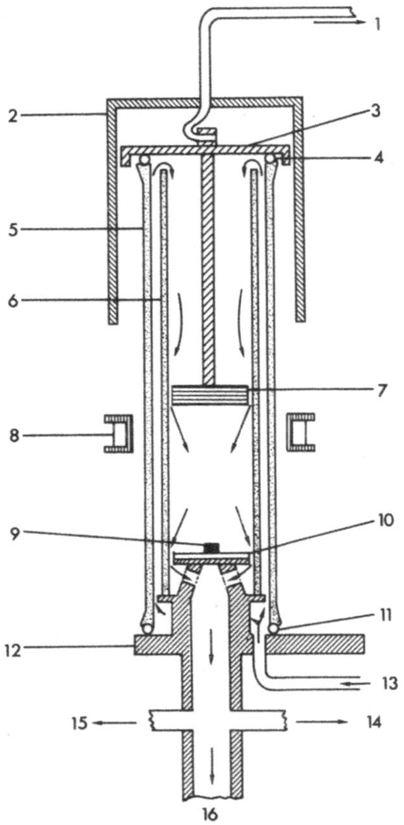

Abb.62. Ionenkanone nach Armstrong et al. [16]. Die Pfeile markieren die Richtung des Argonflusses. Die Magnetspule zwingt die Elektronen in eine Spiralbahn und verlängert so deren Weg. Daher werden mehr Gasatome ionisiert.
(*1* Hochspannung; *2* Polyäthylenkappe; *3* Messingdeckplatte; *4* und *11* O-Ringe; *5* 3"-Pyrexrohr; *6* Inneres Pyrexrohr; *7* Aluminiumanode; *8* Magnetspule; *9* Probe; *10* Aluminiumkathode; *12* Messinggrundplatte; *13* Argoneinlaß; *14* Manometeranschluß; *15* Vakuumsicherheitsschalter; *16* Vakuumpumpenanschluß)

unmittelbar aus der Lage der Kondensationspunkte relativ zur Oberfläche der Probe deren Orientierung angegeben werden.

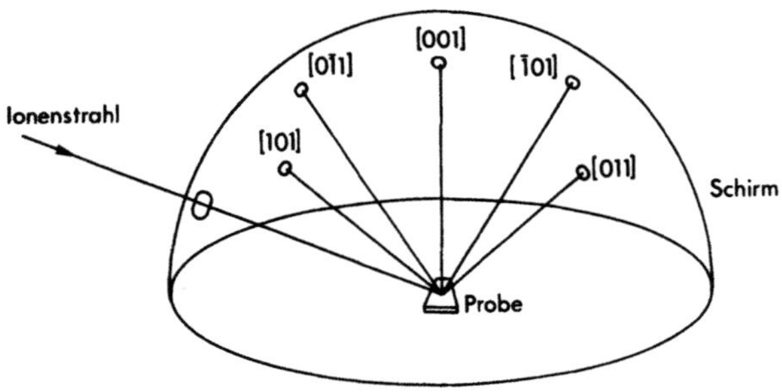

Abb.63. Optische Anordnung zur Ermittlung der Orientierung von Einkristallen durch Ionenbombardement

Barber et al. [25] wandten die kinematische Theorie der Kristallauflösung nach Frank an, um die beim Ionenbombardement erzeugten Oberflächenstrukturen vorherzusagen und zu deuten.

6.1.4 Chemisches Polieren

6.1.4.1 Grundlagen. Wie bereits oben erwähnt (vgl. 1) tritt ein Poliereffekt auf einer Kristalloberfläche dann auf, wenn die radiale Auflösungsgeschwindigkeit v_F sehr viel kleiner ist als die tangentiale v_h. Da in gewissen Grenzen die beiden Geschwindigkeitskomponenten variiert werden können, ist es in einigen Fällen möglich, den Ätzangriff dem gewünschten Ziel anzupassen, d. h. einerseits durch Hinzufügung eines Fremdstoffes selektive (Versetzungs-)Ätzung unter Ausbildung von Ätzgruben mit optimalem Verhältnis v_h/v_F (vgl. 6.1.1) zu erzielen, andererseits durch Entfernung dieses Fremdstoffes einen Poliereffekt zu erzeugen (Gilman und Johnston [200]). Diese Autoren erhöhten v_h durch Fällung des als Inhibitor wirkenden FeF_3 (vgl. 3.2) mit Ammoniak und konnten so den Übergang von der Versetzungsätzung zum Polieren vollziehen. Die Tatsache, daß schon außerordentlich geringe Mengen (< 1 ppm) von Fe^{3+}-Ionen als Inhibitor wirken, führte Frank [178] zu der Vermutung, daß „reine" Lösungsmittel überhaupt keine Ätzgruben produzieren können und daß die zeitabhängige Adsorption der Lösungsgifte an den Stufen deren Bewegung verhindert (vgl. 2.1.1). Zu gleichen Ergebnissen kam Sears [538]. Andererseits läßt sich nachweisen, daß schnell wirkende Lösungsmittel nicht zum Aufbau einer ausreichend hohen Untersättigung und damit nicht zur Ätzgrubenbildung führen (Vermilyea [610]). Die von Ives und Hirth [309] abgeleitete Beziehung zwischen Wandneigung α einer Ätzgrube und der lokalen Untersättigung zeigt (vgl. Gl. 3–7), daß bei kleinen Untersättigungen ($c \cong c_o$) α gegen Null geht.

6.1.4.2 Chemisches Polieren von Halbleitern und keramischen Materialien (vgl. auch Anhang, Tabelle C und Kapitel 7.3). Die an den zu polierenden Oberflächen ablaufenden chemischen Prozesse sind unter Umständen sehr verwickelt, insbesondere, wenn komplizierte Redox-Vorgänge im System HF/HNO_3 oder H_2O_2/CH_3COOH beim Läppen, Polieren und bei der Formgebung und Kapazitätsfixierung von Halbleitern auftreten. Die chemische Reaktion verläuft im allgemeinen so, daß sich zuerst durch Wirkung des Oxidationsmittels eine Oxidschicht bildet, die dann durch die Flußsäure unter Bildung von Fluorokomplexen gelöst wird. Über die Ätzung und das Polieren von Germanium und Silizium existiert eine umfangreiche Spezialliteratur. Meist werden als Ätzmittel CP-4 (25 Teile 70%ige HNO_3, 15 Teile 49%ige HF, 15 Teile 100%ige CH_3COOH, 0,3 Teile Br_2) bzw. Ätzmittel nach Dash [119] (1 Teil 49%ige HF, 3 Teile 70%ige HNO_3, 8–12 Teile 100%ige CH_3COOH) verwendet (Heidenreich [255], Robbins und Schwartz [497], Irving [306], Pugh und Samuels [479], Klein und D'Stefan [343], Burgess [86], Schwartz und Robbins [536], Bogenschütz et al. [57], Perevoshchikov und Malev [470]). Abb. 64 gibt einen Überblick über die Oberflächenbeschaffenheit von Germanium, geätzt im Dreistoffsystem HF-HNO_3-CH_3COOH-(H_2O) (vgl. auch Schwartz und Robbins [536]).Die mit „I" bezeichneten Bereiche markieren Zusammensetzungen, die zu teilweise ausgezeichneten Oberflächenpolituren führen. Ein ähnliches Diagramm für das System HF-H_2O_2-H_2O stammt von Bloem und van Vessem [54]. Eine andere Möglichkeit besteht darin, statt der als Oxidationsmittel wirkenden Salpetersäure Wasserstoffperoxid in das Ätzsystem einzuführen. Entsprechende Untersuchungen liegen z. B.

vor von Camp [94], Ellis [149], Bloem und van Vessem [54], Ehman et al. [143] und Erdman und Schmidt [154]. Ferner wurden Experimente unternommen, bei denen in reinem H_2O_2 (Cerniglia und Wang [98]) bzw. reiner HNO_3 (Cretella und Gatos [111]) gearbeitet wurde; bei ausschließlicher Verwendung von HNO_3 sinkt die Ätzgeschwindigkeit bei hohen Konzentrationen stark ab durch Passivierung der Oberfläche wegen Bildung einer dicken Oxidschicht. Die Auflösung von Germanium bzw. Silizium im System HF/HNO_3 kann als Redox-Reaktion an der

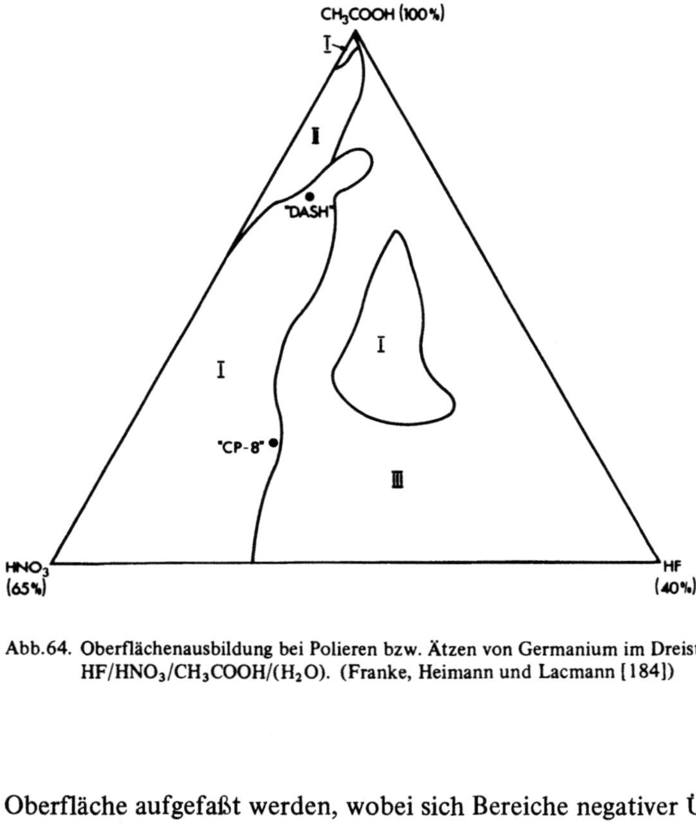

Abb.64. Oberflächenausbildung bei Polieren bzw. Ätzen von Germanium im Dreistoffsystem $HF/HNO_3/CH_3COOH/(H_2O)$. (Franke, Heimann und Lacmann [184])

Oberfläche aufgefaßt werden, wobei sich Bereiche negativer Überschußladung (n-Typ) und negativer Unterschußladung (p-Typ) an der Reaktion nach folgendem Schema beteiligen (Klein und D'Stefan [343]):

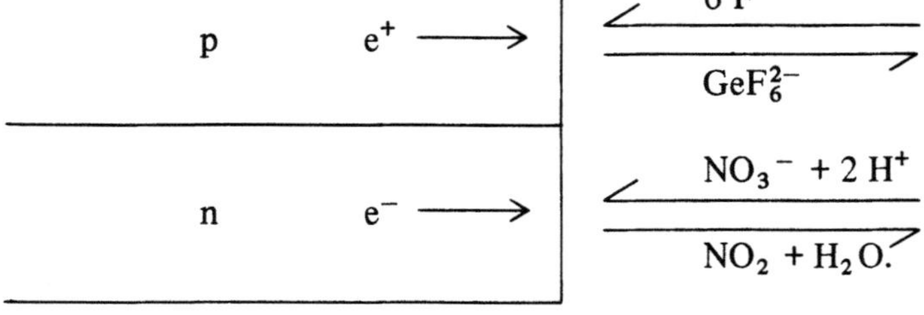

Stöchiometrisch formuliert bedeutet das:

$$4\,e^+ + Ge + 6\,F^- \qquad GeF_6^{2-}$$
$$4\,e^- + 8\,H^+ + 4\,NO_3^- \qquad 4\,NO_2 + 4\,H_2O\ ^{22}.$$

Neben den ganz überwiegend angewendeten sauren Ätzmitteln können zur Ätzung und Polierung von Silizium auch alkalische Agentien dienen (Shamba [545], [546], Kuhn [363]). Häufig benutzte Polierlösung ist siedende 85–88%ige Phosphorsäure, mit der MgO (Stokes et al. [567], Ghosh und Clarke [195], Day und Stokes [124], Vasilos et al. [606] und Cass und Washburn [96]), $CaWO_4$ (Gernand et al. [193]) und UO_2 (Briggs [76]) mit gutem Erfolg poliert werden können. Auch konzentrierte siedende Schwefelsäure kann zur chemischen Polierung, z. B. von Al_2O_3 (McVickers et al. [406]) und Mg-Al-Spinell (McBrayer et al. [404]) herangezogen werden.

Geschmolzene Alkalien (KOH, NaOH) erzeugen ausgezeichnete Polituren auf TiO_2-(Rutil-)Einkristallen (Hirthe et al. [289], Kwietniak und Piekarczyk [368], Hirthe und Brittain [290], Heimann et al. [268]) und $SrTiO_3$ (Rhodes [493]). PbO-B_2O_3-Schmelzen werden von Remeika et al. [489] zum Ätzpolieren von Granaten, Spinellen, Orthoferriten und Korund verwendet.

Von Tammann und Sartorius [580] stammt ein Polierrezept für Kupfer. Die Autoren fügen zu Salpetersäure Kupfer- oder Eisenchlorid und erzielen so eine Blankätzung. Rezepte für Polierlösungen für Nichtmetalle finden sich ferner bei Johnston [318], Kuhn [363], Bogenschütz [56] und Holmes [294]. Eine Zusammenstellung neuerer Verfahren zeigt Tabelle C im Anhang.

6.1.4.3 Elektrolytisches Polieren. Um metallische Oberflächen zu polieren, bedient man sich in erster Linie elektrolytischer Polierverfahren, wobei die Metallprobe als Anode geschaltet wird. Ausführliche Zusammenstellungen der Verfahren mit entsprechenden Referenzen finden sich bei Faust [163], Tegart [584] und Jacquet [312].

Unter geeigneten Strom-Spannungs-Bedingungen findet eine gleichmäßige Oberflächenabtragung unter Abbau der Rauhigkeitsspitzen statt. Eine typische Stromdichte-Spannungs-Kurve zeigt die Abb. 65 (s. auch Ehlers und Birle [141]).

In der Abbildung bedeuten die Anstiege der Kurve bei niedrigen Spannungen Ätzung, Narbenbildung oder Lochfraß (vgl. 6.1.5), während das Plateau elektrolytisches Polieren anzeigt. Der Kurvenanstieg bei hohen Spannungen entspricht der Entwicklung von Sauerstoff aus der Polierlösung. Um den Kristall bildet sich ein dünner Film, der entweder aus einer viskosen Flüssigkeit oder einem Gas besteht und sehr empfindlich auf Änderung der Versuchbedingungen, wie Temperatur, Konzentration und Rührgeschwindigkeit der Polierlösung reagiert. Die Wahl der Polierlösung bereitet oft Schwierigkeiten und ist nur empirisch faßbar (Casey und Bergeron [95]). So benutzten Portnoff und Frisby [477] zum Elektropolieren von Urandioxid

---

[22] Neben NO_2 tritt auch noch NO auf, und die Gesamtreaktion kann beschrieben werden als $3\,Ge + 4\,HNO_3 + 18\,HF \rightarrow 3\,H_2GeF_6 + 4\,NO + 8\,H_2O$. Über die autokatalytische Wirkung des NO bzw. HNO_2 vgl. Cretella und Gatos [111].

Schwefelsäure + Cr_2O_3, Ehlers und Birle [141] für Pyrit Phosphorsäure bzw. Salzsäure + Cr_2O_3, Nechaev und Levin [435] für Aluminium HCl, HBr, HJ und $HClO_4$ Archdale und Harrison [15] für Blei Schwefelsäure, Verhaege und de Wilde [609] für Bleilegierungen und Blei Lithiumperchlorat und Butyrolacton usw.

Neuere Zusammenstellungen der Ätzverfahren finden sich bei Schrader [527] und Beckert und Klemm [38].

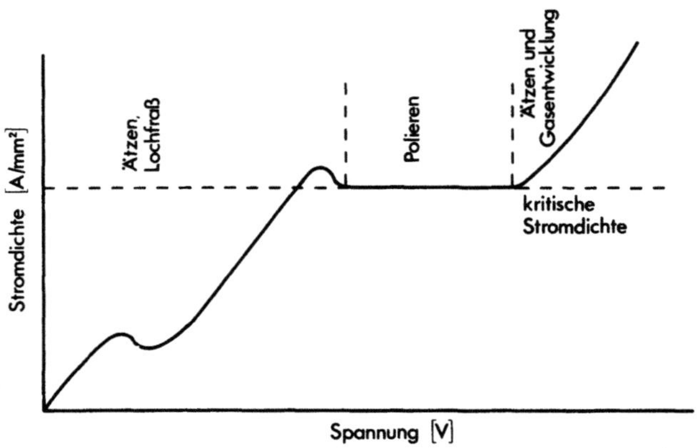

Abb.65. Stromdichte-Spannungs-Kurve beim elektrolytischen Polieren einer metallischen Oberfläche

6.1.5 Lochfraßkorrosion (Pitting)

Unter Lochfraßkorrosion versteht man einen lokalen Angriff an scharf begrenzten Stellen, bei denen die übrige passivierte, d. h. mit einer dünnen Oxidhaut geschützte Oberfläche nicht angegriffen wird. Dieser Vorgang ist von enormer volkswirtschaftlicher Bedeutung, da durch Lochfraß in kurzer Zeit bei an sich sehr geringem Materialverlust die mechanische Stabilität von Metallkonstruktionen dramatisch herabgesetzt wird. Es kommt zu einer Ausbildung von halbkugelförmigen oder sogar polygonalen Löchern, die in kurzer Zeit einige Zehntel Millimeter Durchmesser erreichen können (Vetter und Strehblow [613]).

Eine allgemeine akzeptierte Theorie der Lochfraßkorrosion existiert trotz einer Fülle experimenteller Daten noch nicht. Sicher ist, daß ganz bestimmte in Elektrolyten vorhandene Ionen (Sulfat, Chlorid, Perchlorat) die Korrosion begünstigen.

Diese Ionen wirken als Inhibitoren, die an der Oberfläche des betrachteten Metalls adsorbiert werden können. Inhibitoren können selbst kathodisch oder anodisch angreifen (Grubitsch [224]), und in Kombination mit kathodisch oder anodisch kontrollierten Korrosionsvorgängen ergeben sich vier Möglichkeiten der Inhibitorwirkungen (Evans [160]). Man unterscheidet dementsprechend vom praktischen Standpunkt aus „sichere" und „gefährliche" Inhibitoren (Mears und Evans [407]). Von besonderem Interesse ist in diesem Zusammenhang die Kombination eines anodisch wirkenden Inhibitors mit kathodischer Kontrolle des Korrosionsvorganges, z. B. im System Fe/H_3PO_4. Hier kann bei zu geringer Inhibitorkonzentration Lochfraßkorrosion eintreten, es liegt ein „gefährlicher" Inhibitor vor.

Lochfraß findet nicht im gesamten Potentialbereich statt, in dem sich die Proben passiv verhalten (Vetter und Strehblow [613]), sondern nur bei Potentialen, die positiver sind als das Lochfraßpotential ϵ_L und negativer als das Lochfraßinhibitionspotential ϵ_i, d. h. $\epsilon_i > \epsilon > \epsilon_L$. Ferner nimmt die Neigung z. B. des Eisens zu Lochfraß in der homologen Reihe Cl^-, Br^-, J^-, F^- und mit steigendem pH-Wert der Lösungen ab. Kritisch ist auch die Vorbehandlung der Proben.

Sulfat führt zu völlig isotropem Angriff und damit zu halbkugelförmigen Löchern, während Chlorid in geeignet gepufferter Lösung zur Ausbildung polygonaler Löcher neigt (Vetter und Strehblow [614], Abb. 66). Die Abb. 66 zeigt, daß die etwa 10 μm großen Korrosionslöcher in Reinsteisen von den Flächen der Gleichgewichts-

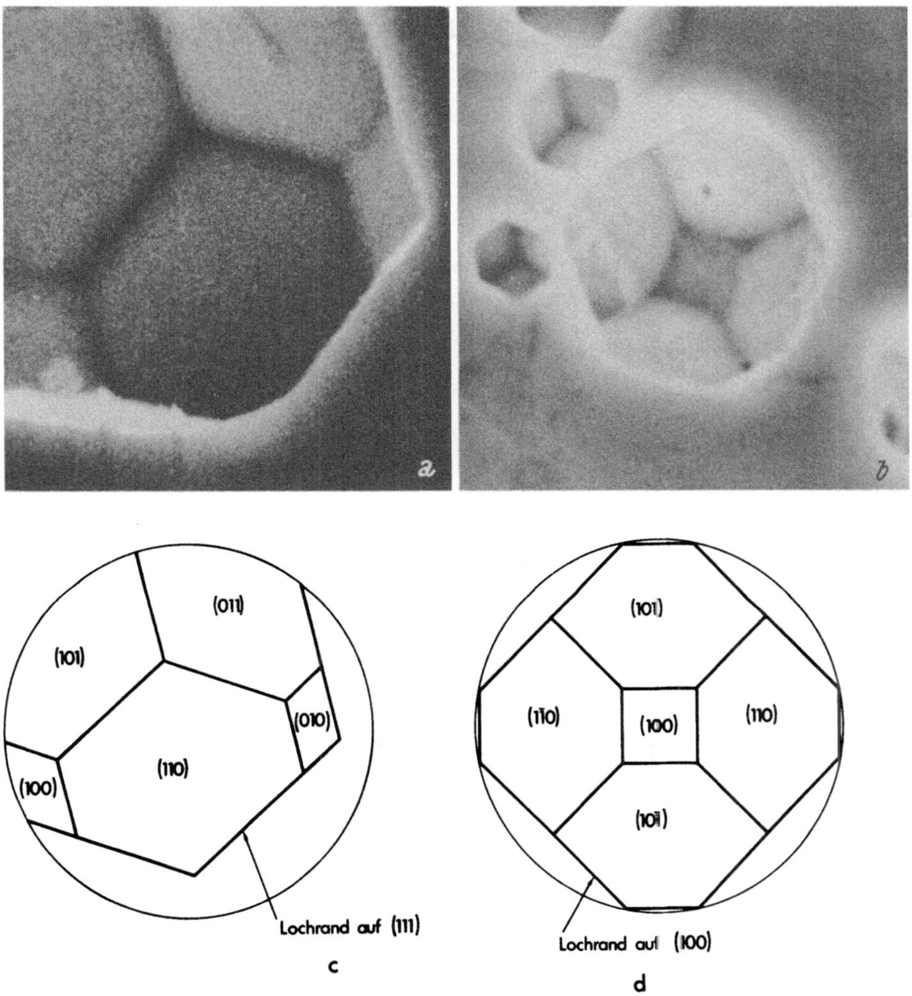

Abb.66. Lochfraß am Eisen nach 3 s in einem Phthalatpuffer mit pH = 5,0 (0,023 M K_2-Phthalat + 0.027 M KH-Phthalat + 0.01 M Cl^- bei e_h = + 1,18 V.)
(a) bzw. (c): {110} + {100} in Richtung ~[111], (b) bzw. (d): {110} + {100} in Richtung [100].
V = 7500 x (REM) (Vetter und Strehblow [614])

form begrenzt werden. Im kubisch-raumzentrierten Eisen ist {110} die Gleichgewichtsformfläche bei der alleinigen Berücksichtigung erstnächster Nachbarn, während unter dem Einfluß der zweitnächsten Nachbarn noch {100} hinzutritt. Entsprechend ist auch {110} größer ausgebildet als {100}. Das Korrosionsloch stellt eine Hohlform dar, und so kann in diesem Falle nach dem Prinzip der bedingten Korrelation von der Hohlhalbkugel-Lösungsform auf die Wachstums- bzw. Gleichgewichtsform geschlossen werden.

Bedingung für die Lochfraßkorrosion ist, daß im Loch die Korrosionsstromdichte $i_{K,l}$ erheblich höher ist als auf der passiven Oberfläche ($i_{K,p}$). Abb. 67 zeigt den

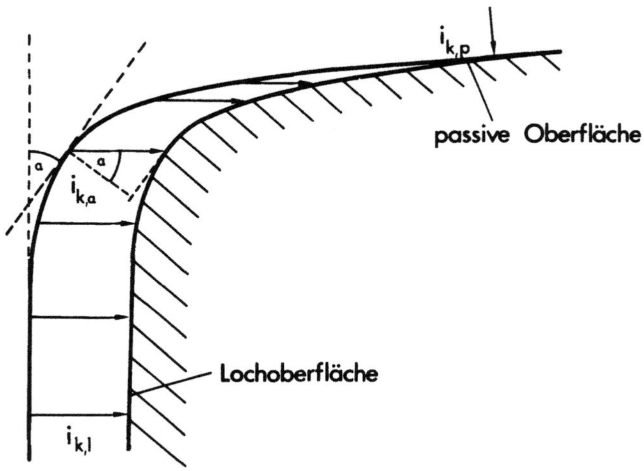

Abb.67. Abfall der örtlichen Korrosionsstromdichte i_K in einem Loch als Funktion des Winkels α (Vetter und Strehblow [614])

Abfall der Korrosionsstromdichte i_K als Funktion des Winkels α, dem Winkel zwischen den Tangenten an die Lochoberfläche. Jedes Oberflächenelement verschiebt sich normal zur Oberfläche mit einer zur örtlichen Korrosionsstromdichte proportionalen Geschwindigkeit. Es ergibt sich die Beziehung (Vetter und Strehblow [614])

$$i_K = i_{K,l} \cdot \cos \alpha, \qquad (6-18)$$

die analog[23] der weiter unten (vgl. 11.2.1.1) geometrisch abgeleiteten Beziehung zwischen den Verschiebungsgeschwindigkeiten der Gleichgewichtsformfläche v_G und der Lösungsformfläche v_L ist:

$$v_G = v_L \cdot \cos(G, L),$$

wobei cos (G, L) der Kosinus des Winkels zwischen den Normalen auf die G- und L-Fläche bedeutet.

[23] Die Lösungsgeschwindigkeit ist bei einem elektrochemischen Auflösungsvorgang nach den Faradayschen Gesetzen proportional der Stromstärke im Lokalelement.

6.2 Untersuchungsmethoden für Ätzfiguren

6.2.1 Klassische optische Methoden. Direkte Messung am Mikroskop

Zum Studium von geätzten Kristalloberflächen haben sich zwei optische Methoden bewährt. Eine davon basiert auf der direkten Beobachtung der in Frage kommenden Kristallfläche unter dem Mikroskop, wobei die Länge der Ätzgrubenkanten und ihre Kantenwinkel gemessen und in entsprechende Polfiguren eingetragen werden können (z. B. Tucker und Murphy [599]). Neuerdings wurde von Raaz und Purtscher [482] ein bis dahin nur in der Ophthalmologie angewendetes Spaltlampenmikroskop, das auf dem Prinzip der seitlichen fokalen Beleuchtung beruht, auch für die Untersuchung von Oberflächenfeinstrukturen benutzt. Das Gerät gestattet verschiedene Untersuchungsmethoden, jedoch hat sich die Untersuchung im „äußeren Spiegelbezirk" (Abb. 68) für die Erkennung und Tiefenmessung von Ätzgruben bewährt.

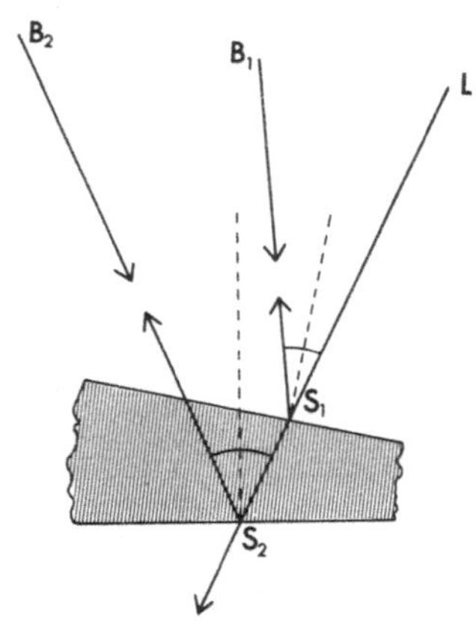

Abb.68.
Untersuchung von Oberflächen im Spiegelbezirk mit dem Spaltlampenmikroskop.
L Lichtband der Spaltlampe, *B* Beobachtungsrichtung, S_1 äußerer Spiegelbezirk, S_2 innerer Spiegelbezirk.
(nach Raaz und Purtscher [482])

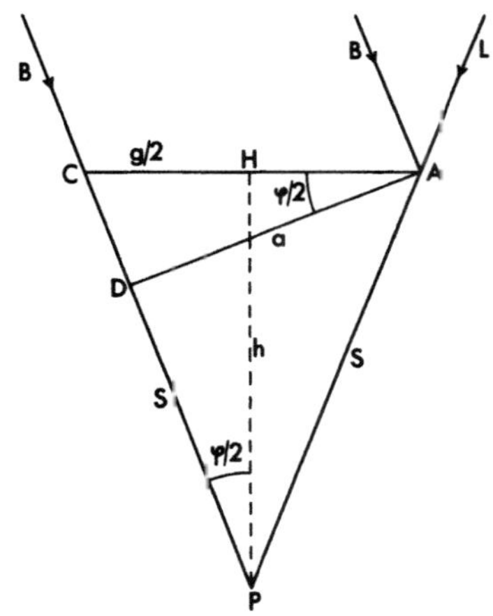

Abb.69.
Messung der Tiefe einer Ätzgrube mit dem Spaltlampenmikroskop (nach Raaz und Purtscher [482])

Die Messung der Tiefe einer Ätzgrube ist mit einfachen geometrischen Mitteln möglich (Abb. 69). Es soll der Abstand h des tiefsten Punktes P einer Grube von der Oberfläche AC bestimmt werden. Der Winkel ϕ, den die Beobachtungsrichtung BCP mit der Richtung des Lichtbandes LAP bildet, kann am Instrument abgelesen werden. Ebenso wird die Strecke a, d. h. der Abstand von der Eintrittsstelle des Lichtbandes A von der Projektion des Punktes P in D, am Mikrometerokular bestimmt.

Es ergibt sich

$$h = \frac{g}{2} \cdot \operatorname{ctg} \frac{\phi}{2} \quad \text{mit } g = \frac{a}{\cos \frac{\phi}{2}}$$

und somit

$$h = \frac{a}{2 \sin \frac{\phi}{2}} .$$

6.2.2 Klassische optische Methoden. Lichtfiguren

Neben der direkten optischen Beobachtung der Ätzfiguren wird häufig die sogenannte Lichtfigurenmethode angewendet. Diese Methode geht auf Brewster [75] zurück; Solger [558] scheint der erste gewesen zu sein, der diese Brewsterschen Lichtfiguren zum Studium der räumlichen Lage der Flächenelemente der Ätzgruben benutzte. In der Folgezeit entstand eine Fülle von Arbeiten, die sich akribisch der Aufzeichnung der erzeugten Reflektogramme widmete. Ein ausführliches Literaturverzeichnis bis zur Jahrhundertwende findet sich bei Goldschmidt und Wright [205]. Hervorgehoben sei hier die Arbeit von Haushofer [251] über die Ätzung von Calcit, in der erstmals auf die Möglichkeit der Verwendung der Lichtfiguren zur Orientierungsbestimmung der Ätzgruben hingewiesen wurde.

In den zwanziger Jahren wurde das Ätzverhalten natürlicher Minerale intensiv von Rinne und seiner Schule mit Hilfe der Lichtfigurenanalyse untersucht (z. B. Kulaszewski [364], Eichler [144], Krüger [359], Mielke [417], Rinne [494]).

Aus den dreißiger Jahren stammen Untersuchungen des Ätzabbaus von Fluorit (Himmel und Kleber [284], Kleber [335]), bei denen die Deutung von Lichtfiguren eine wichtige Rolle spielt. Die visuell-goniometrische Methode der Aufzeichnung der Lichtfiguren und Reflexzüge wurde Ende der zwanziger Jahre ersetzt durch das Verfahren der Reflexphotographie, das von Rösch [499]–[502] entwickelt wurde, nachdem schon dreißig Jahre früher von Goldschmidt und Pulfrich ein ähnliches Verfahren angegeben und von Schwarzmann [534] ausgebaut wurde. Ein Photogoniometer zur Bestimmung der Reflexe der Einzelflächen stammt von Flint [175]. Ein modernes Goniometer mit Mikroskop-Optik, das die Indizierung von Ätzflächen und Stufen auch am Lösungskörper gestattet, wurde von Schumann [532] konstruiert. Eine interessante Konstruktion, die die Indizierung der Flächen kleinster Ätzgruben nach der „Methode des maximalen Schimmers" ermöglicht, wurde von Taoka et al. [581] angegeben. Ihr sogenanntes „Gonio-Mikroskop" besteht aus einem um mehr als 90° um die vertikale Achse kippbaren Probentisch, der zusätzlich mit zwei Mikrometerschrauben horizontal in zwei senkrecht aufeinanderstehenden Richtungen verschoben werden kann. Rowland [506] beschreibt ein Goniometer, bei dem eine geätzte Einkristallkugel oder -fläche durch eine Plastikkugel, in deren Mitte die Probe sitzt, bestrahlt wird. Durch ein Blendensystem wird der reflektierte Strahl beobachtet und sein Durchtrittspunkt auf der Oberfläche der Plastikkugel markiert. Bei bekanntem Kugeldurchmesser kann der Winkel zwischen zwei Flächen gefunden werden durch Messung des Abstandes der Projektionspunkte längs der Kugeloberfläche. Die Methode ist zwar konstruktiv einfach, läßt aber nur eine Meßgenauigkeit von $\pm$ 3° zu.

Der Vorteil der Lichtfiguren-Methode besteht darin, daß bei Objekten mit komplizierter Oberflächenstruktur, wie im Falle einer geätzten Kristallfläche sofort ein Projektionsbild erhalten wird, das alle Zonenverbände zeigt. Nachteilig wirkt sich die gegenüber der goniometrischen Messung geringere Ablesegenauigkeit aus. Da Ätzflächen im allgemeinen gekrümmt sind, ist jedoch die normale Reflexionsgoniometrie nicht mehr anwendbar, da keine punktuellen Signale erhalten werden können. Hier zeigt sich besonders deutlich die Leistungsfähigkeit der Lichtfigurenmethode. Beim Übergang zu konvexen krummflächigen Lösungskörpern (vgl. Teil B) wird die Oberflächenaufnahme und die Feinstrukturuntersuchung überhaupt nur von dieser Methode bewältigt (vgl. Abb. 72).

In neuerer Zeit wurden die Ätzung und das Oberflächenrelief von Kupfer und Eisen (Tammann und Botschwar [578], Yamamoto und Watanabé [658]), Silizium und Germanium (Wolff et al. [646], Yamamoto et al. [660], Vertoprakhov [612], Yamamoto, Watanabé und Hoshi [659]), Zinn (Chalmers [99]), Lithiumfluorid (Yamamoto et al. [661]), Cadmiumsulfid (Wolff et al. [644]) u. a. untersucht.

Die Erzeugung von Lichtfiguren ist sehr einfach. Ein paralleles Lichtbündel wird von der geätzten Kristalloberfläche reflektiert und auf einen Schirm projiziert, der entweder a) plan ist, normal zum Lichtstrahl und zwischen Lichtquelle und Kristall steht (Rückstreu-Methode, Abb. 70) oder b) zylindrisch ist, und mit seiner

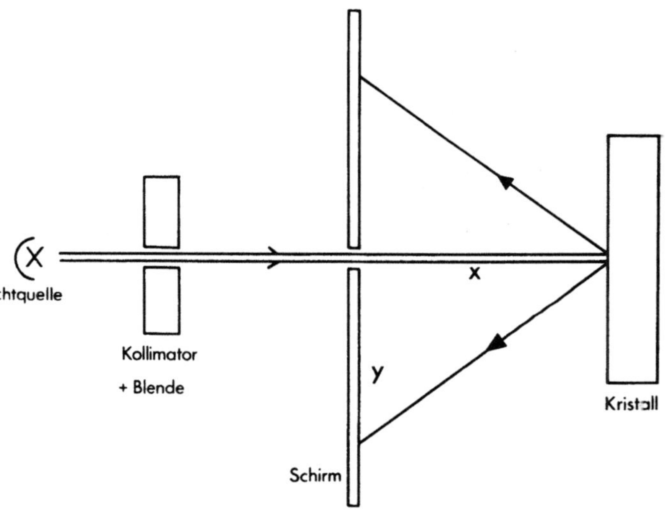

Abb.70. Prinzip der Lichtfigurenmethode

Achse senkrecht zum Strahl mit dem Kristall im Zentrum steht (Zylinderreflexion, Rösch [501]). Der Kristall selbst wird auf einem Zweikreisgoniometer befestigt.

Bei der Rückstreumethode liegen die Reflexe von Flächen der gleichen Zone dann auf Geraden, die durch den Mittelpunkt der Projektionsfigur gehen, wenn deren Zonenachse senkrecht zum Strahl steht. Ist die Zonenachse geneigt zum Strahl, so liegen die Reflexe tautozonaler Flächen auf Kreisbögen bzw. Hyperbelästen (vgl. Anmerkung S. 91). Die Anordnung der Zonenverbände und die Ableitung der geometrischen Gesetzmäßigkeiten zeigt Abb. 71.

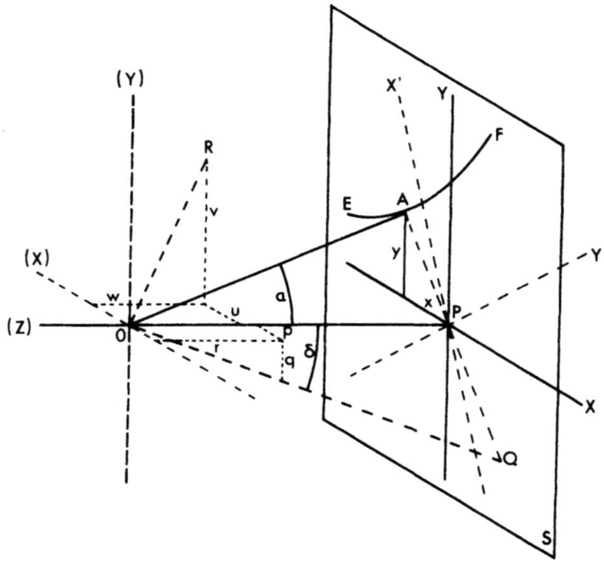

Abb. 71. Zur Ableitung der Gleichung der Reflexkurve einer Zone

Der einfallende Strahl *ZOP* wird durch eine Ätzfläche, die durch ihre Normale *OQ* gekennzeichnet ist und mit dem Strahl den Winkel δ bildet, um den Winkel α abgelenkt und trifft den Schirm *S* im Punkte *A* mit den zur Bildebene orthogonalen Koordinaten (x, y). Die Strecke *OR* steht senkrecht auf *OQ* und stellt damit die Zonenachse der betreffenden Ätzfläche dar. *OP* ist die Brennweite f. Die Aufgabe besteht darin, die Gleichung der Kurve *EF* zu ermitteln, die der Projektionspunkt *A* beschreibt, wenn sich die Ätzfläche um die Zonenachse *OR* dreht, wenn also eine Schar tautozonaler Flächen zur Abbildung gelangt.

Die Indizes der Ätzfläche in bezug auf das orthogonale Achsensystem *XYZ* seien (pqr), die der Zonenebene (uvw).

Es ist dann

$$\operatorname{tg} \delta = \frac{\sqrt{p^2+q^2}}{r}$$

$$\sin \alpha = \frac{\sqrt{x^2+y^2}}{\sqrt{x^2+y^2+f^2}}$$

$$\frac{p}{x} = \frac{q}{y} = \frac{\sqrt{p^2+q^2}}{\sqrt{x^2+y^2}} \,. \qquad (6-19)$$

Nun gilt aber unter Berücksichtigung des Brechungsindexes des Kristalls n die Beziehung

$$\operatorname{tg} \delta = \frac{-\sin \alpha}{n-\sqrt{1-\sin^2 \alpha}} \quad {}^{24} \qquad (6-20)$$

---

[24] Die Formel ergibt sich aus dem Brechungsgesetz von Möbius:
$\frac{\sin(\delta-\alpha)}{\sin \delta} = n$. Daraus erhält man $\operatorname{tg} \delta = \frac{-\sin \alpha}{n-\cos \alpha} = \frac{-\sin \alpha}{n-\sqrt{1-\sin^2 \alpha}}$.

und damit unter Einsetzen von Gl. (6–19)

$$\frac{\sqrt{p^2+q^2}}{r} = \frac{-\sqrt{x^2+y^2}}{n\sqrt{x^2+y^2+f^2} - \sqrt{(x^2+y^2+f^2)-(x^2+y^2)}} \cdot \qquad (6\text{–}21)$$

Daraus folgt

$$\frac{p}{r} = \frac{x}{A} \text{ und } \frac{q}{r} = \frac{y}{A} \qquad (6\text{–}22)$$

mit

$$A = \sqrt{(x^2+y^2+f^2)-(x^2+y^2)} - n\sqrt{x^2+y^2+f^2}.$$

Damit die Ätzfläche (*pqr*) der Zone (*uvw*) angehört, muß sie die Zonenbeziehung

$$u \cdot p + v \cdot q + w \cdot r = 0$$

erfüllen. Unter Berücksichtigung von Gl. (6–22) erhält man daraus

$$u \frac{x \cdot r}{A} + v \frac{y \cdot r}{A} + w \cdot r = 0$$

oder

$$u \cdot x + v \cdot y + w \cdot A = 0. \qquad (6\text{–}23)$$

Dreht man jetzt die Ätzfläche (*pqr*) um die Zonenachse *OR*, so ändern sich nur *x* und *y* bzw. *A*. Damit ist Gl. (6–23) die gesuchte „Reflexkurve" der Zone (*uvw*).

Entwickelt man die Wurzeln der Gl. (6–22) nach dem binomischen Satz, so enthält *A* das konstante Glied $(f-nf)$ neben Gliedern mit Potenzen von *x* und *y*. Für Reflexkurven, die durch den Mittelpunkt *P* der Lichtfigur gehen, muß dann für $x = 0$ auch $y = 0$ werden und somit muß auch

$$w \cdot A = w(f-nf) = 0$$

sein [vgl. Gl. (6–24)]. Die Brennweite *f* kann nicht Null werden und daher ist $w = 0$ zu setzen. Das heißt aber, daß die Zonenachse der *XY*-Ebene parallel liegt bzw. senkrecht zum Strahl steht. Gl. (6–23) wird zur Geradengleichung $u \cdot x + v \cdot y = 0$.

In Worten ausgedrückt heißt das, daß alle Reflexkurven, die durch den Mittelpunkt gehen, Geraden sind, die Zonen abbilden, deren Achsen parallel zur Projektionsebene bzw. senkrecht zum Strahl stehen (Fall 1). Damit stimmt in diesem Falle die Lichtfigur vollständig mit einer gnomonischen Projektion überein (Abb. 72).

Ersetzt man die Gl. (6–23) durch eine Näherungsformel [25], indem man die Wurzeln von *A* nach dem Koeffizienten *n* entwickelt und nach dem zweiten Glied der binomischen Reihe abbricht, so geht Gl. (6–23) über in

$$u \cdot x + v \cdot y + w \left[(f-nf) + \frac{x^2+y^2}{2f}(-n)\right] = 0 \qquad (6\text{–}24)$$

[25] Diese Näherung liefert keinen exakten Ausdruck für die Reflexkurven. Führt man die Berechnung streng aus, so ergibt sich für die Reflexkurve ein Hyperbelast (vgl. Berechnung des entsprechenden analytischen Ausdrucks bei Schwarzmann [534]), der allerdings einem Kreisbogen sehr nahe kommt.

bzw.

$$x^2+y^2-2x\left(\frac{u\cdot f}{w\cdot n}\right)-2y\left(\frac{v\cdot f}{w\cdot n}\right)+2f^2(1-1/n)=0.$$

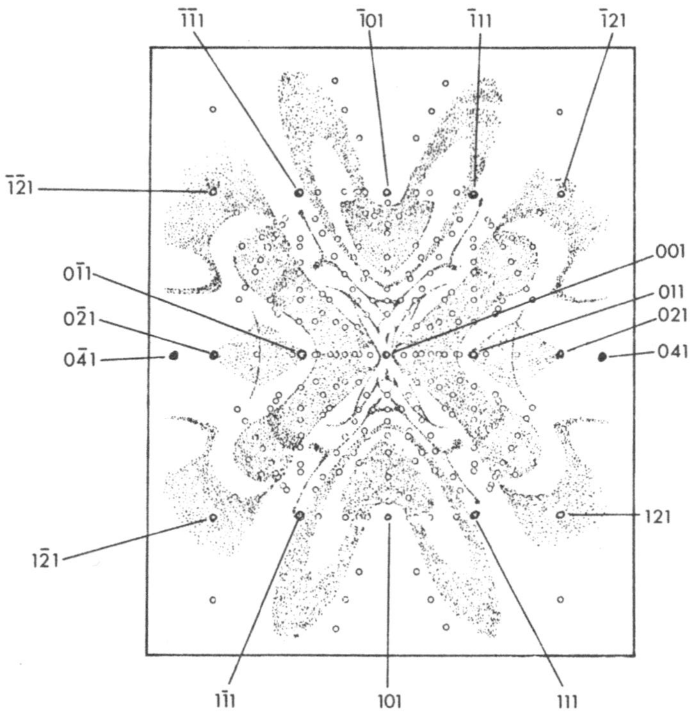

Abb.72. Lichtfiguren in gnomonischer Projektion auf (001) von Topas (nach Eichler [144])

Man kann diese Gleichung vereinfachen, indem man eine Koordinantentransformation vornimmt. Neue Koordinatenachse x' ist die Spur der durch *OR* und *OP* gehenden Ebene auf der Bildebene *S* und neue Koordinatenachse y' ist die Senkrechte auf dieser Linie, d. h. das neue System ist gegenüber dem alten um den Winkel $\Psi = 90-\delta$ gedreht. Dann gelten die Transformationsgleichungen

$$x=\frac{ux'-vy'}{\sqrt{u^2+v^2}} \quad \text{und} \quad y=\frac{uy'+vx'}{\sqrt{u^2+v^2}}$$

bzw.

$$x=x'\cdot\cos\Psi-y'\cdot\sin\Psi \quad \text{und} \quad y=x'\cdot\sin\Psi+y'\cdot\cos\Psi$$

mit

$$x^2+y^2=x'^2+y'^2.$$

Aus Gl. (6–24) wird dann

$$x'^2+y'^2-2x'\ \frac{\sqrt{u^2+v^2}}{w}\ \frac{f}{n}+2f^2\cdot\left(1-\frac{1}{n}\right)=0$$

oder

$$(x'+\epsilon)^2+y'^2=\rho^2 \qquad (6\text{–}25)$$

mit

$$\epsilon = -\frac{\sqrt{u^2+v^2}\, f}{w \cdot n}$$

und

$$\rho^2 = \left(\frac{f}{w}\right)^2 \frac{u^2+v^2}{n^2} + \frac{2\,\omega^2(1-n)}{n}\,.$$

Gl. (6–25) stellt somit die Reflexkurve der Zone (uvw) dar. Sie entspricht einem Kreisbogen mit dem Radius ρ, dessen Mittelpunkt auf der x'-Achse liegt (Fall 2).

Eine modifizierte Lichtfigurenanordnung, die es gestattet, fast alle reflektierten Strahlen gesammelt in einem Umkreis von nur 45 mm auf einem Schirm aufzufangen, stammt von Hoh [292] (Abb. 73, nach Kossel [353]). Hierbei werden durch Brechung des Sekundärstrahls an einer Glasoberfläche zum Einfallslot hin alle Strahlen zusammengerafft.

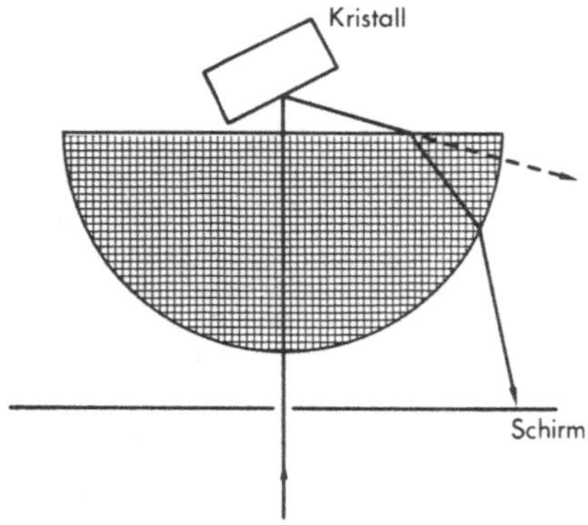

Abb. 73. Modifizierte Lichtfigurenanordnung nach Hoh [292]

In neuester Zeit verwendet man die Lichtfigurenmethode für die Orientierung von Einkristallstäben, die mit hoher Genauigkeit zur Produktion von Halbleiterbauelementen geschnitten werden müssen. Von Fricke [185] stammt eine Methode, bei der die Lichtfiguren auf {111} von geätzten Si-Einkristallstäben verglichen werden mit einem im Strahlengang angeordneten „Mercedes-Stern". So kann jede dreizählige Lichtfigur mit einer Genauigkeit von 0,1° mit dem Stern dann zur Deckung gebracht werden, wenn die (111)-Ebene parallel zur Schneidscheibe liegt.

Wolff und Broder [642] verwenden Zylinderprojektionen und ermitteln damit die Mikrospaltbarkeit von Verbindungen mit tetraedrischer Koordination. Zur besseren Reflexion bedampfen sie ihre Probekörper mit Ag, Au oder Al.

Neben der Beobachtung der Zonenverbände und der makroskopischen Zusammenhänge der Ätzformen (vgl. Teil B) liefert die Lichtfigurenmethode noch genauere Details bei der Untersuchung der Feinstruktur von Ätzgruben.

Die Lichtfiguren sind punktförmige Reflexe naturgemäß nur dann, wenn die reflektierte Fläche makroskopisch glatt ausgebildet ist. Verwaschene, auffächernde Reflexe zeigen gekrümmte Bereiche oder Vizinalflächen an.

In vielen Fällen zeigt sich, daß Vizinalflächen auch vermessen werden können. Abb. 74 zeigt schematisch die Lichtfiguren von Ätzgruben auf (100), (110) und (111) von in siedendem H_2O_2 geätzten Ge-Scheiben (Vertoprakhov [612]). Während im frühen Ätzstadium (obere Reihe) die reine Flächensymmetrie auftritt, zeigen die Lichtfiguren der späteren Ätzstadien (untere Reihen) Vizinalentwicklung. Bei der Lichtfigur auf (100) sind vier Reflexe eines Ikositetraeders (*hll*) sichtbar.

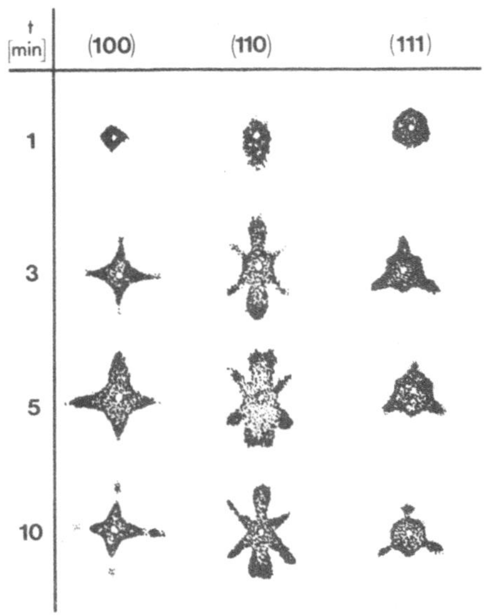

Abb. 74. Entwicklung der Lichtfiguren von Ätzgruben auf den kristallographischen Hauptflächen von Germanium (Erläuterung s. Text). Nach Vertoprakhov [612]

Die zweizählige Symmetrie der Lichtfigur auf (110) entartet unter Bildung von Trisoktaederreflexen (*hhl*), während (111) alternierend Trisoktaeder- und Ikositetraederflächen zeigt. Die Indizes dieser Vizinalflächen sind eine Funktion der

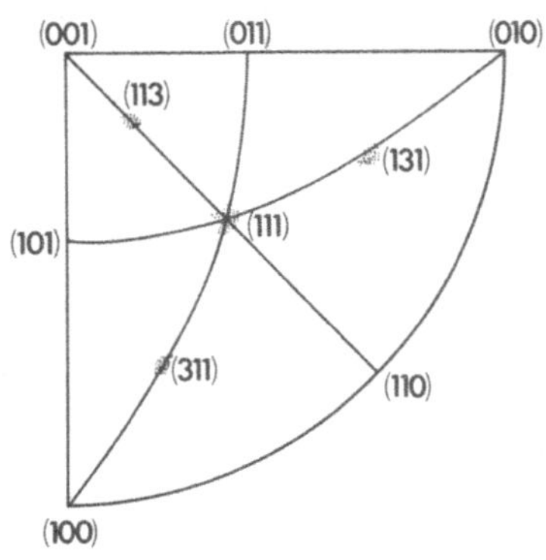

Abb. 75. Stereographische Projektion eines in geschmolzenem Indium geätzten Germaniumkristalls. Die punktierten Bereiche stellen die Reflexe der gebildeten Vizinalen dar (nach Vertoprakhov [612])

Temperatur und der Ätzdauer und werden in stereographischer Projektion dargestellt (Abb. 75).

6.2.3 Interferenzmikroskopische Methoden. Zweistrahlinterferenz-Verfahren nach Michelson

Auf der Interferometer-Anordnung nach Michelson beruhen verschiedene von den Firmen Leitz und Zeiss hergestellte Auflicht-Interferenzmikroskope, mit deren Hilfe Rauhigkeitsmessungen, Oberflächenprüfung, metallographische Untersuchungen u. a. ausgeführt werden können. Ein Lichtstrahl wird durch ein Teilerprisma in zwei interferenzfähige, d. h. kohärente Lichtwellenzüge zerlegt, die nach Reflexion an den gleichweit von der Teilerfläche T entfernten Planspiegeln S_1 und S_2 an T wiedervereinigt werden (Abb. 76). Interferenz kann nur auftreten, wenn Weg-

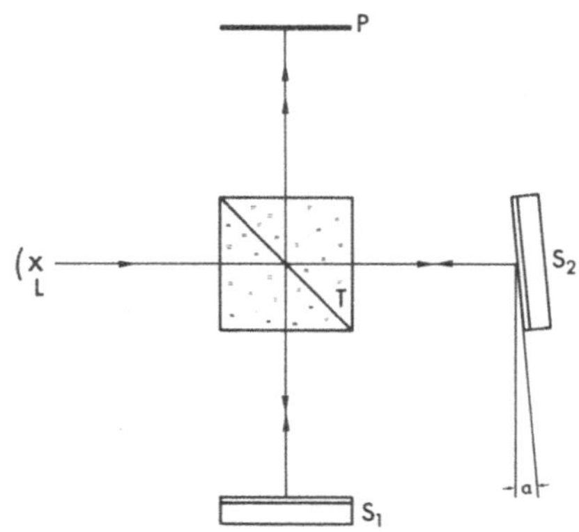

Abb.76. Interferometeranordnung nach Michelson (L Lichtquelle, T Teilerprisma, P Photoplatte, S_1 Prüfling, S_2 Vergleichsspiegel)

differenzen zwischen den beiden Wellenzügen auftreten. Beträgt die Wegdifferenz $\lambda/2$, $3/2\ \lambda$, $5/2\ \lambda$ usw., so tritt Auslöschung auf; ist sie 0, $2/2\ \lambda$, $4/2\ \lambda$ usw., so erhalten wir maximale Helligkeit. Solche Wegdifferenzen kann man durch Verwen-

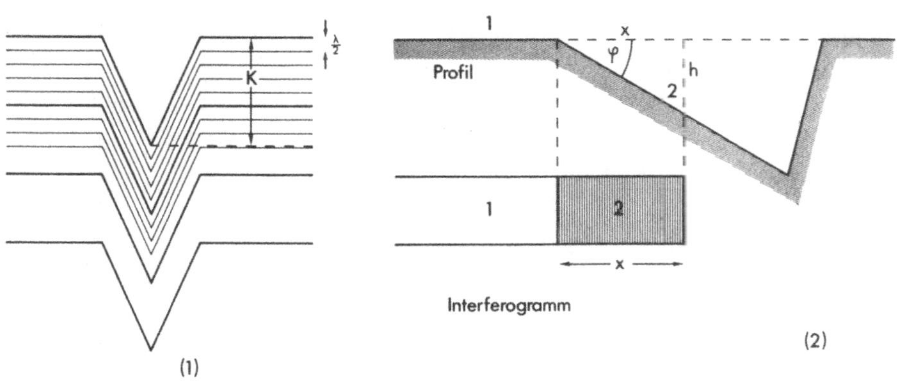

Abb.77. Interferogramme: (1) zur Messung der Tiefe, (2) zur Messung des Neigungswinkels einer Ätzgrube

dung z. B. eines Glaskeiles erhalten. In der Michelson-Anordnung dient der durch die Oberflächen S_1 und S_2, die gegen S_1 um den Winkel α schwenkbar ist, gebildete „Virtuelle Keil" als Erzeuger der Wegdifferenz $n/2\ \lambda$.

Beim Interferenzmikroskop wird an Stelle des Planspiegels S_1 die zu untersuchende Oberfläche gebracht. Durch Schwenkung des Vergleichsspiegels S_2 um einen kleinen Winkel α kann auf der Photoplatte P ein System von Interferenzstreifen er-

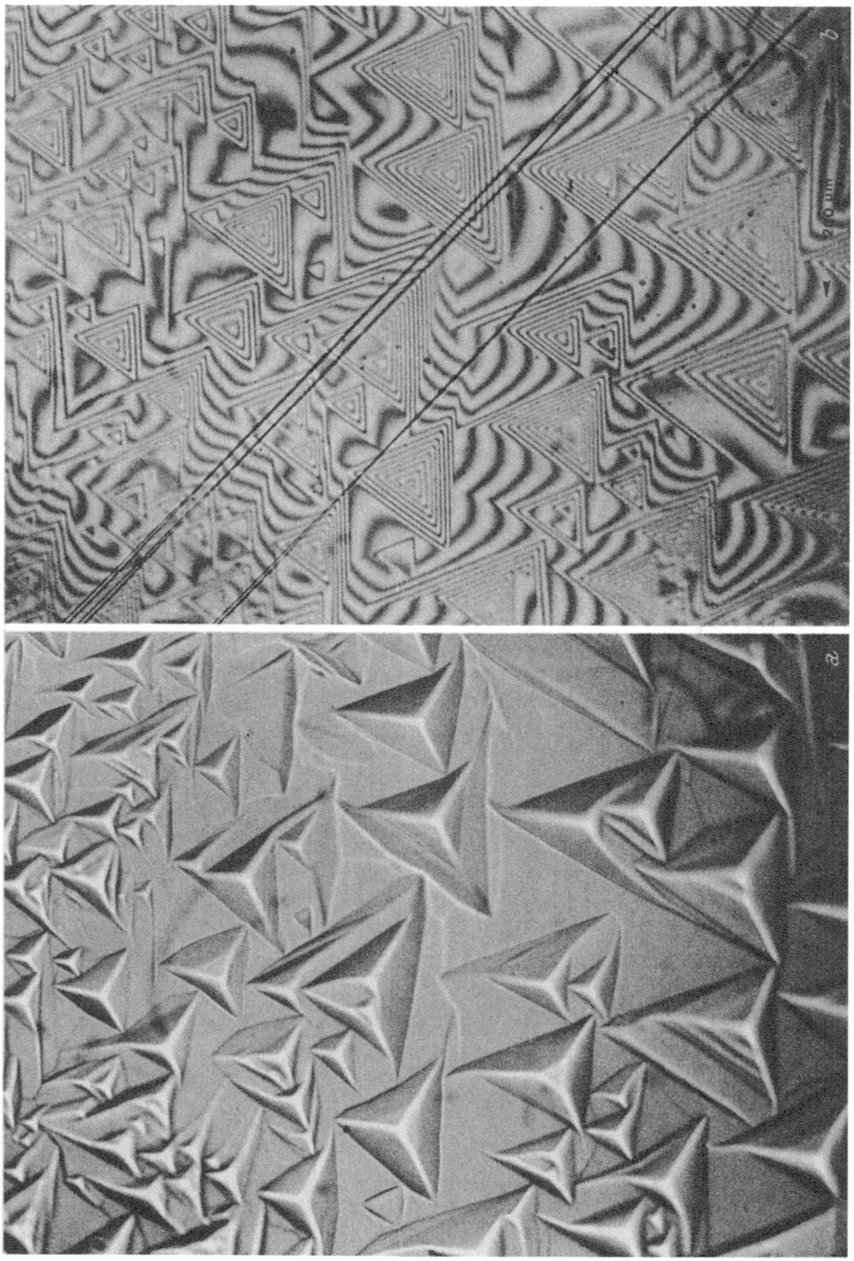

Abb. 78. Ätzgruben auf (111) von Fluorit, 20 min in H_3PO_4 (85%) bei 140°C geätzt. (a) im normalen Auflicht, (b) mit Interferenz (Zweistrahl-Interferenz-Mikroskop)

zeugt werden, die ein Abbild der Oberflächenbeschaffenheit des Prüflings darstellen. Dabei entspricht der Abstand zweier benachbarter Streifen der Wegdifferenz $\lambda/2$. Durch Messung der Auslenkung K der Streifen kann sowohl die Tiefe einer Ätzgrube d als auch ihr Neigungswinkel ϕ gegen die Oberfläche gemessen werden (Abb. 77).

Die Auslenkung K in Abb. 77(1) beträgt etwa $8 \cdot \frac{\lambda}{2}$.

Damit ist die Tiefe der Ätzgrube

$$\mathrm{d} = \frac{K \cdot \lambda}{2} = 2{,}20\ \mu\mathrm{m}$$

für die Wellenlänge des grünen Lichtes ($\lambda = 0{,}55\ \mu$m).

Zur Berechnung des Neigungswinkels ϕ einer Ätzgrubenfläche (2) gegen die Oberfläche (1) werden die einer bestimmten Länge x zuzuordnenden Interferenzstreifen ausgezählt [Abb. 77 (2)].

Es gilt dann

$$\mathrm{tg}\,\phi = \frac{h}{x} = \frac{K \cdot \lambda}{x \cdot 2}(1 + f), \tag{6–26}$$

wobei K die Zahl der Streifen und f ein von der numerischen Apertur des Objektivs abhängiger Faktor ist ([188], [530]).

Abb. 78 zeigt Ätzgruben auf (111) von Fluorit, 20 min in konzentrierter H_3PO_4 bei 140°C geätzt. Für $K = 7$, $x = 36\ \mu$m, $f = 0{,}05$ und $\lambda = 0{,}55\ \mu$m ergibt sich $\phi = 3°11'$. Damit liegt die Ätzfläche zwischen den Neigungen (554) und (10.10.9) und kann als Vizinalfläche zu (111) aufgefaßt werden (vgl. Wolff und Broder [643]).

6.2.4 Interferenzmikroskopische Methoden. Vielstrahl-Interferenz-Verfahren nach Tolansky [589]

Die beim Zweistrahl-Interferenz-Verfahren (vgl. 6.2.3) erhaltenen Interferenzstreifen sind meist breit und unscharf begrenzt, da bei rauhen Oberflächen das Meßergebnis dadurch beeinflußt wird, daß die Rauhigkeiten zu Mehrfachreflexionen führen. Die Idee von Tolansky bestand nun darin, ein halbdurchlässig versilbertes Kontaktglas so auf die ebenfalls versilberte Probenoberfläche abzusenken, daß der zwischen den Flächen befindliche Luftraum einen flachen Keil bildet mit dem Win-

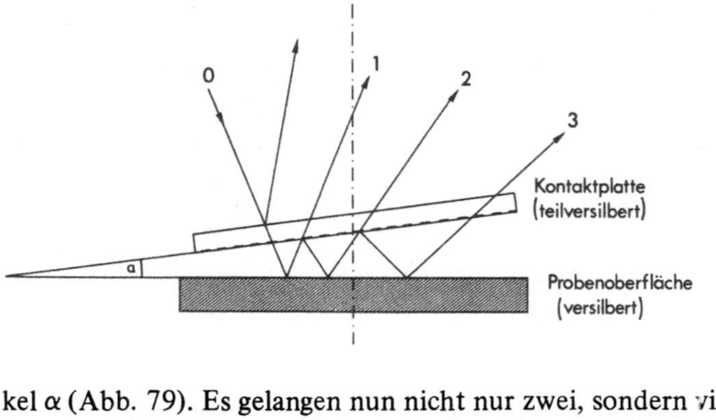

Abb. 79. Entstehung der Vielstrahl-Interferenzen nach Tolansky

kel α (Abb. 79). Es gelangen nun nicht nur zwei, sondern viele Strahlen zur Interferenz, und die Zahl und Schärfe der Interferenzstreifen wird wesentlich erhöht.

Das mikroskopische Bild der Probenoberfläche wird von einem System von Interferenzstreifen überlagert.

An die optische Qualität des Kontaktglases werden hohe Anforderungen gestellt. Handelt es sich um eine planparallele Platte, so muß deren Abweichung von der Parallelität weniger als $\lambda/60$ betragen. Sphärische und zylindrische Plättchen ermöglichen eine weitgehende Angleichung an die Form der Probenoberfläche.

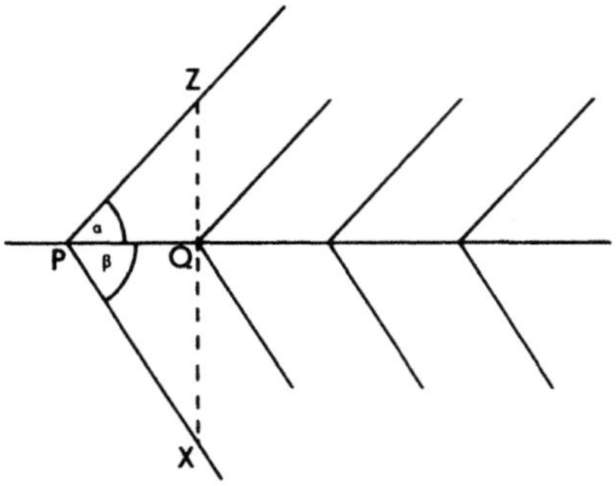

Abb.80. Bestimmung von Flächenwinkeln aus den Interferenzlinien nach Wilcock (aus Tolansky [589])

Zur Unterscheidung, ob die Interferenzfigur von einer Erhöhung (Hillock) oder Vertiefung (Ätzgrube) der Kristalloberfläche herrührt, genügt es, die Dicke des Luftspaltes durch Drücken auf den Kristall zu verändern. Die Streifen bewegen sich in Richtung auf den dickeren Teil des Luftspaltes. Den Winkel, den zwei Flächen miteinander bilden, kann man nach Wilcock aus den Interferenzstreifen bestimmen (Abb. 80).

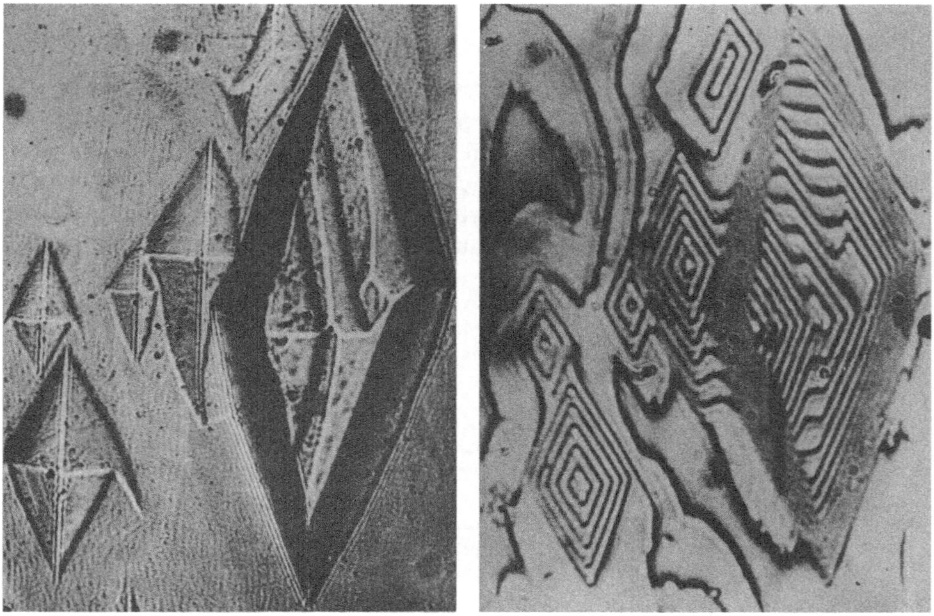

Abb.81. Ätzgruben auf (001) von Topas, geätzt in KOH bei 400°C. (1) Normales optisches Bild, (2) Vielstrahl-Interferogramm (Patel und Goswami [461])

Durch Messung der Winkel zwischen den Interferenzstreifen α und β und Messung der Strecke PQ, entweder direkt am Objekt oder auf einer Photographie des Streifensystems, kann man den Flächenwinkel ϕ bestimmen nach

$$\operatorname{tg} \phi = M \frac{\lambda}{2PQ} \cdot (\operatorname{ctg} \alpha + \operatorname{ctg} \beta) \quad \text{(vgl. 6.2.3)}, \tag{6–27}$$

wobei M die Vergrößerung des optischen Systems darstellt. Das Auflösungsvermögen dieses Verfahrens ist in günstigen Fällen vergleichbar dem der Elektronenmikroskopie. So gelang es Tolansky [589], an Glimmerplättchen Höhenunterschiede von 20 Å abzutasten.

Messungen der Tiefe von Ätzgruben und ihrer Orientierung stammen z. B. von Patel und Tolansky [465] an Diamant, Hanke [236] an Calcit, Patel und Goswami [461] an Topas (vgl. Abb. 81) und Patel und Raju [463] an Gips.

6.2.5 Interferenzmikroskopische Methoden. Zweistrahlinterferenzkontrast-Verfahren nach Nomarski [447] (Polarisationsinterferometrie).

Das Verfahren beruht darauf, daß ein Strahl polarisierten Lichtes durch einen Quarzdoppelkeil QQ_1 in zwei Strahlen aufgespalten wird, deren Richtungen um einen kleinen Winkel ϵ differieren. Beide Strahlen werden an der Oberfläche des Objektes A reflektiert, passieren wieder den Quarzdoppelkeil, werden dadurch vereinigt und erzeugen im Okular nach Durchlauf eines gegenüber dem Polarisator um 90° gedrehten Analysators P_2 ein reelles Bild A' des Objektes A (Abb. 82).

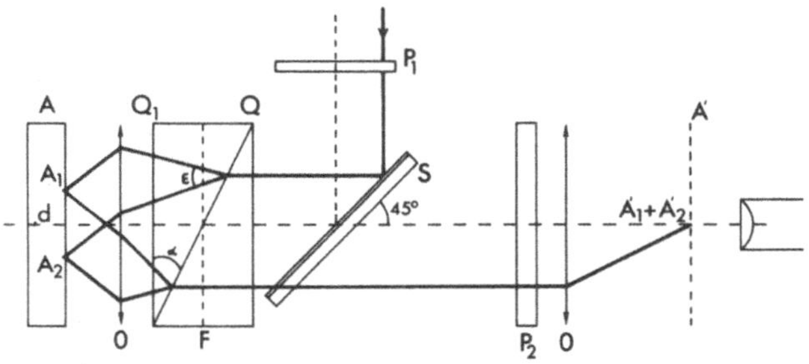

Abb. 82. Strahlengang beim Zweistrahl-Interferenzkontrastverfahren im Auflicht nach Nomarski (nach Weill [632]).
(O, O' Objektiv und Hilfsobjektiv des Mikroskops; F Fokalebene des Objektivs O; $P_1 P_2$ Polarisator bzw. Analysator; QQ_1 Quarzdoppelkeil; A Objekt; $A_1 A_2$ Bildpunkte des Objekts; S halbdurchlässiger Spiegel; $A_1' + A_2'$ vereinigte Bildpunkte; ε Winkel zwischen ordentlichem und außerordentlichem Strahl; α Keilwinkel der Quarzprismen)

Der Quarzdoppelkeil besteht aus zwei in Subtraktionsstellung miteinander verkitteten Quarzprismen. Die optische Achse des oberen Prismas verläuft parallel zu den Keilkanten in der Plattenebene, die des unteren liegt in einer Ebene senkrecht zu den Keilkanten. Damit stellen beide ein Wollaston-Prisma dar.

Die Funktion des Doppelkeils geht aus Abb. 83 hervor.

Die einfallenden Lichtwellen L haben eine gerade Wellenfront W, der beim Durchdringen des Objektes A dessen Struktur aufgeprägt wird. Es ergibt sich ein neues Wellenprofil W_ϕ, da die Lichtwellen, die die Umgebung durchsetzen, gegenüber den sich durch die Vertiefung fortpflanzenden zurückbleiben. Wäre eine optische Inhomogenität mit z. B. geringerer Brechzahl vorhanden, würde die Wellenfront in gleicher Weise verändert werden, da für die optische Weglänge das Produkt aus Präparatdicke und Brechzahl maßgebend ist. Durch die Aufspaltung des Strahls an der in der Fokalebene F des Objektivs O liegenden Keilflächen des Prismas QQ_1 in zwei Anteile wird auch das Wellenprofil entsprechend verdoppelt. Die beiden Wellenprofile W_ϕ' und W_ϕ'' sind in der Bildebene des Mikroskops um eine geringe Strecke gegeneinander versetzt. Es entsteht ein plastisches Bild einer Oberflächeninhomogenität, z. B. einer Ätzgrube.

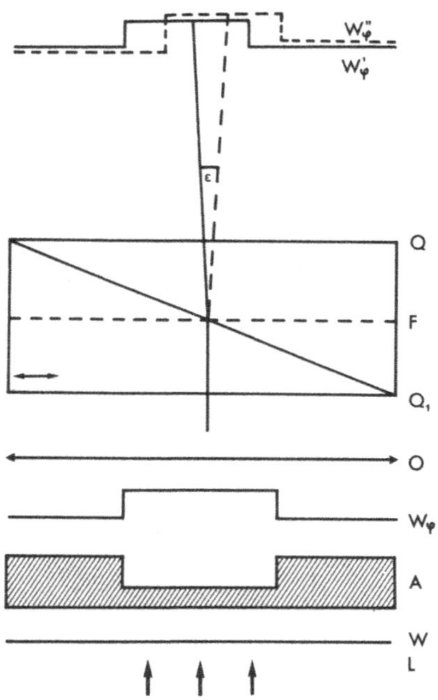

Abb. 83. Optische Profile im Objektraum beim Zweistrahl-Interferenzkontrast-Verfahren nach Nomarski (nach [666])

Im Gegensatz zu der in Abb. 76 dargestellten Reflexionsanordnung kann bei transparenten Objekten auch im Durchlicht gearbeitet werden. Dazu verwendet man zwei Quarzdoppelkeile (Interferenzkontrast–Kondensor und Interferenzkontrast-Schieber), zwischen denen sich das Objekt befindet (Abb. 84).

Die optischen Achsen der Keile sind gegen die Plattenoberfläche etwas geneigt und der Neigungswinkel ist abhängig vom Abstand der Fokalebene des Objektivs vom Interferenzkontrast-Schieber.

Weitere Methoden zur Untersuchung von Kristalloberflächen auf interferometrischem Wege finden sich bei Beyer [46].

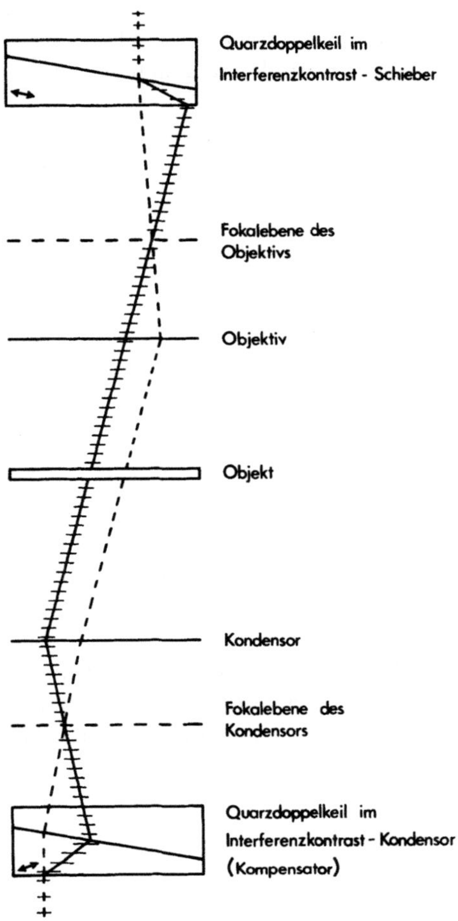

Abb. 84. Strahlengang bei der Interferenzkontrast-Einrichtung im Durchlicht nach Nomarski (nach [666]).
⟷ Optische Achse des Quarzkeiles
|— Schwingungsrichtung des Lichtes

6.2.6 Lichtprofilmikroskopie

Ist die Oberfläche eines geätzten Kristalls zu zerklüftet, d. h. sind die Rauhigkeitsspitzen so hoch, daß die normale Zwei- oder Vielstrahlinterferenz-Mikroskopie nicht mehr angewendet werden kann, besteht die Möglichkeit, sich des von Tolansky [590] entwickelten Lichtprofil-Verfahrens zu bedienen. Es geht im Prinzip zurück auf die Schmaltzsche Lichtschnittmethode [521], bei der das Bild eines beleuchteten Spaltes unter 45° auf die zu untersuchende Oberfläche projiziert wird. Der reflektierte Strahl wird mit einem Mikroskop betrachtet, und es ist möglich, ein Oberflächenprofil in eine Folge von Beugungslinien zu verwandeln. Insofern gleicht das Verfahren vollständig der von Raaz und Purtscher [482] beschriebenen Spaltlampenmikroskopie.

Das Tolanskysche Lichtprofilmikroskop fügt nun zusätzlich in den Strahlengang einen feinen Draht ein, dessen Schattenbild auf die zu untersuchende Kristalloberfläche projiziert wird. Die Auslenkung („das Profil") des Schattenbildes läßt erkennen, ob es sich um Erhöhungen oder Vertiefungen in der Oberfläche handelt. Während bei dem gewöhnlichen Lichtschnitt-Verfahren nur die spiegelnden Oberflächenbereiche abgebildet werden, können nun alle Oberflächenteile mit gleich gutem Auflösungsvermögen beobachtet werden.

Noch weiter geht das ebenfalls von Tolansky konstruierte Vielstrahl-Lichtprofilmikroskop, das die Schattenbilder mehrerer dünner Drähte oder Rillen gleichzeitig abbildet und so eine wesentlich größere Oberfläche der Beobachtung zugänglich macht (Abb. 85).

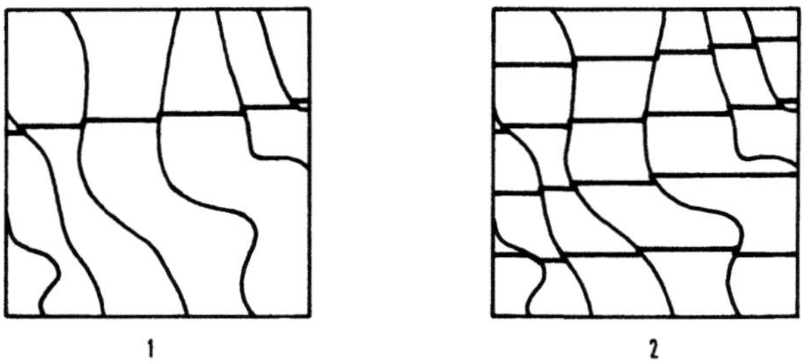

Abb. 85. Schematische Lichtprofile einer nach rechts ansteigenden Terrassenfläche. (1) Einstrahl-Verfahren, (2) Vielstrahl-Verfahren

Als Strichgitter diente in der Originalanordnung aluminisiertes Glas, über das mit einem feinen Diamant eine Schar paralleler Linien gezogen wurde. Anschließend wurden die freiliegenden Glasbereiche mit Flußsäure geätzt, versilbert und mit einer gleichfalls versilberten planparallelen Platte zur Erzeugung von Interferenzlinien gleicher chromatischer Ordnung kombiniert.

Die Vergrößerung des Linienprofils ergibt sich zu

$$M' = \frac{2M \cdot \mathrm{tg}\, i}{n} \quad \text{(Tolansky [590])} \qquad (6\text{–}28)$$

mit M Vergrößerung des Beobachtungsmikroskops, n Brechungsindex des eventuellen Einbettungsmediums und i Einfallswinkel des Lichtes. Zweckmäßigerweise gibt man das Verhältnis $M'/M = R$ an, wobei R für jede Linsenkombination konstant ist und interferometrisch an geätzten Glasplatten nach oben angegebenen Verfahren geeicht werden kann.

Beim Arbeiten mit Immersionsflüssigkeiten ist es notwendig, durchsichtige Kristalle vorher durch Bedampfung zu metallisieren.

Fast gleichzeitig mit Tolansky wurde von Menzel [409] ein anderes Verfahren unter Anwendung des Minimumstrahl-Prinzips entwickelt. Anstelle eines Drahtes tritt die Kante zweier durchlässiger Bereiche, die das Licht mit 180° Phasendifferenz weitergeben. Da hierbei die zur Verbreiterung des Schattenbildes eines Drahtes beitragende Beugung wegfällt, können wesentlich geringere Dickenunterschiede (Größenordnung 0,1 μm) gemessen werden.

6.2.7 Schärfentiefen-Mikroskopie nach McLachlan

Bei der Verwendung der normalen Lupenphotographie zur Abbildung von Oberflächen macht sich der mit steigender Vergrößerung immer geringer werdende Schärfentiefenbereich störend bemerkbar. Tief skulpturierte, stark geätzte Oberflächen werden nur in schmalen Bereichen scharf abgebildet, so daß bei Vermessung und Dokumentation Schwierigkeiten auftreten. Die Schwierigkeiten sind zwar durch die Technik der Rasterelektronenmikroskopie auch bei geringen Vergrößerungen weitgehend überbrückbar, jedoch stellt diese Methode sowohl an den Etat eines Instituts als auch an die Präparation nichtleitender Oberflächen (Bedampfung) gewisse Anforderungen.

McLachlan [405] gelang nun die Konstruktion eines Mikroskops, das eine erstaunliche Erhöhung des Schärfentiefenbereichs bei Vergrößerung bis etwa 250fach gestattet. Das Objekt wird von der Seite mit einem schmalen Lichtbündel beleuchtet und während der Belichtung relativ zum Lichtbündel nach oben bewegt, so daß alle Bereiche, die nicht in der Brennebene des Abbildungssystems liegen, dunkel erscheinen. Damit überstreicht, ähnlich wie bei der Rasterelektronenmikroskopie der Elektronenstrahl, der Lichtstrahl nacheinander tieferliegende Bereiche der Probe, und die Schärfenebene wird immer weiter in den Kristall hinein verschoben. Abb. 86 zeigt die geometrischen Zusammenhänge.

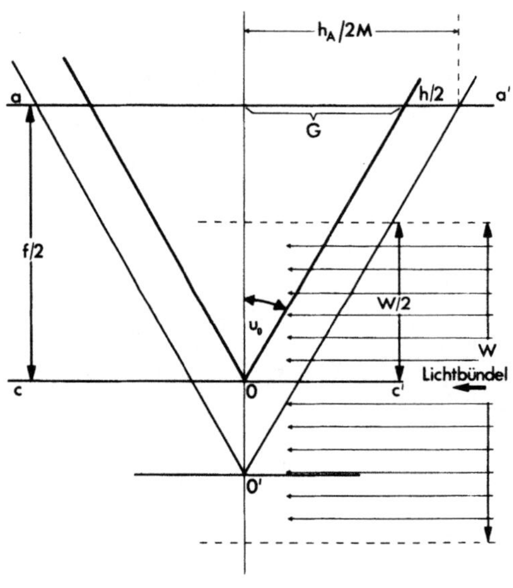

Abb.86. Geometrie beim Schärfentiefen-Mikroskop (aus McLachlan [405])

Die Fläche CC' sei die Brennebene des Mikroskopobjektivs, dessen numerische Apertur gegeben ist durch $n \cdot \sin u_o$, wobei n der Brechungsindex des Immersionsmediums und u_o der Aperturwinkel sind.

Das Auflösungsvermögen beträgt dann

$$h = \frac{\lambda}{2n \sin u_o} . \qquad (6-29)$$

Die maximale förderliche Vergrößerung ist

$$M_{max} = h_A / h \qquad (6\text{–}30)$$

wobei h_A das Auflösungsvermögen des menschlichen Auges bedeutet. Ist nun die Objektebene nicht in der exakten Schärfenebene CC', sondern in aa' um $f/2$ oberhalb CC', so gilt

$$f/2 = G/\mathrm{tg}\, u_o . \qquad (6\text{–}31)$$

Aus Abb. 86 und Gl. (6–30) entnimmt man

$$G = h_A / 2M - h_A / 2M_{max} = h_A \left(\frac{1}{2M} - \frac{1}{2M_{max}} \right)$$

und unter Verwendung von Gl. (6–31) folgt

$$f = h_A \cdot \left(\frac{1}{M} - \frac{1}{M_{max}} \right) \frac{1}{\mathrm{tg}\, u_o} . \qquad (6\text{–}32)$$

Die Brennweite f bestimmt die Breite w des einfallenden Lichtbündels.

Mit der Anordnung kann man auch Winkelmessungen vornehmen, indem man eine Lichtkontur aufnimmt, die dadurch zustande kommt, daß eine geschlitzte rotierende Scheibe („Chopper") das Lichtbündel periodisch unterbricht. Abb. 87 zeigt einen Quarzkristall und die zugehörige Lichtkontur.

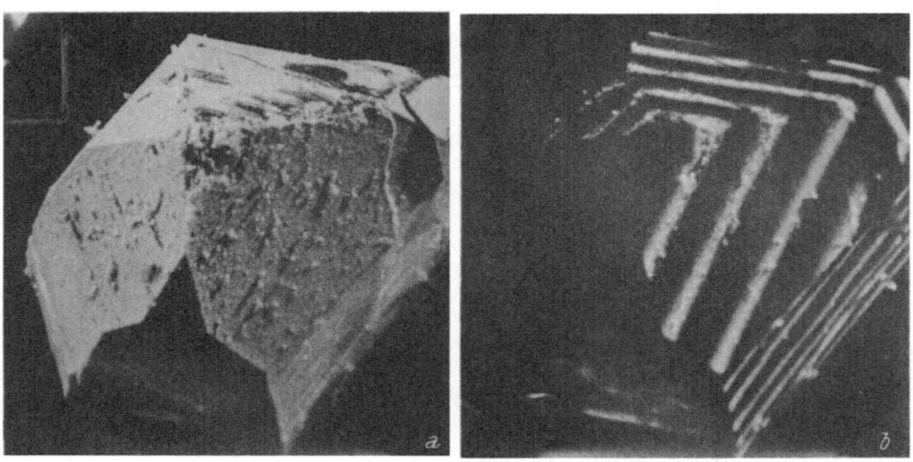

Abb. 87. (a) Quarzkristall und (b) zugehörige Lichtkontur, aufgenommen mit einem Schärfentiefen-Mikroskop (McLachlan [405])

Der periodische Lichtstrahl erzeugt bei vertikaler Bewegung des Kristalls Lichtbänder, aus deren Abstand der Flächenwinkel bestimmt werden kann (Abb. 88).

$P'e'P''$ und $Q'e''Q''$ sind zwei benachbarte Lichtkonturen (vgl. Abb. 87-b), die erzeugt wurden, indem der Kristall um die Strecke d weiterbewegt wurde. Aus dem Foto erhält man die Meßgrößen a als Abstand der Ecken der Lichtkonturen und b_1 und b_2 als die Lote von P' und P'' auf a im Punkte e'' (Abb. 89).

Es gilt

$$\operatorname{tg} \phi_1 = \frac{b_1}{s} \quad \text{und} \quad \operatorname{tg} \phi_2 = \frac{b_2}{s}. \tag{6–33}$$

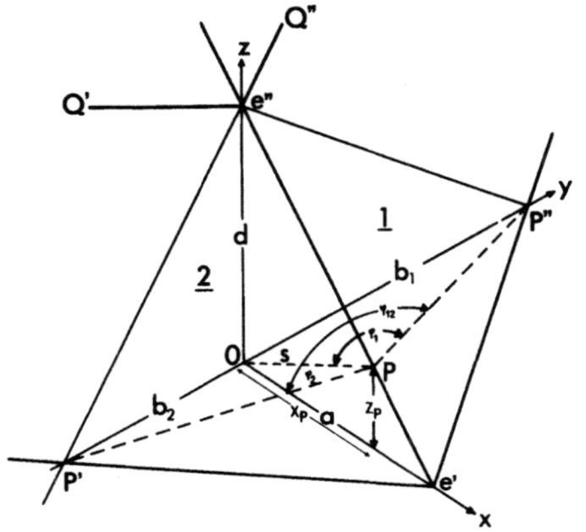

Abb.88. Dreidimensionale Ableitung des Flächennormalenwinkels φ_{12} (McLachlan [405])

Die Gleichung der Fläche 1 in xyz-Koordinaten lautet

$$\frac{x_1}{a} + \frac{y_1}{b_1} + \frac{z}{\mathrm{d}} = 1, \tag{6–34}$$

die der Fläche 2

$$\frac{x_2}{a} + \frac{y_2}{b_2} + \frac{z}{\mathrm{d}} = 1. \tag{6–35}$$

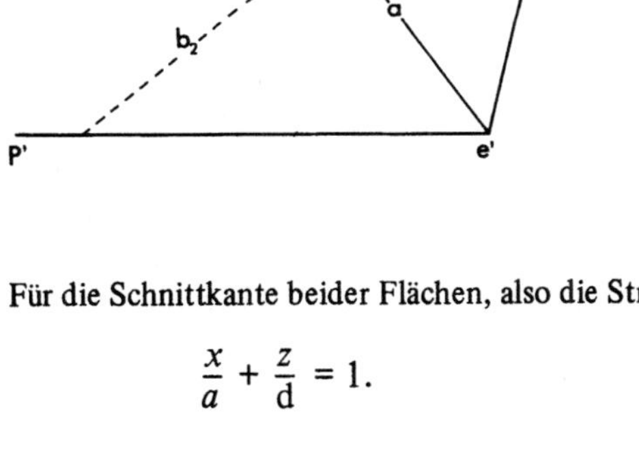

Abb.89. Meßgrößen auf der Photographie (McLachlan [405])

Für die Schnittkante beider Flächen, also die Strecke $e'e''$ gilt $y_1 = y_2 = 0$, also

$$\frac{x}{a} + \frac{z}{\mathrm{d}} = 1. \tag{6–36}$$

Die Gleichung der Strecke $OP = s$, die normal zu $e'e''$ ist, lautet

$$z = \frac{a}{\mathrm{d}} \cdot x. \tag{6–37}$$

Die Kombination der Gl. (6–36) und (6–37) ergibt die Koordinaten des Punktes P:

$$x_P = ad^2/(a^2 + \mathrm{d}^2) \tag{6–38}$$

und

$$z_P = a^2\,\mathrm{d}/(a^2 + \mathrm{d}^2). \tag{6–39}$$

Der Abstand OP ist dann

$$s = x_P{}^2 + y_P{}^2 = ad/\sqrt{(a^2 + \mathrm{d}^2)} \tag{6–40}$$

Diesen Wert in Gl. (6–33) eingesetzt, erhalten wir

$$\phi_1 = \operatorname{arctg} \frac{b_1\sqrt{a^2 + \mathrm{d}^2}}{ad} \tag{6–41}$$

$$\phi_2 = \operatorname{arctg} \frac{b_2\sqrt{a^2 + \mathrm{d}^2}}{ad}. \tag{6–42}$$

Weil

$$\phi_{12} = \phi_1 + \phi_2$$

ist, ergibt sich der gesuchte Flächennormalenwinkel zu

$$\phi_{12} = \operatorname{arctg} \frac{b_1\sqrt{a^2 + \mathrm{d}^2}}{ad} + \operatorname{arctg} \frac{b_2\sqrt{a^2 + \mathrm{d}^2}}{ad}. \tag{6–43}$$

6.2.8 Elektronenoptische Verfahren. Rasterelektronenmikroskop

In neuerer Zeit wurden statt normaler optischer Verfahren auch zunehmend elektronenoptische Verfahren zur Untersuchung geätzter Oberflächen verwendet. Wagner [621], [681] betrachtete die {01.2}-Flächen mit HCl und H_3PO_4 geätzter Hämatit-Einkristalle (vgl. auch Bessières und Baro [42], Janot und Baro [313], Baro und Janot [27] und Baltzinger und Baro [23] unter einem Rasterelektronenmikroskop (Typ Stereoscan) und beschrieb ausführlich die Methode der Vermessung von Ätzgruben. Das Prinzip des Verfahrens besteht darin, daß man das gleiche Gebiet einer Oberfläche unter zwei verschiedenen Einfallswinkeln α_1 und α_2 des Elektronenstrahls betrachtet (Abb. 90), (vgl. auch Christenhuss und Pfefferkorn [104], Boyde [70]).

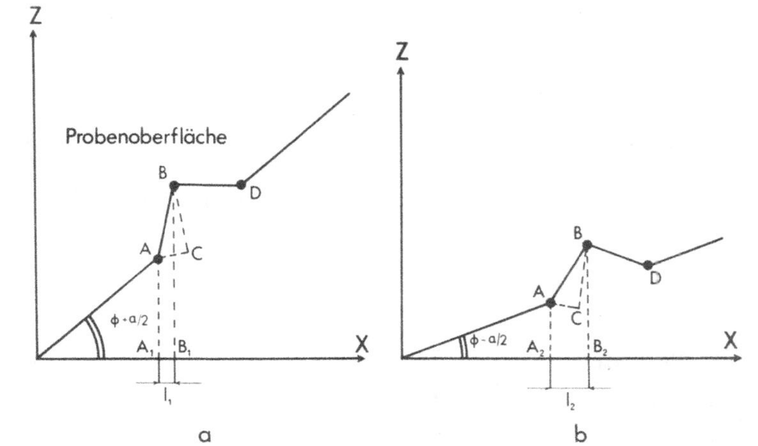

Abb.90. Oberflächenprofil unter zwei verschiedenen Winkeln $\Phi + \frac{\alpha}{2}$ und $\Phi - \frac{\alpha}{2}$ zum Elektronenstrahl (aus Wagner [621]). *X* Bildebene, *Z* Elektronenstrahl-Achse

Der Abstand der Projektion der Punkte *A* und *B* auf eine Ebene normal zum Elektronenstrahl beträgt im Falle der Abb. 90a $A_1B_1 = l_1$, im Falle der Abb. 90b $A_2B_2 = l_2$.
Es gilt

$$\begin{aligned} l_1 &= AC \cdot \cos\alpha/2 - BC \cdot \sin\alpha/2 \\ l_2 &= AC \cdot \cos\alpha/2 + BC \cdot \sin\alpha/2 . \end{aligned} \qquad (6-44)$$

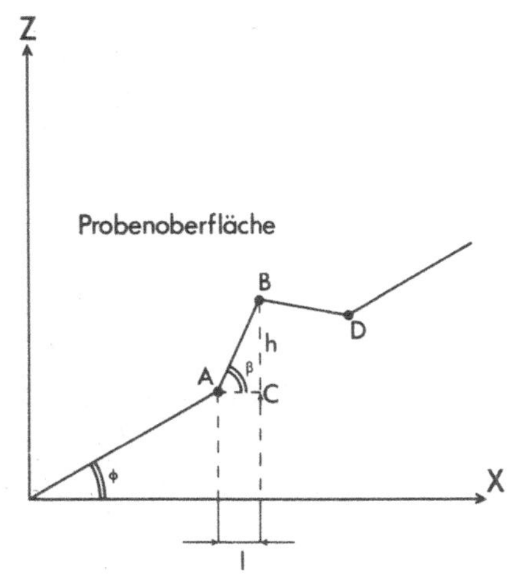

Abb.91. Oberflächenprofil unter dem Winkel Φ zum Elektronenstrahl mit den wahren Werten *h* und *l* (aus Wagner [621])

Abb. 91 zeigt die Probenoberfläche in einer mittleren Position symmetrisch zu 90a und 90b und damit unter dem Winkel Φ gegen den Elektronenstrahl geneigt. Wir erhalten die wahren Werte $AC = l$ und $BC = h$, wobei insbesondere *h* der gesuchte wahre Abstand zwischen den Punkten *B* und *C* ist.

Aus Gl. (6–44) wird dann mit $AC = l$ und $BC = h$

$$l_1 = l \cdot \cos \alpha/2 - h \cdot \sin \alpha/2$$

$$l_2 = l \cdot \cos \alpha/2 + h \cdot \sin \alpha/2$$

und

$$h = \frac{l_2 - l_1}{2 \sin \alpha/2} \quad \text{und} \quad l = \frac{l_1 + l_2}{2 \cos \alpha/2} . \tag{6–45}$$

Die auf der Photographie gemessenen Distanzen L_1 und L_2 sind mit den wahren Werten l_1 und l_2 über die Gesamtvergrößerung M verknüpft:

$$l_1 = \frac{L_1}{M} \quad \text{und} \quad l_2 = \frac{L_2}{M} . \tag{6–46}$$

Aus (6–45) und (6–46) erhält man

$$h = \frac{L_2 - L_1}{2M \sin \alpha/2} \quad \text{und} \quad l = \frac{L_1 + L_2}{2M \cos \alpha/2} . \tag{6–47}$$

Der Neigungswinkel β wird dann

$$\operatorname{tg} \beta = \frac{h}{l} = \frac{L_2 - L_1}{L_1 + L_2} \operatorname{ctg} \alpha/2. \tag{6–48}$$

Unter Benutzung dieser einfachen geometrischen Beziehung ist es nicht mehr schwierig, aus zwei Aufnahmen der gleichen Ätzgrube unter den Einfallswinkeln α_1 bzw. α_2 des Elektronenstrahls die maximale Tiefe h_v einer Ätzgrube und ihren Neigungswinkel ϕ gegen die Oberfläche zu berechnen (Abb. 92). Gemessen werden α_1 und

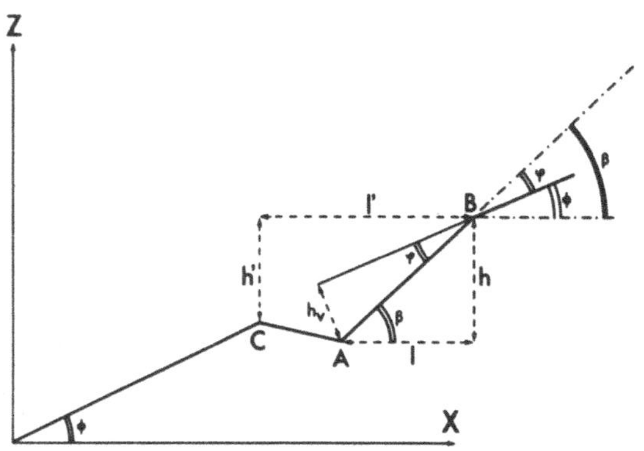

Abb. 92. Schnitt durch eine Ätzfigur auf $(01\bar{1}2)$ von Hämatit zur Berechnung der Werte h_v und φ (aus Wagner [621]). Gegenüber Abb. 90 und 91 um 180° gedreht.

α_2, L_1, L_2, L_1' und L_2', wobei α_1 und α_2 die Einfallswinkel des Elektronenstrahls sind (es gilt: $\alpha = \alpha_2 - \alpha_1$), L_1, L_2 die Abstände AB unter dem Einfallswinkel α_1 bzw. α_2.

Nach Gl. (6–48) gilt

$$\operatorname{tg}\beta = \frac{h}{l} = \frac{L_2 - L_1}{L_1 + L_2} \operatorname{ctg}\alpha/2, \text{ mit}$$

$$\alpha/2 = \frac{\alpha_2 - \alpha_1}{2} \qquad (6\text{–}49)$$

und

$$\operatorname{tg}\Phi = \frac{h'}{l'} = \frac{L_2' - L_1'}{L_1' + L_2'} \operatorname{ctg}\alpha/2. \qquad (6\text{–}50)$$

Da $\phi \doteq \beta - \Phi$ folgt weiter

$$\phi = \operatorname{arctg}\left(\frac{L_2 - L_1}{L_1 + L_2} \operatorname{ctg}\alpha/2\right) - \operatorname{arctg}\left(\frac{L_2' - L_1'}{L_1' - L_2'} \operatorname{ctg}\alpha/2\right) \qquad (6\text{–}51)$$

und für

$$h_v = h \frac{\sin\phi}{\sin\beta}. \qquad (6\text{–}52)$$

6.2.9 Ätzheiztisch

Um die fortschreitende Ätzung einer Kristallplatte direkt beobachten zu können, wurde von Heimann [260] ein Ätzheiztisch entwickelt (Abb. 93).

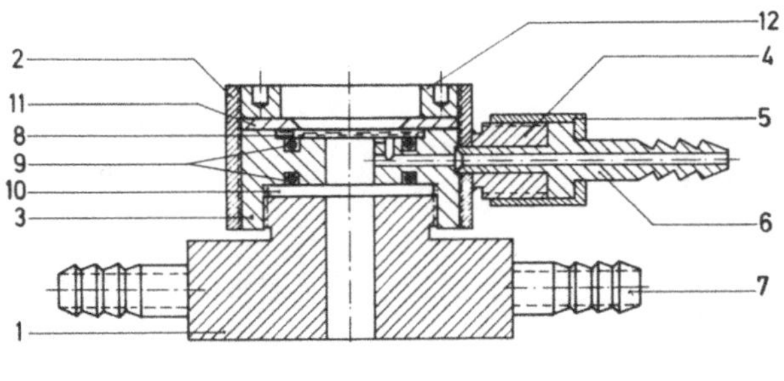

Abb. 93. Ätzheiztisch, Maßstab 1:2.
(*1* Grundkörper aus Messing, *2* Messingzylinder, *3* Tefloneinsatz, *4* Schlauchwellenansatz, *5* Überwurfmutter, *6* Schlauchwelle für Säurezuleitung (Teflon), *7* Heiz- bzw. Kühlwasseranschluß, *8* Probe, *9* O-Dichtungsringe, *10* Deckglas aus Glas oder Plexiglas, *11* Messingring, *12* Verschraubung)

Mit seiner Hilfe kann man sowohl im Durchlicht (bei der Ätzung durchsichtiger Kristalle) als auch im Auflicht arbeiten. Dabei müssen lediglich die Positionen 8 und 10 vertauscht werden. Wegen des größeren Arbeitsabstandes müssen Mikroskopobjektive wie etwa die Heiztischobjektive 5mal, 10mal und 20mal der Firma Leitz verwendet werden. Um einwandfreie optische Verhältnisse zu bekommen,

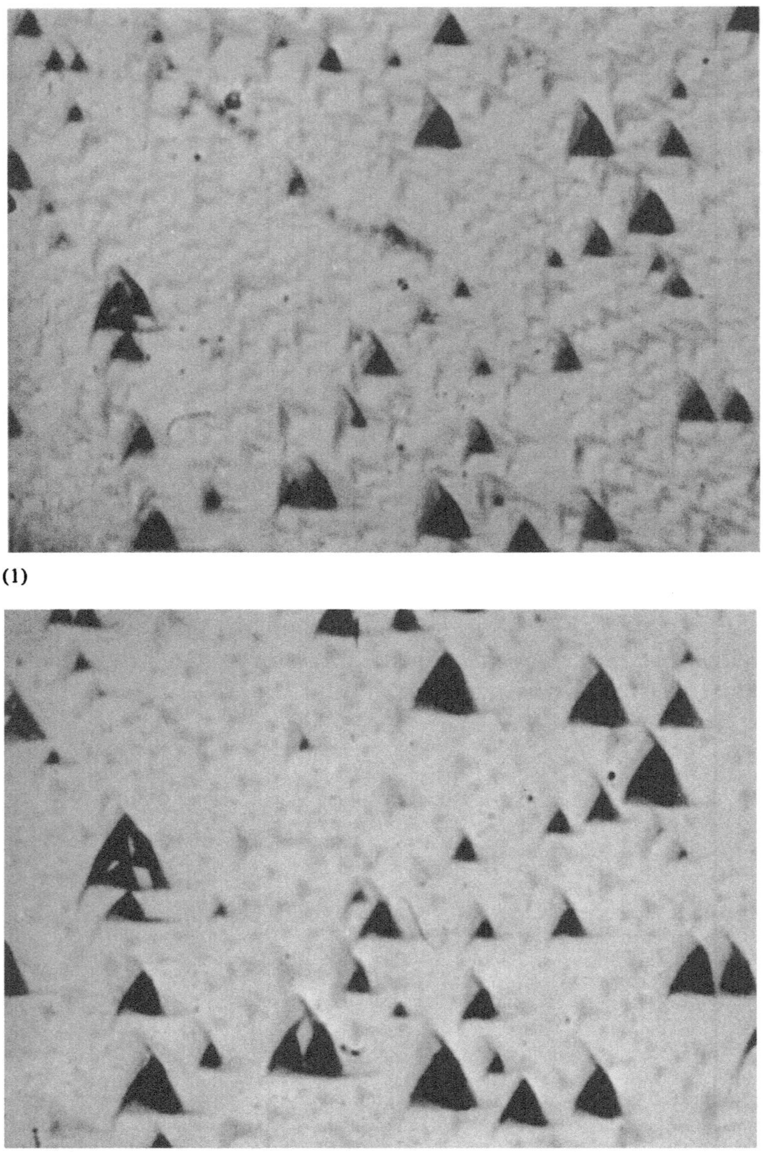

(1)

(2)

Abb.94

ist es notwendig, das Ätzmittel blasenfrei mit einer Injektionsspritze durch die Schlauchwelle (6) zuzuführen.

Die kinematographische Registrierung des Ätzvorganges erlaubt die exakte Ermittlung der Lösungsgeschwindigkeiten einzelner definierter Kristallflächen durch Ausmessung der Ätzgruben. Abb. 94 zeigt vier Stadien der Ätzgrubenbildung durch Flußsäure auf (0001) von Quarz (vgl. auch Stepanova [562]). Für die Ätzung von

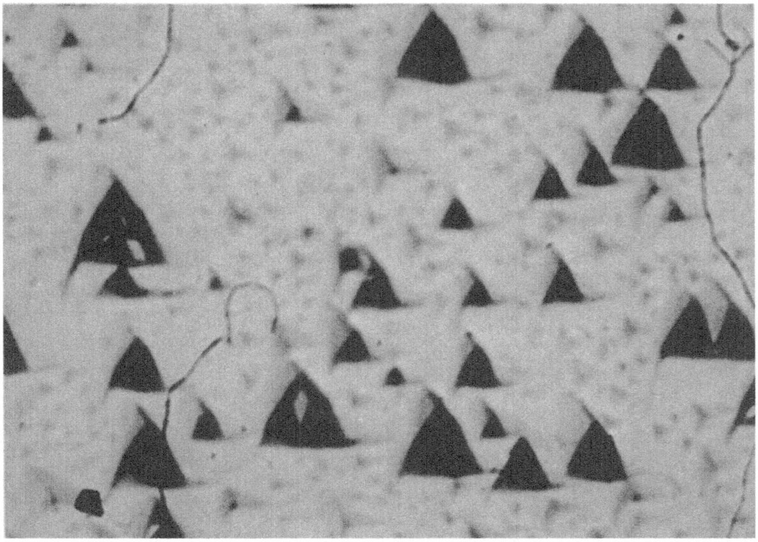

(3)

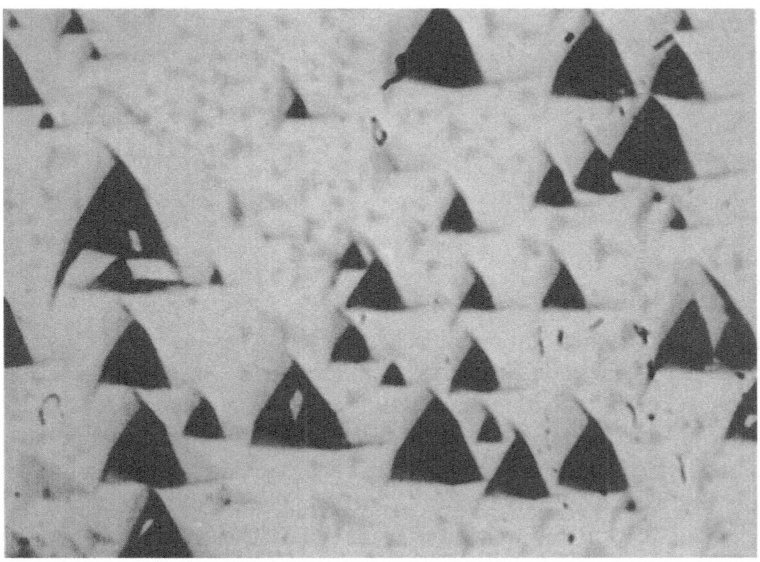

(4)

Abb.94. Entwicklung von Ätzgruben auf (0001) von Quarz.
(1) 5,2 Stunden, (2) 7,3 Stunden, (3) 9,4 Stunden, (4) 12,5 Stunden.
T = 20°C, Ätzmittel 10 %ige HF, V = 125 x

Einkristallscheiben in Schmelzen hat sich ein Durchlicht-Heiztisch von Leitz bewährt (Heimann und Siesmayer [272], Heimann und Franke [266]). Die dort angegebene Anordnung (Abb. 95) braucht für den vorliegenden Zweck nur geringfügig geändert zu werden, indem statt des Heiztisches der Ätzheiztisch und statt dessen Heiz- und Kühlvorrichtungen ein Thermostat angebracht werden.

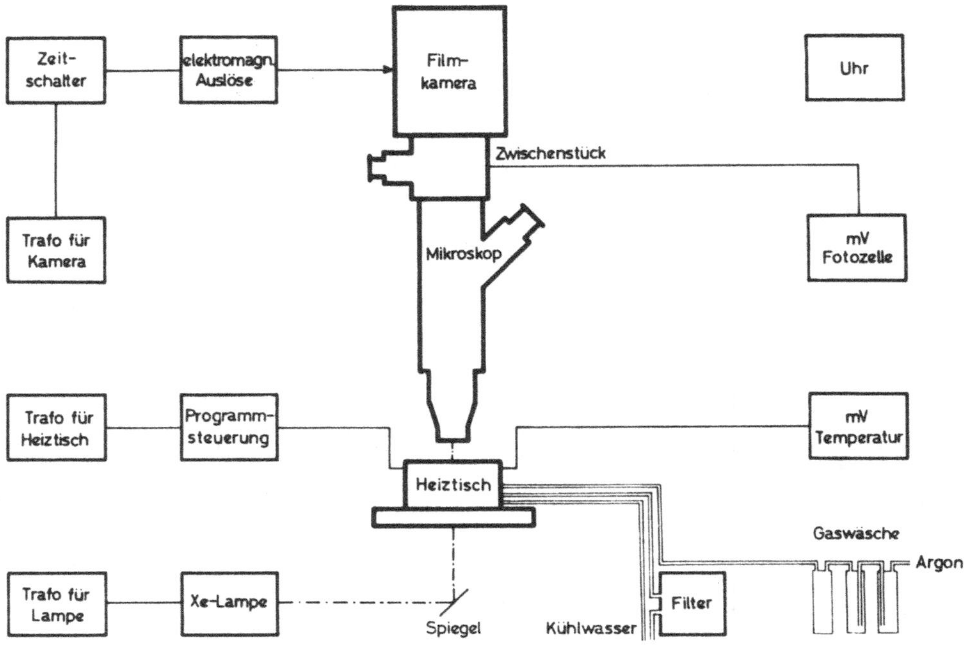

Abb. 95. Anordnung zur fortlaufenden Registrierung von Ätzvorgängen (Heimann und Siesmayer [272]).

6.2.10 Gasätzkammer

Bei der Gefügeanalyse oxidischer und metallischer Werkstoffe ist es oft nötig, die einzelnen Bestandteile sowohl nach Größe als auch nach Art zu unterscheiden. Ersteres erfordert eine bevorzugte Korngrenzenätzung, letzteres entweder die Erzeugung charakteristischer Ätzfiguren, die bevorzugt beim Angriff einer Mineraloberfläche unter Bildung leicht löslicher oder leicht dissoziierbarer Reaktionsprodukte entstehen oder die Bildung charakteristischer Interferenzfarben, die als Farben dünner Blättchen gebildet werden durch Interferenz des Lichtes an durch das Ätzmittel erzeugten Oberflächenschichten[26].

[26] Die Zementindustrie bedient sich zur Unterscheidung der einzelnen Klinkermineralien Ätzlösungen, die richtungsabhängig färben. So z. B. wird Alit (= C_3S) durch 1%ige alkoholische Salpetersäure braun bzw. blau „gefärbt" (Trojer [593]). Von Menzel mit Mitarbeitern [412] liegen Untersuchungen über die richtungsabhängige Bedeckung von Kupfereinkristallkugeln mit dünnen Oxidschichten vor.

Von Ondracek und Spieler [448] stammt ein Verfahren der Gasätzung, bei dem Gasionen an der im Gegensatz zum Ionenätzen anodisch geschalteten polierten Probenoberfläche unter Bildung dünner Oberflächenfilme chemisorbiert werden. Die auf einem Mikroskoptisch montierte, evakuierte Ätzkammer aus Kieselglas wird mit dem Ätzgas (Sauerstoff oder Kohlendioxid bei etwa 10^{-1} Torr) gefüllt, das durch den von der Kathode stammenden Elektronenstrahl durch Anlagerung von Elektronen an die neutralen Gasmoleküle ionisiert wird. Die negativen Gasionen werden von der positiven Probenoberfläche abgesaugt und führen je nach Reaktivität der einzelnen Mineralphasen zur Bildung verschieden dicker und damit unterschiedlich gefärbter Reaktionsschichten. Die Probe kann wahlweise durch einen pneumatischen Mechanismus entweder in Ätzstellung direkt vor die Kathode oder in Beobachtungsstellung vor das Mikroskopobjektiv geklappt werden.

Die angewendeten Spannungen liegen bei ca. 1,5 kV, der Strom beträgt etwa 1 mA. Besonders bewährt hat sich die Gasätzmethode bei Cermets und anderen mit konventionellen Methoden schwer oder gar nicht ätzbaren Verbundwerkstoffen.

7. Ätzfiguren und Kristallsymmetrie

7.1 Beziehungen zwischen Ätzfiguren und Kristallsymmetrie

Im allgemeinen stimmt die Symmetrie einer Ätzgrube mit der Symmetrie der Fläche, auf der sie erzeugt wird, überein. Das bedeutet, daß die Symmetrie der Ätzfiguren aus den zehn ebenen Punktgruppen abgeleitet werden kann.

Diese experimentell ermittelbaren Tatsachen wurden bereits von Baumhauer [33] an vielen Kristallen geprüft und von Honess [295] in moderner Auffassung ausführlich erörtert. Zusammenfassend berichtet auch Buckley [82] über die Beziehungen zwischen Makrosymmetrie der Kristallfläche und Mikrosymmetrie der Ätzfiguren. Neben diesen klassischen Arbeiten existiert eine fast unüberschaubare Spezialliteratur, in der die Ätzung unterschiedlicher Substanzen mit unterschiedlichen Ätzmitteln unter unterschiedlichen Bedingungen mit unterschiedlichen Zielen beschrieben wird.

7.1.1 Punktgruppensymmetrie

Unter Punktgruppen verstehen wir alle möglichen Kombinationen der Punktsymmetrieelemente. Bezogen auf die Symmetrie eines Kristalls kennen wir 32 Punktgruppen (Kristallklassen). Die Abb. 96 bis 98 zeigen die Punktgruppen mit den zugehörigen Ätzgrubenformen.

Die Erkennung der wahren Flächensymmetrie ist zweifelsfrei nur möglich, wenn durch die Ätzung allgemeine Flächenlagen $\{hkl\}$ erzeugt werden. Symmetriemehrdeutigkeiten entfallen, wenn ein- und derselbe Kristall mit verschiedenen Ätzmitteln geätzt wird[27]. Dann ist die Form der Ätzfiguren auf den einzelnen Kristallflächen zwar unterschiedlich, jedoch enthalten sie die gleichen Punktsymmetrieelemente.

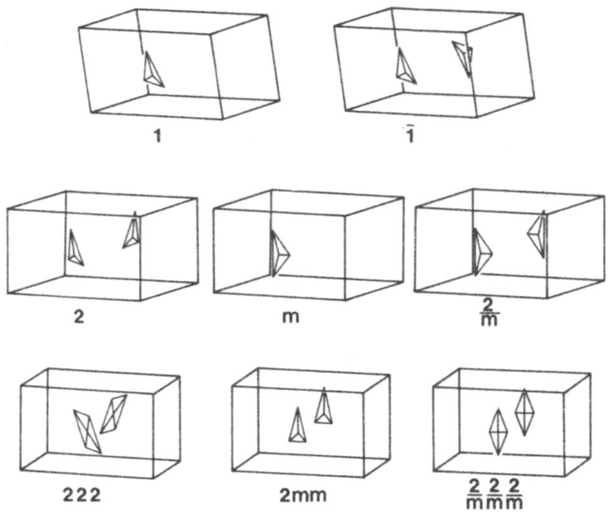

Abb.96. Ätzgrubenformen an Kristallen mit triklinen, monoklinen und rhombischen Punktgruppen (aus Buerger [84])

Andererseits konnte besonders von Kleber [285], [336], [341] deutlich gemacht werden, daß bei Vorliegen von asymmetrischen Molekülen im Lösungsmittel eine

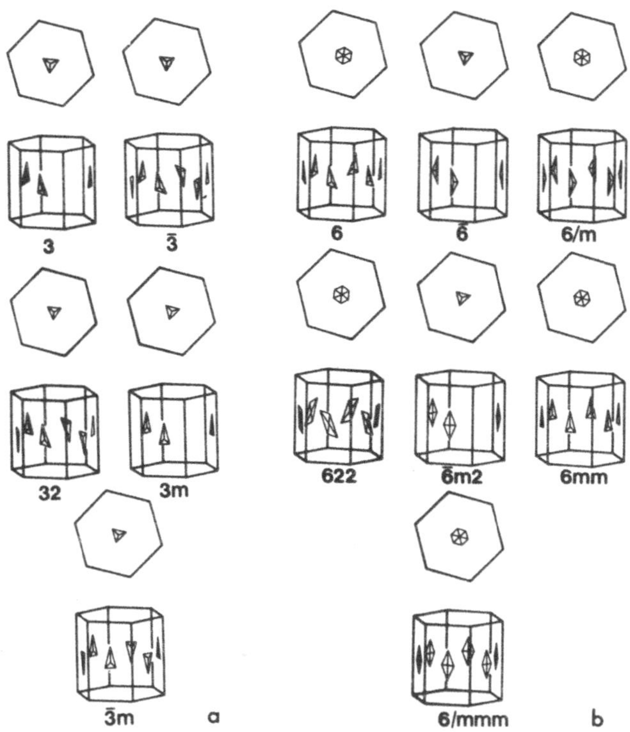

Abb.97. Ätzgrubenformen an Kristallen mit trigonalen und hexagonalen Punktgruppen (aus Buerger [84])

---

[27] Allerdings wird in vielen Fällen lediglich die maximal mögliche Punktgruppe im jeweiligen Kristallsystem angezeigt.

niedrigere Flächensymmetrie (Hypomorphie)vorgetäuscht werden kann (vgl. 7.2). In solchen Fällen ist große Vorsicht geboten, da auch hochsymmetrische Kristalle solche Effekte zeigen können (Hettich [278]). Neben der Vortäuschung einer niedrigeren Flächensymmetrie ist auch der umgekehrte Fall (Hypermorphie) bekannt, daß die Symmetrie der äußeren Kristallform scheinbar höher ist als die durch Beobachtung von Ätzgruben ermittelte. So deutet z. B. die äußere Morphologie eines Nephelinkristalls wegen des Fehlens von Flächen allgemeiner Lage auf die Punktgruppen 6/m, 6 mm, $\bar{6}$ m2, 622 oder sogar 6/mmm, während die wahre Punktgruppe sich aus der Asymmetrie der Ätzgruben auf den Prismenflächen zu 6 ergibt.

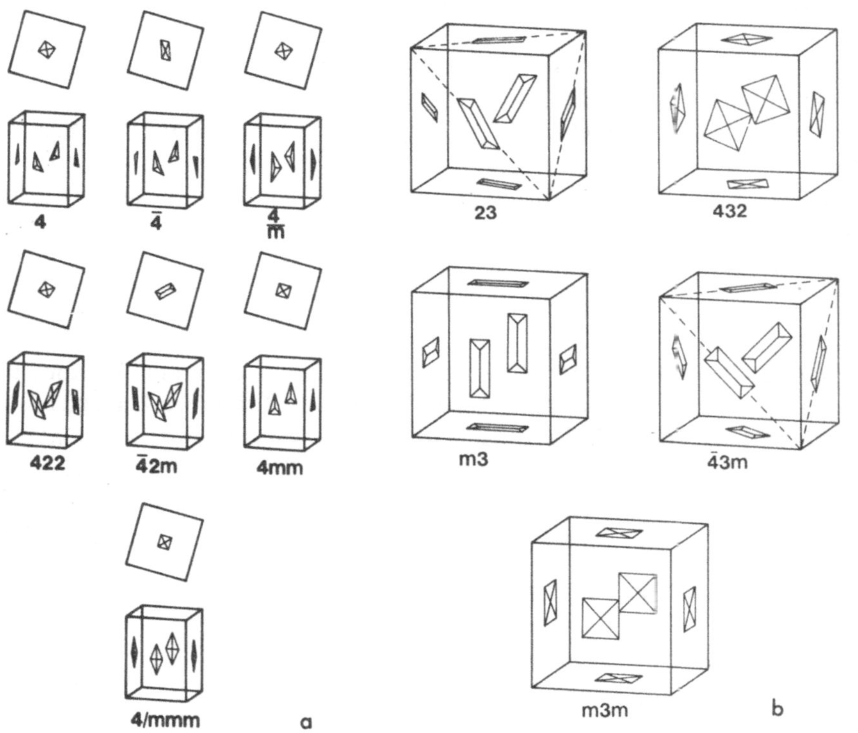

Abb.98. Ätzgrubenformen an Kristallen mit tetragonalen und kubischen Punktgruppen (aus Buerger [34])

7.1.2 Ableitung der Ätzfiguren aus der Kristallstruktur mit Hilfe der PBC-Vektoren

Es ist eine lange bekannte Tatsache, daß diejenigen Kristallflächen, die am dichtesten mit Gitterbausteinen besetzt sind, beim Wachstum die geringste Verschiebungsgeschwindigkeit zeigen. Wie sich leicht geometrisch-kinematisch ableiten läßt (vgl. z. B. Gross [219]), sind diese Flächen morphologisch beim Wachstum bevorzugt und bilden sich auch nach der qualitativen Reziprozität zwischen Wachstum und Auflösung (Prinzip der bedingten Korrespondenz) bei der Auflösung einer Hohlhalbkugel aus.

Tammann und Krings [579] wiesen bereits 1925 nach, daß sich die Form der Ätzgruben aus der Struktur der betrachteten Netzebenen ableiten läßt. In Richtung der am dichtesten besetzten Gittergeraden schreitet der Abbau am schnellsten voran, so daß die Richtung der betreffenden Gittergeraden die Kantenrichtung der Ätzgrube markiert. Das bedeutet, daß diejenigen Gitterrichtungen am schnellsten abgebaut werden, deren Bindungsstärken maximal sind. Dieser zunächst paradox erscheinende Befund erklärt sich zwangslos daraus, daß für die Abtrennung eines Bausteins am Ende einer Kette auf einer abgeschlossenen Netzebene (Halbkristallage) weniger Energie aufgewendet werden muß als an irgendeinem anderen Punkt des Gitters.

So wie die Tracht eines Kristalls durch Ketten starker Bindung bestimmt wird (Niggli [443], Kleber [339] und Hartman [249]) werden auch die Ätzgrubenform bzw die Zonen, in denen sie auftreten, durch die Lage der Bindungsketten (PBC-Vektoren) definiert.

Am Beispiel der Ätzung von Fluorit, Zinkblende, Silizium und Rutil soll die Abhängigkeit der Form der Ätzfiguren und der sie bildenden Flächen von der Kristallstruktur dargestellt werden.

7.1.2.1 Flußspatgitter. Der bei der Flußspatstruktur dominierende PBC-Vektor ist [110] (Hartman [243]). Daher ist zu erwarten, daß die die Ätzgruben begrenzenden Kanten überwiegend parallel zu [110] verlaufen. In der Tat zeigen Versuche (z. B. Becke [37], Kleber [335], Tammann und Krings [579]; Ilter [302]; auch Patel und Mitarbeiter [458], [459], [462]), daß diese Annahme weitgehend be-

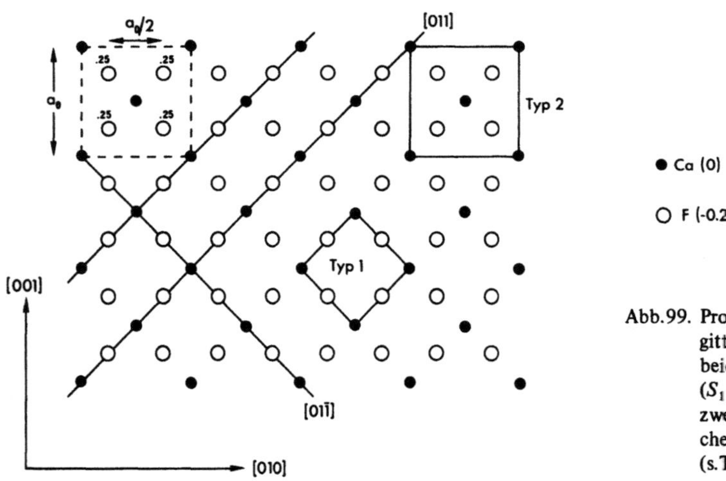

Abb.99. Projektion des Fluoritgitters auf (100) mit den beiden PBC-Vektoren (S_1-Fläche). Es treten zwei strukturell mögliche Ätzgrubentypen auf (s. Text)

stätigt wird. Die Abb. 99–101 zeigen Projektionen der Fluoritstruktur mit der jeweiligen Lage der PBC-Vektoren. Auf (100) sind zwei verschiedene Ätzgrubentypen möglich: Ätzgruben mit Kanten parallel [100] (Typ 2), die bei Einwirkung stark konzentrierter Säuren (vgl. Kleber [335], Himmel [283]) und sehr verdünnter H_2SO_4 (Becke [37]) entstehen und solche mit Kanten parallel [110] (Typ 1) (vgl.

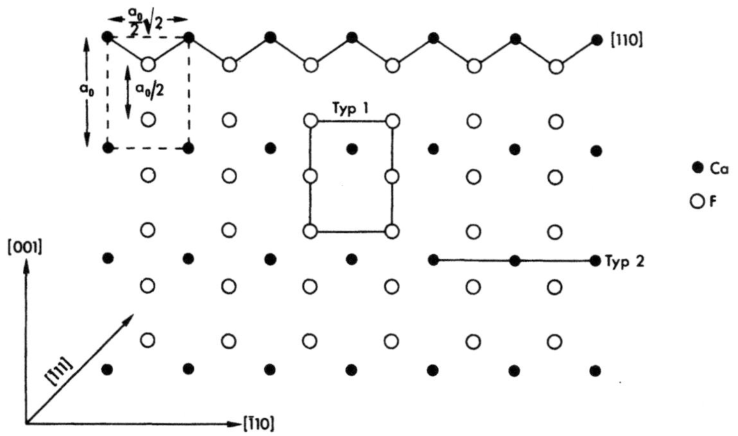

Abb. 100. Projektion des Fluoritgitters auf (111) mit einem PBC-Vektor (S_1-Fläche) und zwei Ätzfigurentypen (s. Text)

Becke [37]), die mit anderen verdünnten Säuren erzeugt werden können. Auf der Fläche (110) entstehen bei Einwirkung alkalischer Ätzmittel rechteckige Gruben (Typ 1), die in Richtung [001] gestreckt sind. Aus Abb. 100 ersieht man, daß in dieser Richtung die Fluorionen minimalen Abstand haben. Offensichtlich wirkt

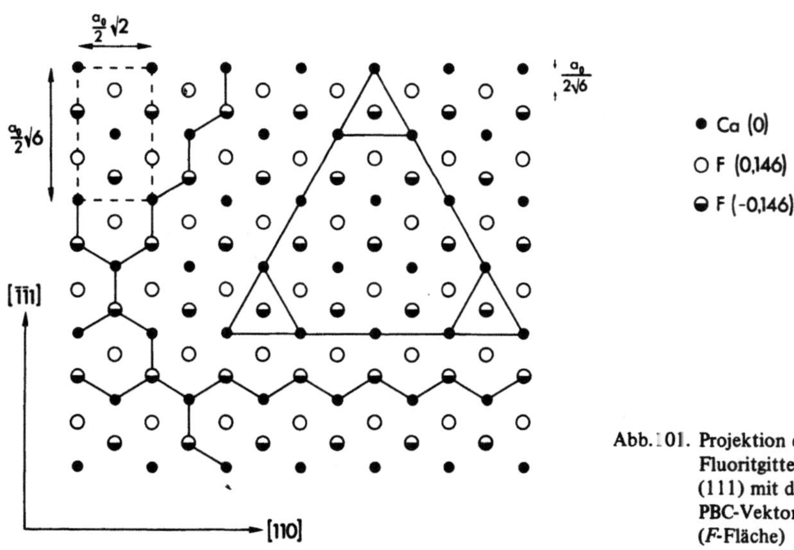

Abb. 101. Projektion des Fluoritgitters auf (111) mit drei PBC-Vektoren (*F*-Fläche)

hier also das Ätzmittel auf die Anionen, während bei Verwendung von sauren Ätzmitteln die Kationen bevorzugt aus dem Gitterverband herausgetrennt werden. Die Abstände der Ca-Ionen sind in [1̄10]-Richtung am geringsten. Es treten daher Riefen und disymmetrische Ätzfiguren parallel [110] auf (Kleber [335], Ilter [302]) (Typ 2). Aus der Anordnung der Atome in Abb. 101 geht hervor, daß die auf (111) zu beobachtenden Ätzgruben gleichseitige Dreiecke sind, deren Kanten parallel zu den Oktaederkanten laufen. Bei stärkerer Ätzung können auch ditrigonale Figuren durch Abstumpfung der Ecken der gleichseitigen Dreiecke entstehen (Tammann und Krings [579]), da zu den die Ätzgruben bildenden Ikositetraederflächen $\{hll\}$ noch Trisoktaederflächen $\{hhl\}$ treten.

7.1.2.2 Zinkblendegitter. Abb. 102–104 zeigen die Projektionen der Zinkblendestruktur auf die Netzebenen (100), (110) und (111). Unter der Annahme einer reinen Ionenbindung ist {110} Gleichgewichtsformfläche (Wolff und Broder [642]). Unter Zugrundelegung einer reinen kovalenten Bindung und ausschließlicher Berücksichtigung erstnächster Nachbarn ist {111} alleinige Gleichgewichtsformfläche (Lacmann [370]). Nimmt man dagegen eine Mischbindung an, so ist der relative Flächenanteil von {110} und {111} eine Funktion des polaren Bindungsanteils (Wolff und Gualtieri [645]).

Wir wollen als Gleichgewichtsform nur das Tetraeder {111} betrachten. PBC-Vektor ist [110]. Die Ableitung der Morphologie der Zinkblende aus den Richtungen stärkster Bindungen findet sich bei Monier und Kern [422] und Hartman [244]). Die Würfelflächen (Abb. 102) zeigen disymmetrische Ätzfiguren, deren Kanten paral-

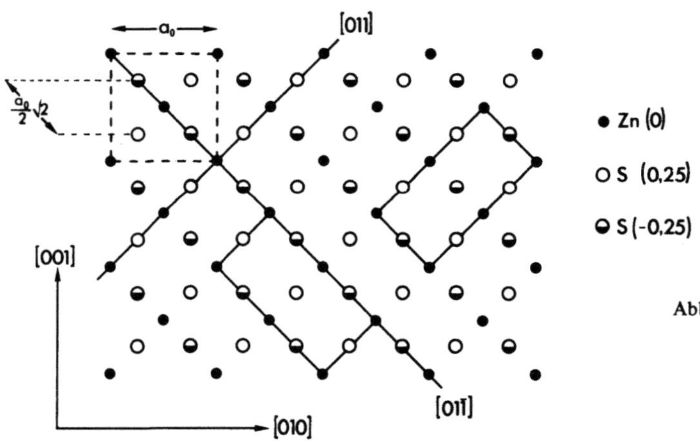

Abb. 102. Projektion des Zinkblendegitters auf (100) mit den beiden PBC-Vektoren [011] und [01$\bar{1}$]

lel zur [110]-Richtung laufen. Solche Figuren wurden von Becke [34] an ZnS, Inoue et al. [304] an CdTe, Faust und Sagar [166] an GaSb und InSb und von Neels und Voigt [437] an GaAs beobachtet[28]. Betrachtet man die Ätzgruben auf der Gegenfläche, so sind sie gegenüber der ersten Fläche um 90° gedreht. Diese Drehinversion ist auf das Symmetrieelement $\bar{4}$ zurückzuführen (vgl. Abb. 98). Bei Untersuchung der Flächenelemente, aus denen sich die Ätzgruben zusammensetzen,

[28] Grabmaier und Watson [214] fanden dagegen auf (100) von GaAs beim Ätzen mit KOH bei 300°C sechsseitige Gruben, deren Kanten parallel [110], [130] und [310] liefen.

zeigt sich eine Abfolge beim Ätzen von GaAs in $K_3[Fe(CN)_6]/CrO_3/AgNO_3/H_2O_2/$ HF-Mischungen (Neels und Müller [436]). Niedrige CrO_3-Konzentration ergibt Ätzgruben, die anfänglich von den Tetraedern $\{\bar{1}\bar{1}\bar{1}\}$ und $\{111\}$ gebildet werden. Mit steigender Ätzdauer verschwindet $\{\bar{1}\bar{1}\bar{1}\}$, während $\{110\}$, später $\{011\}$ auftritt. Erhöht man die CrO_3-Konzentration, so ist schon am Beginn der Ätzung das Flächenverhältnis der beiden Tetraeder zugunsten von $\{111\}$ verschoben. Hier sind die Ätzgruben von vornherein parallel [110] gestreckt, während sie im ersten Fall fast quadratisch waren.

Die Ätzfiguren auf (110) sind monosymmetrisch. Sie zeigen wenig ausgeprägte Begrenzungskanten, die oft in [211]-Richtung zeigen (Becke [34], Tammann und Krings [579]). Am GaAs wurden von Neels und Voigt [437] auf (110)-Flächen Ätzgruben gefunden, die ihre Form mit der Konzentration und der Temperatur des Lösungsmittels ändern. Bei der Flußsäure-Ätzung änderten die Gruben mit steigendem CrO_3-Gehalt und steigender Temperatur ihre Orientierung von [110] über [112] nach [100]. Eine Erklärung dafür dürfte in der Aktivierung der Auflösung in den untergeordneten Richtungen [112] und [100] liegen. Abb. 103 zeigt neben dem dominierenden PBC-Vektor in Richtung $[1\bar{1}0]$ PBC-Vektoren in $[00\bar{1}]$- und $[11\bar{2}]$-Richtung (zusammengesetzt aus den Einzelvektoren 1 und 2) und $[\bar{1}\bar{1}\bar{1}]$-Richtung (gebildet aus 2 und 3). Von den in Abb. 103 eingetragenen Bin-

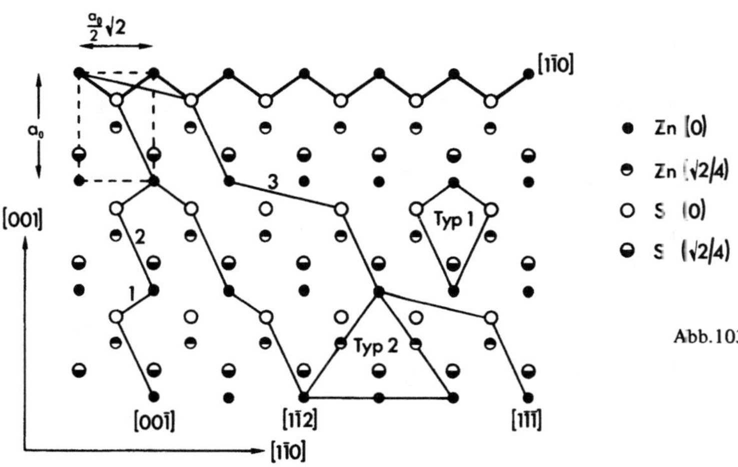

Abb. 103. Projektion des Zinkblendegitters auf (110). Eingezeichnet sind verschiedene Bindungsketten

dungsrichtungen ist die Bindung 1 die stärkste (Bindungslänge $a_o/4\ \sqrt{3}$), Bindung 2 hat eine Länge von $a_o/4\ \sqrt{11}$, Bindung 3 eine solche von $a_o/4\ \sqrt{19}$. Es lassen sich so beliebig viele PBC-Vektoren ermitteln, die natürlich energetisch und morphologisch umso unbedeutender sind, je größer die Bindungslänge ist. Die eingezeichnete charakteristische trapezförmige Ätzgrube (Typ 1) mit dem Winkel 109° und den Kantenrichtungen $[\bar{1}\bar{1}\bar{2}]$ und $[11\bar{2}]$ wurde von Becke [34] beobachtet. Auch Neels und Voigt [437] erhielten bei der anodischen Auflösung von GaAs in KOH-Elektrolyt Ätzrillenscharen mit dem Tetraederwinkel von 109°. Mit 5%iger HF-Lösung + 80 mg

CrO_3/ml entstanden Ätzfiguren vom Typ 2. Eine Kante liegt parallel [110], die beiden anderen parallel $[1\bar{1}\bar{2}]$ und $[1\bar{1}2]$. Der beobachtete Winkel betrug 70° (theoretischer Wert 70° 32'). Gleiche Ätzgruben erhielten Inoue et al. [304] auf {110} von CdTe mit $KNO_3-K_2Cr_2O_7$-$AgNO_3$-Lösung.

In Richtung [111] bilden die Zn- und S-Ionen Schichten, die einen Abstand von $a_o/4$ haben. [111] ist damit eine polare Achse und das positive Tetraeder {111} ist nicht identisch mit dem negativen Tetraeder $\{\bar{1}\bar{1}\bar{1}\}$. Entsprechend unterschiedlich ist auch der Ätzangriff. Die nur mit Zn-Ionen besetzten positiven Tetraederflächen (A-Flächen) zeigen in oxidierenden Ätzmitteln Versetzungsätzgruben, während die mit S-Ionen besetzten negativen Tetraederflächen (B-Flächen) wenig oder teilweise überhaupt nicht angegriffen werden (vgl. z. B. Hochschild [291]). Umgekehrt erzeugen Ätzmittel, die polierend auf die A-Flächen wirken, Ätzgruben ausschließlich auf den B-Flächen (Gatos und Lavine [189]). Der Grund für diese unterschiedliche Reaktionsfähigkeit der positiven und negativen Tetraederflächen liegt in der unterschiedlichen Elektronenfiguration der Kationen- und Anionenschichten (nähere Angaben vgl. 7.3). Neels und Voigt [437] ätzten {111}- und $\{\bar{1}\bar{1}\bar{1}\}$-Flächen von GaAs und stellten fest, daß bei Ätzung in geschmolzenen Legierungen und Salzen die entstehenden dreieckigen Ätzfiguren mit ihren Spitzen in Richtung $[\bar{1}\bar{1}2]$ (Typ 1, Abb. 104), bei Ätzen in wässrigen Lösungen, beim thermischen und

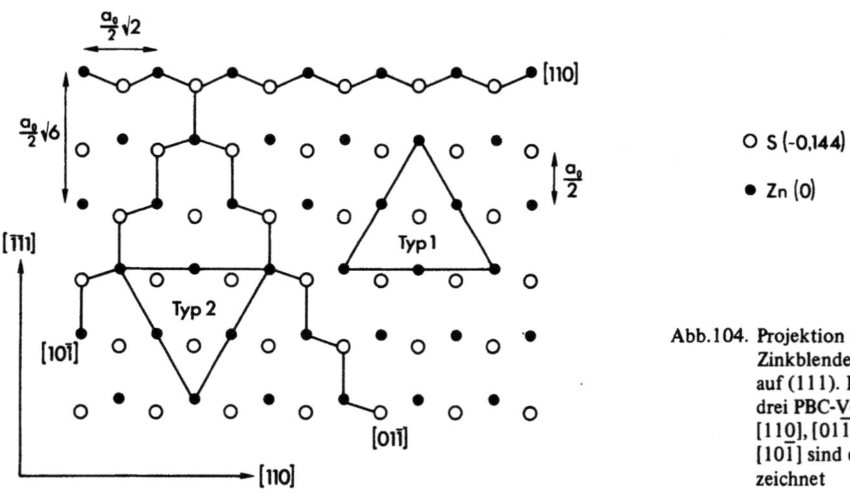

Abb. 104. Projektion des Zinkblendegitters auf (111). Die drei PBC-Vektoren $[1\bar{1}0]$, $[01\bar{1}]$ und $[10\bar{1}]$ sind eingezeichnet

elektrolytischen Ätzen dagegen in Richtung $[11\bar{2}]$ (Typ 2, Abb. 104) zeigen. Beim Ätzen der gegenüberliegenden B-Fläche kehren sich die Orientierungen aufgrund der Symmetrieverhältnisse um[29]. Bei der Ätzung von {111} von Zinkblende in KOH bei 230°C fand Hochschild [291] Ätzgruben mit Kanten parallel [111].

[29] Diese Orientierungsumkehr ist nicht auf Kristalle mit polaren Achsen beschränkt. Viele Autoren stellen solche Vorgänge bei Verwendung unterschiedlicher Ätzmittel fest. So fanden z. B. Gottschalch et al. [210] beim Ätzen von Mg-Al-Spinell, daß die auf (111) gebildeten dreieckigen Ätzgruben bei Verwendung von $KHSO_4$ mit ihren Spitzen in $[\bar{1}\bar{1}2]$-Richtung, bei Verwendung von $Na_2B_4O_7$ in $[11\bar{2}]$-Richtung zeigen.

7.1.2.3 Diamantgitter. Bekanntlich erhält man aus dem Zinkblende-Gitter durch Ersatz der beiden unterschiedlichen Ionenarten durch gleichwertige das Diamantgitter. Schreckenbach [528] zeigte bei der Ätzung von orientierten Siliziumscheiben in HF/CrO_3-Mischungen (nach Sirtl) und HF/HNO_3/CH_3COOH-Gemischen (nach Dash), daß auf (111) dreieckige Ätzgruben, auf (100) quadratische Gruben und auf (110) ovale bis rhombenförmige Figuren entstehen. Die Kanten der Ätzfiguren zeigen auf (111) und (100) in Richtung [110]. Auf (110) ist die Längsachse der ovalen Figuren ebenfalls parallel [110], jedoch gibt es auch Rhomben, deren Seiten annäherend parallel [211] verlaufen.

Burmeister [87] ätzte (111)-Flächen von Silizium mit H_2-HCl-Gemischen bei erhöhten Temperaturen. Abb. 105 zeigt, daß dabei (100)-Flächenelemente entste-

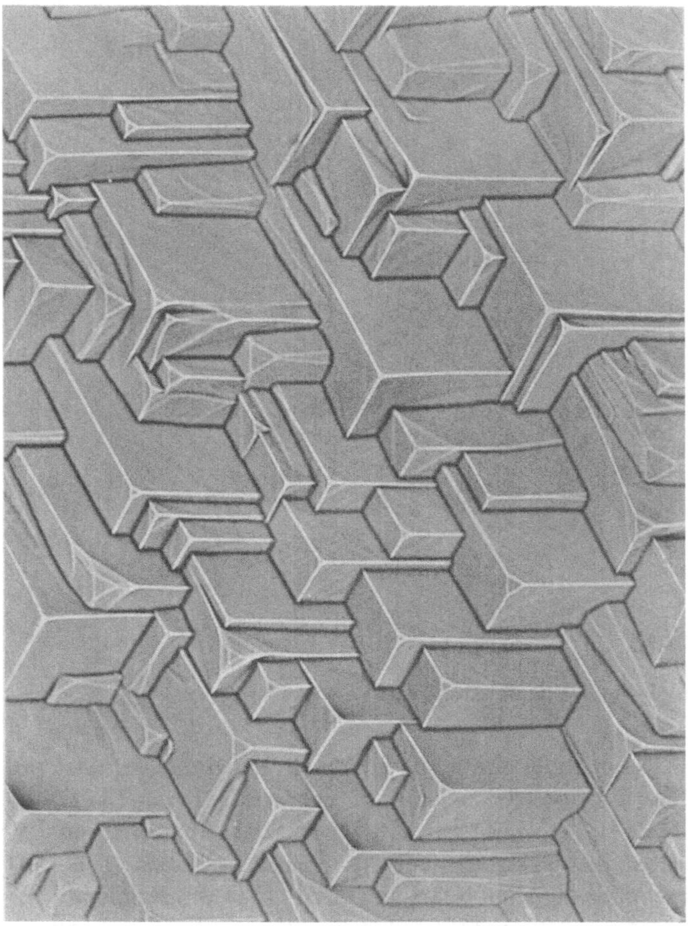

Abb.105. (111) von Si, geätzt mit H_2-HCl-Gas (107 Torr HCl) bei 1190°C. V = 50 x (Burmeister [87]

hen, die oft durch kleine (111)- und (110)-Flächen abgestumpft werden. Das Auftreten dieser Facetten steht im Einklang mit der molekularkinetischen Theorie der Einkristallauflösung (vgl. Kapitel 11).

7.1.2.4 Rutilgitter. Die Untersuchung der Ätzung von TiO_2 (Rutil) zeigt ebenfalls Übereinstimmung der theoretischen Morphologie der Ätzgruben mit experimentellen Ergebnissen. Die Analyse des Rutilgitters in Bezug auf die Lage der PBC-Vektoren stammt von Hartman [246] und Hartman und Felius [168] (Abb. 106–108). Hauptbindungsketten sind [111] und [001].

Sie bestimmen die F-Flächen des Rutils: {110} und {101}. S-Flächen sind alle {*hk0*}, K-Flächen {111} und {001}. Nach Hartman [246] können je nach Kristallisationsbedingungen, d. h. sowohl durch hohe Übersättigung als auch durch Adsorption von Verunreinigungen (Wasser, Fe^{3+}-Ionen, SiO_2) neue PBC-Vektoren [010], [101], [011] auftreten, die bewirken, daß zusätzlich {100} und {111} zu F-Flächen werden. Bei der Ätzung von (001)-Flächen von Rutil fanden Hirthe und Brittain [290] bei Verwendung von Schwefelsäure quadratische Gruben, deren

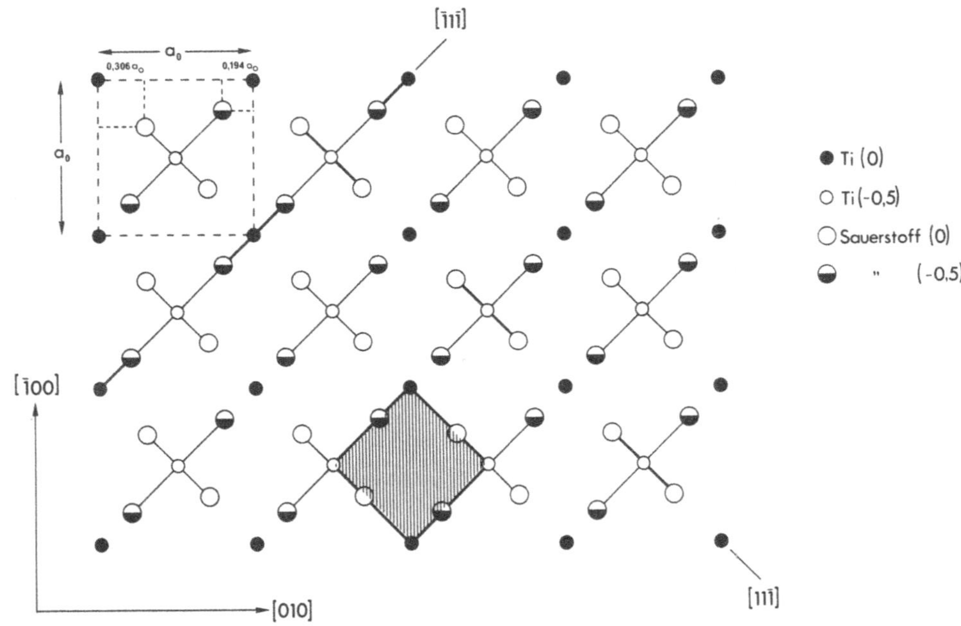

Abb. 106. Projektion der Kristallstruktur von Rutil in Richtung [001]. PBC-Vektor ist [111]

Kanten parallel [110] liegen. Abb. 106 zeigt die Projektion der Kristallstruktur mit der Orientierung einer Ätzgrube parallel zu den PBC-Vektoren [111̄] und [1̄11̄]. Auf (110)-Flächen erzeugte H_3PO_4 elliptische Gruben mit der Längsachse parallel [001], Schwefelsäure jedoch rechteckige Gruben mit der Längsachse parallel [110] (Abb. 107). Gleiche Ergebnisse erhielten Nakazumi et al. [433] und Heimann [267]. Korumatsu et al. [348] ätzten (110)- und (001)-Flächen von mit Rutil isotypem VO_2. Auf (110) traten rechteckige Gruben auf, deren lange Seite parallel [1̄10] lag und deren Längen-Breiten-Verhältnis 2,22 betrug. Dieses Verhältnis ist identisch mit dem Verhältnis der Länge der Flächendiagonalen zur c_o-Länge des zweidimensionalen Bravais-Netzes auf (110). Da a_o = 4,52 Å und c_o = 2,87 Å ist, ergibt sich aus $a_o\sqrt{2}/c_o$ der Wert 2,227. Eine solche Ätzgrube ist mit einer Untergrube in

Abb. 107 eingezeichnet. Wir konstatieren, daß die Gestalt der Ätzgruben sowohl die Symmetrie als auch die Gestalt des zweidimensionalen Bravais-Gitters auf der betrachteten Kristallfläche wiederspiegelt.

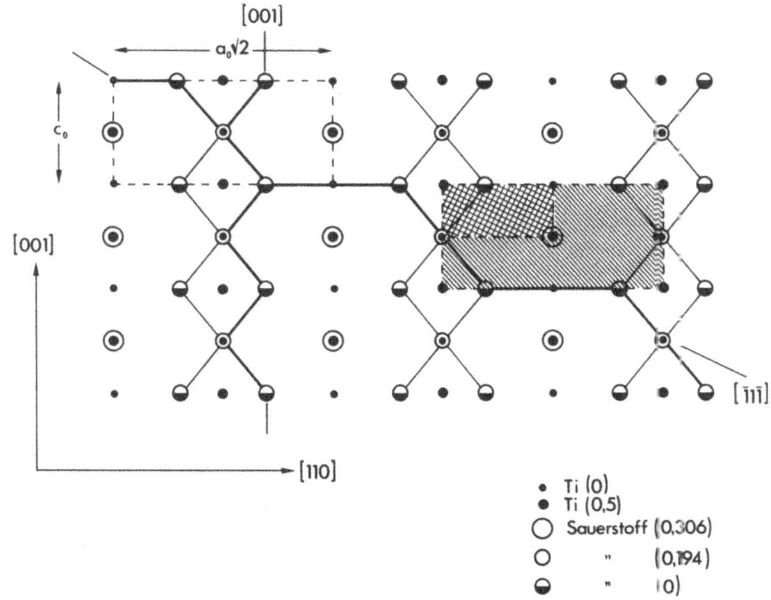

Abb. 107. Projektion der Kristallstruktur von Rutil in Richtung [110]. PBC-Vektoren sind [001] und [111]

Die durch Schwefelsäure geätzten (111)-Flächen von Rutil zeigen Ätzgruben, deren Kanten den PBC-Vektoren [111] und [001] parallellaufen. Die Gruben sind dabei gleichschenklige Dreiecke.

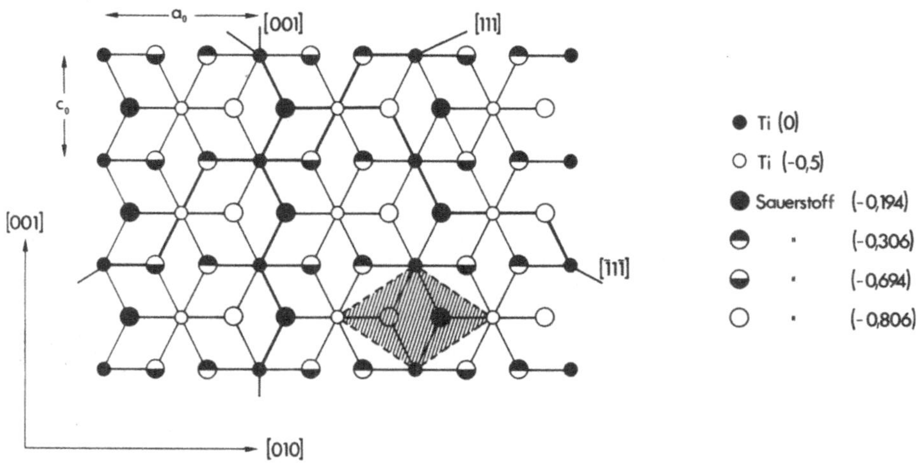

Abb. 108. Projektion der Kristallstruktur von Rutil in Richtung [100]. PBC-Vektoren sind [001] und [111]

Auf (100) bilden sich rhombenförmige Ätzgruben mit Kanten in Richtung [111] (Hirthe und Brittain [290], Abb. 108).

Ganz analoge Verhältnisse finden sich auch bei der Ätzung von MgF_2. Abb. 109 zeigt die Ergebnisse der Ätzung von (110)-Flächen und (001)-Flächen mit $H_2SO_4 \cdot$

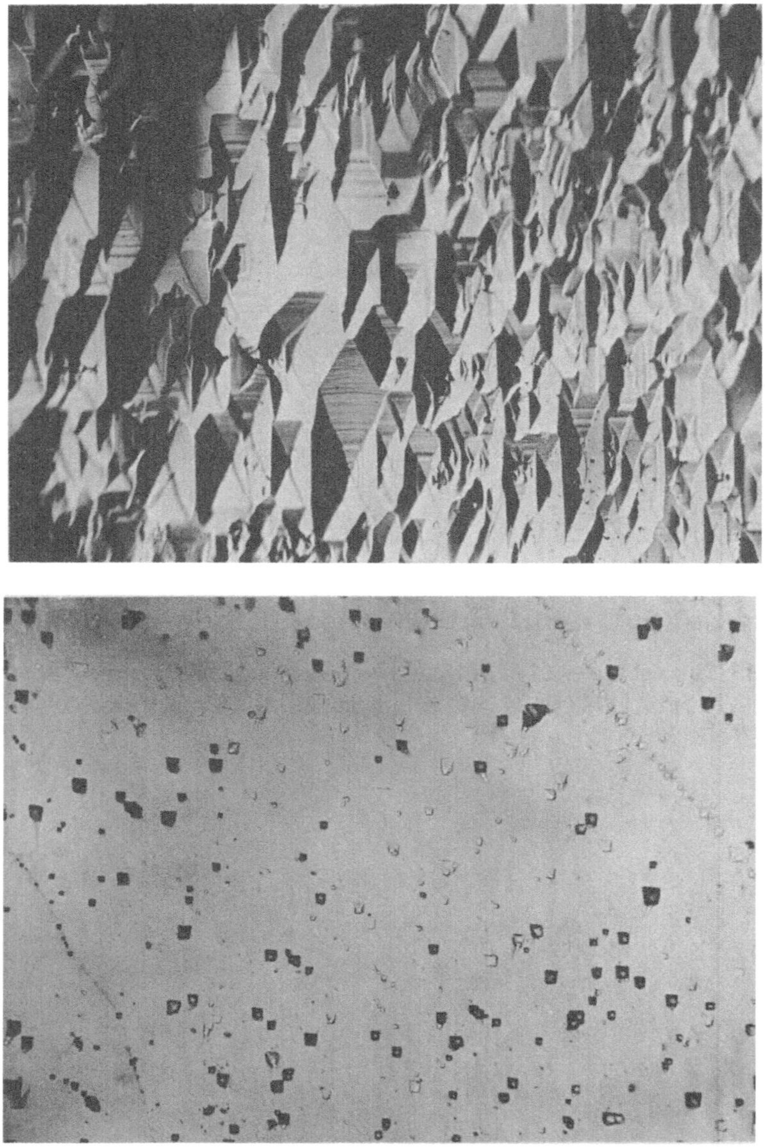

Abb. 109. Ätzfiguren auf (1) (110)-Flächen und (2) (001)-Flächen von MgF_2 in $H_2SO_4 \cdot H_2O$. V = 85 x (Heimann [260])

H_2O (Heimann [260]). Das Längen-Breiten-Verhältnis der Gruben auf (110) beträgt 2,14.

Zusammenfassend stellen wir fest, daß die Ätzgruben auf den einzelnen betrachteten Kristallflächen ganz überwiegend den dominierenden PBC-Vektoren der Struktur parallellaufen. PBC-Vektoren markieren daher Zonen, in denen bevorzugte symmetrieorientierte Ätzung auftritt.

7.2 Flächenspezifische Adsorption von Spiegelbildisomeren (Hypomorphie) und andere sterische Effekte

Im vorigen Kapitel wurde gezeigt, wie aus der Flächensymmetrie die Ätzgrubensymmetrie abgeleitet werden kann. Umgekehrt kann in vielen Fällen aus der Symmetrie der Ätzgruben auf die Symmetrie der Flächen, auf denen sie erzeugt worden sind, geschlossen werden. Nun fanden aber Hettich [278] und Herzfeld und Hettich [277], daß bei der Ätzung von NaCl und KCl mit wässrigen Lösungen von Milchsäure und Asparagin quadratische Ätzgruben auf {100} auftraten, deren Kanten nicht parallel der [100]-Richtung lagen, wie für m3m gefordert werden muß (vgl. Abb. 98), sondern die unsymmetrisch um die vierzählige Achse gedreht waren. Da unzweifelhaft und durch röntgenographische Befunde gesicherte Holoedrie vorlag[30], schloß Hettich aus dem Versuchsergebnis, daß die Asymmetrie durch Verunreinigungen mit optischer Aktivität, d. h. mit Rechts- oder Linkscharakter im Lösungsmittel verursacht wurden. Obwohl Valeton [604] sich gegen diese Annahme wandte, konnten die Autoren und später Royer [508], [509] zweifelsfrei darlegen, daß optisch aktive Säuren verantwortlich sind für die Asymmetrie der Ätzfiguren auf enantiomorphen Flächen polarer Kristalle. Insbesondere haben Kleber [336], [341] und Kleber und Mitarbeiter (vgl. Himmel und Kleber [285], Drees [136], Bohm [58], Bohm und Kleber [62]) in zahlreichen Arbeiten die Wirkung asymmetrischer Moleküle bei der Ätzung von Calcit und Dolomit aufgeklärt. Ätzt man die Spaltrhomboeder-Fläche $\{10\bar{1}1\}$ von Kalkspat und Dolomit mit z. B. Salzsäure, so zeigt sich, daß die Ätzfiguren auf Kalkspat monosymmetrisch (entsprechend 3m), auf Dolomit asymmetrisch (entsprechend $\bar{3}$) sind. Diese Beobachtung stammt bereits von Tschermak [594].

Soweit entspricht diese Tatsache vollkommen der Gittersymmetrie. Ätzt man dagegen mit einer optisch aktiven Säure, z. B. Weinsäure oder Aminosäuren[31], so haben Ätzgruben auf $\{10\bar{1}1\}$ von Kalkspat asymmetrische Gestalt. Die Symmetrieebene verschwindet scheinbar auf solchen Flächen, auf denen eine und nur eine Symmetrieebene senkrecht steht (Hypomorphie). Der Grund dafür liegt

[30] Allerdings gibt es heute noch Autoren, die Sylvin (KCl) eine „gyroedrische" (= pentagonikositetraedrische) Symmetrie zuordnen!

[31] Um die Reaktionsgeschwindigkeit zu erhöhen und die Abscheidung schwerlöslichen Calciumtartrats zu unterdrücken, wurden den optisch-aktiven Säuren inaktive Mineralsäuren, meist HCl zugesetzt.

darin, daß ein asymmetrisches Molekül auf enantiomorphen, also stereochemisch unterschiedlichen Oberflächen verschieden adsorbiert wird (Abb. 110).

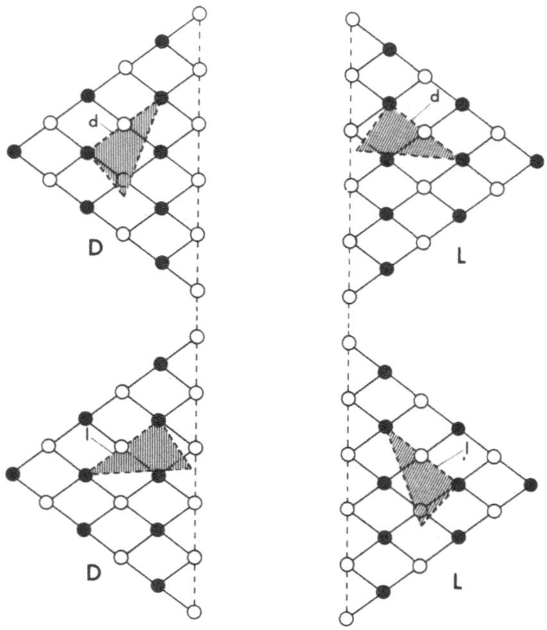

Abb. 110. Adsorption von *d*- und *l*-Molekülen einer optisch aktiven Säure auf Rechts- und Linksflächen *D* und *L* (nach Kleber [340])

Wie bereits in Abschnitt 4.3 beschrieben wurde, kann nach Kleber [341] der Ätzvorgang in vier Stufen eingeteilt werden, die mit unterschiedlichen Geschwindigkeitsbeträgen zur Gesamtreaktionsgeschwindigkeit beitragen:

1. Diffusion der Ionen bzw. hydratisierten Komplexe zur Kristalloberfläche
2. Adsorption der Komplexe auf der Oberfläche des Kristalls („flächenspezifische Adsorption")
3. Verbindungsbildung
4. Desorption der adsorbierten Verbindung von der Oberfläche.

An zwei spiegelbildlich angeordneten Flächenelementen werden asymmetrische Admolekeln strukturgeometrisch unterschiedlich angelagert (Abb. 110). Aus Gl. (4–9) geht hervor, daß die Verschiebungsgeschwindigkeiten ν für spiegelbildlich äquivalente Flächen nicht mehr gleich sind, da ihre Adsorptionswärmen λ_{Ad} unterschiedlich sind.

Aus Abb. 110 ist ersichtlich, daß offenbar das *d*-Molekül bzw. *l*-Molekül besser auf die *D*- bzw. *L*-Netzebene „paßt" als das *d*- bzw. *l*-Molekül auf die *L*- bzw. *D*-Netzebene. Andererseits geht aus Versuchen (Himmel und Kleber [285]) hervor, daß die Ätzerscheinungen, die der *d*-Säure zuzuordnen sind, sich spiegelbildlich verhalten zu denen, die durch die *l*-Säure erzeugt werden. Bei Verwendung der *d,l*-Säure (Razemat) verschwindet die Asymmetrie, und es erscheint wieder die volle monosymmetrische Flächensymmetrie (Abb. 111).

[0001]

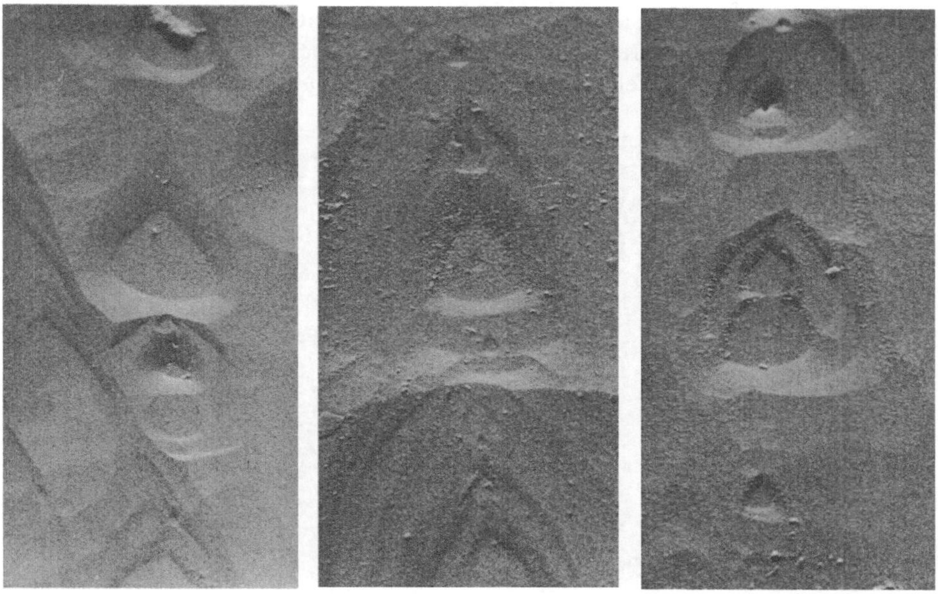

l *d,l* *d*

Abb. 111. Ätzgruben auf $(10\bar{1}1)$ von Kalkspat, erzeugt mit optisch aktiven (*l*-, *d*-) Weinsäuren und razemischer (*d*-, *l*-) Weinsäure. V = 2150 x (Stereo-Scan)

Eine schematische Reaktionsgleichung beschreibt diese Erscheinung:

$$D, L + d \longrightarrow dD + dL \qquad (6-53)$$

$$D, L + l \longrightarrow lD + lL. \qquad (6-54)$$

In Worten heißt das: Spiegelbildliche Richtungen verhalten sich unterschiedlich (6–53) und Ätzfiguren, die mit *d*-Säure erzeugt werden, liegen spiegelbildlich zu den mit *l*-Säure erzeugten [Gl. 6–53) in bezug auf Gl. (6–54)].

Wie eingangs erwähnt, gelten diese Beobachtungen nur für Flächen, auf denen eine und nur eine Symmetrieebene senkrecht steht. Auf Flächen, deren Normale eine Symmetrieachse ist, können im allgemeinen mit Spiegelbildisomeren keine Hypomorphie-Effekte erzielt werden, da Flächen, die durch Drehachsen miteinander zu Deckung gebracht werden können, gleiche Oberflächenstrukturen besitzen. So wird z. B. auf (0001) von Kalkspat bei Ätzung mit optisch aktiven Säuren keine Symmetrieverminderung der Ätzgruben beobachtet (Royer [508], Himmel und Kleber [285]).

Analoge Verhältnisse herrschen nach Bohm und Kleber [62] bei der Ätzung von Dolomit mit *d*- und *l*-Weinsäure und *d*- und *l*-Aminosäuren (Alanin, Valin,

Norvalin, α-Aminobuttersäure). Hier allerdings sind die Effekte nicht sehr deutlich.

Immerhin kann bei Dolomit mit der gegenüber Kalkspat verringerten Symmetrie ($\bar{3}$) einerseits zwischen enantiomorphen *D*- und *L*-Flächen unterschieden werden (z. B. ($10\bar{1}1$) und ($01\bar{1}\bar{1}$)), auf denen die Ätzgruben unterschiedlich orientiert sind, andererseits produzieren optisch aktive Säuren auch unterschiedliche Ätzgrubenformen. Abb. 112 zeigt die ($10\bar{1}1$)- bzw. ($01\bar{1}\bar{1}$)-Fläche von Dolomit nach

Abb. 112. Ätzgruben auf (a) einer *L*-Fläche des Rhomboeders ($10\bar{1}1$) von Dolomit, (b) einer korrespondierenden *D*-Fläche, jeweils geätzt mit 40 %iger *l*-Weinsäure + verdünnter HCl (1:1), 80°C, 5 min. V = 530 x (Bohm und Kleber [62])

der Ätzung mit einem Gemisch von 1 Teil 40%iger *l*-Weinsäure und 1 Teil verdünnter HCl. Man sieht, daß die *l*-Säure auf der *L*-Fläche Gruben erzeugt, die in vertikaler Richtung etwas länger gestreckt sind als die mit der gleichen Säure auf der *D*-Fläche erzeugten. Umgekehrt zeigt sich dieselbe Tendenz bei Ätzung einer *D*-Fläche mit *d*-Säure.

Sinkt die Konzentration der optisch aktiven Komponente unter einen Mindestwert (< 2% *d*-Weinsäure), so ist auf $\{10\bar{1}1\}$ von Kalkspat wegen der Hydratation der Anionenkomplexe kein Hypomorphie-Effekt mehr feststellbar (Drees [136]). Ebenfalls nimmt bei erhöhter Temperatur wegen zunehmend unspezifischer Anlagerung der Admolekel der Asymmetrie-Effekt ab.

Die Beeinflussung der Lösungsvorgänge durch sterische Effekte bei der Adsorption von Lösungsmittelmolekülen und -molekülkomplexen wurde in augenfälliger Weise auch bei der Auflösung von Aluminium in Halogenwasserstoffsäuren durch Politycki und Fischer [473], [474] gezeigt. Während die Auflösung in Salzsäure oder Bromwasserstoffsäure würflige Abbauformen liefert, entstehen bei Verwendung von Jodwasserstoffsäure Kuboktaeder, die der Gleichgewichtsform von Aluminium unter Berücksichtigung nur erstnächster Nachbarn entsprechen. Flußsäure dagegen liefert in mittleren Konzentrationsbereichen keine deutlichen Ätzgruben, bei hohen Konzentrationen tritt sogar ein Poliereffekt ein.

Die Ätzbefunde in bezug auf Salzsäure wurden bereits von Mahl und Stranski [398] als Lösungsformen eines oxidischen Reaktionsproduktes mit Steinsalzstruktur gedeutet[32], das sich durch Reaktion des Aluminiums mit dem wäßrigen Lösungsmittel bildet (vgl. 7.4.3). Politycki und Fischer [474] betrachteten diese Deutung als nur eine Möglichkeit, die komplexen Vorgänge an der Oberfläche des Al-Kristalls zu beschreiben. Nach ihrer Darstellung bewirken die an der Kristalloberfläche adsorbierten Anionen aufgrund ihrer unterschiedlichen Ionenradien unterschiedliche sterische Verhältnisse bei der Abtrennung der Reaktionsprodukte.

Abb. 113 zeigt die Anlagerung von Fluorid-, Chlorid- und Jodid-Ionen an die (100)- und (111)-Fläche von Aluminium. Während die Fluoridionen aufgrund ihres geringen Ionenradius sich beiden Flächen gut anpassen, passen die Chlorid- (und Bromid)-Ionen nur in die Al-Atomlücken der Würfelfläche. Die Jodidionen dagegen passen sich weder den Würfel- noch den Oktaederflächen an[33].

Die blockierte Würfelfläche löst sich im Falle der Verwendung von Salzsäure und Bromwasserstoffsäure langsamer als die Oktaederfläche und bestimmt daher die Morphologie der Ätzgruben. Das wird durch Ätzexperimente an Einkristallkugeln von Derge [129] und Kostron et al. [356] bestätigt, die eine schnellere Löslichkeit in der Oktaederrichtung beobachteten. Bei der Auflösung in Flußsäure bilden sich schwerlösliche Reaktionsprodukte (z. B. AlF_3), die eine Deckschicht aufbauen und zu ungerichteter Auflösung bzw. Polierung führen.

---

[32] Nach Straumanis [572] handelt es sich dabei um AlO.

[33] Analoge Resultate erhielten Wolff, Wilbur und Clark [646] bei der Auflösung von Silizium in Flußsäure-Jodwasserstoffsäure-Gemischen. Während reine HF zu ungerichteter Auflösung führt, bewirkt ein Zusatz von HJ die Ausbildung oktaedrischer Ätzgruben, da aufgrund seiner höheren Polarisierbarkeit das J-Ion den Sauerstoff aus der Oberflächenoxidschicht (vgl. Mahl und Stranski [398], [399]) verdrängt.

Entgegen dieser plausiblen Erklärung schlossen Politycki und Fischer [474] aus der Erhöhung der Auflösungsgeschwindigkeit bei der Erhöhung der Chlorionen-

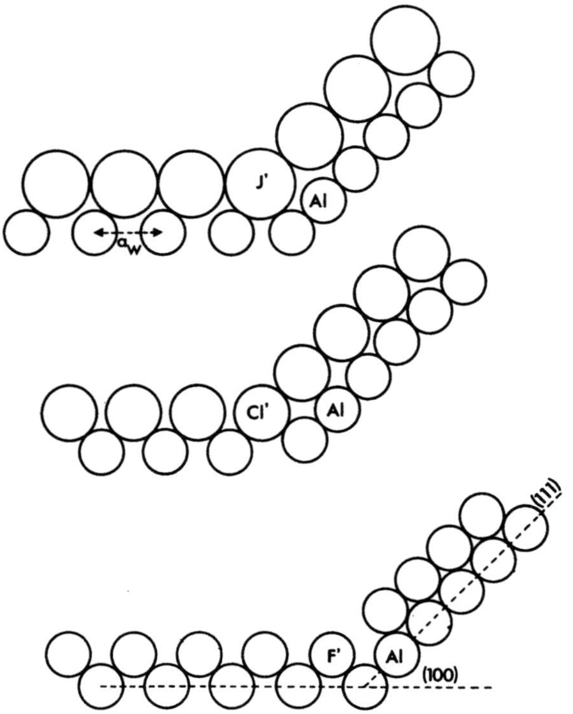

Abb. 113. Gittergeometrische Verhältnisse bei der Adsorption von Halogenid-Ionen an den Würfel- und Oktaederflächen von Aluminium (Politycki und Fischer [474])

konzentration (Centnerszwer und Zablocki [97]), daß im Gegenteil die Halogenid-Deckschicht eine Adsorptionsverbindung an der Würfelfläche bildet, die die Austrittsarbeit der Al^{3+}-Ionen aus dem Gitter verringert.

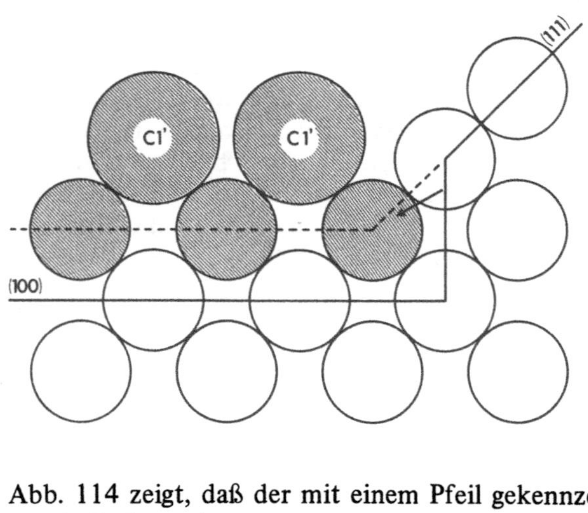

Abb. 114. Bildung einer Adsorptionsverbindung bei der Auflösung von Al in HCl. Der Pfeil markiert den Eckbaustein, der als Bestandteil der Adsorptionsverbindung mit abgelöst wird (Politycki und Fischer [474])

Abb. 114 zeigt, daß der mit einem Pfeil gekennzeichnete Eckbaustein als Bestandteil dieser Adsorptionsverbindung mit abgelöst wird, und daß sich so der

Ansatz einer neuen Würfelfläche bildet. Obwohl sich also die [100]-Richtung am schnellsten verschiebt, können so immer neue Würfelflächen nachgebildet werden. Eine weitere Methode, die Symmetrie der Ätzerscheinungen durch Änderung der Milieufaktoren zu beeinflussen, fanden Kleber und Koch [338] bei der Ätzung von Quarz mit Flußsäure unter der Einwirkung eines elektrischen Feldes. Bei Anwendung eines Wechselfeldes (5–10kV/mm; 50 Hz) entstanden auf (0001) von Quarz „Rißsterne", deren Arme in Richtung der elektrischen *X*-Achsen zeigen. Ein homogenes Gleichspannungsfeld zeigt deutliches polares Ätzverhalten, da die an der positiven Elektrode liegende (0001)-Fläche keine Ätzhügelbildung zeigt, während die an der negativen Elektrode liegende Fläche die auch beim normalen Ätzen in Flußsäure auftretenden trigonalen Hügel zeigt. Die Autoren vermuten, daß dieses polare Ätzverhalten mit dem piezoelektrischen Effekt gekoppelt ist.

7.3 Ätzverhalten polarer Kristalle (Halbleiter)

Von den nicht zentrosymmetrischen Punktgruppen sind besonders die Kristallklassen $\bar{4}3m$ (Zinkblende-Struktur) und 6mm (Wurtzit-Struktur) sehr ausführlich untersucht worden, da viele in diesen Klassen kristallisierende Verbindungen als Halbleiter in der Elektronikindustrie ausgedehnte Verwendung finden. Diese Kristallklassen haben kein Symmetriezentrum und besitzen für Wurtzit-Struktur in *c*-Richtung polare Achsen, so daß bei Spaltung senkrecht [0001] Ebenen entstehen, die entweder nur aus A-Atomen oder nur aus B-Atomen aufgebaut sind, während die polare Achse bei der Zinkblende-Struktur in [111]-Richtung verläuft. Entsprechend bestehen dann die (111)-Flächen aus Schichten von entweder A- oder B-Atomen (Abb. 115).

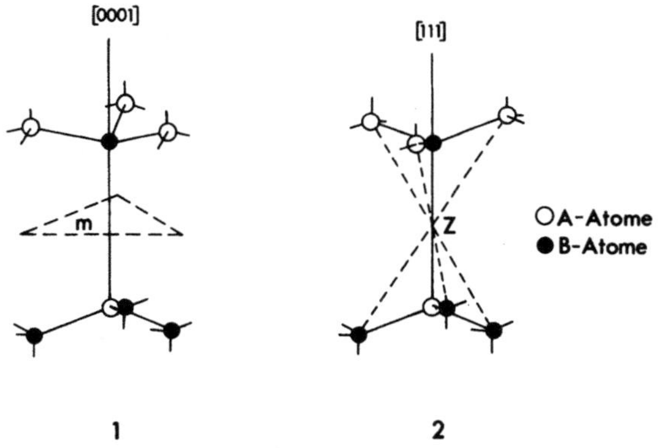

Abb. 115. Baugruppen der tetraedisch koordinierten (1) Wurtzit-Struktur und (2) Zinkblende-Struktur

Die Mehrheit der Verbindungen mit Wurtzit-Struktur gehört zu den II-VI-(ZnO)-Verbindungen, während die binären Verbindungen mit Zinkblende-Struktur in I-VII-(CuCl)-, II-VI-(CdTe)-, III-V-(GaAs)- und IV-IV-(SiC)-Verbindungen eingeteilt werden können[34]. Damit kann man alle diese diamantähnlichen binären Ver-

[34] Ein Sonderfall sind IV-IV-Verbindungen mit gleichen Ionen. Sie kristallisieren in der Diamantstruktur, wie z. B. Si und Ge.

bindungen als Teil der Klasse der tetraedrischen Vierelektronen-Verbindungen ansehen, da die Elektronenkonzentration bei maximaler Wertigkeit der an der Verbindung beteiligten Atome 4 ist.

Ausführlich sind diese Verbindungsklassen $A^n B^{8-n}$ in den zusammenfassenden Arbeiten von Gorjunowa [207], [208] und Parthé [454] beschrieben.

Tabelle 3. Ätzung binärer diamantartiger Halbleiter

Verbindung	Zinkblende-Typ a_o(Å)	Wurtzit-Typ a_o(Å)	c_o(Å)	Referenz
AlSb	6,13			189
BeO		2,70	4,38	19, 20, 26, 142, 484, 605
CdS	5,82			626
		4,13	6,75	22, 445, 491, 644
CdSe		4,30	7,02	21, 626, 644, 665
CdTe	6,48			304, 626, 644
GaP	5,45			107, 239, 327, 535, 623, 644
GaAs	5,65			89, 158, 162, 166, 189, 212, 214, 250, 310, 350, 369, 401, 423, 429, 436, 437, 472, 513, 517, 524, 531, 535, 583, 588, 619
GaSb	6,12			166, 189, 231, 524, 620
HgSe	6,08			626
HgTe	6,34			626
InP	5,87			25, 107, 189, 598, 644
InAs	6,04			166, 189, 627, 644
InSb	6,48			131, 146, 166, 173, 189, 190, 231, 381, 401
InBi		5,00*	4,77*	507
SiC	4,35			11, 29, 62, 63, 72, 187, 303, 386, 451, 616
		3,08	5,05	
ZnO		3,25	5,21	128, 257, 360, 361, 380, 400, 644
ZnS	5,41			34, 116, 291, 626, 644
		3,81	6,23	22, 644
ZnSe	5,66			229, 644, 680
ZnTe	6,09			626, 644

* PbO-Gitter mit P4/nmn

Zahlreiche Autoren befaßten sich mit der Ätzung dieser interessanten Verbindungsklasse (Tab. 3), da die elektrischen Eigenschaften der Halbleiter-Kristalle in hohem Maße durch deren Versetzungsdichte bestimmt werden. Die mannigfaltigen Ätzmethoden wurden zu großer Vollkommenheit entwickelt (vgl. Bogenschütz [56]). Ätzrezepte für II-VI- und III-V-Verbindungen finden sich auch bei Johnston [318], Amelinckx [7] und Faust und Sagar [166].

Bei der Ätzung von (0001)- und (000$\bar{1}$)- bzw. (111)- und ($\bar{1}\bar{1}\bar{1}$)-Flächen von Kristallen mit Wurtzit- bzw. Zinkblendestruktur ergibt sich, daß gut entwickelte Ätzgruben gewöhnlich nur auf einer von beiden polaren Flächen auftreten (vgl. Abb. 116). Welche Fläche das im einzelnen ist, ist abhängig von der Natur des Lösungsmittels und vom Vorhandensein bestimmter Lösungsgenossen, die je nach ihrer Elektronenkonfiguration an den A- bzw. B-Flächen adsorbiert werden und neue starke Bindungsketten bilden[35].

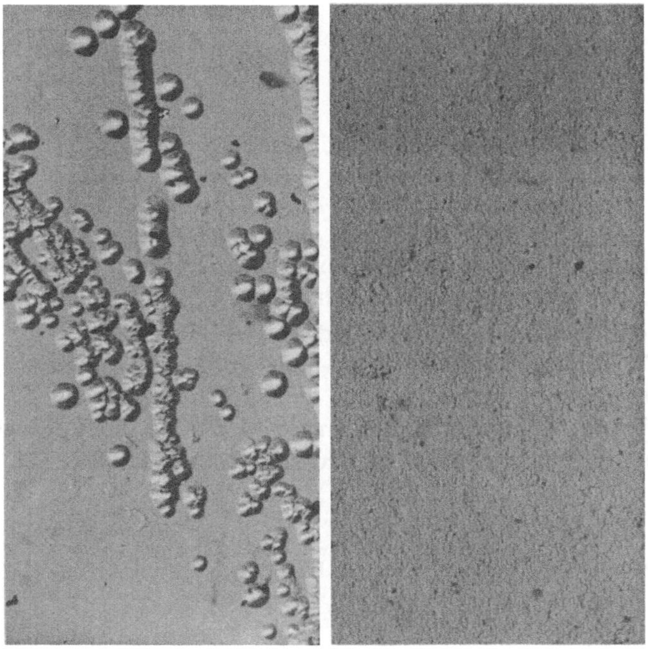

Abb. 116. (000$\bar{1}$)- und (0001)-Fläche von Berylliumoxid, geätzt in Flußsäure. Die *B*-Fläche (links) zeigt Ätzgruben, während die *A*-Fläche (rechts) ungeätzt bleibt. V = 10.000 x. (Rau [484])

So beobachteten z. B. Wolff, Frawley und Hietanen [644] bei der Ätzung von CdS in HCl und HNO_3, daß in reinem Lösungsmittel durch Adsorption von Wasser (Ausbildung von Wasserstoffbrückenbindungen) oder Chlorid-Ionen an den positiv geladenen Cd-Atomen der A-Flächen auf (0001) gut ausgebildete

[35] Definitionsgemäß enthalten nach Dewald [131] die (0001)- bzw. (111)-Flächen die Metallatome der 2. bzw. 3. Gruppe des PSE (A-Flächen), die (000$\bar{1}$)- bzw. ($\bar{1}\bar{1}\bar{1}$)- die Nichtmetallatome der 6. bzw. 5. Gruppe (B-Flächen). Die Ermittlung des Flächentyps wurde piezoelektrisch (Reynolds und Czyzak [491]) und röntgenographisch (Warekois und Metzger [627]) vorgenommen.

Ätzgruben erscheinen während andererseits in silberhaltigen Ätzlösungen die Silber-Ionen an den „anionischen" S-Atomen der B-Flächen adsorbiert werden. Entsprechend bilden sich in diesem Falle die Ätzgruben auf $(000\bar{1})$ aus. Der Grund dafür liegt in der unterschiedlichen Fähigkeit der „kationischen" und „anionischen" Flächen, ihre freien Bindungsorbitale durch Adsorption zu komplettieren (Wolff und Gualtieri [645]). In der Zinkblendestruktur z. B. fehlen den Oberflächenatomen ein oder zwei Nachbaratome und es kommt zur Ausbildung freier Einer- bzw. Zweier-Orbitale (Abb. 117). Zweiwertige Fremdatome

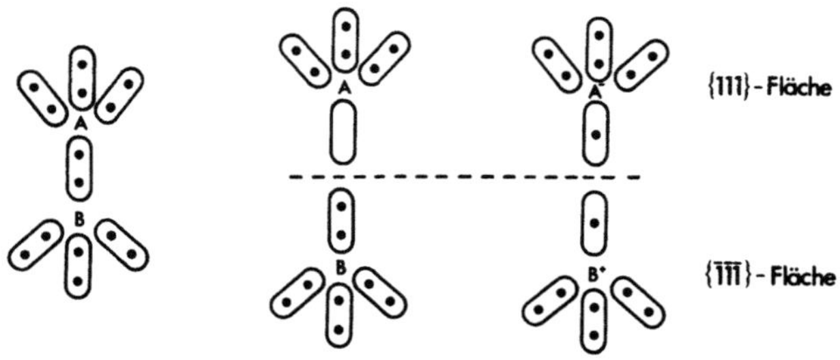

Abb.117. Elektronenkonfiguration der Zinkblendestruktur für III-V-Verbindungen (Gatos und Lavine [189])

werden im allgemeinen nur an Oberflächenatomen mit Zweier-Orbitalen gebunden, und das bewirkt eine Erniedrigung der Oberflächenenergie pro Bindung. Mit dieser Betrachtungsweise konnten z. B. Neels und Voigt [437] das bevorzugte Auftreten von {112}-Stufen an GaAs bei der Ätzung erklären. Es wurde an allen untersuchten Verbindungen beobachtet, daß die B-Flächen in oxidierend wirkenden Ätzmitteln erheblich schneller abgetragen werden als die A-Flächen (Tab. 4). Gleiche Befunde erhielten Rau [484] an BeO und Heiland et al. [257] an ZnO (vgl. Abb. 116).

Tabelle 4. Lösungsgeschwindigkeit verschiedener Flächen von InSb (aus Gatos und Lavine [190])

Fläche	Lösungsmittel 1 [mg/cm²· min]	Lösungsmittel 2 [mg/cm²· min]
{$\bar{1}\bar{1}\bar{1}$}-B	0,25	7,8
{100}	0,22	7,8
{110}	0,25	2,5
{111}-A	0,23	0,5

Lösungsmittel 1: 0,2n Fe^{3+} in 6n HCl, 10°C.
Lösungsmittel 2: 2 Teile conc. HNO_3, 1 Teil conc. HF, 1 Teil conc. CH_3COOH, 4°C.

Aus der Tabelle ist zu ersehen, daß Lösungsmittel 1 alle Flächen gleich schnell angreift. Es führt zur Ausbildung von Ätzgruben. Lösungsmittel 2 löst die {$\bar{1}\bar{1}\bar{1}$}-Fläche am schnellsten (Oxidationswirkung). Die Lösungsgeschwindigkeit von {$\bar{1}\bar{1}\bar{1}$} und {100} sind diffusionsbestimmt (Aktivierungsenergie etwa 5 kcal/Mol), die von {110} und {111} aktivierungsbestimmt (Aktivierungsenergie etwa 25 kcal/Mol). Die unterschiedliche Geschwindigkeit, mit der die Metall- und Nichtmetallatome aus dem Gitterverband herausgelöst werden, wurde durch ein einfaches atomistisches Modell von Gatos und Lavine [189] erklärt. Obwohl die Nichtmetalle der 5. Gruppe des PSE normalerweise fünfwertig sind, sind sie in der Zinkblendestruktur nur mit drei Bindungen im Gitter verankert. Daher muß die Tendenz zum Verlassen des Gitterverbandes für sie größer sein als für die normal dreibindigen (dreiwertigen) Metallatome der 3. Gruppe. Die tetraedrische sp^3-Hybridorbitalbindung der Zinkblendestruktur ist in Abb. 117 dargestellt (Gatos und Lavine [189]).

Die Bildung zweier getrennter A- und B-Flächen ist hier durch die strichlierte Linie angedeutet. Beide Atomsorten A und B behalten ihre tetraedrische Bindungskonfiguration auch nach der Trennung bei. Im Fall 2 komplettiert das B-Atom seine Achter-Schale, während das A-Atom ein freies Zweier-Orbital erhält. Beide Atome sind elektrisch neutral. Im Fall 3 teilen sich die Atome in das bindende Elektronenpaar. Dieser Fall ist energetisch ungünstig, da die zur Bildung von B^+-Ionen nötige Ionisierungsenergie viel größer ist als die Elektronenaffinität bei der Bildung von A^--Ionen. Wenn man Fall 2 als gültig annimmt, so ist es auch erklärbar, warum oxidierende (= elektrophile) Lösungsmittel bevorzugt das B-Atom angreifen, weil dessen freies Elektronenpaar für die Oxidation zur Verfügung steht. Andererseits haben die A-Atome die Möglichkeit, mit nukleophilen Lösungsmitteln einen Elektronenaustausch vorzunehmen. Eine analoge Erklärung der unterschiedlichen Lösungsgeschwindigkeiten der A- und B-Atome für II-VI-Verbindungen findet sich bei Mariano und Hanneman [400]. Ätzuntersuchungen von Inoue, Teramoto und Takayanagi [304] an CdTe-Einkristallen zeigten in Übereinstimmung mit den Ergebnissen von Wolff et al. [644], daß bei Anwesenheit von Silberionen in der Ätzlösung[36] die Lösungsgeschwindigkeit der {111}- und $\{\bar{1}\bar{1}\bar{1}\}$-Fläche stark verringert wird (Abb. 118).

Es kommt daher zur Ausbildung von Ätzgruben, die jedoch für die den Punkten A und B in Abb. 118 entsprechenden Ag^+-Konzentrationen zwei verschiedenen Typen von Stufenversetzungen in der Zinkblendestruktur angehören. Von Haasen [231] stammt die Beobachtung, daß Stufenversetzungen, entstanden durch Einfügen einer zusätzlichen halben Bausteinreihe in das Zinkblendegitter, entweder auf einer mit A- oder mit B-Atomen besetzten (111)-Gleitebene enden können, so daß zwei unterschiedliche Typen von Versetzungen (α- oder A-Versetzung und β- oder B-Versetzung) mit dem gleichen Burgers-Vektor [110] auftreten. Die α-Versetzung erzeugt eine zusätzliche Reihe von Cd-Atomen, die β-Versetzung eine zusätzliche Reihe von Te-Atomen (Abb. 119). Beide Versetzungstypen werden verschieden schnell geätzt, was im Prinzip wieder auf die oben beschriebene unterschiedliche Elektronenkonfiguration zurückzuführen ist.

Bei der Ätzung von {111}-Flächen von InSb durch Lavine, Gatos und Finn [381] ergab sich, daß bei Zusatz von Cr^{3+}-Ionen zum Grundätzmittel (1 Teil 30%iges H_2O_2, 1 Teil 48%ige HF, 8 Teile H_2O) Versetzungsätzgruben an In-Versetzungen auf der Sb-Fläche nur an Kleinwinkelkorngrenzen gebildet werden, während die

---

[36] Die Ätzlösung besteht aus 10 ml conc. HNO_3, 20 ml H_2O, 4 g $K_2Cr_2O_7$.

In-Fläche selbst nicht angegriffen wird. Das ist nach der obigen Ausführung verständlich, da das positiv geladene Cr^{3+}-Ion bevorzugt mit dem freien Elektronen-

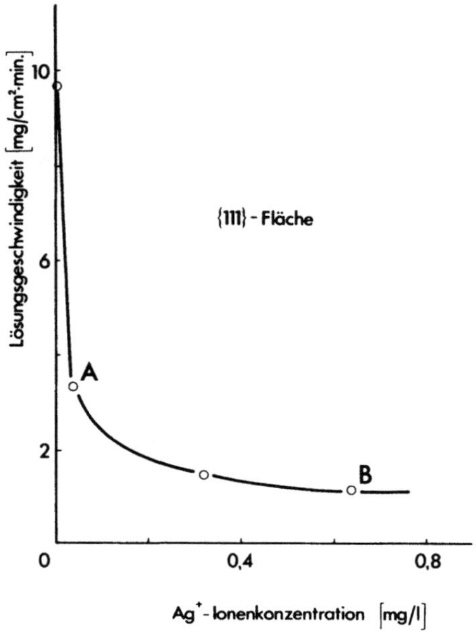

Abb. 118. Verringerung der Lösungsgeschwindigkeit von {111}-Flächen von CdTe (nach Inoue et al. [304])

paar an einem Sb-Atom in Wechselwirkung treten wird. Wird dagegen ein organisches Sulfid, wie z. B. n-Butylthiobutan zum Grundätzmittel zugesetzt, so treten

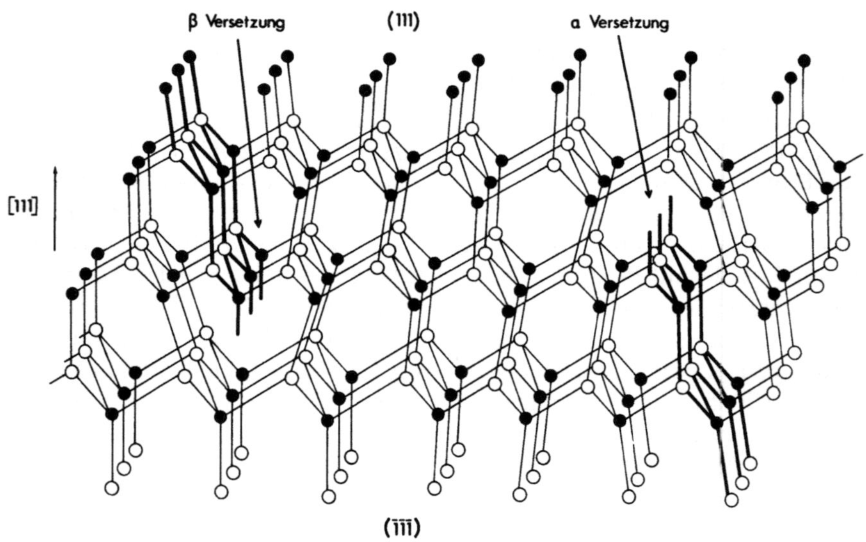

Abb. 119. Zwei Typen von 60°-Versetzungen im Zinkblendegitter. Die positive (β) Versetzung ist eine *B*-, die negative (α) Versetzung eine *A*-Versetzung (nach Inoue et al. [304])

sowohl auf der In- wie auf der Sb-Fläche Versetzungsätzfiguren auf, die in beiden Fällen Sb-Versetzungen zuzuordnen sind, da sie keine 1:1-Korrespondenz mit den durch reines und Cr^{3+}-dotiertes Grundätzmittel erzeugten Gruben zeigen. Die Tatsache, daß bei Gegenwart von n-Butylthiobutan keine Ätzgruben an In-Versetzungen gebildet werden, beruht auf der starken Adsorption des durch Oxidation gebildeten Sulfoxides an den In-Atomen. Daher ist die Ätzgeschwindigkeit an der In-Versetzung nicht größer als die der Umgebung, und es wird nicht bevorzugt längs der Versetzung abgetragen.

Neben diesen Ätzgrubentypen, die reinen Stufenversetzungen zuzuordnen sind, fanden Faust und Schreiter [162] bei der Ätzung von GaAs auch spiralförmige Gruben (Abb. 120), für die sie Schraubenversetzungen verantwortlich machten.

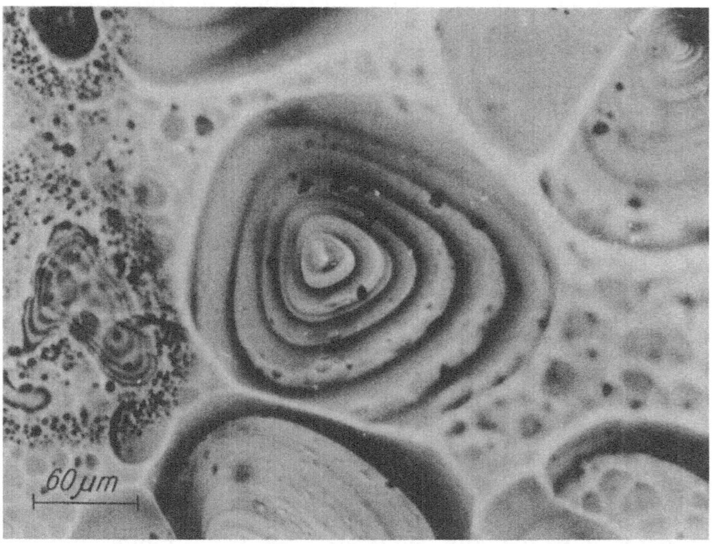

Abb. 120. Spiralförmige Ätzgruben auf (111) (*A*-Fläche) von GaAs, geätzt mit H_3PO_4/HNO_3 unter Einwirkung von Ultraschall (Faust und Schreiter [162])

Das Auftreten von sichtbaren Spiralätzgruben setzt eine große Steigung der Schraubenversetzung, d. h. einen sehr großen Burgers-Vektor, voraus (Amelinckx, Bontinck und de Keyser [10]). Im Gegensatz dazu stellte Dash [121] fest, daß die Zahl der beobachteten spiraligen Ätzgruben manchmal die Anzahl der Schraubenversetzungen übersteigt, jene also nicht unbedingt Schraubenversetzungen zugeordnet werden können.

Nach Meinung von Lang [378] kann ein Kollabieren von kreisförmigen atomaren Stufen in einigen Fällen ebenfalls zum Auftreten von Spiralgruben führen.

7.4 Anomale Ätzfiguren

Beim Ätzen einer Kristalloberfläche treten oft Erscheinungen auf, die die wahre Symmetrie der Ätzgruben und damit die Punktsymmetrie der betrachteten Kristallfläche verfälschen. Wie bereits in Kapitel 7.2 gezeigt wurde, kann die strukturgelenkte Adsorption spiegelbildisomerer Molekülkomplexe an enantiomorphen Flächen polarer Kristalle zu Asymmetrieeffekten und damit zur Maskierung der wahren Flächensymmetrie führen. Im folgenden seien einige weitere Effekte besprochen.

7.4.1 Ätzsporne („Beaks")

Ätzsporne oder „Beaks" (nach Honess [295]) sind seitliche Verlängerungen und Auswüchse von Ätzgruben, die in den meisten Fällen erniedrigend auf die äußere Symmetrie wirken. Abb. 121 zeigt schematisch zwei Gruben auf (001) von

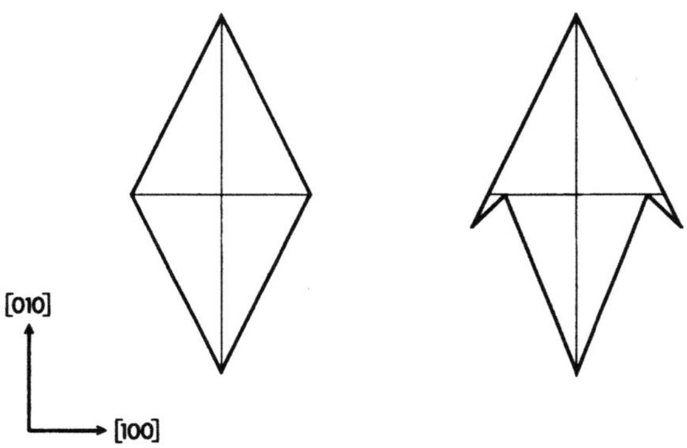

Abb. 121. Symmetrieerniedrigung von Ätzgruben durch Ausbildung von Ätzspornen am Topas

Topas (vgl. Abb. 81), deren linke die volle Symmetrie des Topas mmm aufweist, während die rechte durch Ausbildung zweier Ätzsporne in ihrer Symmetrie durch Wegfall einer Symmetrieebene erniedrigt wurde. Solche Ätzsporne treten im allgemeinen in frühen Ätzstadien auf. Bei weiter fortschreitender Ätzung können sie sich unter Bildung einer hochindizierten Fläche vergrößern, wobei dann die Gesamtsymmetrie wieder hergestellt wird. Eine konstruktive geometrische Erklärung der Ätzsporne findet sich bereits bei Gross [219]. Die Abb. 78 und 94 zeigen weitere Beispiele der Bildung von Ätzspornen an Fluorit bzw. Quarz, wobei jedoch im letzteren Fall die dreizählige Symmetrie der gesamten Ätzgrube nicht verändert wird. Der Drehsinn dieser Ätzsporne an Ätzgruben auf (0001) von Tiefquarz gibt gleichzeitig den Drehsinn der sechszähligen Schraubenachse an (Nacken [431], Heimann [258], Heimann und Willgallis [273], Tsinzerling und Volskaya [597], Lazorina et al. [383]).

7.4.2 Ätzkanäle

Durch verlängertes Ätzen mit hochkonzentrierten Ätzmitteln bilden sich oft ausgehend vom Boden einer Ätzgrube Hohlkanäle, die tief in den Kristall hineinreichen. Die Länge der Kanäle ist bis tausendmal größer als ihr Durchmesser. Die Kanäle können strahlenförmig auf ein Zentrum zulaufen (Nielsen und Foster [442] (Abb. 122), können aber einander auch mehr oder weniger parallel sein (Abb. 123).

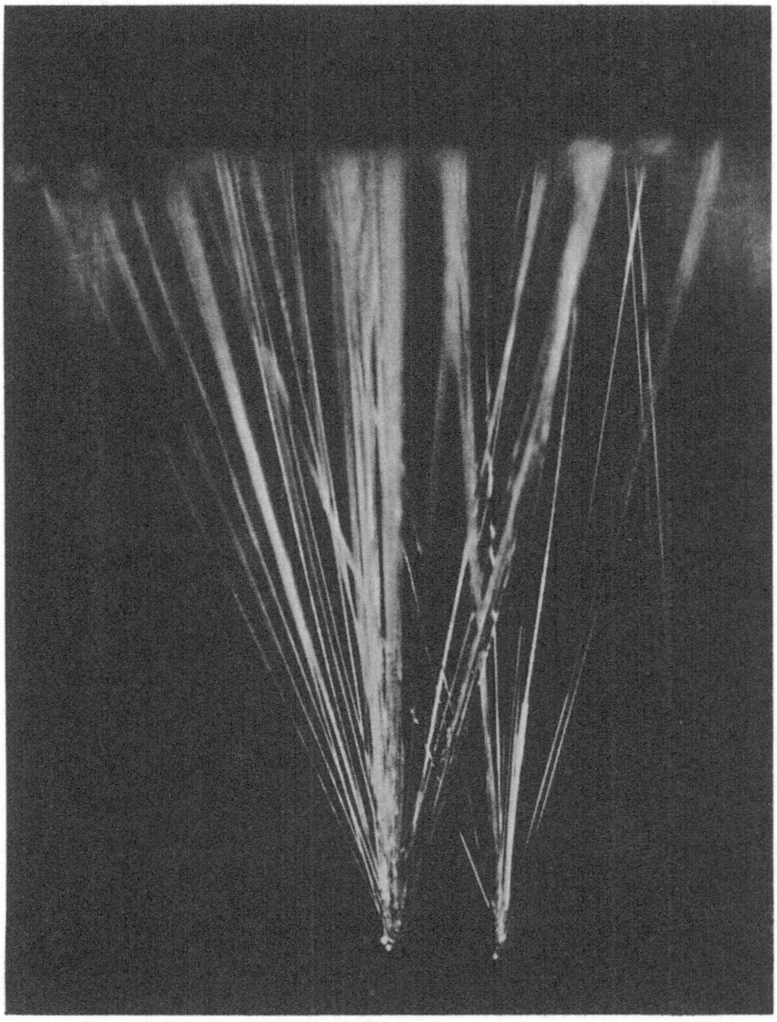

Abb. 122. Ätzkanäle, ausgehend von einer $(11\bar{2}0)$-Fläche von synthetischem Quarz, geätzt in 48%iger Flußsäure. Die Kanäle laufen fächerförmig in zwei Einschlüssen der Keimplatte zusammen (Nielsen und Foster [442]). V = 52x

Besonders häufig wurden derartige Ätzkanäle an Quarz beobachtet. Dabei zeigte sich sowohl an natürlichen Quarzen (Tsinzerling und Mironowa [595], Hanyu [237], Christoph [105]) wie auch an synthetischen (Nielsen und Foster [442],

Gülzow-Qual [227]), daß die Ätzkanäle Bereiche markieren, die sich entweder durch ihre Zusammensetzung oder durch ihre Gitterordnung unterscheiden. Man geht wohl nicht fehl in der Annahme, daß der Grund für die bevorzugte Ätzung längs dieser Kanäle in der Versetzungsstruktur zu suchen ist. Andererseits erscheint es fraglich, ob eine durch eine Versetzung bedingte Gitterverspannung über derart große Distanzen wirksam sein kann. Als weitere Möglichkeit für die Entstehung von Ätzkanälen kommt der ungleichmäßige Einbau von Verunreinigungen beim Wachstum des Kristalls in Frage. Die Verunreinigungen werden bevorzugt längs langsam wachsender Flächen eingelagert (Augustine und Hale [18], Brown und Thomas [77]). Tatsächlich konnten Nielsen und Foster [442] zeigen, daß sich Ätzkanäle fast ausschließlich in Richtung der langsam wachsenden $(11\bar{2}0)$-Fläche des Quarzes entwickeln, während die schnell wachsenden Basisflächen frei davon sind (Abb. 122).

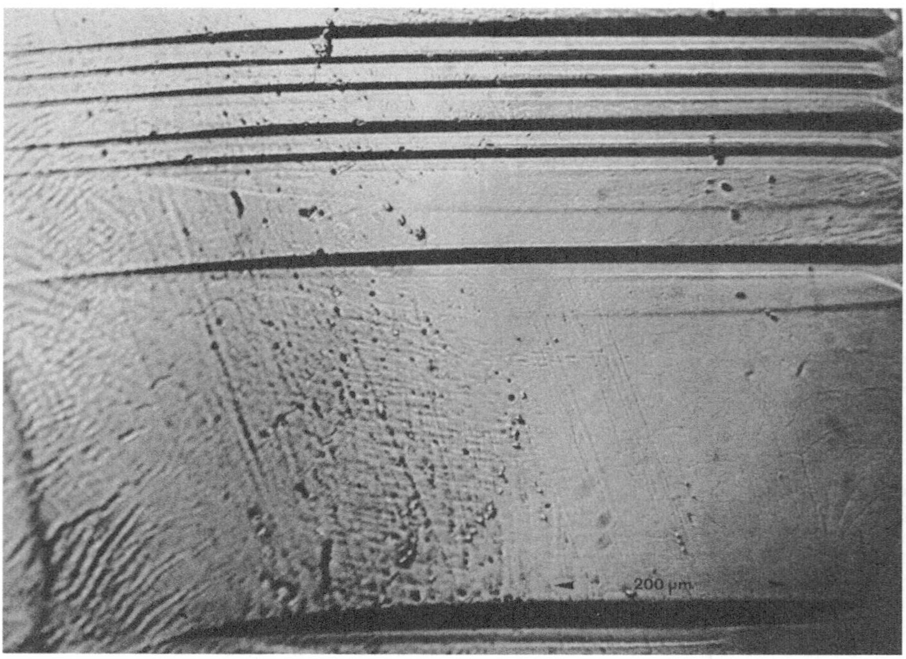

Abb. 123. Ätzkanäle auf der $(10\bar{1}0)$-Fläche von Quarz, entstanden beim Ätzen mit NaF-Schmelze bei 1100°C (Heimann und Willgallis [274])

Es gibt nun definitive Hinweise darauf, daß sich die Verunreinigungen längs Versetzungen anordnen. In diesem Fall wäre die große Längenausdehung der Kanäle bedingt durch die bevorzugte Herauslösung der Verunreinigungen aus dem Kristallgitter, der geringe Durchmesser dagegen eine Folge des eindimensionalen Baufehlers[37]. Hanyu [237] untersuchte die Versetzungsstruktur dünner natürlicher Quarzplatten nach der Röntgentopographie-Methode von Lang [379] und stellte 1:1-Korrespondenz zwischen Ätzkanälen und Versetzungen fest. Die bevorzugte Abscheidung von Verunreinigungen an Versetzungslinien in MgO konnte von Stokes [566] mit Elektronendurchstrahl-Aufnahmen nachgewiesen werden und wurde auch von Patel und Ramanathan [464] an Muskovit beobachtet.

So wie Versetzungslinien nicht notwendigerweise Geraden sein müssen, sondern sehr oft Schleifen, Ringe oder Spiralen bilden (vgl. 5.1.2), sind auch Ätzkanäle in vielen Fällen spiralig gedreht (Hanyu [237], Heimann [259]). Abb. 124 zeigt einen spiralig gedrehten Ätzkanal im Quarz.

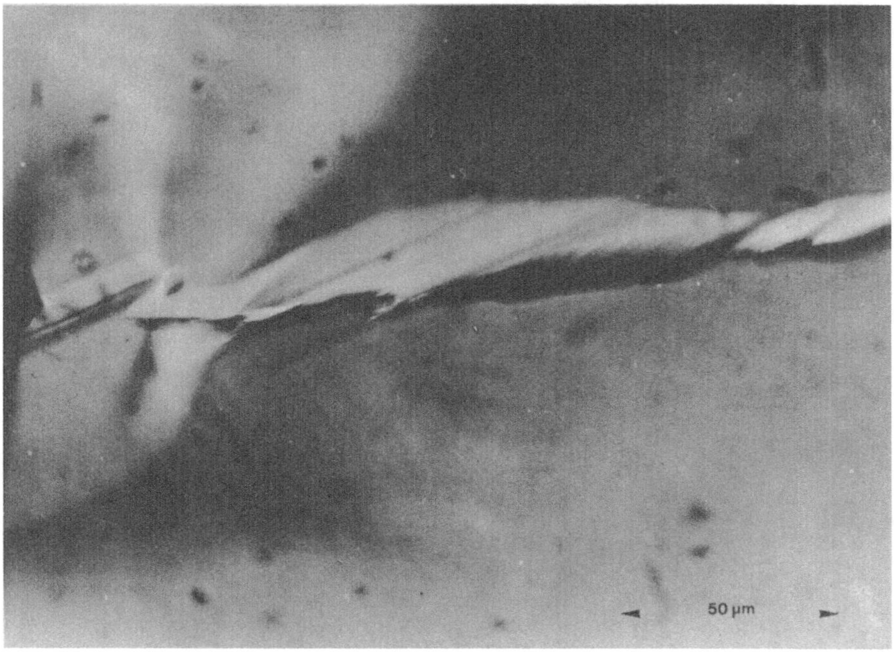

Abb. 124. Spiralig gewundener Ätzkanal in Quarz, geätzt mit NaF-PbF_2-Schmelze bei 1100°C (Heimann [259])

[37] Sears [538] spricht von „negativen Whiskern", die in LiF-Kristallen parallel [100] bei Ätzung mit 0,01m NaCN, fast gesättigt mit LiF, entstehen. Analoge Beobachtung stammen von McBrayer et al. [404], die bei der Ätzung von aluminiumreichem Spinell mit H_2SO_4 bei 200°C von (100) und (111) oder (110) begrenzte Ätzkanäle erhielten. Dabei war die Ätzgeschwindigkeit der (100)-Wände erheblich geringer als die der (110)- bzw. (111)-Bereiche.
Tiefe Ätzkanäle in NaCl-Kristallen bei der Behandlung mit fast gesättigter NaCl-Lösung wurden von Gorski [668] beobachtet.
Doliwo-Dobrowolskaja et al. [675] ordneten Ätzkanäle, die bei der Behandlung von (111)-Flächen von Germanium mit verdünnter Ferricyanid-Lösung (1:10) nach Holmes [293] entstanden, „sessilen" Versetzungen zu, deren Anfang bzw. Ende zuweilen durch Ätzgruben fixiert werden.

Ätzkanäle, die offensichtlich nicht im Zusammenhang mit Versetzungen stehen, wurden von Lovell [393] und Fleischer, Price und Symes [174] bei der Ätzung von Apatit beobachtet. Diese Ätzkanäle durchstoßen schräg die Kristalloberfläche und verlaufen in nichtkristallographischen Richtungen. Ihre Entstehung beruht auf der Tatsache, daß strahlungszerstörte Kristallbereiche eine stark erhöhte Ätzgeschwindigkeit aufweisen. Spontane Spaltspuren (Fission tracks) entstehen durch natürliche Uraneinschlüsse in Kristallen, jedoch können diese Vorgänge auch durch Bestrahlung mit einer Neutronenquelle eingeleitet werden. Abb. 125

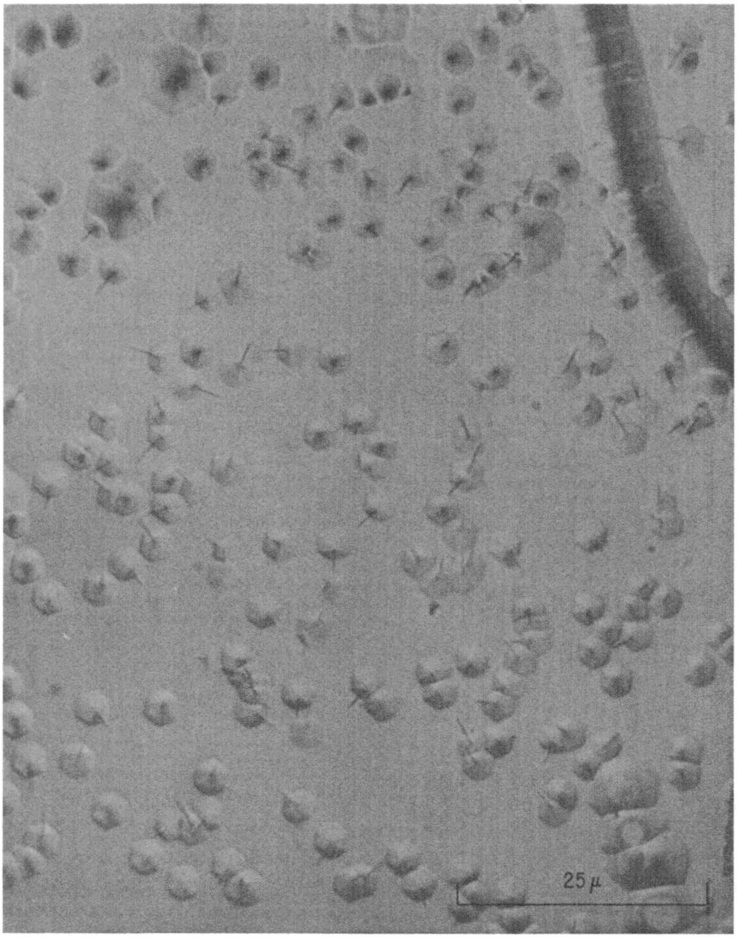

Abb.125. Spaltspuren-Ätzgruben und Ätzkanäle auf der Basisfläche eines bestrahlten Apatitkristalls (Fleischer, Price und Symes [174])

zeigt die Basisfläche eines bestrahlten Apatit-Kristalls, der vor und nach der Bestrahlung je 15 sec. in konzentrierter Salpetersäure bei Zimmertemperatur geätzt wurde. Große, flache Gruben entsprechen alten „Grown-in dislocations", kleine, scharfe Gruben, deren jede einen Ätzkanal besitzt, sind Gitterzerstörungen durch Bestrahlung zuzuordnen.

Die Möglichkeit zur analytischen Anwendung des Partikelspaltspur-Verfahrens ergibt sich aus der Tatsache, daß die Zahl der entweder spontan durch natürlichen radioaktiven Zerfall oder induziert durch Kernspaltung oder (n, α)-Prozesse freigesetzten Partikel der Konzentration des zerfallenden Elements proportional ist. Da die Partikelspuren im Umkreis von nur wenigen μm vom Ort der Kernreaktion nachweisbar sind, gibt die Verteilung der Spuren direkt die räumliche Elementverteilung in der Probe wieder. Die Partikel können in der Probe selbst (vgl. Abb. 125) oder in einem der Probe aufliegenden („externen") Detektormaterial als anätzbare Spuren registriert werden. Da die Energie der Partikel abhängig ist von der Kernladungszahl des erzeugenden Elements und von der Ladung und der Geschwindigkeit werden in unterschiedlichen Detektormaterialien unterschiedliche Spurlängen gemessen. Als externe Detektoren kommen Glimmer, Spezialgläser oder Kunststoff (Polykarbonate, Nitrozellulose) zur Anwendung.

Über die Methodik, die Detektoren und die geeigneten Ätzbedingungen informiert eine ausführliche Arbeit von Wagner [622].

7.4.3 Symmetrieänderungen von Ätzgruben durch topotaktische Reaktionen

Unter Topotaxie versteht man die Übernahme von Struktur- und Symmetrieelementen einer Ausgangsphase durch die Endphase bei chemischen Umsetzungen oder kristallographischen Umwandlungen. Im Gegensatz zur Epitaxie erstreckt sich die Analogie auf räumliche Beziehungen, nicht nur auf Strukturbeziehungen an der Oberfläche (Meyer [414]). Auch bei der Ätzung können „topotaktische" Reaktionen auftreten, dann nämlich, wenn ein auf der ätzenden Kristallfläche aufgewachsenes bzw. festhaftendes Reaktionsprodukt die morphologische Ausbildung der Ätzgruben bestimmt. Ein Beispiel dafür wurde von Schloemer und Müller [520] bei der Ätzung von Korund mit Schwefelsäure-Flußsäure-Mischungen bei 260°C gegeben. Es bilden sich Ätzgruben mit quadratischen bzw. rhombischen Querschnitten aus, die nicht der Symmetrie des Korunds, sondern der des aufwachsenden Aluminiumsulfats entsprechen.

Abb. 126 zeigt 1:1-Korrespondenz zwischen aufgewachsenen Kristallen (1) und den darunterliegenden Ätzgruben (2). Das Verwachsungsgesetz konnte aufgrund der fehlenden Strukturbestimmung des Aluminiumsulfats von den Autoren nicht angegeben werden, jedoch vermuten sie, daß (001) bzw. (100) des Sulfats auf (0001) von Korund aufwachsen. Haben die Aufwachsungen eine bestimmte Größe erreicht, so heben sie sich von der Unterlage ab, da die Toleranzen gemeinsamer Gitterparameter überschritten worden sind.

Auch von Dawihl und Dörre [123] und McVickers et al. [406] wurden an Al_2O_3-Sinterkörpern ähnliche Effekte angegeben, wobei erstere Autoren pyramidenförmige Ätzhügel mit angenähert quadratischem Grundriß beobachteten. Ihre Zahl ist eine Funktion der Al_2O_3-Korngröße und des Silikatgehaltes der Probe. Letztere Feststellung weist darauf hin, daß hier ein Mechanismus der Hillock-Bildung vorliegt, wie er für MgO von Bowen [69] und von Haneman und Chung [235] für Ge beobachtet wurde: Erniedrigung der Verschiebungsgeschwindigkeit durch Schutzwirkung von Verunreinigungen (vgl. 1.2). Beim Ätzen der mechanisch reliefpolierten Oberflächen bleiben nur solche Bereiche als Pyramide stehen, deren Verschiebungsgeschwindigkeit durch lokal angereicherte Verunreinigungen (SiO_2, MgO) erniedrigt wurde.

Abb. 126. Ätzgruben mit „falscher" Symmetrie bei der Ätzung einer (0001)-Fläche von Korund mit H_2SO_4-HF-Mischung, verursacht durch Aufwachsungen von $Al_2(SO_4)_3$ mit rhombischer Symmetrie. (1) zeigt die aufgewachsenen Kristalle ohne Immersion, (2) die darunterliegenden Ätzgruben mit Immersion (Schloemer und Müller [520])

Ein anderes Beispiel der Beeinflussung der Form der Ätzgruben durch die Symmetrie eines aufgewachsenen Reaktionsproduktes wurde erwähnt (vgl. 7.2). Bei der Auflösung von Aluminium-Einkristallen in Salzsäure durch Mahl und Stranski [398] (vgl. auch Stranski [569]) zeigte sich, daß die Morphologie der Ätzfiguren nicht, wie erwartet, oktaedrisch war, sondern würflig. Aluminium besitzt ein kubisch-flächenzentriertes Gitter und sollte sich bei seiner Auflösung verhalten wie ein Kristall mit überwiegend unpolarer Bindung. Die Gleichgewichtsformflächen bei Berücksichtigung nur erstnächster Nachbarn sind dann {111} und untergeordnet {100}. Ätzgruben sollten daher vorwiegend von {111}-Flächen begrenzt sein. Statt dessen entsprechen die beobachteten Ätzgruben einem Ionengitter mit NaCl-Struktur. Dieser Sachverhalt wurde von den Autoren dahingehend erklärt, daß die Ätzgruben nicht durch Reaktion des Lösungsmittels mit dem Metall selbst verursacht worden sind, sondern entstanden sind als Lösungsform eines oxidischen Reaktionsproduktes mit NaCl-Struktur, das sich orientiert auf der Metalloberfläche abscheidet und eine Bildungsgeschwindigkeit besitzt, die in der Größenordnung der Auflösungsgeschwindigkeit liegt. Die Abtragung einer Aluminium-Netzebene ist dann eine Kettenreaktion, die durch die Vermittlerrolle des Sauerstoffs eingeleitet wird. Aus geometrischen Betrachtungen wurde geschlossen, daß das Aluminium in diesem Oberflächenoxid eine geringere Wertigkeit als normal aufweisen sollte (vgl. Fußnote 32).

Eine hinreichende Stützung erfuhr diese Theorie durch Experimente mit trockenem HCl-Gas bei etwa 300°C unter Ausschluß von Sauerstoff (Mahl und Stranski [399]). Hier zeigte sich die theoretische Ätzgrubenmorphologie: Gruben, die bevorzugt aus Oktaederflächen bestehen, jedoch auch Würfelflächen enthalten.

B. Makromorphologie

8. Einführung

Im 1. Teil des Buches wurde die *Mikromorphologie* bei der Auflösung von Einkristallen beschrieben, d. h. die Ätzfiguren, die beim Angriff einer mehr oder weniger ebenen, kristallographisch indizierbaren Kristallfläche entstehen und Einsenkungen in diese Fläche darstellen, die von planen, im allgemeinen zu den F-Flächen vizinalen Flächen (S-Flächen) (Wolff und Broder [634]) begrenzt werden, deren Neigung eine Funktion von Konzentration, Temperatur- und Fremdstoffgehalt des Lösungsmittels ist.

Unter dem Begriff *Makromorphologie* soll die Ausbildung und Anordnung von mehr oder weniger gekrümmten Flächenbereichen verstanden werden, die bei der Auflösung von Einkristallkugeln und Einkristall-Hohlhalbkugeln auftreten und schließlich einen polyedrischen Endkörper bilden.

8.1 Historische Entwicklung des Lösungskörperbegriffs

Die mutmaßlich erste Erwähnung eines Lösungskörpers erfolgt durch Mohs [420] im Jahre 1824. Er beobachtete, daß sich beim Liegen eines Steinsalzwürfels an der (feuchten) Luft ein Ikositetraeder bildete. Die ersten gezielten Lösungsexperimente mit Einkristallkugeln als Ausgangsform gehen auf Lavizzari [382] zurück, der Kalkspat, Dolomit und Aragonit untersuchte. Aus der Ausbildung einer polyedrischen Lösungsform schloß er, daß die Lösungsgeschwindigkeit eine Funktion der Orientierung sei, eine Feststellung, die in moderner Form als 1. Franksches Lösungstheorem (vgl. 10.1) die Grundlage der topographischen Theorie der orientierungsabhängigen Auflösung von Einkristallen bildet[1]. (Frank [178]). Die von Meyer [415] erweiterten Lösungsversuche zeigten, daß auch milieubedingte Faktoren, wie z.B. unterschiedliche Lösungsmittel, die relative Lösungsgeschwindigkeit der einzelnen Flächenlagen einer Einkristallkugel entscheidend beeinflussen.

Ende des vergangenen Jahrhunderts nahm sich Becke [34] bis [37] des Studiums der Auflösungserscheinungen natürlicher Kristalle an. Zuerst benutzte er ebenfalls

---

[1] Streng genommen gilt dieses Theorem nur bei der Bildung von planen Flächen.

Kugeln, ging dann aber dazu über, durch Dickenmessung an orientiert geschnittenen Kristallscheiben die Lösungsgeschwindigkeit in den einzelnen Gitterrichtungen zu bestimmen. Er definiert eine „Lösungsgeschwindigkeitsoberfläche", indem die gemessenen Lösungsgeschwindigkeiten als Vektoren in den entsprechenden kristallographischen Richtungen von einem Punkt aus angetragen und ihre Endpunkte durch Kurven bzw. Flächenstücke verbunden wurden. Er faßte die Feststellung von Lavizarri [382] und Meyer [415] noch schärfer und vertrat dementsprechend die Auffassung, daß jeder Kristallfläche bei bestimmter Temperatur, Rührgeschwindigkeit und Konzentration des Lösungsmittels, bestimmtem Druck und bestimmten Lösungsgenossen unabhängig von der äußeren Form des Kristalls ganz diskrete Verschiebungsgeschwindigkeitsvektoren zugeordnet werden können. Die Konstruktion solcher Lösungsgeschwindigkeitsflächen wurde von zahlreichen Autoren übernommen (vgl. z. B. Tammann und Sartorius [580], Gross [219], Johnsen [316], Glauner und Glocker [204], vgl. auch Abb. 130). Johnsen bediente sich der gleichen Ausgangshypothese und bezeichnete die Lösungsflächen als „virtuelle Flächen", die den Ausgangskristall an den Kanten und Ecken tangieren. Die Konstanz der Verschiebungsgeschwindigkeiten unter vergleichbaren Bedingungen ließ er durch seine Schüler Schnorr [525], Poppe [476] und Fastert [161] prüfen. Jedoch stieß seine Betrachtungsweise auf die Kritik von Valeton [603], der die tatsächlichen Verschiebungsgeschwindigkeiten als Ergebnis der Verknüpfung äußerer und innerer Faktoren, d. h. Milieu und Struktur verstanden wissen wollte. Die aus Kugeln gewonnenen „invarianten Auflösungskörper" (Endkörper im Sinne von Johnsen und Gross) werden dann zwar von den Flächen maximaler Verschiebungsgeschwindigkeit begrenzt, jedoch sollte die Verschiebungsgeschwindigkeit nur durch die Diffusionsgeschwindigkeit im Lösungsmittel bestimmt werden[2].

Sehr ausführlich leitete Gross [219] die Art und Neigung der Bezugsflächen auf kinematisch-geometrischem Wege ab (vgl. 1.1 und 9.1). Diese Lösungsgeschwindigkeitsfläche ist allseitig geschlossen (Ausnahmen treten auf, wenn der Lösungsendkörper zu einer Nadel oder Scheibe (vgl. Lacmann et al. [375]) entartet und hat an den Stellen scharfe Einsenkungen, wo Flächenlote mit endlichen Indexzahlen vorhanden sind. Die experimentelle Prüfung dieser Feststellung erfolgte u. a. durch N. Gross [218] an Gips. Sie formulierte, daß die Lösungsgeschwindigkeit weitgehend unabhängig von der Krümmung der Ausgangskugel ist, und daß die Zahl der Ecken des Lösungskörpers während des Lösungsvorganges niemals größer wird, sondern abnimmt oder höchstens gleich bleibt. Bei der Ätzung von Kristallringen konnte sie die konkaven Partien mit gradlinigen Grenzen als Bereiche minimaler Lösungsgeschwindigkeit, die konvexen Partien mit krummliniger Begrenzung als Gebiete maximaler Lösungsgeschwindigkeit identifizieren. Valeton [603] kritisierte diese Annahme, da er die Auflösungsgeschwindigkeit der Kristallflächen nicht als stetige Funktion der Orientierung ansah. Die Entstehung gekrümmter Oberflächenbereiche zeigt, daß diese aus Komplexen sehr vieler, sehr kleiner Flächenelemente zusammengesetzt sind, die annähernd die gleiche (maximale) Auflösungsgeschwindigkeit besitzen müßten.

---

[2] Diese Feststellung ist schon deshalb unzutreffend, weil dann der Lösungskörper eine Kugel sein müßte.

V. Goldschmidt und seine Schule ([31], [32], [156], [157], [205], [206], [388]) ermittelten bei der Auflösung vieler Einkristallkugeln, daß diese einem Körper zustreben, der bei weiterem Lösen seine Form nicht mehr ändert und dessen Oberfläche das Maximum der Lösungsgeschwindigkeit zeigt (Endkörper). Der Endkörper der Auflösung hat konstante Gestalt, konstante und maximale Lösungsgeschwindigkeit. Die Erklärung dieser Vorgänge erfolgte durch eine mechanistische Deutung, nach der die konstante Gestalt des Endkörpers darin begründet liegt, daß er die Form des kleinsten Widerstandes für den „Lösungsstrom" sei.

In den zwanziger Jahren erfolgte durch Rinne und seine Schüler ([13], [144], [333], [364], [392], [494], [495], [417], [501]) die ausführliche Untersuchung des Auflösungsverhaltens vieler natürlicher Kristalle, ausgehend von der Kugelform. In den meisten Arbeiten wurden jedoch lediglich phänomenologische Aspekte der Auflösung besprochen, während die theoretische Deutung der Lösungsformen in den Hintergrund trat.

Rinne [494] selbst betrachtete die Zusammenhänge zwischen Wachstum und Auflösung nicht als einfache Reziprozität, sondern versuchte, aus dem Feinbau des Kristalls sehr allgemein die Entstehung eines Lösungskörpers, die Verrundung seiner Ecken und den Wechsel der Lösungsgestalten mit der Temperatur und der Art des Lösungsmittels zu erklären.

Wenig später schrieb Kossel [352] über den Reziprozitätssatz und entwickelte etwa gleichzeitig mit Stranski [568] die molekularkinetische Theorie des Kristallwachstums, die auch die Erklärung der Lösungsformen von Einkristallen ermöglichte. Kossel hat durch seine Schüler (vgl. Kossel [353], [354], Lochte-Holtgreven [391], Krone [358], Hoh [292]) das Ätz- und Auflösungsverhalten von Cu, Zn und Al untersuchen lassen.

In den dreißiger Jahren setzte sich Kleber [284], [335] intensiv mit dem Prinzip der qualitativen (bedingten) Korrelation zwischen Auflösung eines Konkavkörpers und Wachstum eines Konvexkörpers bei Flußspat auseinander und formulierte: „Flächen im kristallmorphologischen Sinn[3], die beim Ätzen von Konkavkörpern und beim Wachstum von Konvexkörpern entstehen, entsprechen einander und zeigen ähnliche Rangordnung." Damit bestätigte er erneut die schon früher von N. Gross [218], Friedel [186], Spangenberg [559] und Neuhaus [438] in systematischen Versuchsreihen untersuchte qualitative Korrelation. Eine moderne Arbeit von Neuhaus et al. [556] beschäftigt sich mit dem gleichen Themenkomplex.

Wie schon von Wulff [649], aber auch von Gross und Möller [222] diskutiert, besteht keine vollkommene Reziprozität zwischen Wachstum und Auflösung. Im Gegensatz zur Auffassung von Johnsen [316], daß die Verschiebungsgeschwindigkeit einer Fläche nur von ihrer Art, nicht aber von ihrer Größe und Umgrenzung beeinflußt wird, beweist Kossel [352] auf der Grundlage der molekularkinetischen Theorie des Kristallwachstums, daß bei der kinematischen Ableitung der Wachstums- und Lösungsformen eben nicht von einer einfachen Umkehr des Vorzeichens der Verschiebungsgeschwindigkeiten ausgegangen werden kann, da z. B. Diffusionsef-

[3] Flächen im kristallmorphologischen Sinn sind Oberflächenstücke, die so zwischen zwei parallele Ebenen eingeschlossen werden können, daß der Abstand der Ebenen klein ist gegenüber der Größe der Flächenstücke (Kleber [284]).

fekte am Rande der betrachteten Wachstums- bzw. Lösungskörper nur eine relativ grobe Näherung zulassen. Der tiefere Grund für die Ausbildung komplementärer Oberflächen liegt vielmehr darin, daß die Summe aus einer aufzuwendenden sogenannten Lückenbildungsarbeit bei der Auflösung und dem Energiegewinn bei der zugeordneten Anlagerung beim Wachstum der Komplementärfläche konstant ist. Die Oberfläche verschiebt sich für beide Vorgänge in gleicher Richtung. Bei dieser molekularkinetischen Betrachtungsweise fällt der Einfluß des Randes fort. Das von der kinematischen Theorie her gewonnene Korrelationsprinzip steht zu dem von Kossel im Verhältnis von Wirkung und Ursache: der Vergleich von Konvex- und Konkavformen (komplementäre Formen) ist nicht nur deshalb zulässig, weil dann bei vorgegebenen Verschiebungsgeschwindigkeiten kinematisch dieselben Ergebnisse folgen, sondern es gilt umgekehrt nur bei komplementären Formen der Satz von der Konstanz der Einzelenergien bei der Anlagerung und Abtrennung der molekularen Bausteine.

Arbeiten von Kleber und seinen Schülern (Bohm und Kleber [62], Bohm [58] und Drees [136]) beschäftigten sich mit der Auflösung von Hohlhalbkugeln von Dolomit und Calcit. Auf der Basis dieser Ergebnisse konnte dann die schon früher (Kleber [336], [337]) formulierte topochemische Adsorptionstheorie der Einkristallätzung auch quantitativ bestätigt werden (Kleber [341]).

Eine große Zahl von Arbeiten über die Ätzung von Einkristallen stammt aus den fünfziger und sechziger Jahren von Yamamoto und Mitarbeitern, darunter auch Ergebnisse über Kugellösung ([654], [655], [657]) und Methoden zur kristallgeometrischen Charakterisierung der Lösungskörper von Kugeln [651], [652] und Kristallringen [653] durch das Verhältnis der Zentraldistanzen der Haupt-Gittervektoren (s. auch Kleber [342]) (vgl. 9.2).

Neue Aspekte in die theoretische Betrachtung und Deutung der Lösungsformen von Einkristallkugeln brachte die topographische Theorie von Frank [178], [179] (vgl. 10). Mit ihrer Hilfe konnten experimentelle Ergebnisse an Germanium (Frank und Ives [180], Irving [305]) und Lithiumfluorid (Ives [307]) erklärt und dargestellt werden. Das von Frank [178] entwickelte Lösungswiderstand-Diagramm ist reziprok zu den bereits von Becke und Gross (s. oben) abgeleiteten Lösungsgeschwindigkeits-Diagrammen. In bezug auf dieses Diagramm präsentiert die topographische Theorie also alte Fakten in neuem Gewand.

Das Neue an der Theorie besteht jedoch darin, daß die Erscheinungen der Auflösung, die früher nur phänomenologisch beschrieben werden konnten, nun auf einer molekularkinetischen Grundlage durch Betrachtung der Dynamik der Stufen erklärt werden und Voraussagen über die Lösungsendform schon in relativ frühen Ätzstadien, ausgehend von einer Kugel oder Hohlhalbkugel, erlauben.

Einen Schritt weiter gingen Lacmann, Franke und Heimann [373] bis [376], die bei gleichfalls molekularkinetischer Betrachtungsweise die Bildung eines Lösungskörpers beschrieben, dessen „Flächen" aus Stufen von Gleichgewichtsformflächen bestehen (vgl. 11.1 und 11.3). Diese bereits von Stranski [568] und Burton, Cabrera und Frank [88] theoretisch geforderten Stufen von Gleichgewichtsformflächen konnten sichtbar gemacht werden z. B. von Franke et al. [184] an Germanium und Silizium, Heimann et al. [269] an Magnesiumoxid und Siesmayer et al. [551] an Korund, und der Lösungskörper konnte nach einfachen geometrischen Modellen aus dem Gleichgewichtsformpolyeder erhalten werden.

Diese letztere Theorie soll im folgenden (Kapitel 11) einen breiteren Raum einnehmen, da sie es in zwangloser Weise gestattet, die resultierenden Lösungsendformen auf die Wachstums- bzw. Gleichgewichtsformen zurückzuführen, was im Prinzip wieder auf der Wirksamkeit des Prinzips der bedingten (qualitativen) Korrespondenz beruht. Abweichungen von diesem Prinzip zeigen an, daß andere Effekte, wie zum Beispiel die Abtrennung von Bausteinen aus der Halbkristall-Lage unter Bildung planer Flächen die Kinetik bestimmen.

8.2 Einkristallkugeln

Jede Wachstumsfläche eines Kristalls stellt eine singuläre Fläche mit minimalen Energiewerten dar, und der wachsende Kristall hat daher das Bestreben, sich mit Flächen minimaler freier Oberflächenenergie zu umgeben (Gibbs-Curiesches Prinzip). Bei der Auflösung einer Fläche einer polyedrischen Wachstumsform wird dem angreifenden Medium von vornherein eine Richtung aufgeprägt. Die Kugel als Ausgangsform der Auflösung dagegen ist gewissermaßen eine „demokratische Form" und gibt jeder Oberflächenneigung die gleiche Chance, sich zu entwickeln. Das Ergebnis einer makromorphologischen Untersuchung in obigem Sinne ist ein „Richtungsdiagramm chemischen Geschehens" (Kossel [354]) und man „überblickt das chemische Schicksal bestimmter Gesamtheiten, da innerhalb gleichartiger Bereiche der Kugel sich Gleichartiges ereignet" (Kossel [354]).

Die Verwendung einer Kugel als Ausgangskörper für die Auflösung gestattet ferner, an *einem* Lösungskörper die Lösungsgeschwindigkeit *aller* Flächenlagen gleichzeitig zu studieren.

Für die Herstellung von Kugeln wurden in der Literatur verschiedene Methoden beschrieben, deren Unterschiede durch die Härte, die Spaltbarkeit und die erwünschten Kugeldurchmesser des Materials bedingt sind.

Ein sehr einfaches Verfahren besteht darin, die Innenwand einer Trommel mit Carborundum-Papier oder ähnlichem zu belegen und die Trommel mit den eingelegten Kristallen um ihre Längsachse rotieren zu lassen (Bond [65]). Die Methode eignet sich jedoch nur für Materialien mit geringer Schleifhärte, während für härtere Substanzen die Rotationsgeschwindigkeit der Trommel unzumutbar hoch sein muß und leicht aufgrund ungleichmäßiger Materialverteilung zu starker Unwucht führen kann.

Diese Schwierigkeit kann bei Verwendung eines Luft- oder Gasstroms, der tangential in einen ebenfalls mit Schleifpapier ausgekleideten Zylinder geblasen wird, umgangen werden.

Abb. 127 zeigt eine solche Apparatur, deren Dimensionierung von der gewünschten Kugelgröße abhängt. Der Gasstrom tritt seitlich durch einen mit einem feinen Drahtnetz oder Nylongewebe bedeckten Gasauslaß aus.

Bei dieser Methode zerbrechen empfindliche Kristalle sehr leicht, so daß eine Modifizierung des Verfahrens durch Schuyff und Hulscher [533] eingeführt wurde

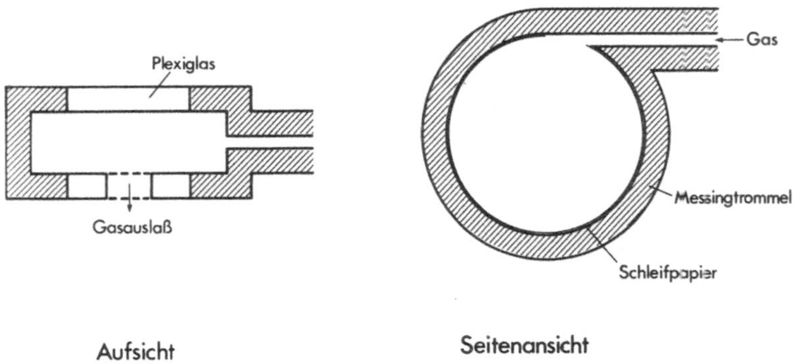

Abb. 127. Kugelschleifapparatur mit tangentialem Gasstrom (nach Bond [65])

(Abb. 128). Hier wird das Aufprallen der Kugel auf die Wand der Trommel weitgehend durch einen Führungsring verhindert. Die Kugeln rotieren zwischen dem Ring und der Trommelwand durch einen zentral eingeblasenen Gasstrom und werden durch ihn gegen die mit Schleifpapier ausgerüstete Wand gedrückt[4].

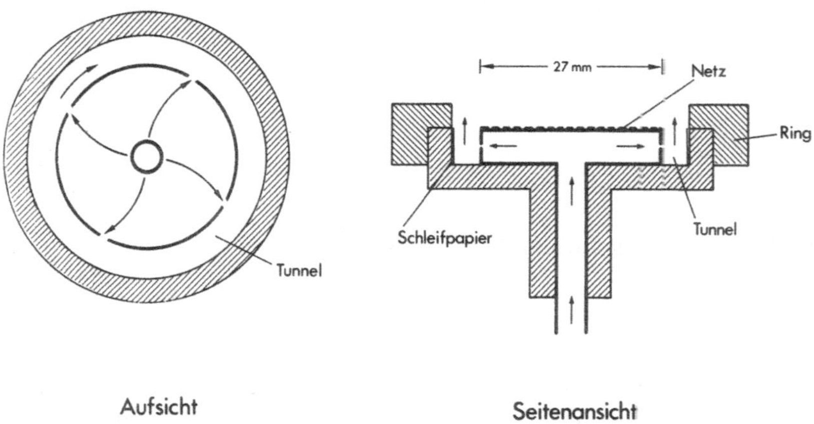

Abb. 128. Kugelschleifapparatur nach Schuyff und Hulscher [533]

Für größere Kugeln hat sich eine von der japanischen Firma Imahashi MFG Co., Ltd. konstruierte Schleifmaschine bewährt. Ihr Prinzip beruht darauf, daß die in den Löchern einer Führungsscheibe (Spacer) liegenden, durch Brechen der Ecken und Kanten vorgerundeten Kristalle bzw. gesägten Kristallwürfel zwischen zwei entgegengesetzt mit verschiedener Geschwindigkeit rotierenden Scheiben feingeschlif-

---

[4] Eine derartige Apparatur ist durch die Firma Klaus Schaefer Gesellschaft für Verfahrenstechnik GmbH für Polierzwecke zu beziehen.

fen werden (Abb. 129). Die untere Scheibe ist mit Gußeisen belegt, während die obere, die mit einer Feder gegen den Spacer gedrückt wird, mit Hartgummi ausgerüstet ist. Das Schleifmittel wird in Form einer Aufschwemmung auf die obere Scheibe gegeben.

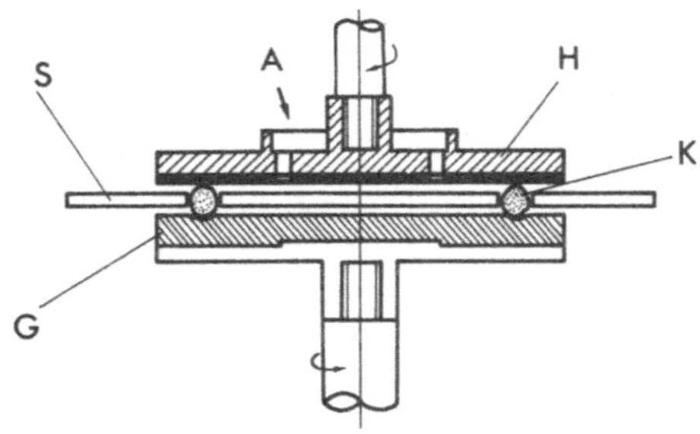

Abb. 129. Prinzip der Kugelschleifmaschine der Fa. Imahashi MFG, Co. Ltd. *A* Schleifmittelaufgabe, *G* Gußeisenscheibe, *H* Hartgummischeibe, *K* Kugel, *S* Führungsscheibe (spacer)

Die Politur der nach den oben beschriebenen Methoden gewonnenen Kristallkugeln erfolgt entweder mit einer Aufschlämmung feinsten Schleifmittels in Holztrommeln oder auf chemischem Wege. So z. B. konnten Ge-Einkristallkugeln mit gutem Erfolg in CP 4 (Franke et al. [184]), Rutil-Einkristallkugeln in KOH-Schmelze (Heimann [268] et al.) und Korund-Einkristallkugeln in $Na_2B_4O_7$-Schmelze (Siesmayer [550]) poliert werden.

9. Kinematische Theorie der Lösungskörperentwicklung

9.1 Die Isoklinen-Methode nach Gross

Die in sehr ausführlicher Form von Gross [219] dargestellte kinematisch-geometrische Theorie beschreibt am allgemeinen, unregelmäßigen Lösungskörper die Prinzipien seiner Bildung. Da aber bei der Auflösung derart hochsymmetrischer Organisationseinheiten, wie es Kristalle sind, die Zusammenhänge viel klarer durch den unmittelbar anschaulichen Spezialfall herauskommen, wurde im folgenden eine kubische bzw. hexagonale Darstellungsweise gewählt. Erweitert wurden die Grosschen Vorstellungen zusätzlich durch Betrachtungen über den Einfluß des Krümmungsradius der entstehenden Lösungsflächen auf die Geometrie des Lösungskörpers. Die Ausmessung eines Lösungskörpers führt zur Lösungsgeschwindigkeitsfläche (Gross [219], Becke [37], Tammann et al. [580]) als geometrischem Ort der Endpunkte aller Lösungsgeschwindigkeitsvektoren, die vom Zentrum des kugelförmigen Kristalls (Wulff-Punkt) nach außen angetragen werden. Umgekehrt kann man bei Kenntnis der Geschwindigkeitsfläche die Form des Lösungskörpers in einem beliebigen Lösungsstadium ableiten. Abb. 130 zeigt eine modellhafte Darstellung des Lösungsgeschwindigkeitskörpers einer Cu-Einkristallkugel in 0,3 n Essigsäure + 0,1 n H_2O_2 nach Glauner und Glocker [204]. Die mit Pfeilen bezeichneten Richtungen entsprechen den Richtungen der drei vierzähligen Achsen. Die Abfolge der Lösungsgeschwindigkeiten ist $\nu_{111} > \nu_{100} > \nu_{122} > \nu_{321}$.

Abb. 130. Lösungsgeschwindigkeitskörper (Modell) für die Auflösung einer Cu-Einkristallkugel in 0,3 N Essigsäure + 0.1 N H_2O_2. Es gilt $\nu_{111} > \nu_{122}$ (aus Glauner und Glocker [204])

9.1.1 Konstruktion der Lösungsgeschwindigkeitsfläche bzw. -kurve

Zur Konstruktion der Geschwindigkeitsfläche wird der Lösungskörper orientiert in den kugelförmigen Ausgangskörper eingezeichnet und beliebige Tangenten gezogen, die den Lösungskörper in den Punkten ^jA_i berühren sollen (Abb. 131)[5].

Diese Tangenten werden so lange parallel verschoben, bis sie den Ausgangskreis in den Punkten A_i ebenfalls tangieren. Die so entstandenen Punkte verbindet man mit dem Wulff-Punkt (= Kristallmittelpunkt) R und normiert auf die Zeiteinheit, indem man die Strecke $A_i{}^jB_i$ durch die Zeit dividiert, die zur Erreichung des betreffenden Lösungsstadiums notwendig war. Der so ermittelte Wert wird mit einem konstanten Vergrößerungsfaktor multipliziert und auf dem Ra-

---

[5] Zur Erleichterung der Konstruktion der Tangenten verwendet man zweckmäßig ein Spiegellineal.

diusvektor RA_i von R aus abgetragen. Der Punkt G_i ist dann ein Punkt der gesuchten Geschwindigkeitsfläche und $\mathbf{v}_i$ der Lösungsgeschwindigkeitsvektor der Orientierung i.

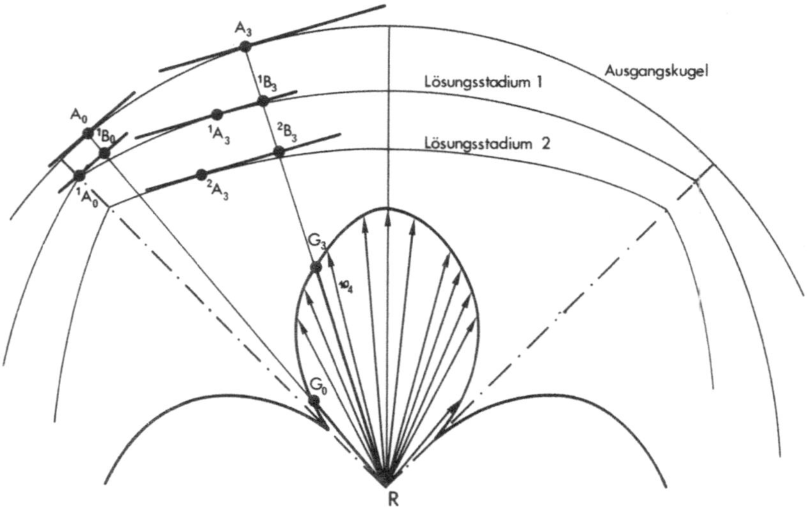

Abb. 131. Konstruktion der Geschwindigkeitsfläche nach Gross [219])

Da den Ecken des Lösungskörpers Unstetigkeitsstellen der Geschwindigkeitsfläche entsprechen, kann für diese Orientierungen nicht der wahre, sondern nur der maximale Wert des Geschwindigkeitsvektors angegeben werden. Die wahre Geschwindigkeitsfläche ist unabhängig von der Zeit und dem Krümmungsradius des entstehenden Lösungskörpers, solange dieser endliche Werte hat. Wird der Krümmungsradius unendlich groß, d. h. umgibt sich der Lösungskörper mit planen Flächen, so können nur singuläre Werte der Lösungsgeschwindigkeitsvektoren $|\mathbf{v}_{max}|$ (Fläche) und $|\mathbf{v}_{min}|$ (Ecke) angegeben werden. Am experimentellen Beispiel der Auflösung eines zylindrischen Ringes von Wolfram in alkalischer Kaliumferricyanidlösung durch Gross et al. [221] sei der Zusammenhang zwischen Lösungsgeschwindigkeitsfläche und Konvex- und Konkavkörperlösung demonstriert (Abb. 132). Konstruiert man nach der oben angegebenen Tangentenmethode die Lösungsgeschwindigkeitskurve, so erhält man eine sechsblättrige verlängerte Epizykloide als geometrischen Ort der Endpunkte aller vom Ursprung R ausgehender Lösungsgeschwindigkeitsvektoren $\mathbf{v}$. Die innere geradlinige Kontur entspricht der Auflösung eines Konkavkörpers (Hohlhalbkugel). Da die Richtung der Projektion [111] ist, handelt es sich hier um die Flächen eines Rhombendodekaeders. In der Tat ist {110} bei alleiniger Berücksichtigung erstnächster Nachbarn im Kossel-Stranski-Modell Gleichgewichtsform (Drechsler und Vanselow [135]). Den {110}-Flächen entspricht die Richtung minimaler Lösungsgeschwindigkeit $\mathbf{v}_{min}$, während bei der gekrümmten Außenkontur notwendigerweise eine Ecke des Konvexlösungskörpers in Richtung $\mathbf{v}_{min}$ liegt. Umgekehrt entspricht der Richtung $\mathbf{v}_{max}$ eine Lösungsfläche des Konvexkörpers, der im Falle des Wolframs ein Kuboktaeder {100} + {111} darstellt (Gross und Blassmann [220], vgl. auch Böttger [55]). Wegen der sprunghaften Richtungsänderung der Außenkontur kann der Abschnitt *BC* der Lösungsgeschwindigkeitskurve nicht experimentell bestimmt werden, da die der Lage *BC* entsprechenden Oberflächenbereiche am Lösungskörper nicht mehr vorhanden sind. Der singuläre Punkt *C* dagegen entspricht der Lösungsgeschwindigkeit der Fläche (110) und ist durch Messung ermittelt.

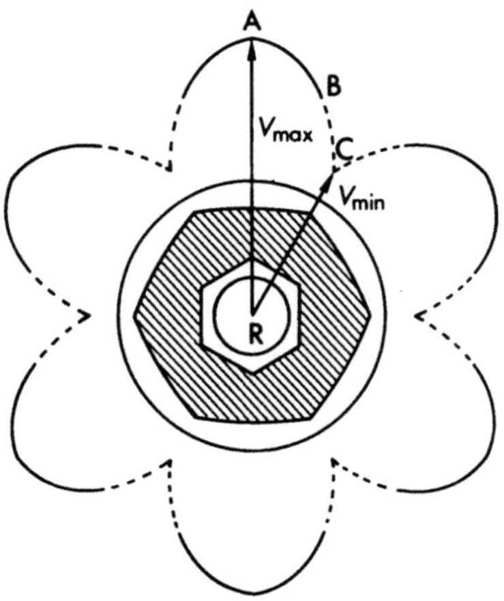

Abb. 132. Lösungsgeschwindigkeitskurve für Konvex- und Konkavkörperauflösung eines Kreisringes von Wolfram in alkalischer Kaliumferricyanidlösung. Blickrichtung [111]). (Gross, Koref und Moers [221])

9.1.2 Konstruktion der Isoklinen

Verfolgt man eine Schar von Tangenten gleicher Neigung an einer Schar aufeinanderfolgender Lösungskörper, so ist dort, wo die Tangentenebene den jeweiligen Lösungskörper berührt, das betrachtete Flächenelement in der Anlage vorhanden. Die Kurve, die diese Orte des Flächenelements an den einzelnen Lösungskörperstadien verbindet, bezeichnet man nach Gross [219] als Isokline. Isokline ist die Kurve durch alle Punkte $P_i(x_i, y_i)$, an denen die Tangenten an den zugehörigen Kreisbogen die gleiche Neigung $-x_i/y_i$ haben. Abb. 133 zeigt ein Konstruktionsbeispiel für den gleichen Lösungskörper wie in Abb. 131.

Bei beliebig gestalteten Lösungskörpern sind die Isoklinen naturgemäß gekrümmt (vgl. Gross [219]). Ist dagegen das Lösungsprofil, d. h. der Querschnitt des Lösungskörpers in der gewählten zweidimensionalen Darstellung identisch mit einer Symmetrieebene sowohl der Struktur als auch der Ausgangsform des Lösungskörpers, so sind die Isoklinen dann Geraden, die je nach Änderung des Krümmungsradius konvergieren, divergieren oder einander parallel laufen (s. unten), wenn ρ_t/r_a eine lineare Funktion des Verschiebungsbetrages $v \cdot t$ ist.

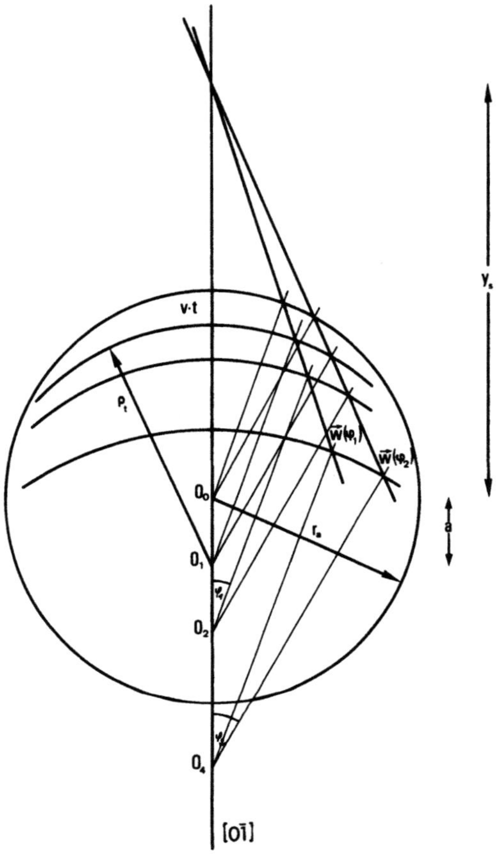

Abb. 133. Konstruktion der Isoklinen ($w(\varphi)$) an eine Lösungskörperschar in zweidimensionaler Darstellung. (r_a Ausgangsradius der Kugel, ϱ_t Krümmungsradius des Lösungskörpers nach der Zeit t, O_i Krümmungsmittelpunkte der Konstruktion, a Rückverschiebungsstrecke des Krümmungsmittelpunktes, y_s Abstand des Konvergenzpunktes vom Mittelpunkt)

9.1.2.1 Lineares Modell ($\rho_t/r_a = 1 + \left(\frac{vt(f-1)}{r_a}\right)$). In einer zweidimensionalen Darstellung (Abb. 134) liege ein Kreisbogen $A_oB_oC_o$ mit einem Krümmungsradius $\rho_o = r_a$ vor, der der Oberfläche des Lösungskörpers zur Zeit $t = 0$ entspricht (Ausgangskugel). Bei fortschreitender Auflösung verschiebe sich jedes Oberflächenelement längs seiner Normalen nach innen mit dem Verschiebungsbetrag $v \cdot t$, wobei $v = f(\phi)$.

Für den einfachen Fall, daß der entstehende Lösungskörper ein Würfel ist, und daß der Krümmungsradius ρ_t der Lösungsfläche zunimmt, verschiebt sich der Krümmungsmittelpunkt 0 auf den Koordinatenachsen um den Betrag a. Aus Ähnlichkeitsüberlegungen folgt, daß der jeweilige Krümmungsradius ρ_t des beobachteten Flächenstücks des Lösungskörpers $A_t B_t C_t$ in einem konstanten Verhältnis zum Verschiebungsbetrag $v \cdot t$ stehen muß, so daß gilt

$$f = \frac{\rho_t - r_a}{v \cdot t} + 1, \qquad (9-1)$$

wobei $f = \frac{a}{v \cdot t}$ als Verflachungskoeffizient bezeichnet werden soll.

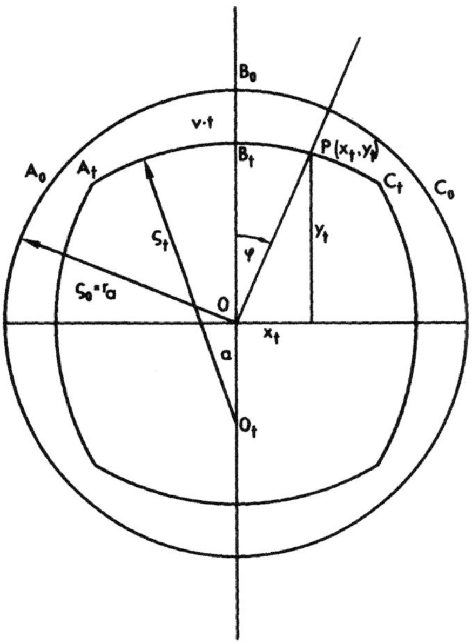

Abb. 134. Ableitung des analytischen Ausdrucks für die Lösungsfläche in zweidimensionaler Darstellung

Die Gleichung des Kreises, auf dessen Peripherie der Punkt $P(x_t, y_t)$ liegt, lautet

$$x^2 + (y + a)^2 = \rho_t^2 \qquad (9-2)$$

und mit $y = \text{ctg}\,\phi \cdot x$ $(0 < \phi < 45°)$ ergibt sich

$$x^2 + (x \cdot \text{ctg}\,\phi + a)^2 - \rho_t^2 = 0. \qquad (9-3)$$

Entsprechend gilt für den Ausgangskreis

$$x^2 + (x \cdot \text{ctg}\,\phi)^2 - r_a^2 = 0. \qquad (9-4)$$

Die Lösungen der quadratischen Gleichungen ergeben unter Zuhilfenahme der Zweipunktegleichung der Geraden die Gleichung der Isoklinenschar als Funktion von ϕ und t:

$$y = \frac{r_a \cdot a}{(\rho_t - r_a)} - \left\{ \frac{a\sqrt{1 - \text{ctg}^2\phi}}{(\rho_t - r_a)} - \text{ctg}\,\phi \right\} x. \qquad (9-5)$$

Den Konvergenzpunkt, d. h. den Schnittpunkt der Isoklinen mit der y-Achse, erhält man für $x = 0$ zu

$$y_s = \frac{r_a \cdot a}{(\rho_t - r_a)} \tag{9–6}$$

und bei Eliminierung von ρ_t und a unter Benutzung von Gl. (9–1) zu

$$y_s = \pm \frac{r_a}{1 - 1/f} \,. \tag{9–7}$$

Der Konvergenzpunkt der Isoklinen ist demnach nur abhängig vom Ausgangsradius und vom Verflachungskoeffizienten.

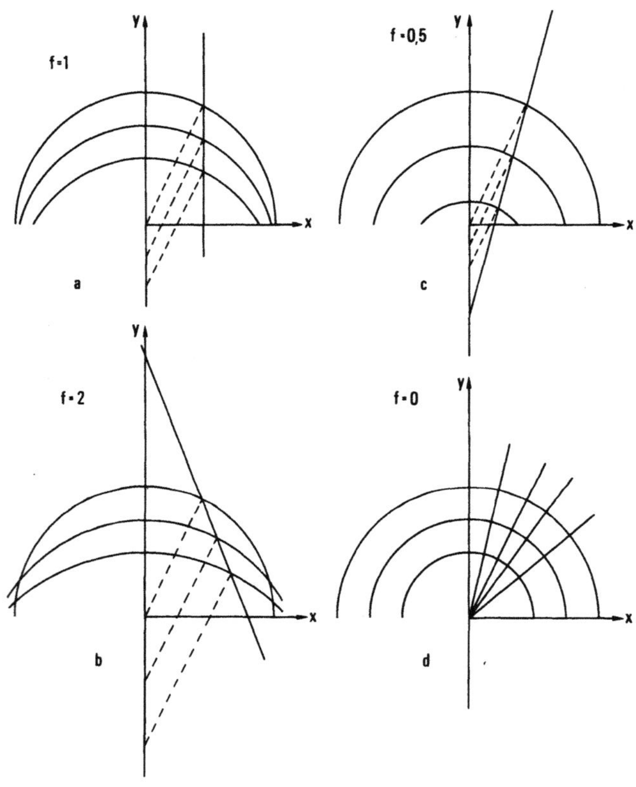

Abb. 135. Neigung und Konvergenzpunkte von Isoklinen in Abhängigkeit von der Änderung der Krümmungsradien der entstehenden Lösungskörper (vgl. Text und Tab. 5). Die strichlierten Linien entsprechen Normalen der Lösungskörperoberflächen

Abb. 135 zeigt diesen Zusammenhang graphisch. Die Änderung der Krümmungsradien bestimmen die Richtung und den Konvergenzpunkt der Isoklinenscharen. Ist der Krümmungsradius über die Lösungszeit konstant, so laufen die Isoklinen parallel und parallel zu den Achsen des Koordinatensystems, wenn dieses symmetrisch zu den Lösungskörpern gewählt wird (Abb. 135a). Nimmt der Krümmungsradius während des Lösungsvorganges zu, so konvergieren die Isoklinen (Abb. 135b), nimmt er ab, so divergieren sie nach außen und konvergieren in einem Punkt innerhalb des Ausgangskreises (Abb. 135c).

Ein Spezialfall des Auflösungsvorganges ist die Erhaltung der Kugelgestalt. Kinetisch bedeutet das, daß die Auflösungsgeschwindigkeit durch die Diffusion bestimmt wird. Der Krümmungsradius nimmt ab und die Isoklinen entarten zu Radiusvektoren, die im Zentrum der Kugelschar bzw. Kreisschar konvergieren (Abb. 135d).

Die Beziehungen zwischen Krümmungsradius ρ_t, Verflachungskoeffizient f und Konvergenzpunkt y_s der Isoklinen gibt die folgende Tabelle wieder:

Tabelle 5. Zusammenhang zwischen Krümmungsradius, Verflachungsfaktor und Konvergenzpunkt der Isoklinen

Nr.	ρ_t	f	y_s	Abb.
1	$\rho_t > r_a$	$f > 1$	$y_s > r_a$	135b
2	$\rho_t = r_a$	$f = 1$	$y_s = \infty$	135a
3	$\rho_t < r_a$	$f < 1$	$y_s \leqq r_a$	135c
4	$\rho_t < r_a$ (Kugelfall)	$f = 0$	$y_s = 0$	135d
5	$\infty \approx \rho_t \gg r_a$ (Flächenfall)	$f \to \infty$		

In der Tabelle ist als Nr. 5 noch der Fall aufgenommen, daß sofort bei Beginn der Auflösung eine plane Lösungsfläche gebildet wird. Hier ist die Aufstellung einer Isoklinengleichung sinnlos geworden, wegen $a \to \infty$ und damit auch $f \to \infty$ bei endlichem Verschiebungsbetrag $v \cdot t$ (Gl. 9–1). In diesem Falle erfolgt die Lösung jedoch nach einem völlig anderen Mechanismus. Beim Anreißen einer Netzebene wird jeder Baustein aus einer Halbkristall-Lage entfernt und produziert dabei eine neue Halbkristall-Lage, so daß sich die angelegte Fläche parallel zu sich selbst nach innen verschiebt (vgl. 11.2.2). Es wird dabei angenommen, daß die Ablösung nur an dieser Fläche erfolgt. An allen anderen Punkten der Kugel wird die Ausgangskrümmung so lange erhalten, bis die ursprüngliche Peripherie der Ausgangskugel durch die in mehr oder weniger geraden Kanten zusammenstoßenden Lösungsflächen aufgezehrt wird (Siesmayer [550], Siesmayer et al. [551]) (Abb. 138).

Experimentelle Beispiele zeigen, daß mit hinreichend genauer Näherung in den ersten Stadien z. B. die Auflösung von Magnesiumaluminat-Spinell in Phosphorsäure (Abb. 136) und Schwefelsäure nach dem linearen Modell mit $f > 1$ und von Germanium in CP 4 mit $f = 1$ beschrieben werden kann (Franke et al. [184]).

Ansätze für die Beschreibung der Änderung der Krümmungsradien der Lösungskörper auf molekularkinetischer Grundlage sind über die Verschiebungsgeschwindigkeit der Stufen von Gleichgewichtsformflächen und deren Abstand möglich und in Abschnitt 11.3 ausführlich erläutert.

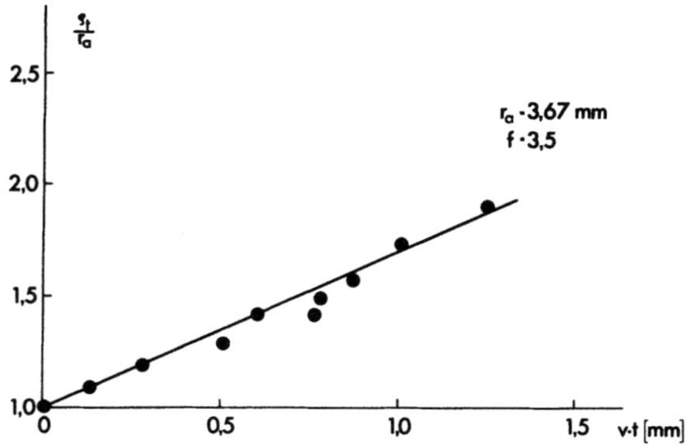

Abb. 136. Zunahme des Krümmungsradius ϱ_t eines würfeligen Lösungskörpers von Mg-Al-Spinell, erhalten in H_3PO_4 bei 270°C

9.1.2.2 Quadratisches Modell. Theoretisch denkbar sind Fälle, bei denen bei der Auflösung das Verhältnis ρ_t/r_a eine nichtlineare Funktion des Verschiebungsbetrages $\nu \cdot t$ ist. Als möglicher Fall soll eine quadratische Abhängigkeit beschrieben werden der Art

$$\frac{\rho_t}{r_a} = 1 + \frac{(\nu t)^2}{4 r_a [r_a(1-\cos\phi) - \nu \cdot t \sin^2\phi]} \tag{9–8}$$

Die Isoklinen sind hier keine Geraden mehr. Wenn sie in der Konstruktion (Abb. 13' die Verbindungslinie zwischen Ecke und Wulff-Punkt erreichen, werden sie ausgelöscht, da der Ecke selbst keine Neigung zugeordnet werden kann und ihre Koordinaten daher nicht die Gleichung der Isoklinen erfüllen. Die Bahn, auf der sich während des Lösungsvorganges die Ecke mit der Geschwindigkeit $\nu_{\text{Normale}} \cdot \cos\phi$ (s. unten) verschiebt, heißt *Gratbahn.* Sie ist nur dann eine Gerade, wenn sie parallel zu einer Symmetrieachse oder Spiegelebene des Kristalls liegt (Abb. 138).

Im Verlaufe des Lösungsvorganges werden korrespondierende Oberflächenneigungen längs der Isoklinen immer mehr in Richtung Gratbahn, d. h. der Ecke des Lösungskörpers verschoben. Die Verflachung schreitet also vom Mittelpunkt einer Lösungsfläche nach außen zur Ecke hin fort und ist damit dort am größten, wo die Lösungsgeschwindigkeit maximal ist.

Dort schmiegen sich die Isoklinen an die Flächennormalen an und fallen mindestens in einem Punkt mit diesen zusammen, nämlich in Abb. 137 z. B. genau in den Richtungen $[\bar{1}\bar{1}2]$ und $[1\bar{2}1]$. Andererseits sind naturgemäß Bereiche, in denen Ecken und Kanten liegen, Bereiche minimaler Lösungsgeschwindigkeit.

Die Konstruktion (vgl. Abb. 137) und die Berechnung nach Gl. (9–8) liefern Lösungskörper mit abnehmender Konvexkrümmung. Bei einem bestimmten Betrag von $\nu \cdot t$ wird $\rho_t \to \infty$. Der Lösungskörper hat dann die Krümmung Null, ist also vollkommen von planen Flächen umgeben. Dann erfolgt die Ausbildung von Lösungskörpern mit zunehmender konkaver Krümmung. Das steht offensichtlich nicht im Einklang mit den Versuchsergebnissen[6]. Das Modell ist daher nur gültig in den Grenzen $\infty > \rho_t > 0$. Nach Erreichen des Krümmungsradius $\rho_t \approx \infty$ verschiebt sich die dann plane Fläche nur noch parallel zu sich selbst.

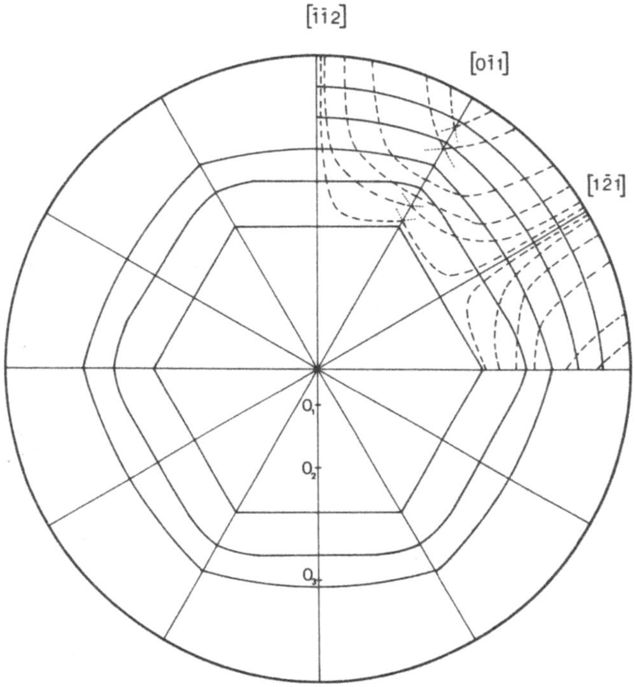

Abb. 137. Isoklinen bei quadratischer Abhängigkeit zwischen ϱ_t und $v \cdot t$ (strichliert) bei der Auflösung eines hexagonalen Kristalls. Die punktierten Linien entsprechen den unter Bildung der Gratbahn [01̄1] ausgelöschten Isoklinen

Es treten keine neuen Neigungen auf. Das bedeutet, daß hier das Endkörperstadium erreicht ist. Die (integrale) Lösungsgeschwindigkeit besitzt ein Maximum und ist konstant.

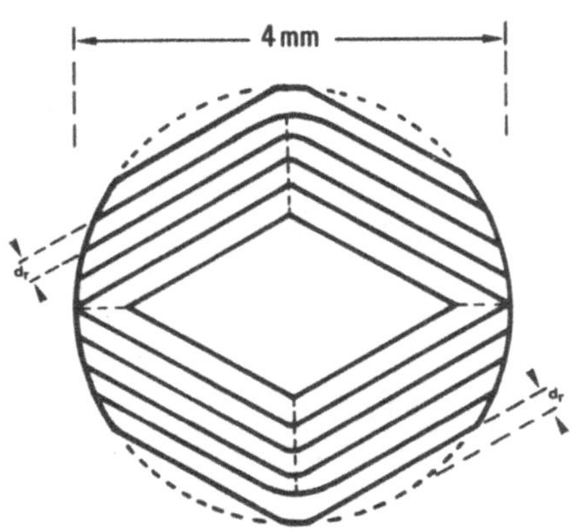

Abb. 138. Sechs Stadien der Auflösung einer Korund-Einkristallkugel in H_3PO_4 bei 300°C. Blickrichtung ist [202̄1]. Die Rhomboederfläche [101̄2] verschiebt sich um den konstanten Betrag d_r. Die geraden Gratbahnen sind strichliert wiedergegeben. Es bilden sich von Anfang an ebene Flächenbereiche aus, die sich durch Parallelverschiebung vergrößern (Siesmayer [550])

6 Experimentell beobachtete Konkavkrümmungen (Heimann [261], Mokijewski und Schafranowski [421]) gehen nicht über ein planes Lösungsstadium.

Die Lösungsgeschwindigkeit einer Ecke beträgt allgemein

$$\nu_{\text{Ecke}} = \nu_{\text{Flächennormale}} \cdot \cos \phi, \tag{9–9}$$

wobei ϕ der Winkel zwischen Flächennormale und Verbindungslinie zwischen Mittelpunkt der Kugel (Wulff-Punkt) und Ecke des Lösungskörpers ist.

Im Falle von Abb. 137 ist wegen $\phi = 30°$

$$\nu_{0\bar{1}1} = \frac{\nu_{[\bar{1}\bar{1}2]} \cdot \sqrt{3}}{2} = \frac{\nu_{[1\bar{2}1]} \cdot \sqrt{3}}{2}. \tag{9–10}$$

9.2 Geometrische Methode zur Charakterisierung von Lösungskörpern nach Yamamot

Yamamoto [652] beschrieb die als Lösungskörper auftretenden Kristallformen der Klasse m3m durch das Verhältnis der Zentraldistanzen der Vektoren [100], [110] und [111] bis zum Schnitt mit der Oberfläche des Lösungskörpers. Die Verhältnisse r_{111}/r_{100} und r_{110}/r_{100} werden als Koordinaten gewählt, und jedes Polyeder stellt sich dar mit einem $x(=r_{100}/r_{110})$- und $y(=r_{100}/r_{111})$-Wert (Abb. 139). Diese Darstellung nach Kleber [342] liefert ein Indexdreieck, das allseitig von Geraden umgeben ist, während in der ursprünglichen (reziproken) Form von Yamamoto ($x = r_{110}/r_{100}$, $y = r_{111}/r_{100}$) die Verbindungslinie zwischen den darstellenden Punkten von (100) und (111) keine Gerade, sondern ein Hyperbelast ist.
Die Gleichung der Kurve, auf der alle (*hll*) liegen, ist

$$y = (2x \cdot \sqrt{2} - 1)/\sqrt{3}. \tag{9–11}$$

Die x- und y-Werte der einzelnen Kristallformen sind in der folgenden Tabelle zusammengestellt:

Tabelle 6. *x,y-Koordinaten der Lösungspolyeder* (idealisiert als ebenflächige Gebilde) der Klasse m3m (nach Kleber [342])

Form	$x = r_{100}/r_{110}$	$y = r_{100}/r_{111}$
[100][7]	$1/\sqrt{2}$	$1/\sqrt{3}$
[110]	$\sqrt{2}$	$2/\sqrt{3}$
[111]	$\sqrt{2}$	$\sqrt{3}$
[*hk0*], $h > k$	$\frac{h+k}{h} \; \frac{1}{\sqrt{2}}$	$\frac{h+k}{h} \; \frac{1}{\sqrt{3}}$
[*hll*], $h > l$	$\frac{h+k}{h} \; \frac{1}{\sqrt{2}}$	$\frac{h+2k}{h} \; \frac{1}{\sqrt{3}}$
[*hhl*], $h > l$	$\sqrt{2}$	$\frac{2h+l}{h} \; \frac{1}{\sqrt{3}}$
[*hkl*], $h > k > l$	$\frac{h+k}{h} \; \frac{1}{\sqrt{2}}$	$\frac{h+k+l}{h} \; \frac{1}{\sqrt{3}}$

[7] Hier und im folgenden sollen Lösungskörper mit einer speziellen Klammer [*hkl*] bezeichnet werden, um sie von Wachstumsformen zu unterscheiden (vgl. Heimann [261]).

Eingetragen sind in Abb. 139 auch die darstellenden Punkte von (210) und (311), sowie die Koordinaten einiger Lösungspolyeder, die bei der Auflösung von MgO (Heimann et al. [269]) in $HClO_4$, HCl, H_3PO_4 und HNO_3 erhalten wurden (vgl. auch 11.4.2). Es zeigt sich, daß die meisten Lösungskörper aufgrund ihrer Krümmung in der Mitte des Feldes liegen. Die Pfeile geben Entwicklungstendenzen an. Bei konstanter Temperatur (25°C) verläuft bei zunehmender $HClO_4$-Konzentration die Lösungskörperbildung in Richtung des Pfeiles 2, d. h. [hk0] → [110] → [111] [7]

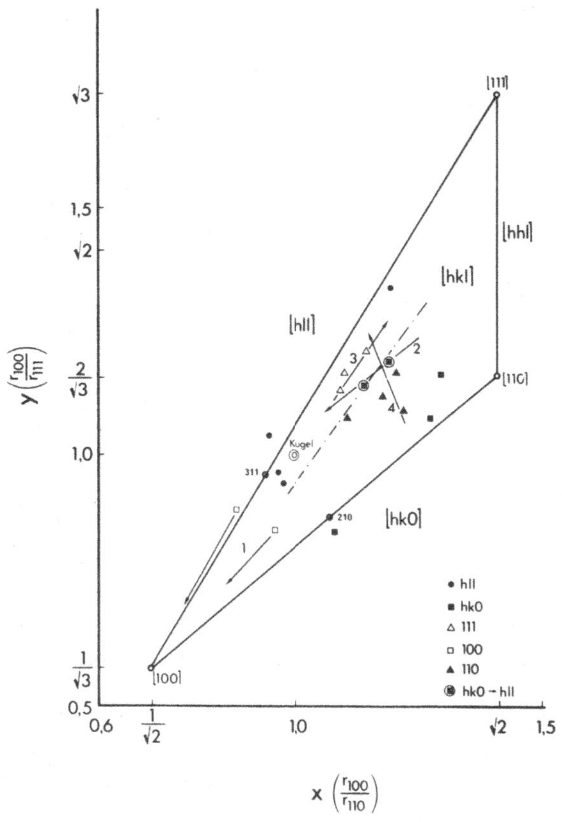

Abb. 139. Indexdiagramm der Lösungsformen der Kristallklasse *m3m* (nach Yamamoto [652] und Kleber [342]) mit eingetragenen Meßwerten von MgO-Lösungspolyedern (Heimann et al. [269])

während bei 65°C und zunehmender Konzentration Pfeil 4 die Lösungskörperentwicklung wiedergibt, die von [110] direkt zu [111] läuft. Pfeil 3 schließlich zeigt, daß bei konstanter Konzentration, aber zunehmender Temperatur der Lösungskörper immer „oktaederähnlicher" wird. Die strichpunktierte Linie in der Feldmitte gibt etwa die experimentell ermittelte Grenze zwischen den Stabilitätsbereichen von Ikositetraeder und Tetrakishexaeder an. Es zeigt sich ferner, daß die reinen Ikositetraeder meist „kugelähnlich" in ihren Koordinaten sind.

10. Topographische Theorie von Frank

10.1 Orthogonale Trajektorien

In Kapitel 2.1.2 wurde bei der Beschreibung der Kinetik wandernder Stufenzüge der Begriff des Trajektors eingeführt, der in der Frankschen Darstellung Linien gleicher Stufendichte entspricht. Unter einem Trajektor versteht man die Kurve, die alle Punkte gleicher Tangentenneigung einer Kurvenschar verbindet. Insbesondere sind orthogonale Trajektorien Linien, die jede Kurve einer Schar senkrecht schneiden, z. B. ist die Schar der Exponentialkurven $y = C \cdot e^x$ die Schar der orthogonalen Trajektorien zur Parabelschar $y^2 = -2(x + C)$ und umgekehrt. Für eine Kreisschar $y^2 = r^2 - x^2$ ist die Schar der orthogonalen Trajektorien die Schar der Radiusvektoren $y = a \cdot x$ (vgl. Abb. 135d)[8]. Jede orientiert in den Ausgangskreis einbeschriebene Schar von Lösungskörperschnitten verschiedener Stadien mit $t = 0, \tau_1, 2\tau_1$, stellt für den Bereich konstanter Krümmung (d. h. zwischen den Ecken oder Kanten des Lösungskörpers) eine solche Kurvenschar dar. Da als vereinfachende Annahme mit sphärischen Krümmungen gerechnet werden kann, ist die analytische Bestimmung der Trajektorien relativ einfach und von Frank sowohl für den zweidimensionalen Fall [178] als auch für den dreidimensionalen Fall [179] diskutiert worden (s. unten).

10.2 Zweidimensionale Darstellung des Lösungswiderstand-Diagramms

10.2.1 Franksche Lösungstheoreme

Um die Bildung eines Lösungspolyeders mathematisch-analytisch beschreiben zu können, bedient sich Frank [178] zweier Grundannahmen, deren Verknüpfung zur topographischen Theorie der Kristallauflösung führt.

1. Lösungstheorem: Wenn die Lösungsgeschwindigkeit einer Kristallfläche nur von ihrer Orientierung abhängt, dann bewegt sich ein bestimmtes Flächenelement bzw. ein Punkt auf der betrachteten Fläche während der Lösung auf einer Geraden. Die Abhängigkeit der Lösungsgeschwindigkeit von der Richtung im Kristall gestattet es, den Lösungsvorgang durch ein Polardiagramm der reziproken Lösungsgeschwindigkeit (z. B. in min/μm) als Funktion der Orientierung zu beschreiben. Wir erhalten ein sogenanntes „Lösungswiderstand-Diagramm", dessen Oberfläche erzeugt wird durch den reziproken Lösungsgeschwindigkeitsvektor $\boldsymbol{p}$ als Funktion der Kristallorientierung (Abb. 140a).

---

[8] Diejenige Kurvenschar, die eine durch die Gleichung $\phi(x, y, C) = 0$ gegebene zweite Kurvenschar in jedem Punkte unter dem gleichen Winkel α schneidet, nennt man die isogonalen Trajektorien. Ist $\alpha = 90°$, so liegt der Spezialfall der orthogonalen Trajektorien vor. Ihre Gleichung findet man aus der zur Kurvenschar $\phi(x, y, C)$ gehörigen Differentialgleichung $y' = f(x, y)$, indem man y' durch $-1/y'$ ersetzt. Daraus folgt, daß die Richtungsfaktoren orthogonaler Kurven einander negativ reziprok sein müssen.

2. Lösungstheorem: Der Vektor *a* beschreibt die Bewegung eines Punktes der Lösungsfläche und ist parallel zur Normalen auf der Lösungswiderstandfläche, die zu der entsprechenden Richtung gehört (Abb. 140b).

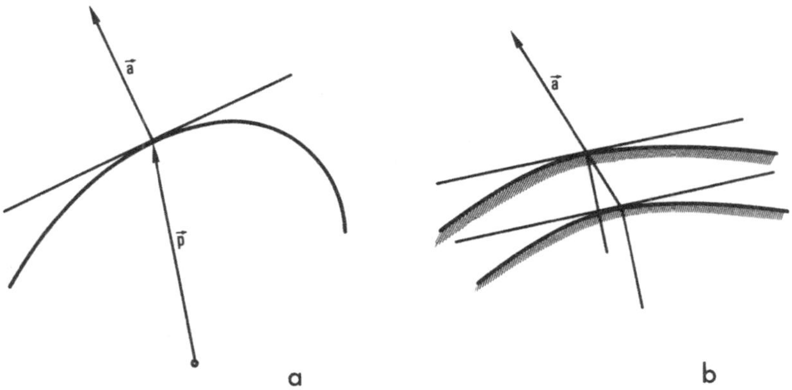

Abb. 140. Zur Darstellung des 1. und 2. Lösungstheorems von Frank.
(a) Der Vektor **a** ist Normale der Lösungswiderstandsfläche, die den geometrischen Ort aller reziproken Lösungsgeschwindigkeitsvektoren p darstellt. (b) Der Vektor **a** verbindet korrespondierende Punkte der Lösungsflächenscharen, an denen gleiche Neigungen vorhanden sind. **a** ist damit Isokline. (nach Frank und Ives [180])

Vektor *a* ist Orientierungstrajektor. Schneiden sich zwei oder mehrere Trajektorien im Raum, so entsteht eine Orientierungsdiskontinuität, d. h. an dieser Stelle ändert sich die Oberflächenkrümmung sprunghaft. Es bildet sich am Lösungspolyeder eine Kante bzw. Ecke aus. Diese zweidimensionale Darstellung gilt für Lösungsprofile, deren Querschnitt eine Symmetrieebene sowohl für die Kristallstruktur als auch für die Ausgangsform des Lösungskörpers ist. Voraussetzung ist ferner, daß der Lösungsprozess keine Kanten parallel zur betrachteten Fläche erzeugt. Für alle Oberflächenelemente dieses Profils, die tautozonal sind (Zonenachse normal zur Fläche !) liegen die Trajektorien in der Fläche. Unter diesen Voraussetzungen ist es möglich, einerseits die jeweiligen Trajektorien zu konstruieren, andererseits Voraussagen über die mutmaßliche Lösungsform zu machen.

10.2.2 Konstruktion der Trajektorien

1. Aufnahme des Lösungswiderstand-Diagramms durch genaue Vermessung des Lösungspolyeders und Auftragen auf Polarkoordinatenpapier (Abb. 131).

2. Der äußere Kreis des Netzes stellt die kugelige Ausgangsform dar[9]. An die Schnittpunkte der Radiusvektoren mit dem Lösungswiderstand-Diagramm werden die Normalen an die Kurve gezeichnet (z. B. mit Hilfe eines Spiegellineals) und solange parallel verschoben, bis die Normale durch den Schnittpunkt zwischen

---

[9] Das gilt im Falle der Auflösung einer Kugel. Bei der Auflösung einer Hohlhalbkugel muß man von einem Kreis ausgehen, der innerhalb des Lösungswiderstand-Diagramms liegt.

zugehörigem Radiusvektor und äußerem Kreis geht. Die so entstehende Linie genügt den beiden Lösungstheoremen und ist der Orientierungstrajektor der Auflösung in diesem Punkt der Lösungskörperoberfläche.

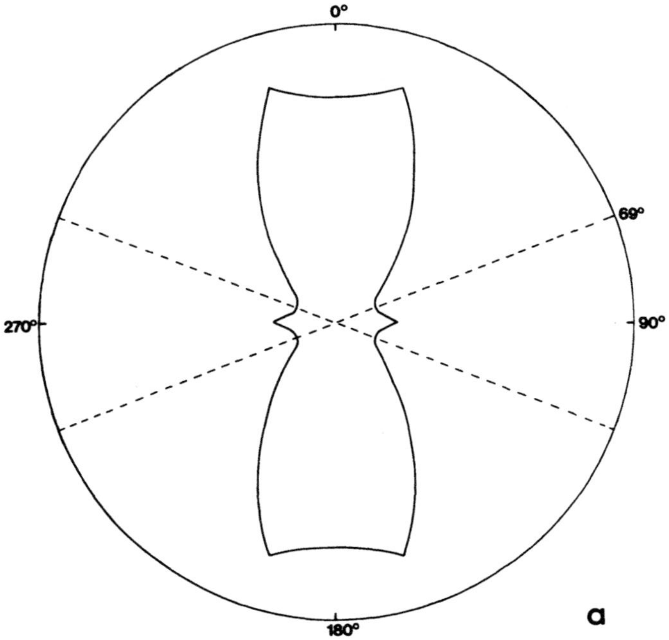

a

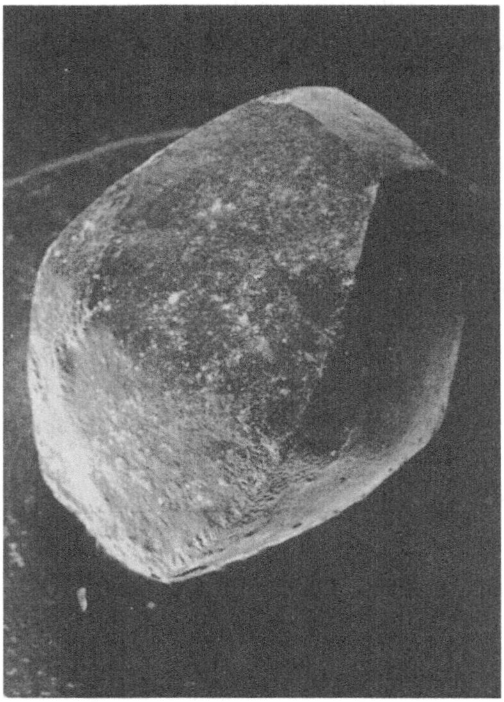

b

Abb. 141. Lösungswiderstand-Diagramm für $\varphi = 45°$ einer bei 600°C in KHF_2-Schmelze geätzten Rutilkugel (a) und entsprechender Lösungskörper (b). Lösungskörperfläche ist [331]. (vgl. Text). Heimann et al. [268]

3. Schnittpunkte der Trajektorienscharen stellen Ecken bzw. Kanten des Lösungspolyeders dar. Aus ihrer Anordnung ist die Form des entstehenden Lösungskörpers qualitativ ablesbar. So ist es schon in relativ frühen Lösungsstadien möglich, Aussagen über den Endkörper zu machen. An dieser Stelle sei erwähnt, daß der Endkörper stets aus einer und nur einer Flächenart besteht. Eine Ableitung dafür findet sich bei Lacmann et al. [375] (vgl. 11.1). Abb. 141 zeigt ein typisches Lösungswiderstand-Diagramm für Rutil, gelöst in KHF_2-Schmelze bei 600°C. Das Minimum liegt bei ca. 69°C, entsprechend dem ρ-Wert der als Lösungsfläche auftretenden {331}. Den Ecken des Kurvenzuges entsprechen Ecken des Lösungskörpers. In der Umgebung von $\rho = 0°$ ist die Lösungswiderstand-Kurve konkav durchgebogen, entsprechend der konvexen Krümmung des Gebietes um [001]. Es bildet sich daher keine Basisfläche aus und {331} ist, wie auch theoretisch aus der Gleichgewichts-Form ableitbar (vgl. 11.2 und 11.4.3), Lösungsendfläche. Die Krümmung des (001)-Gebietes entspricht etwa der Ausgangskrümmung der Kugel.

Entsprechende Behandlung von Lösungskörpern finden sich bei Frank und Ives [180] für Germanium, bei Ives [307] für Lithiumfluorid, bei Jaccodine [311] für Germanium und Galliumarsenid[10] und bei Heimann et al. [273] für Quarz. Eine genaue Anweisung für die geometrische Konstruktion des resultierenden Lösungskörpers aus dem Lösungswiderstand-Diagramm und den orthogonalen Trajektorien findet sich bei Frank und Ives [180].

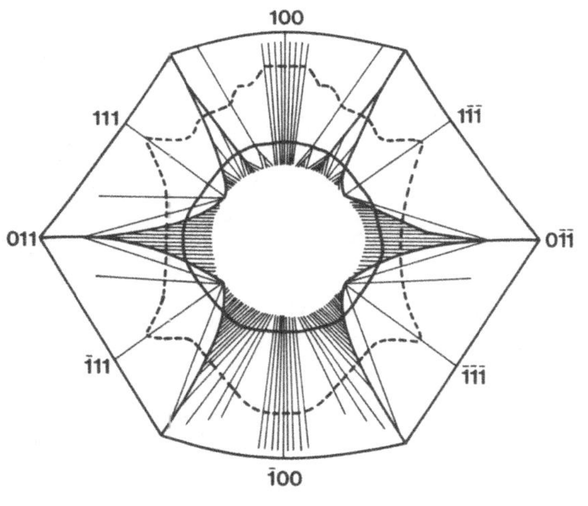

Abb. 142. Orthogonale Trajektorien (dünne Linien), Lösungswiderstand-Diagramm(strichliert) und abgeleitetes Lösungsprofil(starke Linien). Auflösung einer Ge-Hohlhalbkugel in Superoxol (nach Batterman [30], Konstruktion nach Frank und Ives [180])

Abb. 142 zeigt die Trajektorienkonstruktion und die daraus sich ergebenden Lösungsprofile in zwei Stadien (starke Linien). Die strichlierte Linie stellt das zugehörige Lösungswiderstand-Diagramm dar, das aus den experimentellen Daten bei der Auflösung einer Ge-Hohlhalbkugel in Superoxol (Batterman [30]) gewonnen wurde.

---

[10] Jaccodine verwendet zusätzlich zur Konstruktion die γ-Fläche und das Herringsche Theorem [275] und erhält übereinstimmende Werte in bezug auf die Gestalt des Lösungskörpers.

10.2.3 Auflösung polyedrischer Ausgangskörper

Die bisher gemachten Aussagen gelten für einen kugelförmigen Ausgangskörper. Löst man dagegen einen Würfel auf, so erhält man einen geometrisch ähnlichen Lösungskörper dann, wenn die Ecken und Kanten stabil sind und der Gleichgewichtsform angehören. Dann verschiebt sich jedes Oberflächenelement parallel zu seiner Normalen nach innen. Die geometrische Bedingung dafür ist $\nu_{110} < \sqrt{2} \cdot \nu_1$ Nach Frank [178] kann dieser Sachverhalt folgendermaßen erklärt werden. Ein Würfel löse sich auf, indem sich die Ecke *PQR* auf einer linearen Gratbahn *QQ'Q''* nach innen verschiebt. Die einzelnen Lösungsstadien seien *P'Q'R'*, *P''Q''R''* .....

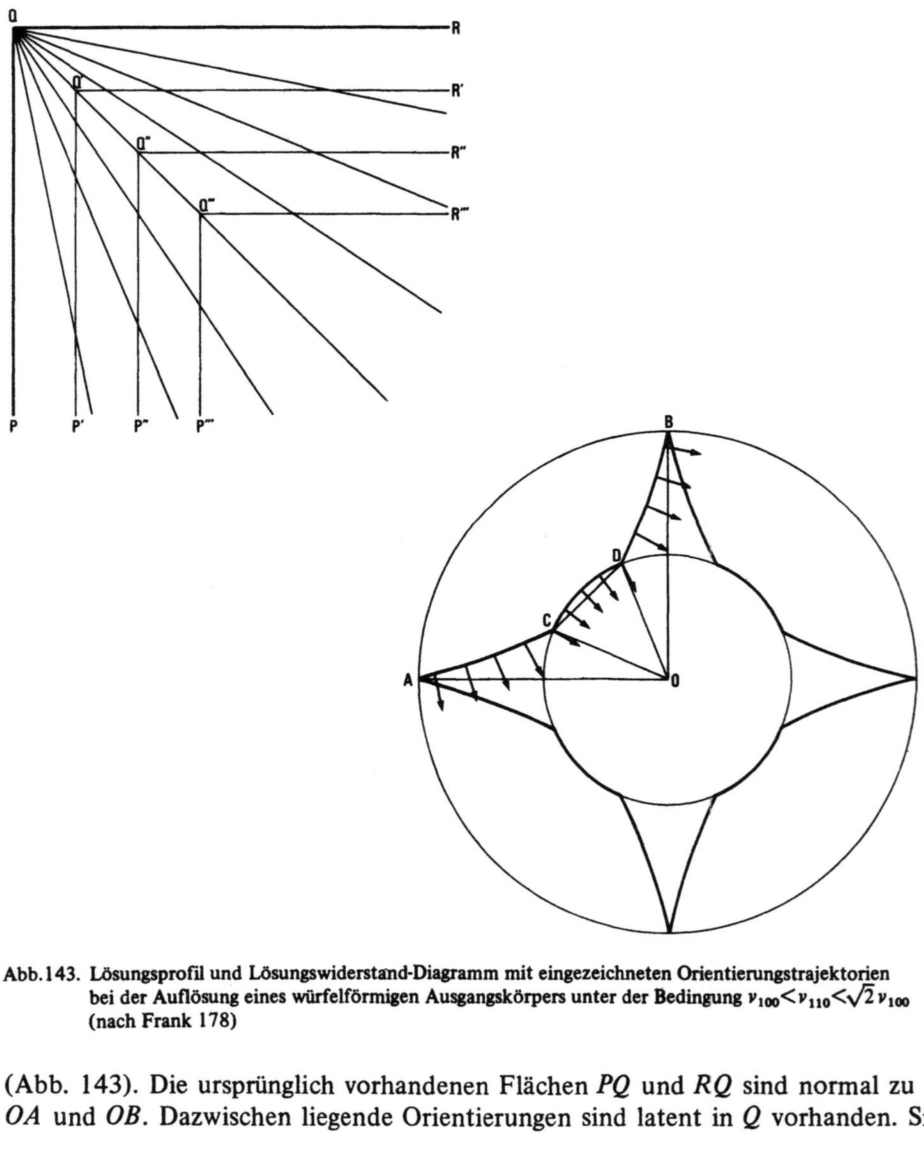

Abb. 143. Lösungsprofil und Lösungswiderstand-Diagramm mit eingezeichneten Orientierungstrajektorien bei der Auflösung eines würfelförmigen Ausgangskörpers unter der Bedingung $\nu_{100} < \nu_{110} < \sqrt{2}\,\nu_{100}$ (nach Frank 178)

(Abb. 143). Die ursprünglich vorhandenen Flächen *PQ* und *RQ* sind normal zu *OA* und *OB*. Dazwischen liegende Orientierungen sind latent in *Q* vorhanden. Sie haben Normalen zwischen *OC* und *OD*, die als Trajektorien in *O* konvergieren und damit die Ecke *Q* abbilden. Deshalb können sie beim Lösungsvorgang nicht realisiert werden. Flächen, die zwischen *OA* und *OC* bzw. *OB* und *OD* liegen, zeigen divergierende Trajektorien. Für eine genauere Analyse vgl. 10.3.1.

10.3 Dreidimensionale Darstellung des Lösungsvorganges

Die Grundannahme, daß die Lösungsgeschwindigkeit einer Fläche nur abhängig ist von ihrer Orientierung (oder von der Zeit abhängt nur über einen orientierungsabhängigen Faktor) (1. Lösungstheorem nach Frank [178]) führt zur Definition eines sogenannten „Langsamkeitsvektors" $\boldsymbol{s}$ (Slowness vector) (Frank [179]) für Kristallflächen, -kanten und -ecken. Der Langsamkeitsvektor entspricht einem reziproken Verschiebungsgeschwindigkeitsvektor[11].

Zwei Fälle werden betrachtet: Wachstum eines Konvexkörpers bzw. Auflösung eines Konkavkörpers (Hohlhalbkugel) unter Bildung planer Flächen, die ein Kristallpolyeder begrenzen (Fall 1) und Auflösung eines Konvexkörpers bzw. Wachstum eines Konkavkörpers unter Bildung gekrümmter Flächen, die entweder echt gekrümmt sind oder ein Polyeder mit sehr vielen Flächenelementen annähern (Fall 2).

10.3.1 Auflösung eines polyedrischen Kristalls

Zur vereinfachten Ableitung soll angenommen werden, daß ein ursprünglich würfeliger Kristall unter Erhaltung seiner Ecken und Kanten wächst oder sich auflöst (vgl. 10.2.3), daß sich also jedes Flächenelement parallel zu seinem normal auf ihm stehenden Einheitsvektor $\boldsymbol{n}$ verschiebt. Die Verschiebungsrichtung definiert entweder Wachstum bei positiver Verschiebungsrichtung von $\boldsymbol{n}$ (nach außen) oder Auflösung bei negativer Verschiebungsrichtung von $\boldsymbol{n}$ (nach innen). Dargestellt ist in Abb. 144 letzterer Fall.

Treffen sich drei Flächen (i), (j), (k) in einer gemeinsamen Ecke, so erfüllt die Verschiebungsgeschwindigkeit der Ecke V_{ijk} das Gleichungssystem

$$\begin{aligned} V_{ijk} \cdot \boldsymbol{n}_i &= v_i \\ V_{ijk} \cdot \boldsymbol{n}_j &= v_j \\ V_{ijk} \cdot \boldsymbol{n}_k &= v_k \quad , \end{aligned} \tag{10–1}$$

wobei $\boldsymbol{n}_i$, $\boldsymbol{n}_j$, $\boldsymbol{n}_k$ die Einheitsvektoren normal zu den Flächen (i), (j), (k) und v_i, v_j, v_k die Verschiebungsgeschwindigkeiten der Flächen bedeuten.

Der reziproke Geschwindigkeitsvektor $\boldsymbol{s}$ ist definiert als

$$\boldsymbol{s} = \boldsymbol{n} \cdot v^{-1}. \tag{10–2}$$

---

[11] In Abschnitt 10.2.1 und Abb. 140 wurde der entsprechende Vektor, der Frankschen Nomenklatur folgend, mit $\boldsymbol{p}$ bezeichnet.

Damit wird Gl. (10–1) zu

$$V_{ijk} \cdot s_i = 1$$
$$V_{ijk} \cdot s_j = 1 \qquad (10\text{–}3)$$
$$V_{ijk} \cdot s_k = 1$$

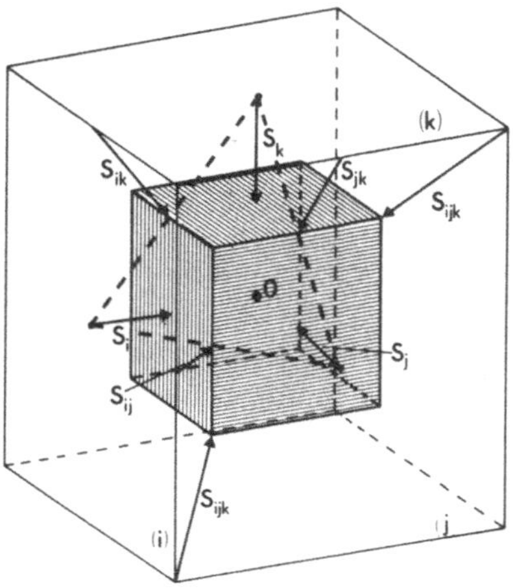

Abb. 144. Zur Ableitung der reziproken Verschiebungsgeschwindigkeits-Vektoren der Flächen (s_i, s_j, s_k), der Kanten (S_{ij}, S_{ik}, S_{jk}) und der Ecken (S_{ijk}). Strichliert dargestellt ist eine Fläche des sog. „Langsamkeitspolyeders" als inverse Form des Lösungspolyeders

Bei bekannten s-Vektoren bestimmen die Gl. (10–3) die Komponenten von V_{ijk}. Geometrisch bedeutet das, daß die Vektoren s_i, s_j, s_k, gezeichnet von einem gemeinsamen Ursprung 0, eine Fläche normal zu V_{ijk} im Abstand $|V_{ijk}|^{-1}$ vom Ursprung bestimmen (in Abb. 144 strichliert gezeichnet).

Der reziproke Geschwindigkeitsvektor der Ecke ist dann gegeben durch

$$S_{ijk} = V_{ijk} / |V_{ijk}|^2 . \qquad (10\text{–}4)$$

In analoger Weise erhält man den reziproken Geschwindigkeitsvektor der Kante

$$S_{ij} = E_{ij} / |E_{ij}|^2 \qquad (10\text{–}5)$$

wenn E_{ij} ein Vektor ist, der die Richtung und die Verschiebungsgeschwindigkeit der Kante zwischen den Flächen (i) und (j) beschreibt. Geometrisch stellt der Vektor S_{ij} die Normale vom Ursprung 0 auf die Verbindungslinie der Endpunkte von s_i und s_j dar und steht damit senkrecht auf dieser Verbindungslinie und auf der Kante zwischen den Flächen (i) und (j) (Abb. 144).

Die Multiplikation aller s mit einem gemeinsamen Faktor verändert nur die Geschwindigkeit der Verschiebung, nicht aber deren Richtung, so daß der Habitus des Lösungspolyeders nur durch die relative Größe aller s bestimmt ist. Aus einem Polardiagramm der S_{ijk}-Vektoren kann man durch Konstruktion der zu den jeweiligen Vektoren senkrechten Flächen ein minimales Polyeder erhalten derart, daß die Verbindungslinien des Ursprungs 0 zu den Ecken dieses Polyeders die reziproken Verschiebungsgeschwindigkeits-Vektoren s der Flächen darstellen. In Abb. 144 ist eine Fläche dieses (oktaedrischen) Polyeders strichliert dargestellt. Das Polyeder sollte dem Gesetz der rationalen Indizes entsprechen. Die Schnittpunkte derjenigen Flächen, die außerhalb dieses kleinsten Polyeders liegen, entsprechen Lösungsflächen, die nicht mehr in der Lösungsform enthalten sind (vgl. Wulffsche Konstruktion für das Wachstum einer Fläche).

10.3.2 Betrachtung gekrümmter Oberflächen

Bei der Auflösung eines Konvexkörpers oder beim Wachstum eines Konkavkörpers entstehen im allgemeinen gekrümmte Grenzflächen. Ihre Krümmung kann entweder aufgefaßt werden als Näherung an ein Polyeder mit sehr vielen Flächenelementen oder als echte Krümmung. Hier sei nur der erste Fall besprochen. Für die mathematisch aufwendige Ableitung der Verhältnisse an echt gekrümmten Oberflächen sei auf die Originalarbeit von Frank [179] verwiesen. Mit zunehmend kleiner werdenden Stufenhöhen geht natürlich Fall 1 in Fall 2 über, da Fall 2 als Spezialfall von Fall 1 mit angenähert atomaren Stufenhöhen betrachtet werden kann.

10.3.2.1 Polyeder-Näherung. Nach Frank geht man aus von einem primären Polyeder mit n dreieckigen Flächen (Ikosaeder, Oktaeder, hexagonale Bipyramide). Jede Kante einer solchen dreieckigen Fläche wird in m Teile geteilt, so daß nach Verbindung dieser Teilung durch Geraden nm^2 kleinere Dreiecke entstehen. Diese werden radial auf eine konzentrische Kugel projiziert. An alle projizierten Knotenpunkte des Netzwerkes werden die Tangentenflächen gelegt, und es entsteht ein sekundäres Polyeder mit $\frac{1}{2} \cdot n(m^2-1)$ hexagonalen Flächen, das eine Kugel annähert. Daneben entstehen andere, nicht-hexagonale Flächen, die den Ecken des Ausgangspolyeders entsprechen (z. B. sechs quadratische Flächen im Falle eines Ausgangsoktaeders). Die Gesamtzahl aller Flächen des sekundären Polyeders beträgt dann also $\frac{1}{2} \cdot (nm^2) + 2$, die sich in nm^2 Ecken treffen, die aus jeweils drei Flächen gebildet werden.

Das entstandene sekundäre Polyeder nähert die gekrümmte Kristalloberfläche immer besser an, je größer m wird. Ist die Verschiebungsgeschwindigkeit der Flächenelemente eine stetig differenzierbare Funktion ihrer Orientierung, so kann ein weiteres sekundäres Polyeder konstruiert werden, indem man das Netzwerk von nm^2 Dreiecken radial auf das Polardiagramm von s projiziert und benachbarte Knotenpunkte durch Geraden verbindet. Dieses Polyeder ist analog zu der vorigen Betrachtung eine polyedrische Näherung für das Polardiagramm von s. Es ist verknüpft mit dem primären Polyeder dadurch, daß jedes Ecken hat, die mit den Flächen des anderen übereinstimmen. Beide Polyeder sind invers zueinander.

Nach den in 10.3.1 abgeleiteten Beziehungen ergibt sich, daß die Verschiebung der Kristallflächen eine Wanderung jeder Ecke des Kristallpolyeders in der zur entsprechenden (dreieckigen) Fläche des inversen Polyeders senkrechten Richtung bewirkt. Der Betrag des reziproken Geschwindigkeitsvektors $\boldsymbol{s}$ ist proportional zum senkrechten Abstand dieser Fläche vom Ursprung. Die Verschiebungsrichtung der Ecken ist normal zu den Flächen des „Langsamkeitspolyeders", d. h. des aus dem Ausgangspolyeder abgeleiteten inversen Polyeders.

Im Grenzfall verschiebt sich ein unendlich kleines Flächenelement mit konstanter Orientierung in eine Richtung, die gegeben ist durch die Normale $\boldsymbol{n}'$ auf die $\boldsymbol{s}$-Oberfläche in $\boldsymbol{n}$. Seine reziproke Geschwindigkeit in Richtung $\boldsymbol{n}'$ ist $\boldsymbol{s} \cdot \cos(\boldsymbol{n}', \boldsymbol{n})$ [vgl. Gl. (11–5)].

Hier ergibt sich letztlich ein Zusammenhang zwischen der Verbindung planer und gekrümmter Oberflächenbereiche:

Trajektorien für Oberflächenelemente konstanter Orientierung, die sich parallel zum Vektor $\boldsymbol{n}$ verschieben und Trajektorien der Ecken und Kanten planflächiger polyedrischer Kristalle sind Geraden (vgl. 9.1.2 und 10.2.3), wenn ein stetiger funktionaler Zusammenhang existiert zwischen Orientierung und reziproker Verschiebungsgeschwindigkeit.

Dagegen sind Trajektorien der Ecken und Kanten von Kristallen mit gekrümmten Oberflächen (Lösungskörpern) im allgemeinen gekrümmt, da die Orientierung der den Ecken bzw. Kanten unmittelbar benachbarten Bereiche sich bei fortschreitender Auflösung kontinuierlich ändert.

11. Molekularkinetische Theorie der Auflösung von Einkristallkugeln nach Lacmann, Franke und Heimann

Bei der Beschreibung der Auflösung (oder des Wachstums) einer Fläche durch Verschiebung von mikroskopischen oder submikroskopischen Terrassen parallel zur Oberfläche des Ausgangskörpers nach Frank (vgl. 2.1.1) wurde zunächst keine Aussage über die Art dieser Terrassen gemacht, d. h. es wurde keine Relation hergestellt zwischen ihrer Orientierung und ihren Beziehungen zur Kristallstruktur.

Die nachstehende Theorie geht jedoch davon aus, daß diese Oberflächenstufen aus Gleichgewichtsformflächen bestehen (Modell 1), die grundsätzlich auch sichtbar gemacht werden können (vgl. 11.4). Daneben wird auch berücksichtigt, daß die Auflösungsgeschwindigkeit durch die Geschwindigkeit der Abtrennung der Gitterbausteine aus der Halbkristall-Lage bestimmt sein kann (Modell 2). Bei beiden Modellen entspricht der Krümmungsradius der Lösungskörperoberflächen dem Ausgangskrümmungsradius (Lacmann et al. [375]).

Die in Kapitel 11.3 behandelten Modelle 3a und b zeigen eine Vergrößerung des Krümmungsradius der Lösungskörper mit fortschreitender Lösungszeit (Lacmann et al. [376]).

11.1 Die L-Endform besteht aus nur einer Flächenart

Betrachtet man einen wachsenden Kristall, so ist die Wachstumsendform (W-Form) unabhängig von der Ausgangsform. Es erscheinen die Flächen mit der minimalen

Verschiebungsgeschwindigkeit (Abb. 145a). Im Gegensatz dazu wird die Lösungsendform, ausgehend von einer kugeligen Anfangsform, von nur einer Fläche begrenzt, die die maximale Verschiebungsgeschwindigkeit besitzt (Abb. 145b). Für einen zweidimensionalen Kristall wird die Lösungsendform (L-Form) vom Rand [10][12] begrenzt, wenn gilt:

$$v_L(10) > v_L(11).$$

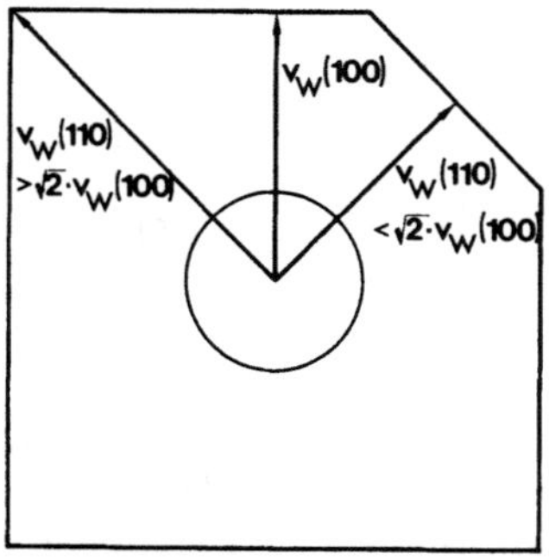

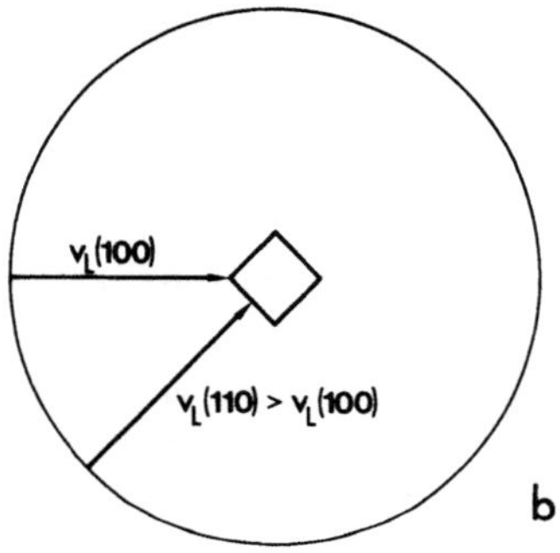

Abb. 145. Wachstumskörper (a) und Lösungskörper (b) einer kugeligen Ausgangsform.
(a): W-Form {100} für $\nu_W(110) > \sqrt{2}\,\nu_W(100)$
{110} für $\nu_W(110) < \sqrt{2}\,\nu_W(100)$
(b): L-Form [110] für $\nu_L(110) > \nu_L(100)$

Ausgehend von einem Kreis mit dem Radius r_o sind die Zentraldistanzen h der Ränder (11) und (10) zur Zeit $t > 0$ gegeben durch folgende Beziehungen:

$$\begin{aligned} h_{(11)} &= r_o - \nu_L(11)\cdot t \\ h_{(10)} &= r_o - \nu_L(10)\cdot t \\ &= r_o - \nu_L(11)\cdot t - \epsilon\cdot t, \end{aligned} \qquad (11\text{–}1)$$

wenn gilt

$$\nu_L(10) = \nu_L(11) + \epsilon > \nu_L(11).$$

---

[12] vgl. Fußnote S. 162

Definitionsgemäß gilt für die Lösungsendform

$$h_{(11)} > \sqrt{2} h_{(10)}. \tag{11–2}$$

Aus den Gl. (11–1) und (11–2) folgt

$$\begin{aligned} h_{(11)} &= r_o - v_L(11) \cdot t > \sqrt{2}(r_o - v_L(11) \cdot t - \epsilon \cdot t) \\ &= \sqrt{2} \cdot h_{(10)}. \end{aligned} \tag{11–3}$$

Die Zeit t_E, die zum Erreichen der Lösungsendform nötig ist, erhält man aus Gl. (11–3) zu

$$t_E = \frac{(\sqrt{2}-1) \cdot r_o}{(\sqrt{2}-1) \cdot v_L(11) + \sqrt{2} \cdot \epsilon}. \tag{11–4}$$

$v_L(11) \cdot t_E$ ist immer kleiner als r_o, wenn $\epsilon > 0$. Daraus ergibt sich, daß die Lösungsendform bei der Auflösung einer Einkristallkugel stets aus nur einer Flächenart besteht. Bei nichtkubischen Kristallen kann die Lösungsendform zu einem Plättchen entarten (z. B. wenn im hexagonalen oder tetragonalen System (0001) oder (001) die maximale Verschiebungsgeschwindigkeit haben, vgl. 11.4.2 und Franke [182]) oder zu einem Stäbchen (z. B. wenn die Prismenflächen die maximale Verschiebungsgeschwindigkeit besitzen; vgl. 11.2.1.5).

11.2 Beziehungen zwischen Gleichgewichtsform-Flächen und Lösungsform-Flächen

Die L-Formflächen bestehen aus Stufen von Gleichgewichtsformflächen, wenn die Ecken und Kanten der G-Form besonders stabil sind (vgl. z. B. Stranski [568]), d. h. wenn die Ecken- und Kantenbausteine mit mehr als $\phi_{1/2}$ gebunden sind, wobei $\phi_{1/2}$ die mittlere Abtrennarbeit aus der Halbkristall-Lage bedeutet.

Beginnt der Abbau einer Netzebene an einer Ecke oder Kante, so muß eine Aktivierungsenergie aufgebracht werden, die höher ist als die beim Abbau einer bereits angebrochenen Bausteinreihe. Unterscheiden sich die Geschwindigkeiten des Anreißens einer intakten Netzebene und des Abbaus einer angebrochenen Bausteinreihe nicht wesentlich voneinander, so baut sich die L-Form nicht aus echten G-Formflächen auf, sondern aus deren Vizinalflächen.

11.2.1 Modell 1

11.2.1.1 G-Form besteht aus nur einer Flächen- und Eckenart. In diesem Fall möge die G-Form in einem zweidimensionalen quadratischen Modell aus den Rändern (10) bzw. (01) bestehen, d. h. ein beliebiger $[hk]$-Rand der L-Form ($h, k > 0$) besteht aus Stufen von (10)- und (01)-Rändern (Abb. 146). Betrachten wir wieder eine kugelige Ausgangsform (Abb. 147), so verschieben sich alle Punkte des Quadranten $(x, y > 0)$ mit der Geschwindigkeit $\nu_L(11) = \sqrt{2} \cdot \nu_G(10) = \nu_G(10)/\cos(10{,}11)$ in der $[\bar{1}\bar{1}]$-Richtung. Der Krümmungsradius bleibt konstant. Allgemein läßt sich die Beziehung ausdrücken durch

$$\nu_L(\text{L-Form}) = \nu_G(\text{G-Form})/\cos(\text{G-Form, L-Form}). \qquad (11\text{–}5)$$

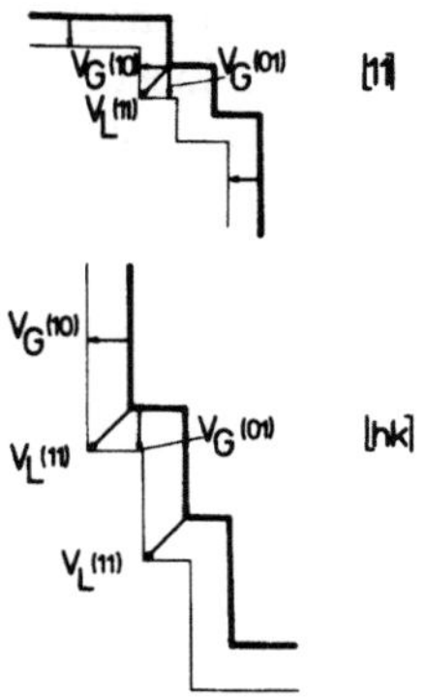

Abb. 146. Verschiebungsgeschwindigkeit ν_L der (11)- und (*hk*)-Ränder in einem zweidimensionalen quadratischen Gitter ($\nu_G(10) = \nu_G(01)$)

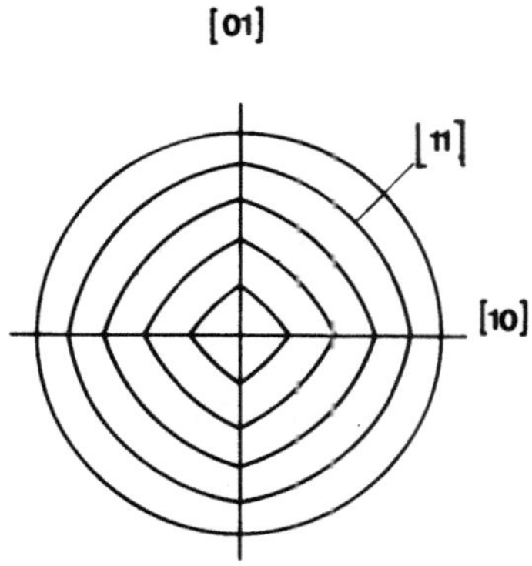

Abb. 147. Lösungsformentwicklung für die Lösungszeiten $t = 0, \tau_0, 2\tau_0, 3\tau_0 \ldots$ Der Krümmungsradius ist konstant. Lösungsendform ist [11]

Im dreidimensionalen Fall wird aus der G-Form {100} die L-Form [111] und umgekehrt aus der G-Form {111} die L-Form [100]. Prinzipiell erhält man die Flächen der L-Form aus der G-Form durch Abschneiden der Ecken.

11.2.1.2 G-Form besteht aus nur einer Flächenart, aber enthält unterschiedliche Eckenarten. Abb. 148 zeigt den Fall, wo die G-Form aus den Rändern (21) und

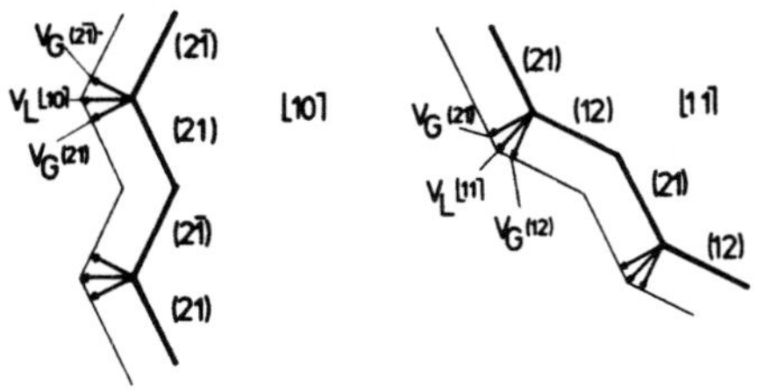

Abb. 148. Die L-Formränder in der Umgebung der [10]-Pole bestehen aus den G-Formrändern (21) und (2$\bar{1}$), in der Umgebung der [11]-Pole aus den G-Formrändern (21) und (12)

(2$\bar{1}$) bzw. (21) und (12) besteht. In der Umgebung der [10]-Pole der L-Form treten (21)- und (2$\bar{1}$)-Ränder auf, während die [11]-Pole aus (21)- und (12)-Rändern bestehen. Die in Abb. 149 dargestellten Lösungsformen entstehen durch Verschiebung der Kreismittelpunkte mit der Geschwindigkeit

$$\nu_L(10) = \nu_G(21)/\cos(21, 10)$$

in alle [10]-Richtungen und mit

$$\nu_L(11) = \nu_G(21)/\cos(21, 11)$$

in alle [11]-Richtungen. Der Krümmungsradius bleibt auch hier konstant. Während zu Beginn des Lösungsvorganges [10]- und [11]-Bereiche auftreten, verkleinert sich [11] mit fortschreitender Lösungszeit und schließlich bleibt nur [10] als L-Endform erhalten, da

$$\cos(21, 10) = 2/\sqrt{5} < \cos(21, 11) = 3/\sqrt{10}$$

und damit

$$\nu_L(10) > \nu_L(11).$$

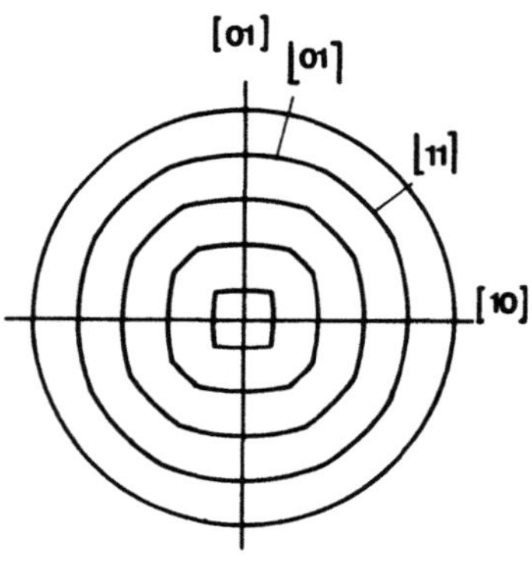

Abb. 149. Lösungsformentwicklung für die Lösungszeiten $t = 0, \tau_0, 2\tau_0, 3\tau_0 \ldots$ Es entstehen [10]- und [11]-Ränder. Lösungsendform ist [10]

Im dreidimensionalen Fall resultieren aus der G-Form {110} die L-Formen [100] und [111], von denen sich jedoch wegen der Beziehung

$$\cos(110, 100) = 1/\sqrt{2} < \cos(110, 111) = \sqrt{2}/\sqrt{3}$$

und damit

$$\nu_L(100) > \nu_L(111)$$

nur [100] in der Endform durchsetzt. Experimentell konnte dieses Ergebnis bei der Auflösung von MgO in konzentrierter HCl + $FeCl_3$ bestätigt werden [269]. Die Hohlhalbkugellösung im gleichen System liefert {110} als W- bzw. G-Form (vgl. 11.4.2).

Tab. 7 zeigt die möglichen G-Formen im kubischen System, die daraus resultierenden L-Formen und die L-Endformen und die zu ihrer Bildung notwendigen geometrischen Bedingungen.
Zur Ableitung der Indizes der L-Endform aus den Indizes der G-Formen vgl. Lacmann, Franke und Heimann [375].

Tabelle 7. G-Formen, L-Formen und Lösungsendformen eines kubischen Kristalls, wenn die G-Form aus nur einer Flächenart besteht.

G-Form	L-Form	Lösungsendform	Bedingungen für die Lösungsendform
{100}	⌊111⌉	⌊111⌉	–
{111}	⌊100⌉	⌊100⌉	–
{110}	⌊100⌉	⌊100⌉	–
	⌊111⌉		
{*hhl*}	⌊100⌉	⌊100⌉	–
	⌊111⌉		
{*hk0*}	⌊100⌉	⌊100⌉	$h(\sqrt{3}-1) < k$
	⌊111⌉	⌊111⌉	$h(\sqrt{3}-1) > k$
{*hll*}	⌊100⌉	⌊100⌉	$h(\sqrt{2}-1) < l$
	⌊110⌉	⌊110⌉	$h(\sqrt{2}-1) > l$ und
			$h(\sqrt{3}-\sqrt{2}) < l(2\sqrt{2}-\sqrt{3})$
	⌊111⌉	⌊111⌉	$h(\sqrt{3}-\sqrt{2}) > l(2\sqrt{2}-\sqrt{3})$
{*hkl*}	⌊100⌉	⌊100⌉	$h(\sqrt{2}-1) < k$ und
			$h(\sqrt{3}-1) < k+l$
	⌊110⌉	⌊110⌉	$h(\sqrt{2}-1) > k$ und
			$h(\sqrt{3}-\sqrt{2}) < l\sqrt{2}-k(\sqrt{3}-\sqrt{2})$
	⌊111⌉	⌊111⌉	$h(\sqrt{3}-1) > k+l$ und
			$h(\sqrt{3}-\sqrt{2}) < l\sqrt{2}-k(\sqrt{3}-\sqrt{2})$

11.2.1.3 G-Form besteht aus verschiedenen Flächenarten. Wenn die G-Form aus zwei oder mehr ungleichwertigen Flächen mit unterschiedlichen Verschiebungsgeschwindigkeiten v_G besteht, so können in der L-Form hochindizierte Flächen entstehen. Auch hier ist der Krümmungsradius konstant. Abb. 150 zeigt wieder ein zweidimensionales quadratisches Gitter mit den G-Formrändern (10) und (11) und der Verschiebungsgeschwindigkeit $v_G(11) = 0{,}9 \cdot v_G(10)$.

Alle Punkte der Kreisbögen der Abb. 151 im Bereich $x > y > 0$ verschieben sich in der [h̄1̄]-Richtung mit der Geschwindigkeit

$$\nu_L(\text{h}1) = \nu_G(10)/\cos(10,\text{h}1) = \nu_G(11)/\cos(11,\text{h}1)$$

und die L-Form besteht aus den acht ⌊h1⌋-Rändern. Die Ableitung des dreidimensionalen Falles findet sich bei Lacmann, Franke und Heimann [375].

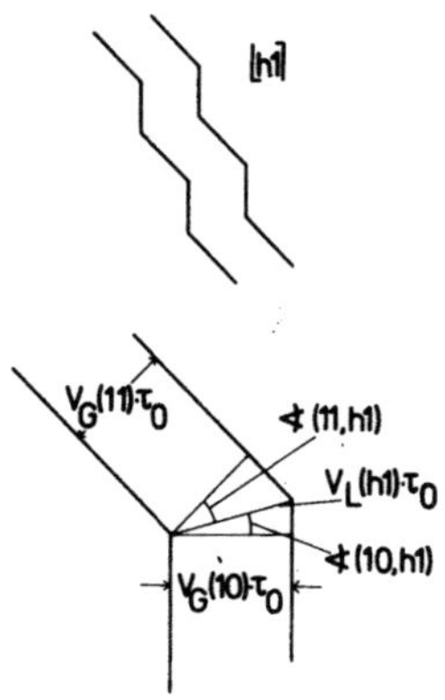

Abb. 150. Die L-Formränder ⌊h1⌋ bestehen aus den G-Formrändern (10) und (11) mit $\nu_G(11) = 0.9\ \nu_G(10)$

Eine Zusammenstellung der sich ergebenden L-Formen unter Berücksichtigung der im kubischen System häufigen Gleichgewichtsformflächen {100}, {110} und {111}

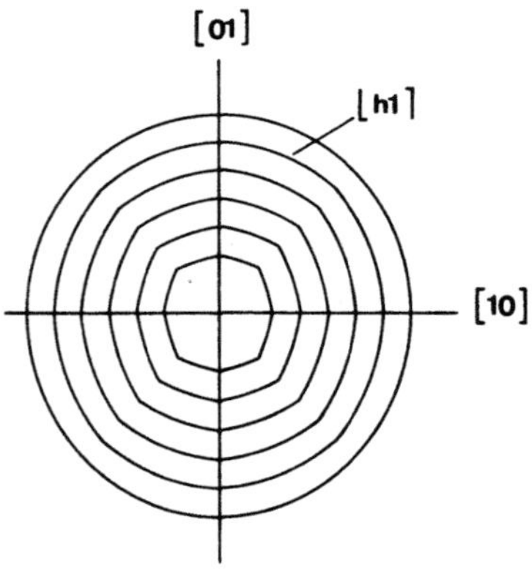

Abb. 151. Lösungsformentwicklung für die Lösungszeiten $t = 0, \tau_0, 2\,\tau_0 \ldots$ Die Lösungsendform ist ⌊h1⌋

(vgl. z. B. Honigmann [296], Lacmann [370]) zeigen Tab. 8 und Tab. 9. Es werden die verschiedenen auftretenden Ecken zwischen den G-Formflächen betrachtet und die bei ihrem Abschneiden erhaltene L-Form.

Tabelle 8. Ecken der G-Formen und resultierende L-Formen

Zusammensetzung der Ecke	L-Formen	
3 x {100}	⌊111⌉	
4 x {111}	⌊100⌉	
4 x {110}	⌊100⌉	
3 x {110}	⌊111⌉	
2 x {100} + 1 x (111)	⌊*hhl*⌉	
2 x {100} + 2 x {111}	⌊110⌉	
2 x {111} + 1 x (100)	⌊*hk0*⌉	
2 x {110} + 1 x (100)	⌊*hll*⌉	$h > 2l$
2 x {110} + 1 x (111)	⌊*hll*⌉	$2l > h > l$
1 x (111) + 1 x (110) + 1 x (100)	⌊*hkl*⌉	
2 x {110} + 1 x (111) + 1 x (100)	⌊*hll*⌉	

Tabelle 9. L-Formen für die G-Formflächen {100},{110} und {111} des kubischen Systems

Ungefährer Anteil der Flächen an der G-Form	L-Formen
{100} > {110} > {111}	⌊*hll*⌉($h > 2l$) und ⌊*hll*⌉($2l > h > l$)
{100} > {111} > {110}	⌊*hkl*⌉
{111} > {100} > {110}	⌊*hkl*⌉
{111} > {110} > {100}	⌊*hll*⌉ ($h > 2l$) und
{110} > {111}, {100}	⌊*hll*⌉ ($2l > h > l$)

11.2.1.4 G-Formflächen mit sehr unterschiedlichen Verschiebungsgeschwindigkeiten. In diesem Falle können neben den üblichen gekrümmten Flächenbereichen in der L-Form auch ebene Flächen auftreten. Die zweidimensionale G-Form möge wieder aus den Rändern {10} und {11} bestehen, die jedoch sehr unterschiedliche Verschiebungsgeschwindigkeiten besitzen sollen. Im Extremfall resultiert für $\nu_G(11) = 0$ ($\nu_G(10) > 0$) eine L-Form, die nur von geraden ⌊10⌉-Rändern begrenzt ist, für $\nu_G(10) = 0$ ($\nu_G(11) > 0$) eine L-Form, die ausschließlich von geraden ⌊11⌉-Rändern begrenzt ist.

11.2.1.5 Beziehungen zwischen Abstand der Stufen und ihrer Verschiebungsgeschwindigkeit. Bisher wurde die Bildung der L-Form geometrisch beschrieben durch Verschiebung aller Punkte der zweidimensionalen Ausgangsform in Richtung der maximalen Verschiebungsgeschwindigkeit. Prinzipiell ist es jedoch auch möglich, diese Beziehungen durch die Verschiebung von Stufen parallel zu den G-Formflächen zu deuten (vgl. 2.1.1, Abb. 16). Die Verschiebungsgeschwindigkeit der Oberfläche ist dann gegeben durch die Verschiebungsgeschwindigkeit der Stufen ν_S als Funktion des Stufenabstandes s. In dem unter 11.2.1.1 beschriebenen Fall eines zweidimensionalen quadratischen Gitters mit den G-Formrändern $\{10\}$ und $\{01\}$ gilt dann mit $\nu_G(10) = \nu_G(01)$ die Beziehung

$$\nu_S = \nu_G(01)\,(s+1) \text{ oder } \nu_S \sim s+1. \tag{11-6}$$

Für den allgemeinen Fall eines nicht orthogonalen Gitters ($\phi \neq 90°$) aus G-Formränderr mit unterschiedlichen Verschiebungsgeschwindigkeiten ν_{G_1} und ν_{G_2} erhält man aus Abb. 152 die Beziehung

$$\nu_S = \nu_{G_1}\left(s - \operatorname{ctg}\phi + \left(\frac{\nu_{G_2}}{\nu_{G_1}\cdot\sin\phi}\right)\right). \tag{11-7}$$

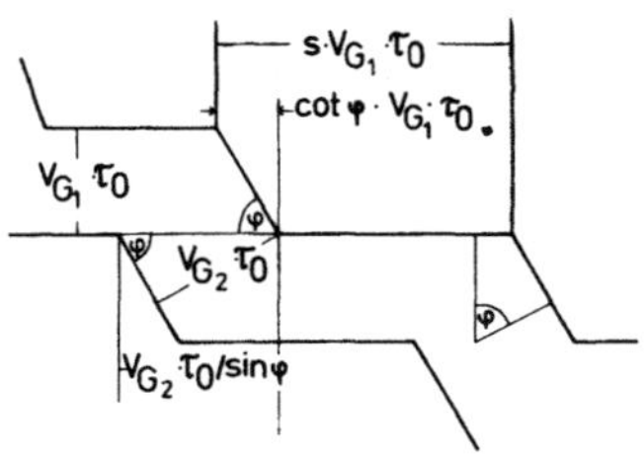

Abb. 152. Verschiebungsgeschwindigkeit von Stufen für $\nu_{G_1} \neq \nu_{G_2}$ und $\phi < 90°$

Für $\nu_{G_2} = \nu_{G_1}/\cos\phi$ folgt

$$\nu_S \sim s + \operatorname{tg}\phi, \tag{11-8}$$

für $\nu_{G_1} = \nu_{G_2}/\cos\phi$ entsprechend

$$\nu_S \sim s. \tag{11-9}$$

Im Bereich $\nu_S \sim s$ bis $\nu_S \sim s + \operatorname{tg}\phi$ besteht die L-Form ausschließlich aus gekrümten Flächen. Im speziellen Fall $\phi = 90°$ wird aus Gl. (11–7)

$$\nu_S \sim s + K \quad (0 \leqslant K \leqslant \infty) \tag{11-10}$$

mit $K = \nu_{G_2}/\nu_{G_1}$.

Tab. 10 gibt die K-Werte und die entsprechenden Verschiebungsrichtungen der Kreismittelpunkte an. Für den dreidimensionalen Fall eines nichtkubischen, aber orthogonalen Systems ergibt sich ein diskusartiges Gebilde, wenn $K = \nu_{G_2}/\nu_{G_1} = 0$ ($\nu_{G_2} = 0$), ein rugbyballähnlicher Körper, wenn

$$K = \nu_{G_2}/\nu_{G_1} = \infty \; (\nu_{G_1} = 0).$$

Tabelle 10. Lösungsformen für verschiedene Werte von K, wenn $\nu_S \sim s + K$ [vgl. Gl. (11–10)]

$K = \nu_G(10)/\nu_G(01)$	Verschiebungsrichtung der Kreismittelpunkte
0	$[0\bar{1}]$
1	$[\bar{1}\bar{1}]$
2	$[\bar{2}\bar{1}]$
∞	$[\bar{1}0]$

Der erste Fall scheint bei der Auflösung von MgF_2 [13] in H_3PO_4 bei 290° vorzuliegen [182], wobei gilt $0 \approx \nu_{(110)} \ll \nu_{(101)}$ (vgl. [246], [268]). Für die experimentelle Bestätigung des zweiten Falles können die Ergebnisse bei der Auflösung von Zn in HCl [655] und Bi in HNO_3 [653], [654] herangezogen werden. Vielleicht gehört auch der Endkörper bei der Auflösung einer CdS-Kugel in HNO_3 [644] hierher. In allen drei genannten Fällen treten als einzige Lösungsendkörper-Flächen Prismen vom Typ $\{hh\overline{2h}0\}$ oder $\{hki0\}$ auf. Das entspricht der Bedingung $0 \approx \nu_{(0001)} \ll \nu_{(10\bar{1}0)}$ (vgl. [83], [281]).

11.2.2 Modell 2

Wie bereits oben erwähnt, kann auch die Geschwindigkeit der Abtrennung der Gitterbausteine aus der Halbkristall-Lage die Verschiebungsgeschwindigkeit der Stufen bestimmen. Unter der Annahme, daß nur die Wechselwirkung erstnächster Nachbarn berücksichtigt wird, ist die Verschiebungsgeschwindigkeit der Stufen unabhängig von ihrem Abstand, und es gilt

$$\nu_S \sim \text{const.} \tag{11–11}$$

Abb. 153 zeigt eine L-Form, bei der am Anfang des Lösungsprozesses neben geraden [11] -Rändern gekrümmte Bereiche an den [10] -bzw. [01]-Rändern vorhanden sind. Diese gekrümmten Bereiche verschwinden mit fortschreitender Lösung, und die ebenen Bereiche werden begrenzt von Geraden, die von einem Punkt $x = y$ des Ausgangskreises ausgehen und in Richtung $[0\bar{1}]$ und $[\bar{1}0]$ laufen. Auch in diesem Fall kann man sich die Lösungsform aus der Gleichgewichtsform abgeleitet denken durch Abschneiden der Ecken. Die L-Form wird dann gebildet aus Flächen mit

[13] Obwohl hier der Winkel zwischen den G-Formflächen $\phi < 90°$ ist, ist die obige Betrachtung qualitativ ebenfalls gültig.

der maximalen Dichte an Halbkristall-Lagen. Berücksichtigt man ferner zusätzlich die Wechselwirkung zwischen erst- und zweitnächsten Nachbarn in einem quadratischen Gitter mit rein homöopolaren Bindungskräften, so besteht die G-Form aus {10}- und {11}-Rändern, und die entsprechende L-Form wird begrenzt von geraden [21]-Rändern.

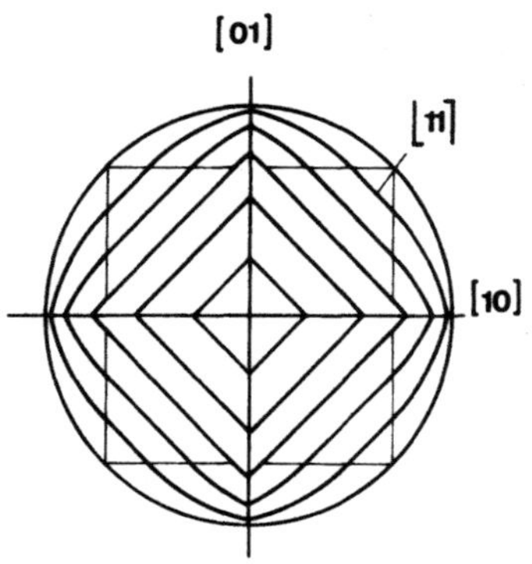

Abb.153. Lösungsformentwicklung für die Lösungszeiten $t = 0, \tau_o, 2'\tau_o..$ für $\nu_G(11)/\nu_G(10) = \infty$

11.3 Der Krümmungsradius der Lösungskörper nimmt zu

Die unter 11.2.1 und 11.2.2 beschriebenen Modelle der Lösungskörperentwicklung gingen davon aus, daß der Krümmungsradius konstant blieb über den gesamten Lösungszeitraum. Zahlreiche experimentelle Ergebnisse zeigen jedoch, daß die Krümmungsradien der Lösungskörper zunehmen (z. B. Ernst [157], Heimann et al. [268], Heimann [261], vgl. auch Abb. 136).

11.3.1 Modell 3a

Die Lösungsgeschwindigkeit wird in diesem Modell bestimmt durch die Abtrennung der Gitterbausteine aus der Halbkristall-Lage und der anschließenden Diffusion des gelösten Stoffes von der reagierenden Oberfläche weg in das Innere der Lösung. Wie beim Modell 2 (vgl. 11.2.2) zeigt sich, daß die Stufenverschiebungsgeschwindigkeit unabhängig vom Abstand der Stufen ist.

Es gilt dann

$$\nu_{S_1} = \alpha \cdot \Delta c_1 \qquad (\Delta c_1 = c_o - c_F) \qquad (11-12)$$

für die Abtrennung aus der Halbkristall-Lage, wobei Δc_1 die Differenz der Konzentration c_o in der gesättigten Lösung und direkt an der Oberfläche c_F ist. Andererseits nimmt die Stufenverschiebungsgeschwindigkeit bei Berücksichtigung der Diffusion in das Innere der Lösung mit dem Stufenabstand s und der Konzentrationsdifferenz Δc_2 zu, wobei Δc_2 die Differenz der Konzentration an der Oberfläche c_F und der Konzentration im Innern der Lösung c_L ist:

$$v_{S_2} = \beta \cdot \sqrt{s^2+1} \cdot \Delta c_2 \;\; (\Delta c_2 = c_F - c_L). \qquad (11-13)$$

Der Wurzelausdruck ergibt sich als Hypothenuse des aus dem Stufenabstand s und der Stufenhöhe 1 gebildeten rechtwinkeligen Dreiecks. Es gilt ferner

$$\Delta c_1 + \Delta c_2 = \Delta c.$$

Im Falle eines stationären Gleichgewichts muß $v_{S_1} = v_{S_2} = v_S$ sein, und man erhält aus den Beziehungen (11–12) und (11–13) die Gleichung

$$v_S = \frac{\alpha \cdot \beta \cdot \sqrt{s^2+1}}{\alpha + \beta\sqrt{s^2+1}} \cdot \Delta c \sim \frac{\sqrt{s^2+1}}{K' + \sqrt{s^2+1}}. \qquad (11-14)$$

Abb. 154(1) zeigt v_S als Funktion von s für $K' = 1$.

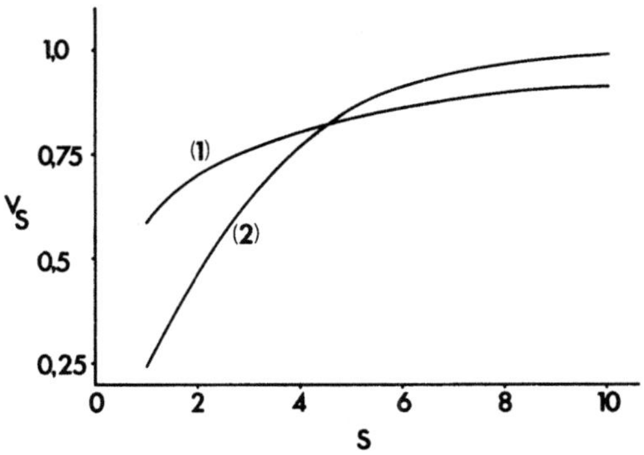

Abb. 154. Verschiebungsgeschwindigkeit der Stufen (v_S) als Funktion des Stufenabstandes s nach Gleichung (11–14) mit $K = 1$ und Gleichung (11–15) mit $K'' = 4$

11.3.2 Modell 3b

Hier wird die Lösungsgeschwindigkeit bestimmt durch die Oberflächendiffusion von adsorbierten Bausteinen, und es ergibt sich nach Burton, Cabrera und Frank [88] bzw. Hirth und Pound [287]

$$v_S \sim \mathrm{tgh}(s/\sqrt{2}\,\bar{x}_s) = \mathrm{tgh}\,(s/K''), \qquad (11-15)$$

wobei $\bar{x}_s$ der mittlere Oberflächendiffusionsweg der adsorbierten Bausteine auf einer Stufe ist. Abb. 154(2) gibt v_S als Funktion von s für $K'' = 4$ wieder.

Beide Funktionen (11–14) und (11–15) haben einen vergleichbaren Verlauf. Für kleine Stufenabstände s nimmt deren Fortschreitgeschwindigkeit mit s zu und nähert sich für große s dem Grenzwert 1. Wann dieser Grenzwert erreicht wird, ist von den Parametern K' bzw. K'' abhängig.

11.3.3 Einfluß der K'- bzw. K''-Werte auf die L-Form

Durch Computersimulation wurden die L-Formen für ein zweidimensionales Gitter ermittelt, bei dem sich die Stufen in Richtung der kristallographischen Achsen verschieben. Die Stufenabstände ergeben sich aus der Gleichung des Kreises $x^2 + y^2 = r_a^2$ mit $s = -dx/dy$. Jeder Punkt des Ausgangskreises wird entsprechend seinem Stufenabstand nach Gl. (11–14) bzw. (11–15) verschoben. Die entstehende L-Form dient als Ausgangsform für den nächsten Lösungsschritt τ, für den dann auch die Stufenabstände neu berechnet wurden.

Abb. 155 zeigt die nach Gl. (11–14) erhaltenen Formen für $K' = 0,1$, 1, 10 und 100.

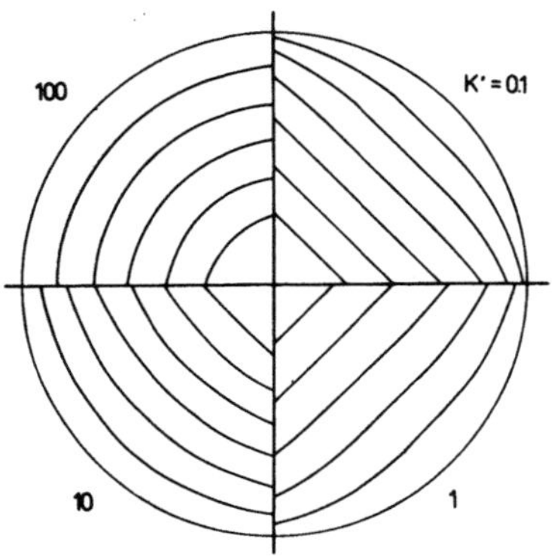

Abb. 155. Lösungsformentwicklung für unterschiedliche Lösungszeiten, berechnet nach Gleichung (11–14) mit $K' = 0.1$; 1; 10; 100 (Computersimulation für ein einfach quadratisches Gitter)

Für $K = 0,1$ ist für $s = 1$ bereits v_s nahezu konstant, so daß die L-Form fast identisch ist mit der von Modell 2. Hier ist also der Diffusionseinfluß sehr gering, und die Stufenverschiebungsgeschwindigkeit kann in guter Näherung nur als Funktion der Geschwindigkeit der Abtrennung aus der Halbkristall-Lage beschrieben werden. Entsprechend bleibt der Krümmungsradius in den nicht ebenen Bereichen nahezu konstant. Im Bereich der [11]-Pole bilden sich von Anfang an ebene Bereiche aus.

Auch bei $K' = 1$ entstehen noch ebene Bereiche. Daher besteht die Lösungsendform aus ebenen [11] -Rändern. Zum Unterschied zu $K' = 0,1$ zeigen aber die Krümmungsradien bei den [10]-Polen wesentlich größere Werte, d. h. die Krümmungsradien nehmen während des Lösungsvorganges zu. Für $K' = 10$ bilden sich keine ebenen Bereiche mehr aus und die [11] -Endform entsteht durch sukzessive Zunahme des Krümmungsradius. $K' = 100$ zeigt zwar noch schwach angedeutet den sich entwickelnden [11] -Rand, jedoch nimmt hier der Krümmungsradius bereits ab. Die Diffusion ist zum geschwindigkeitsbestimmenden Schritt geworden. Lassen wir $K' \to \infty$ gehen, so erhalten wir aus dem Ausgangskreis ebenfalls einen Kreis mit konstantem Mittelpunkt und verkleinertem Krümmungsradius. Auf den dreidimensionalen Fall bezogen bedeutet das, daß bei alleinigem Einfluß der Diffusion aus der Ausgangskugel kein polygonaler L-Endkörper gebildet wird, sondern daß die Kugelgestalt erhalten bleibt (vgl. 9.1.2.1, Abb. 135).

In Abb. 156 ist die Computersimulation nach Gl. (11–15) wiedergegeben für $K''= 0{,}1$, 1, 2 und 50. Bei $K''= 0{,}1$ ergeben sich etwa analoge Verhältnisse wie für $K'= 0{,}1$ bzw. Modell 2. Hier nimmt der Krümmungsradius im Laufe des Lösungsprozesses in den [10]-Bereichen etwas zu, während die [11]-Bereiche nahezu eben sind. Bei $K''= 1$ entstehen keine ebenen Bereiche mehr. Die [11] -Ränder sind gekrümmt, und L-Endform entwickelt sich durch allmähliche Verflachung, d. h. Zunahme des Krümmungsradius. Dieses Modell entspricht zahlreichen experimentellen Ergebnissen (vgl. 11.4).

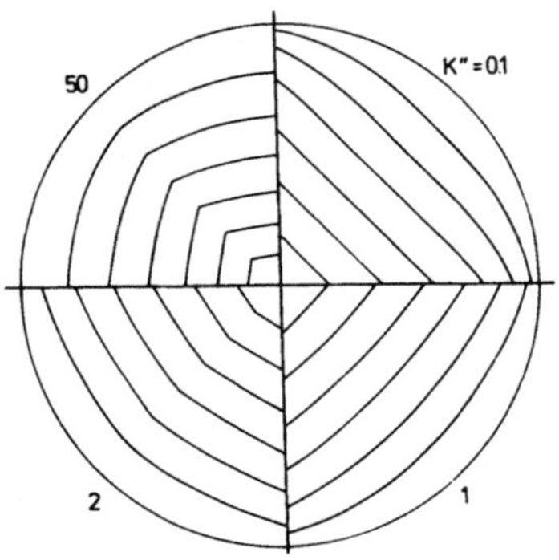

Abb. 156. Lösungsformentwicklung für unterschiedliche Lösungszeiten, berechnet nach Gleichung (11–15) mit $K''= 0.1$; 1; 2 und 50 (Computersimulation für ein einfach quadratisches Gitter)

Für $K''= 2$ bilden sich erstmalig auch in den [11]-Richtungen Ecken aus, die jedoch weniger ausgeprägt sind als in den [10]-Richtungen. Die L-Form wird von acht [hk]-Rändern gebildet und entsteht durch Zunahme des Krümmungsradius.
Noch stärker macht sich diese Tendenz für $K''= 50$ bemerkbar. Die [11]-Ecke ist ausgeprägter als die [10]-Ecke und der Krümmungsradius nimmt nur noch schwach zu. Für nicht zu große s gilt $K'' \sim s$, bzw. $v_s \sim s$. Abb. 157 zeigt diesen Grenzfall,

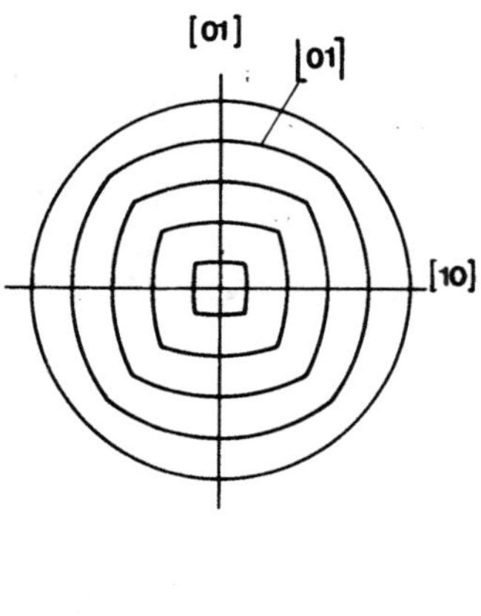

Abb. 157. Lösungsformentwicklung für die Lösungszeiten $t = 0, \tau_0, 2\tau_0, 3\tau_0 \ldots$ für $v_S \sim s$

bei dem der Krümmungsradius konstant bleibt und der Kreismittelpunkt in [0$\bar{1}$]- und [$\bar{1}$0]-Richtung verschoben wird. Einzige Ecke ist in Richtung [11].

11.3.4 Einfluß der Krümmungsradien auf die L-Form

Bei der Auswertung der Computersimulation der Lösungsformen von Abb. 155 und 156 ergab sich, daß die Lösungsränder durch die allgemeine Kreisformel

$$(x + at)^2 + (y + bt)^2 = (r_a + ct)^2 \qquad (11-16)$$

dargestellt werden können (vgl. auch 9.1.2:1).

Für $a > b$ entstehen im Bereich des [11]-Pols ebene Bereiche, für $a < b$ entsprechend Ecken.

Die Berechnung der Parameter a, b und c kann aus Gl. (11–16) in Verbindung mit den Gl. (11–14) und (11–15) erfolgen und ist bei Lacmann, Heimann und Franke [376] abgeleitet. Abb. 158 zeigt das Verhältnis a/b als Funktion von $\log K'(1)$ und

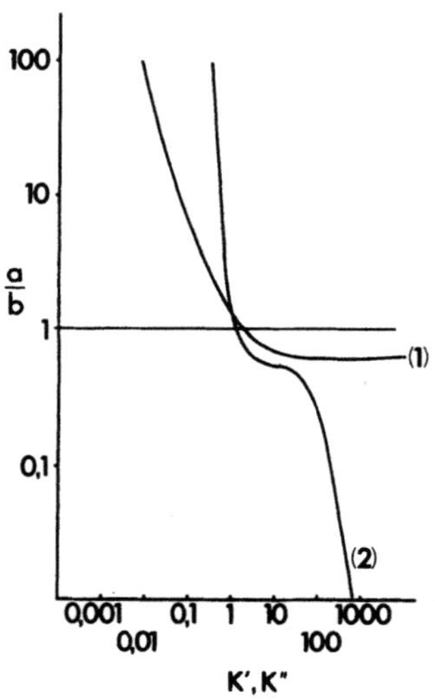

Abb. 158. a/b als Funktion von $\log K'(1)$ nach Gleichung (11–14) und $\log K''(2)$ nach Gleichung (11–15)

$\log K''(2)$. Für $K' < 2$ ist $a/b > 1$, und es entstehen ebene Bereiche am [11]-Pol (vgl. Abb. 155). Für $K' > 2 (a/b < 1)$ sollten am [11]-Pol Ecken entstehen. Für das Modell 3a machen sie sich jedoch in der Simulation (Abb. 155) nicht bemerkbar, da a/b für $K' = \infty$ einem Grenzwert von 0,67 zustrebt. Im Gegensatz hierzu nimmt aber für Modell 3b für große K''-Werte das Verhältnis a/b weiter ab (Abb. 158(2)) und es entstehen am [11]-Pol Ecken für $K'' > 1$ (vgl. Abb. 156).

11.4 Experimentelle Beispiele

Entsprechend den unter 11.2 abgeleiteten Beziehungen zwischen Gleichgewichtsformflächen und Lösungsformflächen ist es für viele Verbindungen möglich, die vorausgesagten Ergebnisse auch experimentell zu verifizieren. Zahlreiche Lösungsformen sind mit den zugehörigen Gleichgewichtsformen in Tab. 16 des Anhangs A angegeben. Für einige Verbindungen mit übersichtlicher Kristallstruktur und hoher Symmetrie sind nachstehend experimentelle Daten der Einkristallkugel-Auflösung wiedergegeben.

11.4.1 Germanium, Silizium

Germanium und Silizium kristallisieren im Diamant-Gitter, dessen Gleichgewichtsform bei Wirkung nur erstnächster Nachbarn ausschließlich aus {111}Flächen besteht.

Unter Berücksichtigung auch der zweitnächsten Nachbarn (Heyer [280]) oder bei Adsorption von Fremdstoffen (Knacke und Stranski [345]) tritt {100} in die G-Form ein. Entsprechend der molekularkinetischen Theorie sollte es daher möglich sein, die L-Formen von Einkristallkugeln von Germanium und Silizium durch die unterschiedlichen Anteile von {111} und {100} in der G-Form als Funktion der Zusammensetzung des Lösungsmittels zu deuten. Ellis [147], [148], Camp [94], Batterman [30] und kürzlich Franke et al. [184] untersuchten die Auflösung von Ge-Einkristallkugeln im System HNO_3-HF-CH_3COOH bzw. H_2O_2-HF. Die L-Formen sind in Abhängigkeit von der Zusammensetzung in Abb. 159 wiedergegeben. Geht

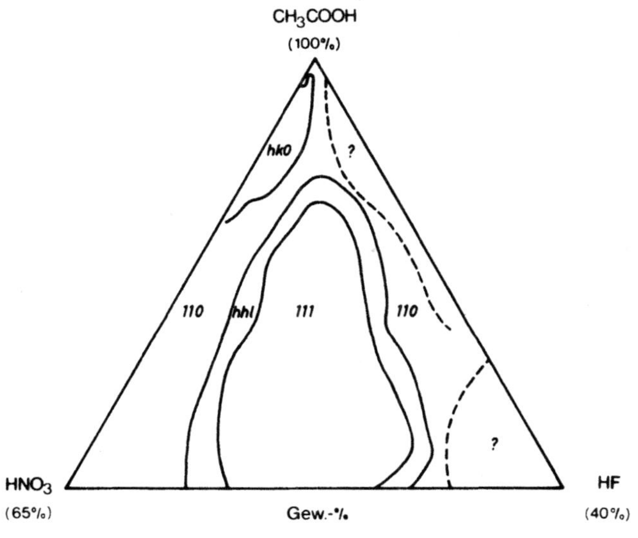

Abb. 159. L-Formen von Germanium im System HNO_3-HF-CH_3COOH (Franke, Heimann und Lacmann [184])

man von einer Zusammensetzung von 20 % HNO_3 (65%), 30% HF (40%) und 50% CH_3COOH aus und hält den HNO_3-Gehalt konstant, so führen abnehmende Verhältnisse HF/CH_3COOH zu einer Serie von L-Formen [111] → [*hhl*] → [110] → [*hk0*]. Wenn Lösungsmittelzusammensetzungen, die zu [110] oder [hk0] führen, mit Wasser verdünnt werden, so ergeben sich L-Formen [100]. Bei der Auflösung von Hohlhalbkugeln von Ge wurden {111} und {100} in wechselnden Flächenanteilen gefunden, entsprechend dem Prinzip der qualitativen Korrespondenz (s. oben). Abb. 160

zeigt schematisch die Zusammenhänge zwischen theoretischer G-Form, experimentell ermittelter G-Form durch Hohlhalbkugelätzung auf (111) und experimenteller L-Form. Abb. 161 gibt eine Photographie der Serie der L-Formen von Germanium im System HNO_3-HF-CH_3COOH wieder.

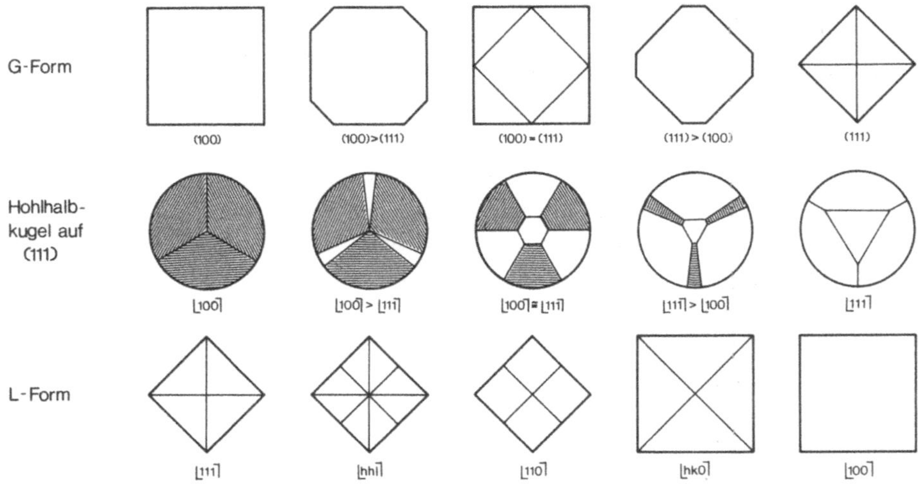

Abb. 160. Gegenüberstellung der G-Formen und der experimentell ermittelten Lösungsformen von Konkav- und Konvexkörpern von Germanium im System HNO_3-HF-CH_3COOH (Franke, Heimann und Lacmann [184])

Abb. 161. Lösungskörper aus Germaniumkugeln im System HNO_3(65%)–HF (40%)–CH_3COOH bei 25°C. Obere Reihe von links: ⌊110⌉ aus 90 Gew.% HNO_3, 5 Gew.% HF, 5 Gew.% CH_3COOH; ⌊*hk 0*⌉ aus 18 Gew.% HNO_3, 2 Gew.% HF, 80 Gew.% CH_3COOH; ⌊100⌉ aus 52 Gew.% HNO_3, 25 Gew.% HF, 23 Gew.% CH_3COOH + Br_2, verdünnt mit H_2O im Verhältnis 1:1.
Untere Reihe von links: ⌊*hhl*⌉ aus 15 Gew.% HNO_3, 15 Gew.% HF, 70 Gew.% CH_3COOH; ⌊111⌉ aus 35 Gew.% HNO_3, 30 Gew.% HF, 35 Gew.% CH_3COOH.
V = 3,3 x, Zeiß-Tessovar

Im Gegensatz zu Germanium entwickelt Silizium in sauren Medien keine deutlichen Lösungsformen[14]. Mit KOH ergaben sich als Lösungskörper [100] und [hk0] mit steigender Konzentration des Lösungsmittels bzw. {111} und {111} > {100} in der Hohlhalbkugel-Lösungsform (Shamba [545], [546], Franke et al. [184]). Abb. 162

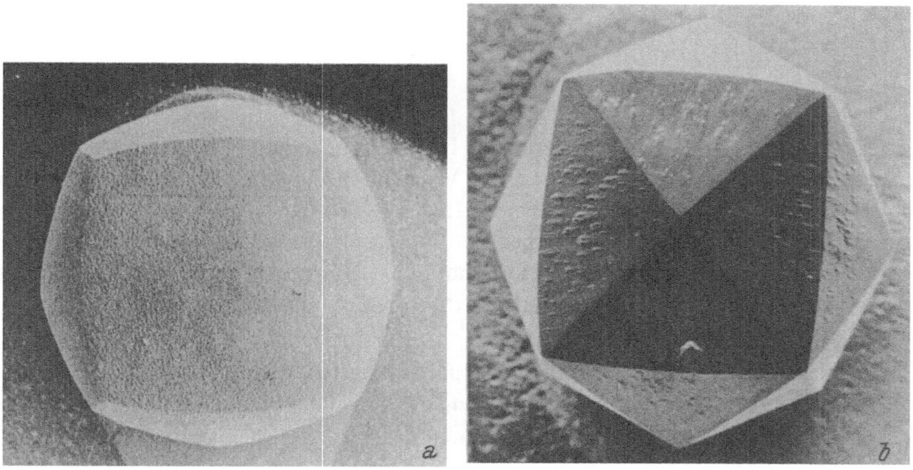

Abb. 162. Lösungskörper von Silizium
(a) 1 N NaOH, 100°, 3,75 h, V = 28 x. (b) 7,5 N KOH, 100°, 3 h, V = 14 x

zeigt zwei [100] - bzw. [hk0] -Lösungskörper von Silizium. Als Grundannahme der molekularkinetischen Theorie wurde in Kapitel 11.1 und 11.2 betont, daß die L-Formflächen aus Terrassen von G-Formflächen bestehen (Stranski [568], Burton et al. [88]). Abb. 163a zeigt eine rasterelektronenmikroskopische Aufnahme des

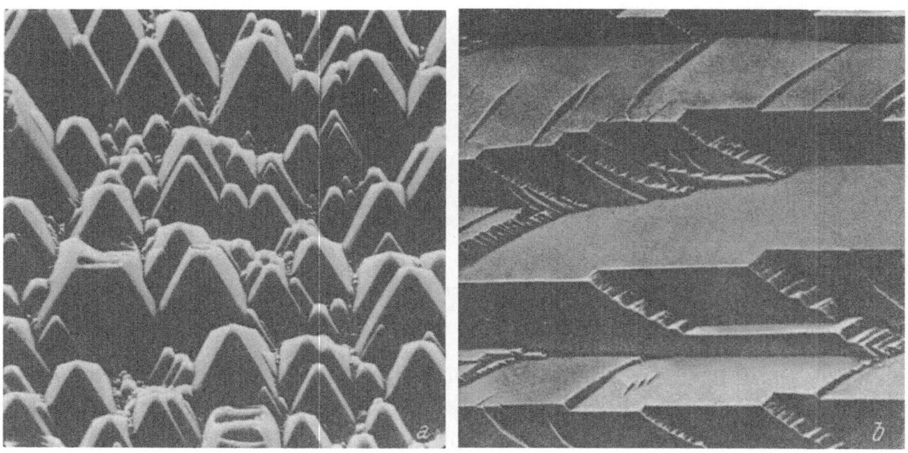

Abb. 163. (a) (111)-Terrassen auf [100] von Silizium in Richtung [111]. L-Form von Abb. 162a. V = 1300 x. Stereoscan.
(b) Glatte (111)- und gestufte (100)-Terrassen auf [hk0] von Germanium. Richtung [110]. V = 1200 x. Stereoscan

---

[14] Lediglich Ätzlösung nach Sirtl [553] (Chromsäure/Flußsäure) gibt [100] -Lösungskörper.

in Abb. 162a dargestellten [100]-Lösungskörpers von Silizium in Richtung [111]. Es ergibt sich, daß die [100]-Fläche aus Terrassen der G-Formfläche (111) besteht. Abb. 163b gibt die Terrassen der G-Formflächen (111) und (100) eines [*hk0*]-Lösungskörpers von Germanium wieder.

11.4.2 Magnesiumoxid, Spinelle

Magnesiumoxid besitzt ein Steinsalzgitter. Unter Berücksichtigung der erstnächsten Nachbarn ist {100} alleinige G-Form. Bei Vorhandensein von Fremdstoffen können auch {110} und {111} in die G-Form eintreten (Kern [334]). In der Tat lassen sich die am MgO gefundenen L-Formen deuten unter der Annahme, daß wechselnde Anteile von {100}, {110} und {111} an der G-Form in Abhängigkeit von Temperatur und Konzentration des Lösungsmittels die Morphologie bestimmen (Heimann et al. [269]).

HCl führt bei niedrigen Konzentrationen unabhängig von der Temperatur zu [*hk0*], bei höheren Konzentrationen (> 2N) zu [*hll*](Abb. 164a)[15]. Häufig sind Übergangs-

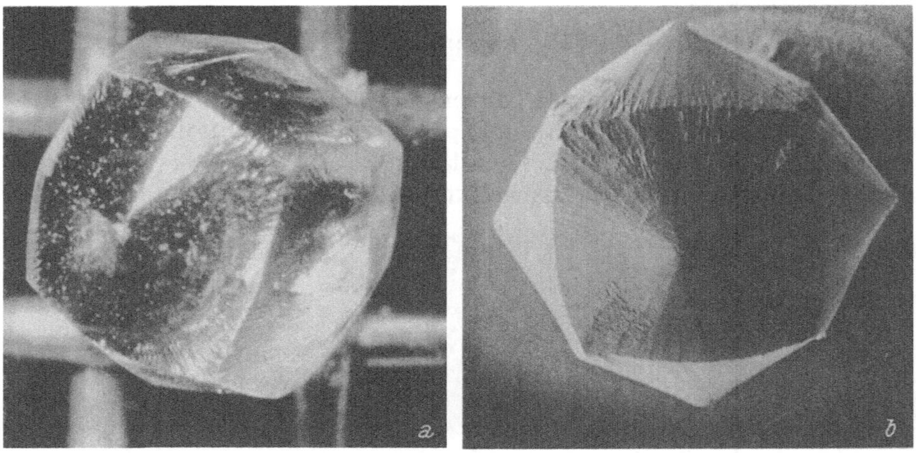

Abb. 164. Lösungskörper von Magnesiumoxid
(a) ≈ [722], 4.5 N HCl, 100°C, V = 18 x. (b) Übergangsform [*hk0*]→[*hll*], 0.3 N HCl, 65°C. V = 18 x

formen mit Streifungen, die von der vierzähligen Achse in Richtung der dreizähligen Ecken des Lösungskörpers laufen (Abb. 164b). Bei hohen HCl-Konzentrationen (6N) tritt ein Ikositetraeder [*hll*] mit ausgeprägten Ätzhügeln (111) auf (Abb. 8). Ähnliche Verhältnisse liegen bei der Auflösung von MgO-Kugeln in H_2SO_4 vor. Hier liegt der Übergang [*hk0*]→ [*hll*] bei etwa 0,5N.

[15] Ein sehr gut ausgebildeter Lösungskörper der ungefähren Indizierung [833] ist bei Kleber [674] in Bild 3.42 aufgeführt.

Im Gegensatz zur Auflösung in HCl und H_2SO_4 ist die L-Form bei der Auflösung in $HClO_4$ stark temperaturabhängig. Bei 20°C durchlaufen die L-Formen die Reihe $\lfloor hk0\rfloor$ (0,5–4N) über $\lfloor 110\rfloor$ (~ 5N) bis $\lfloor 111\rfloor$ (12N), bei 100°C von $\lfloor hhl\rfloor$ (0,5N) über $\lfloor hkl\rfloor$ (1–4N) bis zu $\lfloor hkl\rfloor \approx \lfloor 111\rfloor$ (12N).

Auch die Lösungsformen von Hohlhalbkugeln zeigen Übereinstimmung mit der Theorie. Sie geben die jeweiligen Flächenanteile der {100}-, {110}- und {111}-Flächen an der G-Form wieder (vgl. Tab. 9 und 8).

Die Lösungsexperimente von MgO liefern alle in der Punktgruppe m3m möglichen Formen, jedoch mit sehr unterschiedlichen Existenzbereichen. So konnte z. B. das Trisoktaeder $\lfloor hhl\rfloor$ nur bei Verwendung von 0,2N $HClO_4$ und der Würfel $\lfloor 100\rfloor$ nur entweder mit 5M H_3PO_4 bei 100°C oder mit 12N HCl, gesättigt mit $FeCl_3$ bei 65°C erhalten werden.

Rasterelektronenmikroskopische Untersuchungen ergaben, daß auch bei MgO die L-Formflächen aus Terrassen von G-Formflächen bestehen. Abb. 165a zeigt (100)-Terrassen einer $\lfloor 111\rfloor$-Fläche in Richtung [110], Abb. 165b (100)- und (111)-Ter-

Abb. 165. (a) Terrassen von (100) auf $\lfloor 111\rfloor$. Richtung [110]. 12 N $HClO_4$, 20°C. V=700x. Stereoscan.
(b) Terrassen von (100) und (111) auf $\lfloor 110\rfloor$. Richtung [210]. 7 N $HClO_4$, 20°C. V=600x. Stereoscan

rassen einer $\lfloor 110\rfloor$-Fläche in Richtung [210]. Die L-Formen von Spinellen sind vergleichsweise monoton. Magnetit zeigte nach den bisherigen Experimenten nur $\lfloor 100\rfloor$ als L-Form (Mielke [417], Rösch [502]). Magnesium-Aluminium-Spinell ergibt bei der Auflösung unter hydrothermalen Bedingungen (Franke und Heimann [183]) und in zahlreichen Schmelzen (Franke [182]) ebenfalls $\lfloor 100\rfloor$, in $KHSO_4$- bzw. $K_2S_2O_7$-Schmelze dagegen ein $\lfloor hk0\rfloor$ der ungefähren Lage $\lfloor 210\rfloor$ (Rinne [494], Franke [182]).

Die korrespondierenden G-Formen sind damit {111} bzw. {111} > {100}. Hartman [247] ermittelte mit der PBC-Methode als dominierende Fläche der Spinellstruktur {111}, zu der neben {113} auch {100} bei hohen Übersättigungen treten kann.

11.4.3 Rutil, Magnesiumfluorid

Die Untersuchung des Rutilgitters mit der PBC-Methode (Hartman [264], Felius und Hartman [168])ergab als Hauptbindungsrichtungen [001] und [111] (vgl. auch 7.1.2.4). Damit sind {101} und {110} F- bzw. G-Formflächen (Abb.166 C und D). Bei Anwendung eines elektrostatischen Modells (Woensdregt und Felius [638]) tritt auch {100} in die G-Form ein (Abb. 166A).

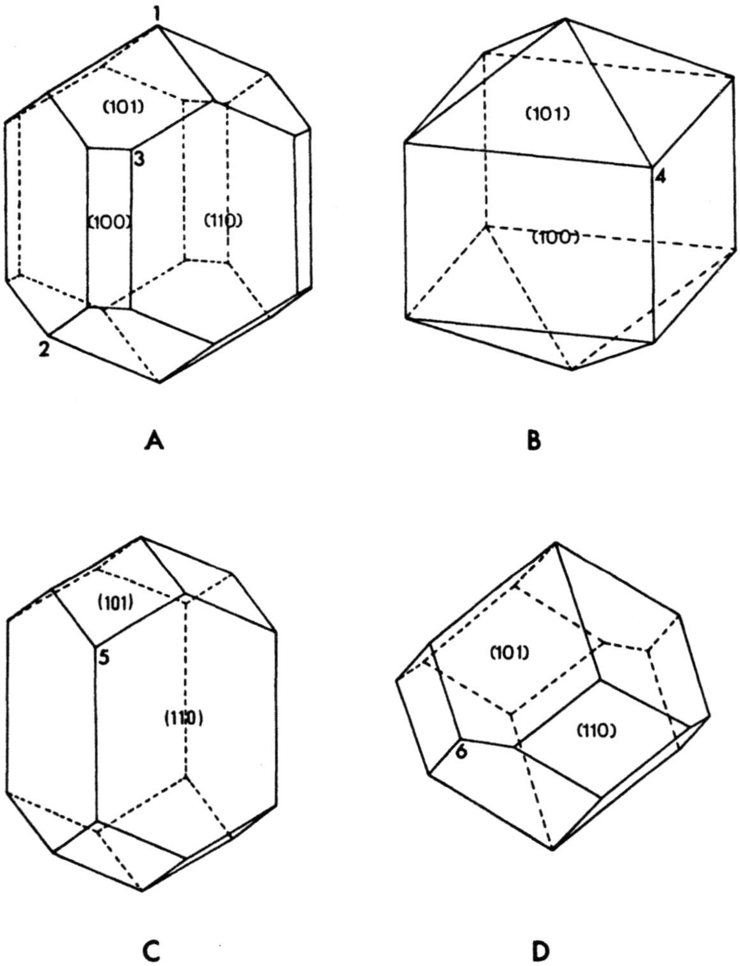

Abb.166. Theoretische Gleichgewichtsform-Polyeder für AX_2-Verbindungen mit Rutilstruktur (vgl.Tab.11)

Entsprechend der molekularkinetischen Theorie der Kristallauflösung lassen sich die beobachteten L-Formen auf die G-Formflächen {101}, {110} und/oder {100} zurückführen (Lacmann, Franke und Heimann [374], vgl. Tab. 11, 12).

Tabelle 11. G- und L-Flächen von Rutil-Einkristallen (vgl. auch Tab. 12)

G-Flächen	L-Flächen theoretisch	L-Flächen beobachtet	Lösungsmittel
{110} > {101} {100}	[001] + [*hhl*] + [*hkl*]	[001]* + [998]* + [531]	$K_2S_2O_7$ (vgl. Abb. 167)
{101}, {100}	[001] + [*hhl*]	[001]* + [331]	KHF_2 (vgl. Abb. 141b)
{101} > {110}	[001] + [*hhl*] +	[001]* + [221] + [210]	$KHF_2/K_2S_2O_7$ (1:3) $NaF/K_2S_2O_7$ (1:3)
	[*hk0*]	[001]* + [553] + [530]	conc. H_2SO_4

* Diese Flächen verschwinden im Laufe des Lösungsprozesses.

Tabelle 12. Ableitung der Morphologie der L-Form für AX_2-Verbindungen mit Rutilstruktur

G-Form: Ecke bestehend aus:	L-Fläche	Zeichnung*	Ecke-Nr.*
$(101) + (011) + (\bar{1}01) + (0\bar{1}1)$	[001]	A	1
$(10\bar{1}) + (0\bar{1}\bar{1}) + (1\bar{1}0)$	[*hhl*]	A	2
(101) + (110) + (100)	[*hkl*]	A	3
(101) + (011) + (100) + (010)	[*hhl*]	B	4
$(101) + (110) + (1\bar{1}0)$	[*h0l*]	C	5
$(101) + (10\bar{1}) + (1\bar{1}0)$	[*hk0*]	D	6

G-Flächen*	L-Flächen	Rutil, Lösungsmittel	MgF_2, Lösungsmittel
A {110}+{101}+{100}	[001] + [*hhl*] + [*hkl*]	$K_2S_2O_7$	$H_2SO_4 \cdot H_2O$
B {101}+{100}	[001] + [*hhl*]	KHF_2	H_2SO_4 conc.
C {101} < {110}	[001] + [*hhl*] + [*h0l*]	–	$HClO_4$
D {101} > {110}	[001] + [*hhl*] + [*hk0*]	H_2SO_4 conc., $NaF/K_2S_2O_7$(1:3) $KHF_2/K_2S_2O_7$(1:3)	–

* vgl. Abb. 166

Abb. 141 zeigt einen mit KHF_2-Schmelze bei 600°C erhaltenen Lösungskörper, der von den Flächen [331] begrenzt wird. Die Basis-„Flächen" entsprechen der ursprünglichen Kugeloberfläche und verschwinden im Laufe des Lösungsprozesses, d. h. sie gehören nicht zur Lösungsendform.

Alkalische Schmelzen wie KOH, Alkalikarbonate und PbO lösen zwar sehr intensiv, erhalten jedoch die Kugelgestalt. Offensichtlich ist der Lösungsmechanismus diffusionskontrolliert (Heimann, Franke und Lacmann [268]). Im wesentlichen ähnliche Ergebnisse ergaben sich beim mit Rutil isotypen Magnesiumfluorid (Franke [182]). Auch hier besteht die G-Form aus den Flächen {101}, {110} und {100}. Als L-Flächen sollten dann auftreten $\lfloor hkl \rceil$, $\lfloor hhl \rceil$ und $\lfloor 001 \rceil$. Siedende H_2SO_4 (85 bis 50%) erzeugt eine L-Form, die in der Tat aus Flächen $\lfloor hkl \rceil$, $\lfloor hhl \rceil$ und $\lfloor 001 \rceil$ besteht[16]. Die Lösungsform in $H_2SO_4 \cdot H_2O$ ist analog zu der von Rutil in $K_2S_2O_7$-Schmelze. Abb. 167 zeigt die Lösungsform von MgF_2 in siedender $H_2SO_4 \cdot H_2O$.

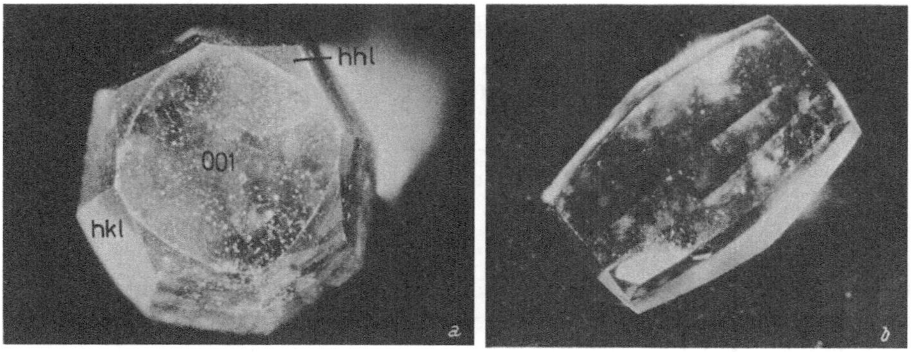

Abb. 167. L-Form von MgF_2 in siedender $H_2SO_4 \cdot H_2O$.
(a) Parallel [001], V = 30 x. (b) Senkrecht [001], V = 10 x

Bei der Auflösung in konzentrierter Perchlorsäure wird die Fläche $\lfloor hhl \rceil$ aus der L-Endform eliminiert, so daß diese nur aus $\lfloor hkl \rceil + \lfloor 001 \rceil$ besteht. In H_3PO_4 (85%) bildet sich bei 300°C nur die $\lfloor 001 \rceil$ aus. Der Lösungskörper ist diskusartig, und sein Äquator wird von der ursprünglichen Kugeloberfläche gebildet, die durch Ätzgruben stark aufgerauht ist. Er entspricht der Gl. (11–10) unter der Bedingung $\nu_{(110)} \ll \nu_{(101)}$.

11.4.4 Quarz

Die Lösungsformen von Quarz sind von zahlreichen Autoren in verschiedenen Medien untersucht worden (Meyer und Penfield [416], Gill [198], Lincio [388], Nacken [431], Heimann et al. [261], [264], [265], [271], [273], [274]). Die Ermittlung der G-Form von Quarz wurde von Hartman [242] mit der PBC-Methode und von Woensdregt [637] durch Berechnung der Oberflächenenergien der einzelnen Flächen mit einem elektrostatischen Modell (z. B. Hartman [240]) vorgenommen. Die Hauptbindungsvektoren des Quarzgitters verlaufen in [00.1]-, [01.1]- und [10.0]-Richtungen. Damit sind F- bzw. G-Flächen in der Reihenfolge ihrer Oberflächenener-

[16] Mit abnehmender H_2SO_4-Konzentration wurde das Verhältnis der Zentraldistanzen in Richtung [001] und [100] immer kleiner, d. h. die Lösungskörper werden gedrungener. Gleichzeitig werden die Oberflächen rauher.

giewerte $\{10\bar{1}0\}$, $\{10\bar{1}1\}$ und $\{01\bar{1}1\}$. Bei der Auflösung von Quarzkugeln in reiner Flußsäure entstehen relativ kompliziert aufgebaute Lösungskörper ([416], [431], [273]), die neben drei großen trigonalen Prismenflächen $[hh\overline{2h}0]$ auch Rhomboeder $[h0\bar{h}l]$- und Trapezoederflächen $[hkil]$ zeigen. Bei steigender Temperatur des Lösungsmittels findet ein Trachtwechsel von Trapezoeder- zu Rhomboederflächen statt (Heimann und Willgallis [273]).

Die Korrelation zwischen G-Flächen und L-Flächen ist für diese Beispiele schwierig und führte bislang zu keinen befriedigenden Ergebnissen. Von großem Interesse sind jedoch die Einflüsse organischer Lösungsgenossen auf die L-Formen von in Flußsäure gelösten Quarzeinkristall-Kugeln (Heimann und Franke [264]). Tab. 13 gibt einen Überblick über die Änderung der Tracht der L-Formen. Carbonsäuren und Ketone, also Substanzen mit einer –C=O-Gruppe und mindestens einem hydrophoben Alkylrest bewirken die bevorzugte Ausbildung von Pyramidenflächen, während Alkohole und Äther, also Moleküle mit einfacher C-O-Bindung und hydrophoben Alkylresten zur Unterdrückung der Pyramidenflächen führen. Solche Lösungskörper sind bevorzugt von Rhomboederflächen begrenzt.

Tabelle 13. L-Flächen von Quarz, gelöst in Flußsäure mit organischen Lösungsgenossen (Gesamtlösung 5n an HF). Große Kreise symbolisieren trachtbestimmende Flächen, kleine Kreise untergeordnete bzw. seltene Formen; Vierecke zeigen Hillock-Flächen an. (Aus Heimann und Franke [264]).

	Rhomboeder				Pyramiden				Prisma	Basis
	$(10\bar{1}1)$	$(10\bar{1}2)$	$(10\bar{1}3)$	$(10\bar{1}9)$	$(11\bar{2}1)$	$(11\bar{2}2)$	$(11\bar{2}3)$	$(22\bar{4}3)$	$(\bar{1}\bar{1}20)$	(0001)
Essigsäure					O	O			O	o
Propionsäure					O				O	o
Methylisobutylketon						O			O	o
Cyclohexanon			o			O			O	o
n-Propanol	O	O							O	o
n-Butanol	O	O								o
sek. Butanol	O	□	□						o	o
iso-Butanol	O	□	O							o
Dioxan	O		O						o	o
Tetramethylharnstoff	O□		□							O
N-Acetylpiperidin	O	O								O
Ameisensäure	O	O	O							O
Diäthylacetamid	O	□						O		O
N-Methylpyrrolidon		□	O□		O			O		O
γ-Butyrolacton		□	□	□	O			O		O
Dimethylformamid	O□	□	□			O□	□	□		
Wasser		O	o	o		O			O	

Lösungsgenossen, die neben hydrophoben Alkylgruppen eine C=O-Gruppe und unmittelbar folgend ein Stickstoffatom besitzen, erzeugen Endkörper, die sich durch eine große Basisfläche, das Fehlen von trigonalen Prismen und das Nebeneinanderauftreten von Rhomboedern und Pyramiden auszeichnen.

Offensichtlich werden die organischen Fremdstoffe flächenspezifisch adsorbiert. Seifert, Buhl und Seifert [540] und Seifert [541] konnten zeigen, daß an Quarzgrenzflächen die obersten an Si nur einseitig gebundenen O-Ionen vermutlich überwiegend als OH-Gruppen vorliegen. Für die Adsorption von Fremdmolekeln sind daher besonders Dipolkräfte, die zur Ausbildung von Wasserstoffbrückenbindungen führen, in Betracht zu ziehen. Wie bereits Wirtz [636] angab, ist aufgrund der Reihenfolge der Stärke ihrer Wasserstoffionenakzeptor- bzw. donatorwirkung eine Anzahl von organischen polaren Lösungsmitteln in der Lage, Wasser aus der Adsorptionsschicht zu verdrängen[17].

Bevorzugte Adsorption hängt von gitterenergetischen und gittergeometrischen Faktoren ab. Es wird auch quantitativ noch zu zeigen sein, wie und wo die organischen Lösungsgenossen adsorbiert werden, um die Trachtänderung der Lösungskörper voll verstehen zu können. Lösungsexperimente unter hydrothermalen Bedingungen in rein wässrigen und neutralen und alkalischen Alkalisalzlösungen bei Drucken bis 4 kbar und Temperaturen bis 750° wurden von Heimann, Franke und Willgallis [270], [271] vorgenommen. Hier ist die Tracht der Lösungskörper erheblich übersichtlicher als im Flußsäure-System. Abb. 168 zeigt schematisch Prismenabwicklungen der Lösungskörper (Morphogramme). Es ist ersichtlich, daß mit zunehmendem

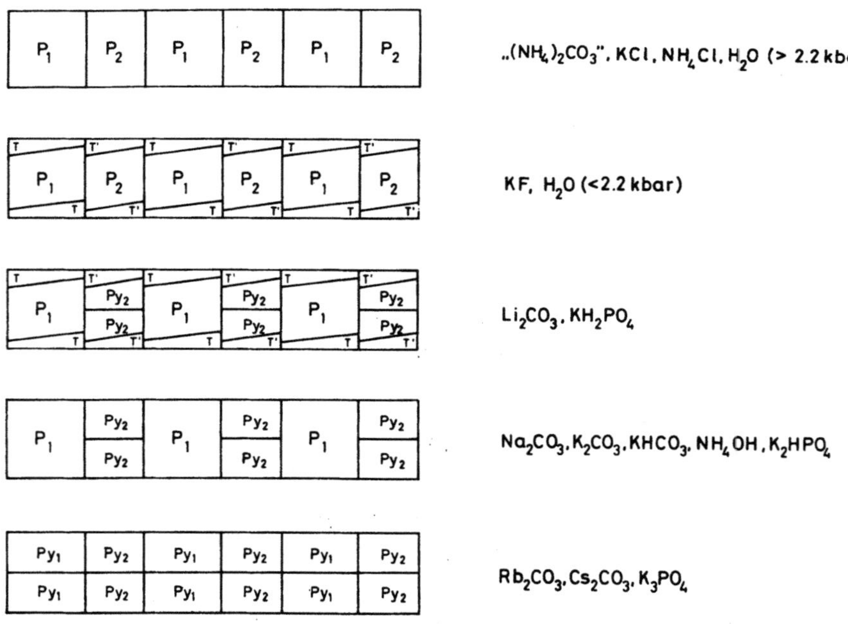

Abb.168. Prismenabwicklung der Lösungskörper von Quarz (Morphogramme) unter hydrothermalen Bedingungen (aus Heimann et al. [271])

[17] Die Untersuchung der Wirkung solcher Vorgänge auf die Flotation und Angaben über die Adsorption kationenaktiver organischer Sammler an Quarzoberflächen wurden kürzlich ausführlich von Ney [441] veröffentlicht.

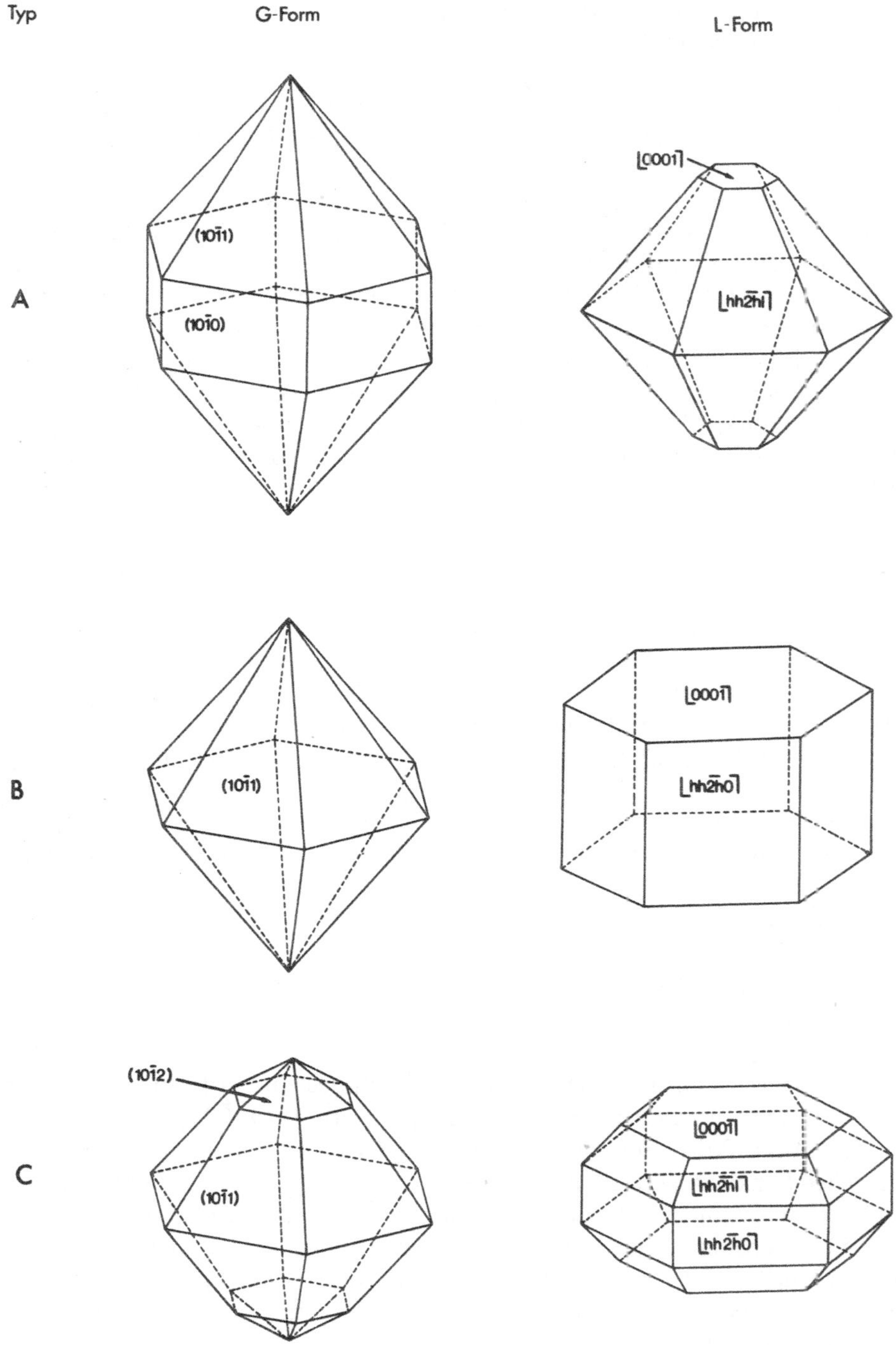

Abb. 169. Gegenüberstellung von G- und L-Formen bei der Auflösung von Hochquarz ([261])

pH-Wert der Lösungen die trigonalen Prismen $[11\bar{2}0]$ und $[2\bar{1}\bar{1}0]$ sukzessive durch Pyramiden $[hh\overline{2h}l]$ und $[2h\bar{h}\bar{h}l]$ ersetzt werden. Intermediär treten Trapezoeder $[hkil]$ auf.

Fluoridische Schmelzen, z. B. NaF lösen Quarz zwar sehr schnell, jedoch kommt nach kurzer Zeit die Reaktion durch Ausbildung einer silikatischen hochviskosen Reaktionsschicht zum Stillstand. Der geschwindigkeitsbestimmende Schritt des Vorganges ist dann nur noch die Diffusion durch die Reaktionsschicht, und es bilden sich keine Lösungspolyeder mehr – der Lösungskörper bleibt weitgehend kugelförmig. Die Entfernung dieser Reaktionsschicht kann durch einen turbulenten Gasstrom erfolgen [274], jedoch ist es bequemer, der Schmelze Komponenten zuzusetzen, die die Reaktionsschicht abbauen (Heimann [261]).

Tab. 14 gibt eine Übersicht über die G-Formen von Hoch-Quarz und daraus abgeleitete L-Formen. Ihr Vergleich mit den experimentell beobachteten L-Formen zeigt, daß für diese Fälle das molekularkinetische Modell voll anwendbar ist. Aus Abb. 169 ist die Entwicklung der L-Formen aus den theoretischen G-Formen ersichtlich.

Tabelle 14. G- und L-Flächen von Hochquarz [261]

G-Form	L-Form (theoretisch)	L-Form (experimentell)	Lösungsmittel	Typ
$\{10\bar{1}0\}+\{10\bar{1}1\}$	$[hh\overline{2h}l]+[0001]$	$[11\bar{2}2]+[0001]$	NaF-$K_2S_2O_7$	A
$\{10\bar{1}1\}$	$[11\bar{2}0]+[0001]$	$[11\bar{2}0]+[0001]$	NaF-V_2O_5	B
$\{10\bar{1}1\}+\{h0\bar{h}l\}$*	$[11\bar{2}0]+[hh\overline{2h}l]$ $+[0001]$	$[11\bar{2}0]+[hh\overline{2h}l]$ $+[0001]$	NaF-$K_2Cr_2O_7$	C

* Um die L-Form zu erklären, muß eine Fläche $\{h0\bar{h}l\}$, z. B. $\{10\bar{1}2\}$ berücksichtigt werden.

11.4.5 Korund

Auch bei der Untersuchung der Lösungsformen von Korund-Einkristallkugeln zeigt sich, daß es möglich ist, die L-Formen auf die G-Formen zurückzuführen (Siesmayer [550], Siesmayer et al. [551], Heimann [263]).

Die Gleichgewichtsform wurde nach der PBC-Methode von Hartman [245] berechnet[18]. Danach gehören zur G-Form die Flächen $\{10\bar{1}2\}$, $\{11\bar{2}0\}$, $\{\bar{1}014\}$, $\{11\bar{2}3\}$, $\{\bar{1}015\}$ und $\{0001\}$. Eine neuere Berechnung (Hartman [248]) mit einem elektrostatischen Punktladungsmodell unter Berücksichtigung nur der Coulomb-Kräfte ergibt eine G-Form mit fehlender Pyramide $\{11\bar{2}3\}$ und fehlendem Rhomboeder $\{\bar{1}015\}$. Das Rhomboeder $\{10\bar{1}2\}$ ist wichtigste G-Formfläche; in der morphologischen Rangfolge treten dann $\{11\bar{2}0\}$, $\{0001\}$ und $\{\bar{1}014\}$ hinzu. Aus Tab. 15, die die Gegenüberstellung der G- und L-Formen für Korund unter Berücksichtigung der Hohlhalbkugelätzung enthält, geht hervor, daß sich alle beobachteten L-Formen

[18] Eine analoge Berechnung der G-Form für den mit Korund isotypen Hämatit (α–Fe_2O_3) liegt inzwischen von Bessières und Baro [42] vor (vgl. auch [43]).

durch wechselnde Anteile der Flächen $\{10\bar{1}2\}$, $\{11\bar{2}0\}$, $\{10\bar{1}4\}$ und $\{0001\}$ an dem G-Formpolyeder erklären lassen.
Ausgehend vom theoretischen G-Formpolyeder (Typ I), das aus den oben genannten Flächen gebildet wird, erhält man durch Abschneiden der Ecken eine L-Form, die aus zwei um 60° versetzten Rhomboedern und zwei Skalenoedern besteht (Abb. 170). Experimentell wurde das bei der Auflösung von Korund in $K_2S_2O_7$-Schmelzen gefunden, wobei je nach gewählter Temperatur entweder ein Rhomboeder oder ein Skalenoeder in der L-Endform erhalten bleibt (Tab. 15). Auch PbO-PbF_2-Schmelzen (Molverhältnis 1:1) gehören hierher[19]. Die Hohlhalbkugel-Ätzung

Tabelle 15. G- und L-Formen von Korund

Lösungsmittel	Theoretische L-Form (vgl. Abb. 170)	Experimentelle L-Form	Typ	Theoretische G-Form (vgl. Abb. 170)	Experimentelle* G-Form (HHK) (vgl. Abb. 171)
1. $K_2S_2O_7$	$[0\bar{h}hl]$, $[\bar{h}0hl]$, 2 $[hkil]$			$\{0001\}+\{11\bar{2}0\}+\{10\bar{1}2\}+\{\bar{1}014\}$	(0001), 3$(\bar{h}0hl)$ $(h0\bar{h}l)$, $(hkil)$
< 800°C		$[10\bar{1}3]>[14.\bar{5}.\bar{9}.18]$	I		
>800°C		$[14.\bar{5}.\bar{9}.18]>[10\bar{1}3]$			
2. PbO-PbF_2 (1:1), 950°C	$[0h\bar{h}l]$, $[\bar{h}0hl]$, 2 $[hkil]$	$[12\bar{3}1]>[30\bar{3}5]>[\bar{5}054]>[4.\bar{1}\bar{8}.14.15]$	I	$\{0001\}+\{11\bar{2}0\}+\{10\bar{1}2\}+\{\bar{1}014\}$	(0001), 3$(\bar{h}0hl)$, $(h0\bar{h}l)$, 2$(hkil)$, $(hh\bar{2}h0)$
3. 0,1m KF 600°C 3 kbar	$[\bar{h}0hl]$, 2 $[\bar{h}h0l]$	$[\bar{5}054]>[\bar{1}015]>[10\bar{1}3]$, $[60\bar{6}1]$	II	$\{0001\}+\{11\bar{2}0\}+\{10\bar{1}2\}$	(0001), $(\bar{h}0hl)$, $(h0\bar{h}l)$
4. V_2O_5 950°C	$[h0\bar{h}l]$	$[\bar{5}054]$	III	$\{0001\}+\{10\bar{1}2\}$	(0001), $(\bar{h}0hl)$, $(h0\bar{h}l)$

* Aufgrund der ungünstigen Geometrie der Hohlhalbkugel (Vermessung !) sind Prismenflächen $(hh\overline{2h}0)$ nur in Ausnahmefällen (PbO-PbF_2) zu beobachten.

(Abb. 171) zeigt Flächenelemente, die der Basis, drei Rhomboedern 1. Stellung, einem Rhomboeder 2. Stellung und mindestens einem Skalenoeder entsprechen. Eliminieren wir die Fläche $\{\bar{1}014\}$ aus der G-Form (Typ II), so erwarten wir theoretisch in der L-Form drei verschiedene Rhomboeder (ein Rhomboeder 1. Stellung, zwei Rhomboeder 2. Stellung). Die Auflösung in 0,1 molaren Alkalisalzlösungen (K_2HPO_4, KH_2PO_4, K_2SiO_3, K_2CO_3, KF und NaF) bei 600°C und

[19] Die L-Endform ist in diesem System eine Funktion der Zusammensetzung der Schmelze. Reines PbF_2 bei 950°C führt zu $[10\bar{1}2]$ (vgl. Auflösung in H_3PO_4), PbO-PbF_2 (1:1) zu $[12\bar{3}1]$, PbO-PbF_2(10:1) zu $[\bar{5}054]$.

3 kbar unter hydrothermalen Bedingungen liefert Lösungskörper, die offensichtlich aus einer G-Form vom Typ II ableitbar sind. L-Endform ist in allen Fällen ein Rhomboeder [5̄054]. Diese Flächenlage tritt häufig auf. So ist es sehr bemerkens-

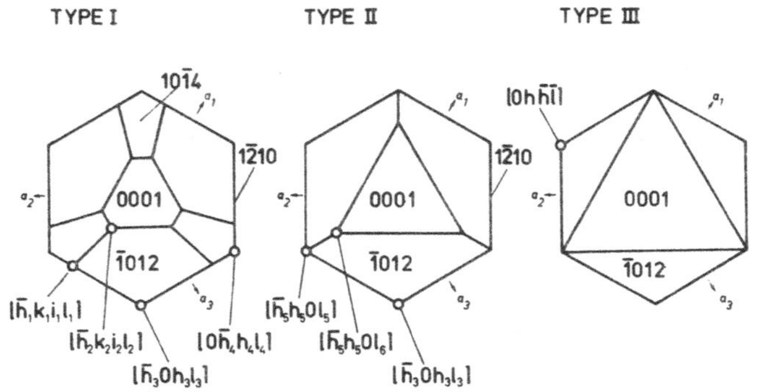

Abb. 170. G-Formpolyeder von Korund (Blickrichtung parallel [0001]) mit eingezeichneten L-Flächen, die durch Abschneiden der Ecken entstehen

wert, daß auch die Auflösung in typischen Lösungsschmelzen (flux) wie V_2O_5 und PbO-PbF_2 (Molverhältnis 10:1) zu diesem Endkörper führt. In der Hohlhalbkugel-Lösungsform ist nur eine große Basis erkennbar.

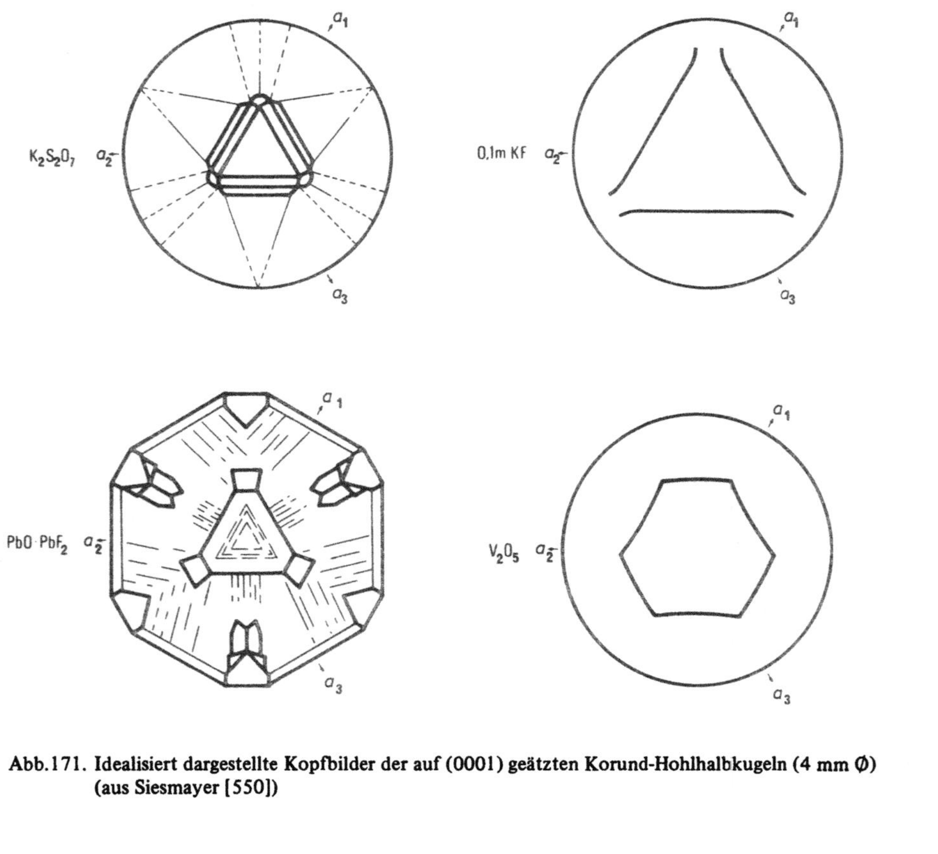

Abb. 171. Idealisiert dargestellte Kopfbilder der auf (0001) geätzten Korund-Hohlhalbkugeln (4 mm Ø) (aus Siesmayer [550])

Entfernt man nun auch das Prisma $\{11\bar{2}0\}$ bzw. $\{2\bar{1}\bar{1}0\}$ aus der theoretischen G-Form (Abb. 170), so daß diese nur noch aus $\{10\bar{1}2\}$ + $\{0001\}$ besteht (Typ III), so ist ein und nur ein Rhomboeder $[\bar{h}h0l]$ bzw. $[h0\bar{h}l]$ in der L-Form zu erwarten. Tatsächlich zeigt sich bei der Auflösung in V_2O_5-Schmelze bei 950°C, daß im Gegensatz zu allen bisher besprochenen G-Formkombinationen hier von Anfang an keine zusätzlichen L-Flächen angelegt werden, die dann am Endkörper unterdrückt werden. An den Polen des Lösungskörpers tritt lediglich ein stark aufgerauhter Bereich auf. Die L-Endform ist das Rhomboeder $[\bar{5}054]$ (s. oben).

Bei der Hohlhalbkugel-Ätzung entsteht nur, analog zu den Hydrothermalexperimenten, die Basis.

Rasterelektronenmikroskopische Untersuchungen zeigten auch im Falle des Korunds, daß unter günstigen Bedingungen die die L-Flächen aufbauenden Terrassen von G-Formflächen sichtbar gemacht werden können. Abb. 172 zeigt die aus drei Rhomboederflächen $[30\bar{3}5]$ gebildete Ecke eines Korundlösungskörpers. Es sind Terrassen zu erkennen, die aus den Flächenelementen (0001) und $(10\bar{1}2)$, also den wichtigsten G-Formflächen bestehen.

Abb. 172. Terrassen von G-Formflächen $(10\bar{1}2)$ und (0001) in der Umgebung der aus drei Rhomboedern $[30\bar{3}5]$ gebildeten Ecke. Korund, gelöst in PbO-PbF_2 (Molverhältnis 1:1) bei 950°C. Stereoscan, V=2500x

Während bei den oben beschriebenen Lösungsmitteln im allgemeinen gute Korrespondenz zwischen theoretischer und experimenteller L-Form bzw. L-Form einer Konvexkugel und L-Form einer Hohlhalbkugel festgestellt werden konnte (Tab. 15), liegen die Verhältnisse bei der Verwendung von H_3PO_4 völlig anders. Im Gegensatz zu allen bisher beschriebenen Lösungskörpern, bei denen sich ausgehend von einer Kugel zuerst die Kanten bzw. Ecken der L-Form bilden, zwischen denen sich dann die „Fläche" durch sukzessive Zunahme des Krümmungsradius entwickelt, erscheinen im Falle der Auflösung von Korund in H_3PO_4 die L-Flächen von Anfang an plan (vgl. Abb. 138). Wie bereits theoretisch abgeleitet wurde, ist dieser experimentelle Befund darauf zurückzuführen, daß die zur Bildung der L-Form führenden G-Flächen entweder sehr unterschiedliche Verschiebungsgeschwindigkeiten haben[20] (11.2.1.4) oder daß die Geschwindigkeiten der Abtrennung der Gitterbausteine aus der Halbkristall-Lage die Verschiebungsgeschwindigkeit der Stufen bestimmt (11.2.2).

Die dominierende L-Form von Korund bei der Auflösung in H_3PO_4 bei 300°C ist $[10\bar{1}2]$, die wir als G-Formfläche kennengelernt haben. Auch in der Hohlhalbkugel-Ätzung scheint $(10\bar{1}2)$ aufzutreten. Das legt die Vermutung nahe, daß alle anderen Bereiche der Kugel sowohl bei der Vollkugel- wie bei der Hohlkugellösung durch Adsorption blockiert werden und daß die Verschiebungsgeschwindigkeit der $\{10\bar{1}2\}$-Fläche allein die Kinetik bestimmt.

[20] Dieses Modell scheint auch bei der Auflösung von Topas in KOH/H_2O-Schmelze bei 300°C vorzuliegen (Franke [182]; vgl. auch Eichler [144]). Neueste Ergebnisse bei der Auflösung von Hämatit zeigen, daß auch hier die Lösungsflächen den Wachstumsflächen entsprechen (Siesmayer [678]).

Anhang A: Ergebnisse der Einkristallkugel-Auflösung

Die folgende Tab. 16 enthält die aus der Literatur und eigenen Experimenten zusammengestellten Lösungsformen von Einkristallkugeln. In einigen Fällen sind auch Lösungskörper aufgenommen worden, deren Ausgangsformen nichtkugelig, aber orthogonal sind. Bei hochsymmetrischen Substanzen sind im allgemeinen auch die G-Formen angegeben, die zu den beobachteten L-Formen führen.

Folgende Abkürzungen wurden benutzt:

L-Form	Lösungsform des Konvexkörpers (im allgemeinen einer Kugel)
G-Form	Gleichgewichtsform bzw. Lösungsform des Konkavkörpers
HHK	Hohlhalbkugel–Lösung
HZ	Hohlzylinder-Lösung
Stufen	Lösungsterrassen, die im allgemeinen aus G-Formflächen aufgebaut sind
PBC	G-Form durch PBC-Methode ermittelt
Z	Zylinder-Lösung

Tabelle 16. Ergebnisse der Einkristallkugel-Auflösung

Substanz	L-Form	G-Form	Versuchsbedingungen L-Form	Versuchsbedingungen G-Form	Referenz L-Form	Referenz G-Form
Al	1. [100]	{111}	15% NaOH	HZ	449, 653	449
	2. [100]	{111}	HCl		292	
	3. [111]	{100}	$HCl/HNO_3/HF$, HCl/HNO_3	HZ	449, 356	449
Bi	[11$\bar{2}$0]	{10$\bar{1}$1}+{01$\bar{1}$1}+{0001}	32% HNO_3	Theoretisch	654, 653	
C (Diamant)	1. [*hk0*]	{111}>{100}	natürlich geätzte Kristalle		501	
	2. [*hll*]		natürlich geätzte Kristalle		501	
	3. [*hkl*]	{100}, {111}, {110}	natürlich geätzte Kristalle		31, 169	
Cd	1.	{10$\bar{1}$1}+{10$\bar{1}$2}+{0001}		Z, Verdampfung bei 250°C, 0,5–1 h		14
	2.	{10$\bar{1}$1}+{10$\bar{1}$0}+{11$\bar{2}$0} +{0001}		Stufen, H_2SO_4, HCl conc.		192
	3.	{0001}+{10$\bar{1}$2}+{10$\bar{1}$1} +{10$\bar{1}$0}+{11$\bar{2}$0}		Stufen, >345°C, Hochvakuum		192
	4.	{0001}+{10$\bar{1}$0}+{10$\bar{1}$1}		Wachstum aus Dampf		323
Cu	1. [100]	{111}	HNO_3(1:10), 100°		372	
	2. [100]	{111}	HNO_3/H_2O+CuCl/HCl		230	
	3. [100]	{111}	HNO_3+AgNO_3		252	
	4. [110]	{100}≅{111}	$NH_4OH+H_2O_2$		252	
	5. [110]	{100}≅{111}	$(NH_4)_2S_2O_8$(2–20%)		578, 580	410
	6. [110]*	{100}≅{111}	0,3n C_2H_5COOH+0,02n $(NH_4)_2S_2O_8$		204	
	7. [111]	{100}	0,3n CH_3COOH, HCOOH, H_2SO_4		204	
	8. [111]	{100}	10% $(NH_4)_2S_2O_8$+10% NH_4OH		580	
	9. [111]	{100}	$(NH_4)_2S_2O_8+NH_4OH$		230	
	10. [311]		O_2-Atmosphäre, 360°C		230	
	11. [100]	{111}	Br_2-Dampf (1mm HgS), 444°C	wie L-Form	505	505

* Ausgangskörper keine Kugel

Fe	1. [321] ?		Schwache organische Säuren		81	
	2.	{100}		$HCOOH+H_2O_2$+Alk.		560
	3.	{100}		$HCl+H_2O_2+H_2O$		560
	4.	{110}+{100}		$FeCl_3+H_2O$ (1:5)		560
	5.	{110}+{100}		Elektrolyt.		614
Ge	1. [100]	{111}	HNO_3(13 ml)+HF(37 ml)+H_2O (50 ml); HNO_3(7 ml)+HF(4 ml)+ HAc(89 ml)+$AgNO_3$		147, 148	
	2. [100]	{111}	CP4+H_2O(1:1)*	HHK	184	184
	3. [111]	{100}	HNO_3(45 ml)+HF(25 ml)+HAc (30 ml);50 ml H_2O_2 (30%)+50 ml HF (48%)		147	
	4. [111]	{100}	H_2O_2+ Zitronensäure (1:1)		148	
	5. [111]	{100}	35% HNO_3+ 30% HF+35% HAc	HHK	184	184
	6. [110]	{100}≅{111}	HNO_3(13 ml)+HF(8 ml)+HAc(79 ml)		147	
	7. [110]	{100}≅{111}	H_2O_2+ Weinsäure (1:1)		148	
	8. [110]	{100}≅{111}	90% HNO_3+ 5% HF+5% HAc	HHK	184	184
	9. [110]	{100}≅{111}	Superoxol**	HHK	30, 180, 293, 305	30
	10. [*hk0*]	{111}>{100}	HNO_3(5 ml)+HF(3 ml)+HAc(92 ml)		147	
	11. [*hk0*]	{111}>{100}	Weinsäure mit Br_2 gesättigt		148	
	12. [*hk0*]	{111}>{100}	18% HNO_3+2% HF+80% HAc	HHK	184	184
	13. [*hhl*]	{111}<{100}	HNO_3(23 ml)+HF(13 ml)+HAc(64 ml)		147	
	14. [*hhl*]	{111}<{100}	15% HNO_3+15% HF+70% HAc	HHK	184	184
	15. [*hk0*]***	{111}>{100}	1 Teil HF(48%)+1 Teil H_2O_2 (30%)+4 Teile H_2O**		93, 94	
Pt	[100]	{111}	Königswasser, 25°C		377	

* CP4: 52 Gew. % HNO_3(65%)+25 Gew. % HF (40%)+23 Gew. % HAc+Br_2

** Superoxol: 1:1:4 Volumenteile H_2O_2(30%), HF (49%) und H_2O

*** Die von 9. abweichende L-Form beruht auf der Galliumdotierung des Germaniums

Fortsetzung der Tab. 16

Substanz	L-Form	G-Form	Versuchsbedingungen L-Form	Versuchsbedingungen G-Form	Referenz L-Form	Referenz G-Form
Si	1. [100]	{111}	5m K_2CO_3, 100°C	HHK	184	184
	2. [100]	{111}	4% NaOH, 30°C		546	
	3. [*hk0*]	{111} > {100}	5m KOH, 100°C	HHK	184	184
	4. [*hk0*]	{111} > {100}	10% NaOH, 30°C		546	545
	5. [111]	{100}	Schmelzen von In, Sn, Pb, Sb, Bi		646	
β-Sn	[110]+[001]	{101}	HCl conc.	5% $FeCl_3 \cdot 6H_2O$	657	99, 262, 371, 645
W	1. [111]	{110}	Wässrige Alkalien	HZ	522	55, 135
	2. [111]	{110}	alk. $K_3[Fe(CN)_6]$	HZ, Stufen	522,523,220	221, 523
	3. [110]		HF, HNO_3		522	
	4. [*hll*]		Alkalischmelzen		522	
	5. [100]+[*hhl*]	{110}	Glühen bei 1500°, 7 min.	Wachstum einer W-Spitze, 2500°	670	670
Zn	1. Kugel	A+B+C*	Verdampfung	Wachstum aus Dampf	12	83, 281, 324, 570
	2. $[11\bar{2}1]$	A+B	H_2SO_4 verd.		12, 571	
	3. $[10\bar{1}2]$**		KOH, elektrolyt.		354	
	4. [*hki0*]**		HCl, elektrolyt.		354	
	5. [*hki0*]**		Verdampfung		58	
	6. $[11\bar{2}0]$	C	HCl conc.		655	
	7.	A+B+D		Stufen; Chromschwefelsäure		192
	8.	A+B+D+E+F		HCl-Dampf		192
	9.	A+B+C+D+G		Stufen; > 345°, Hochvakuum		192

* A = {0001}, B = $\{10\bar{1}0\}$, C = $\{10\bar{1}1\}$, D = $\{11\bar{2}0\}$, E = $\{22\bar{4}5\}$, F = $\{30\bar{3}4\}$, G = $\{11\bar{2}2\}$

** Keine Endkörper

Al_2O_3	1. [hkil] ?	A+B+C*	H_2, 1900°C	H_2, 1900°C, HHK, Stufen	362, 486, 672**	486
	2. $[10\bar{1}2]$	E+E′	H_3PO_4, 300°C	HHK	551	551
	3. $[10\bar{1}3]$ > $[14.\bar{5}.\bar{9}.18]$	A+E+3E′	$K_2S_2O_7$, <800°C	HHK	551	551
	4. $[14.\bar{5}\bar{9}18]$ > $[10\bar{1}3]$	A+E+E′	$K_2S_2O_7$, >800°C	HHK	551	551
	5. $[5\bar{1}\bar{4}3]$?		$KHSO_4$, ≈500°C		539	
	6. $[50\bar{5}4]$	A+E	V_2O_5, 950°C	HHK	551	551
	7. $[12\bar{3}1]$ > $[30\bar{3}5]$	A+C+D	PbO/PbF_2(1:1), 950°C	HHK, Stufen	551	551
	8. $[50\bar{5}4]$	A+D	PbO/PbF_2(10:1), 950°C	HHK	551	551
	9. $[50\bar{5}4]$	A+?	0,1m KF, NaF, K_2SiO_3, KH_2PO_4, K_2HPO_4 bei 600°C, 3kbar	HHK	550, 137	550
	10. $[20\bar{2}5]$	A+D	K_3PO_4(0,1m), 600°C, 3kbar	HHK	550	550
$CaCO_3$ (Calcit)	1. $[22\bar{4}3]$ ($[44\bar{8}3]$?)		HNO_3		139, 382	
	2. $[\bar{h}h0l]$ + [0001]		CH_3COOH		415	
	3. $[h0\bar{h}l]$		25% H_3PO_4		206	
	4. $[h0\bar{h}l]$		4,6n HNO_3		206	
	5. $[h0\bar{h}l]$ + 2 $[hkil]$		8n HCl		206	
	6. $[h0\bar{h}l]$ + [0001] + 2 $[hkil]$		4,5n HCl		206	

* A = {0001}, B = $\{\bar{2}110\}$, C = $\{11\bar{2}0\}$, D = $\{10\bar{1}2\}$, E = $\{h0\bar{h}l\}$, E′ = $\{\bar{h}0hl\}$

** Thermische Ätzung mit CO bei 1550°C, $5 \cdot 10^{-5}$ Torr.

Fortsetzung der Tab. 16

Substanz	L-Form	G-Form	Versuchsbedingungen L-Form	Versuchsbedingungen G-Form	Referenz L-Form	Referenz G-Form
$CaCO_3$	7. $[h0\bar{h}l]$ + + [0001]		CH_3OOH, Zitronensäure		206	
	8. $[h0\bar{h}l]$ + + [0001]		Weinsäure		206	
	9.	$\{0001\}+\{10\bar{1}1\}+\{01\bar{1}1\}$		HZ, HCl verd.		186
$CaCO_3$ (Aragonit)	1. [*hkl*]		Königswasser		382	
	2. [*hkl*] + [*hk0*] + [001] ?		HNO_3 conc.		382, 139	
	3. [201] + [102] + [9.36.2]		HCl verd.		359	
CaF_2	1. [111]	{100}	6m H_2SO_4, 20°C	PBC	335	241
	2. [111]	{100}	HNO_3+$Al(NO_3)_3$		302	
	3. [110]	$\{111\} \approx \{100\}$	0,02n HCl, 100°C	HHK	302	302
	4. [*hhl*] ([441] ?)	$\{111\} < \{100\}$	5–40% HNO_3, 50°C		32, 157	
	5. [*hhl*]	$\{111\} < \{100\}$	3n HCl, 20°C	HZ	335	284
	6. [*hk0*]	$\{111\} > \{100\}$	0,02n $HClO_4$, 100°C	HHK	302	302
	7. [*hkl*]	{111}+{100}+{110}	6n HCl, 60°C	HZ	335	284
	8. [*hll*]		2m H_2SO_4, 40°C		283	
	9. [311]		Na_2CO_3		37	
$CaSO_4 \cdot 2H_2O$ (Gips)	$[001]+[00\bar{1}]$ + $[103]+[\bar{1}0\bar{3}]$	A+B+C+D*	5% HCl	HHK	218	218
CdS	$[hh\overline{2h}0]$?		HNO_3 conc. 1 min.		644	

* A = {110}, B = {010}, C = {111}, D = $\{\bar{1}11\}$.

GaAs	1. [*hhl*]	{111}+{100}	HF (20%)+20 mg/ml CrO_3, 25°C		260	
	2. [111] oder [$\bar{1}\bar{1}\bar{1}$]	{$\bar{1}\bar{1}\bar{1}$}oder {111}	HF (10%)+5 mg/ml CrO_3, 25°C		260	
LiF	[111]	{100}	$2 \cdot 10^{-6}$m FeF_3		201	
MgF_2	1. [*hkl*] + [*hhl*]* E+F+G ‡ + [001]*		$H_2SO_4 \cdot H_2O$, siedend	HHK	182	182
	2. [*hhl*] + [001]* E+F ‡		$HClO_4$ conc., siedend	HHK	182	182
	3. [001]**		H_3PO_4, 290°C		182	
MgO	1. [100]	{110}	5n H_3PO_4, 107°C, HCl+$FeCl_3$, 65°C	HHK, PBC, Stufen	269	269
	2. [111]	{100}	$HClO_4$ > 10n, 65°C	HHK	269	269
	3. [110]	{100}≈{111}	$HClO_4$, 10n > x > 5n, 25°C	HHK	269	269
	4. [*hk0*]	{111}>{100}	HCl, <2n, 65°C	HHK	269	269
	5. [*hhl*]	{111}<{100}	$HClO_4$ 10n, 65°C	HHK	269	269
	6. [*hll*]	{100}>{110}	HCl, >2n, 65°C	HHK	269	269
	7. [*hll*]([833])	{100}>{110}	H_2SO_4+NH_4Cl, 25°C	HHK	269	269
	8. [*hkl*]	{100}+{111}+{110}	$HClO_4$ <1n, 100°C	HHK	269	269
MgO · $5Al_2O_3$	1. [100]	{111}	0,1m NaF, KF, Na_3PO_4, K_3PO_4 K_2CO_3, 390–630°C, 2kbar	PBC, HHK	183	183, 247
	2. [100]	{111}	PbF_2(850°C), PbO/PbF_2(1:1, 760°), KOH (500°), NaF/$K_2S_2O_7$(3:1,600°), H_3PO_4(270°), $H_2SO_4 \cdot H_2O$(210°)		182	
	3. [210]	{111}>{100}	$K_2S_2O_7$(660°), V_2O_5 (900°C)	HHK	182	
	4. [*hk0*]	{111}>{100}	$KHSO_4$		494	
NaCl	1. [*hll*] ***		H_2O (feuchte Luft)		420	
	2. [*hll*] ***		H_2O (4% untersättigt an NaCl)		316	

* Diese Orientierungen verschwinden am Endkörper

** Plättchen mit $\rho \cong r_o$

*** Ausgangskörper Würfel

‡ E = {110}, F = {111}, G = {100}

Fortsetzung der Tab. 16

Substanz	L-Form	G-Form	Versuchsbedingungen L-Form	Versuchsbedingungen G-Form	Referenz L-Form	Referenz G-Form
NaCl	3. [*hll*] ([11.11])		H_2O (0,25% untersättigt + 5% Harnstoff)		525	
	4. [*hll*] ([27.11])		H_2O (0,5% untersättigt + 5% Harnstoff)		525	
	5. [*hll*] +[111]*		H_2O (2% untersättigt)		526	
	6. [*hk0*]		H_2O (0,25–0,5% untersättigt)		161, 316	
	7. [*hkl*]** in der Klasse m3		H_2O (dynamischer Temperaturgradient)		556	556
SiO_2 Tiefquarz	1. A+B+C*, ***		HF, 25°C		198, 416	
	2. A+I+H*		HF, 30°C		431	
	3. F+G		HF, 60°C		258, 273	
	4. A+C+H		HF+R-COOH, HF+R_1-CO-R_2		264	
	5. E+F+H		HF+R-OH		264	
	5. E+G+H		HF+Dioxan		264	
	7. C+C′		K_2CO_3-Lösung (200°C)		198	
	8. C+C′		$Na_2B_4O_7$-Lösung (320°C)		388	
	9. A+A′+H	$\{10\bar{1}0\}+\{10\bar{1}1\}+\{01\bar{1}1\}$	H_2O (>2,2kbar, 550°C)	HHK	270	270
	10. A+A′+I+H		H_2O (<2,2kbar, 550°C), 0,01m KF (2kbar, 500°C)		270	
	11. A+A′+H		0,1m NH_4Cl, $(NH_4)_2CO_3$, KCl (500°C, 2kbar)		271	
	12. A+D′+I+H		0,1m Li_2CO_3, KH_2PO_4 (500°, 2kbar)		271	
	13. D+D′+H	$\{10\bar{1}0\}+\{10\bar{1}1\}+\{01\bar{1}1\}$	0,1m Rb_2CO_3, Cs_2CO_3, K_3PO_4 (500°C, 2kbar)	HHK	271	271

* Kein Endkörper

** Vermutlich verzerrtes [*hll*] der Klasse m3m durch Adsorption organischer Verunreinigungen (Neuhaus [439])

*** A = $[11\bar{2}0]$, A′ = $[2\bar{1}\bar{1}0]$, B = $[h0\bar{h}l]$, C = $[hh\overline{2h}l]$, C′ = $[2h\bar{h}\bar{h}l]$, D = $[11\bar{2}1]$, D′ = $[2\bar{1}\bar{1}1]$, E = $[10\bar{1}1]$, F = $[10\bar{1}2]$, G = $[10\bar{1}3]$, H = $[0001]$, I = $[hkil]$

SiO_2 (Tiefquarz)	14. A+D'+H		0,1m Na_2CO_3, $KHCO_3$, NH_4OH, K_2HPO_4(500°C, 2kbar)		271	
	15. C+B'+I+H	$\{10\bar{1}0\} > \{01\bar{1}0\}$, $\{10\bar{1}1\} > \{01\bar{1}1\}$	NH_4HF_2-Schmelze, 215°C	PBC	261	261
SiO_2 (Hochquarz)	1. H+I**		NaF/$NaPO_3$ bei 720°C		265	
	2. H+K	$\{10\bar{1}0\}+\{10\bar{1}1\}$	NaF/$K_2S_2O_7$, 850°C	PBC	261	261
	3. A+H	$\{\bar{1}0\bar{1}1\}$	NaF/V_2O_5, V_2O_5(700–1100°C)	PBC	261	261
	4. A+C+H	$\{10\bar{1}1\}+\{h0\bar{h}l\}$	NaF/$K_2Cr_2O_7$, 800°C	PBC	261	261
TiO_2	1. [531]+[998]* L > M, N*** +[001]*		$K_2S_2O_7$, 600°C	PBC	374	246, 268
	2. [331]+[001]* M, N		KHF_2, 600°C; LiF/NaF/KF(eutekt.)	PBC	374, 268	
	3. [221]+[210] M > L +[001]*		NaF/$K_2S_2O_7$, KHF_2/$K_2S_2O_7$	PBC	268, 374	
	4. [553]+[530] M > L +[001]*		H_2SO_4 conc., siedend	PBC	268, 374	
	5. Kugel		KOH, Me_2CO_3-, PbO-Schmelzen		374	
ZnS	1. [*hkl*]?	$\{\bar{1}\bar{1}\bar{1}\}$, $\{111\}$	HCl	PBC	34	244, 422
	2. $[\bar{1}\bar{1}\bar{1}]$?		HCl, HNO_3		291	
	3. [100]	$\{111\}+\{\bar{1}\bar{1}\bar{1}\}$	KOH-Schmelze, 230°C	PBC	291	244
Alaun ($KAl(SO_4)_2$ 12 H_2O)	1. [100]	$\{111\}$	„Wenig untersättigte Mutterlauge"		31	
	2. [100]	$\{111\}$	Alaunlösung mit Untersättigung 3 g/100 ml, 25°C		640	
	3. [*hll*] ([211]?)		Alaunlösung mit Untersättigung zwischen 0,1 und 0,005 g/100 ml		640	

* Diese Orientierungen verschwinden am Endkörper

** A = $[11\bar{2}0]$, C = $[hh\overline{2h}l]$, H = [0001], I = [*hkil*], K = $[11\bar{2}2]$

*** L = {110}, M = {101}, N = {100}

Fortsetzung der Tab. 16

Substanz	L-Form	G-Form	Versuchsbedingungen L-Form	Versuchsbedingungen G-Form	Referenz L-Form	Referenz G-Form
Alaun	4.	{111}+{100}+{110}		HHK, Alaunlösung 5% untersättigt		186
Almandin	1. [100] 2. [111]	{110} und/oder {211} {110} und/oder {211}	KOH-Schmelze HF		495 495	
Apatit	[*hkil*]([$31\bar{4}2$]?)		HNO_3, HCl		392	
Beryll	[$6.6.\overline{12}.1$]* [$hh\overline{2h}l$] oder [$h0\bar{h}l$]*		Natürliche alkalische Lösungen Alkalische und saure Lösungen		156 167	
Bleiglanz	1. [111]* 2. [*hll*] ~[110]*		HCl, siedend HCl, 25°C		35 35	
Cölestin	1. [100]+[010] + [001]* 2. [100]+[010] + [012]*		HCl, HNO_3, 75°C H_2SO_4, conc., 75°C		333 333	
Dolomit	1. 2.		A+B+B′ *** A+B+B′+C	HHK in HCl HHK in HCl + Weinsäure		62 58, 62
Magnetit	[100]	{111}	HCl conc., 25°C	PBC	417, 502	247
Phosgenit	1. [*hhl*]* 2. [*hk0*]+[*hkl*]*		HNO_3(1:10) HNO_3(1:500)		13 13	
Topas	[*hkl*]		$KOH+H_2O$, 260°C		144, 182	
Turmalin	1. [$10\bar{1}1$] + [$11\bar{2}0$]**? 2. [$20\bar{2}1$] + [$30\bar{3}4$]+[$10\bar{1}0$]? **		HF KOH-Schmelze		364 364	

* Ausgangskörper keine Kugel ** Kein Endkörper *** A = {$10\bar{1}1$}, B = {$01\bar{1}2$}, B′ = {$1\bar{1}02$}, C = {0001}

Anhang B: Ätzlösungen für Versetzungsätzung

Allgemeines über die Zusammensetzung von Ätzlösungen

Ätzlösungen für Metalle, Halbleiterverbindungen und einige polare Oxide (BeO, ZnO) sind meist nach folgendem Schema zusammengesetzt: eine oxidierende Komponente (HNO_3, H_2O_2, CrO_3, $FeCl_3$ u.ä.) oxidiert das neutrale Metallatom und eine oxidlösende Komponente wirkt als Komplexierungsmittel (HF, HCl, H_2SO_4; KOH, NaOH, NH_4OH). Moderatoren (H_2O, CH_3COOH, HCOOH u. a.) und Inhibitoren (Butylglycol, n-Butylthiobutan) wirken durch Zurückdrängung der Dissoziation und Verringerung der Diffusionsgeschwindigkeit der lösenden Komponenten verlangsamend auf die gesamte Auflösungsreaktion, während Zusätze (meist Salze von Metallen, deren Stellung in der Spannungsreihe stark positiv ist) durch ihren „Poisoning"-Effekt (vgl. Kapitel 3.2) bevorzugte Bildung von Versetzungsätzgruben bewirken. Das Trägermedium besteht im allgemeinen aus Wasser, seltener aus Essigsäure oder anderen organischen Lösungsmitteln und wirkt gleichzeitig als Moderator.

Tab. 17 gibt für eine Reihe von Metallen und III-V- und II-VI-Verbindungen die Aufschlüsselung der Komponenten der Ätzlösungen nach obigem Schema wieder. Eine ausführliche Beschreibung der komplizierten Vorgänge und der Wechselwirkungen zwischen den einzelnen Bestandteilen der Ätzmittel findet sich bei Bogenschütz [56].

In Tab. 18 sind für eine Reihe von Substanzen Ätzrezepte aufgeführt, die zur Bildung von Versetzungsätzgruben in der einschlägigen Literatur beschrieben wurden. Dabei sind im Wesentlichen neuere Arbeiten berücksichtigt worden. Speziell für halbleitende Verbindungen finden sich zahlreiche weitere Rezepte bei Amelinckx [7], Johnston [318] und Bogenschütz [56].

Tabelle 17. Komponenten typischer Ätzlösungen für Metalle und III-V- und II-VI-Verbindungen

Substanz	Oxidator	Komplexbildner	Moderator	Inhibitor	Zusatz	Trägermedium	Referenz
Ag	H_2O_2	NH_4OH	H_2O	–	–	H_2O	575
Al	HNO_3	HF/HCl	H_2O	Butylglycol	–	H_2O	650
BeO	HNO_3	HF, HLac*	H_2O	–	–	H_2O	557
CdTe	$HNO_3+K_2Cr_2O_7$	–	H_2O	–	$AgNO_3$	H_2O	304
Cu	$FeCl_3$	HCl	H_2O	–	HBr	H_2O	402
Fe	H_2O_2	–	HAc*, H_2O	C_2H_5OH	–	H_2O	581
GaAl	HNO_3	HCl, HTar*	H_2O	–	–	H_2O	524
GaAs	H_2O_2	NaOH	H_2O	–	–	H_2O	166
	HNO_3	–	H_2O	–	$AgNO_3$	H_2O	89
	CrO_3	HF	H_2O	–	–	H_2O	583
GaSb	HNO_3	HF	HAc, H_2O	–	–	HAc, H_2O	189
Ge	H_2O_2	HF	H_2O	–	–	H_2O	585
	H_2O_2	HOx*, HTar	H_2O	–	–	H_2O	143
	$K_3[Fe(CN)_6]$	KOH	H_2O	–	–	H_2O	51
	HNO_3	HF	H_2O	–	$AgNO_3$/Cu	H_2O	293
	Cl_2	KOH	H_2O	–	–	H_2O	149
InAs	HNO_3	HF	HAc, H_2O	–	Br_2	HAc, H_2O	166
InSb	H_2O_2	HF	H_2O	N-Butylthiobutan	–	H_2O	381
Sb	$FeCl_3$	HCl	H_2O	–	–	H_2O	548
Si	HNO_3	HF	HAc, H_2O	–	–	HAc, H_2O	119
	CrO_3	HF	H_2O	–	–	H_2O	553
	HNO_3	HF	H_2O	–	JBr	H_2O	577
SiC	Cl_2/O_2**	–	Argon	–	–	Argon	29
	Na_2O_2***	NaOH	–	–	–	NaOH	29
	$NaNO_3$***	Na_2CO_3	–	–	–	–	451
β-Sn	CrO_3	HCl	H_2O	–	–	H_2O	656
U	H_2O_2	H_2SO_4	H_2O	–	Na_2SiF_6	H_2O	478
ZnO	HNO_3	–	HAc, H_2O	–	–	HAc, H_2O	400
ZnS	$K_2Cr_2O_7$	H_2SO_4	H_2O	–	–	H_2O	626
ZnTe	HNO_3	HF	H_2O	–	–	H_2O	626

* **HAc = Essigsäure, HLac = Milchsäure, HOx = Oxalsäure, HTar = Weinsäure** ** Gasätzung bei 850–900°C
*** Schmelzen bei 700°C

Tabelle 18. Ätzlösungen für Versetzungsätzung

Substanz	Ätzlösung	Bedingungen	Referenz
Ag	$NH_4OH+H_2O_2$(20:1)	1–4 min, 25°C	575
Al	HCl (5%)	2^h, 25°C, $2{,}3 \cdot 10^{-4}$ A/cm^2	473
	HJ (10%)	2^h, 25°C, $3{,}3 \cdot 10^{-3}$ A/cm^2	473
	NH_4Cl/LiCl	300°C, elektrolyt.	474
	$FeCl_3$-Lösung + Persulfate	25°C, einige min	647
	69% HNO_3, 1% HF, 10% HCl, 20% Butylglycol		650
	20 ml HNO_3(conc), 30 ml HCl (conc), 5 ml HF(conc), 30 ml H_2O		543, 667
Al_2O_3	H_3PO_4(90%)	2–5 min, 320–375°C	518
	$KHSO_4$-Schmelze	20–30 min, 218°C	498
	H_2SO_4(conc)	5–30 min, 200–270°C	406
	$K_2S_2O_7$-Schmelze	15–135 sec, 675°C	2
	$K_2S_2O_7$-Schmelze	135 sec, 675°C	140
	H_2SO_4+HF (1:3)	4 min, 250°C	123
	H_2SO_4+HF (2:3)	270 sec, 260°C	520
	Thermisch	1–2^h, 1700–1900°C	453
	Si-Dampf (10^{-6}–10^{-7} Torr)	6^h, 1200°C	492
$Al_2[SiO_4/F_2]$	KOH-Schmelze	20–90 sec, 400–450°C	461
(Topas)	5% H_3BO_3+2% NaCl	500°C, 1500 at	648
Alaune (KAl-,KCr-)	Äthanol + Weinsäure	55–60°C, einige sec	232
$BaTiO_3$	$BaCl_2$-Schmelze	1100°C	624
	HNO_3(4%)+HF (2%)	10–40 sec, 25°C	504
	H_3PO_4(85%)	1^h, 100°C	39
	HF (conc)+HCl (5%) (1:3)	15–60 sec	130
BeO	H_3PO_4(85%)	60 sec, 175°C	19
	HF	20 min	484
	$H_2SiF_6+H_2O$ (1:6)	10 min, siedend	26
	5 ml HF+15 ml HNO_3+ 90 ml Milchsäure	10 min, 65°C	557
Bi	1% Jod in Methanol	15 sec, 25°C	394
C (Diamant)	KNO_3-Schmelze	einige h, 525°C	455, 456
	O_2-Gas (200 Torr)	1000°C	225
C (Graphit)	O_2-Gas	2^h, 800–1000°C	586
	N_2O-Gas	2^h, 800–1000°C	586
$CaCO_3$(Calcit)	HCl (3%)+0,5n Valin	1 min, 70°C	341
	Zitronensäure (0,2n)	einige min, 25°C	460
CaF_2	H_3PO_4 (85%)	>2 min, 140°C	318
	H_2SO_4 (conc)	55°C	318
$CaMg(CO_3)_2$	HCl + optisch aktive Säuren (Weinsäure, Aminosäuren)	einige min, bis 80°C	62

Fortsetzung der Tab. 18

Substanz	Ätzlösung	Bedingungen	Referenz
$Ca_5[(PO_4)_3/F]$	Weinsäure (conc), Zitronensäure	2 min, 60–70°C	393
$CaSO_4 \cdot 2H_2O$	HNO_3	2 min, 25°C	463
$CaWO_4$	HCl (conc)+ Spuren H_3PO_4	80°C	213
	100 ml HCl (32%)+550 mg $SnCl_2$+1000 mg Sn		213
Cd	Pikrinsäure + Aceton (ges.)	2 min	191
	15 g NH_4NO_3+50 ml H_2O	5 sec, 25°C	444
CdS	HCl-Dampf	5–10 sec	491
	HCl + Thioharnstoff (100 g/l) 1:3	5 min, 60°C	445
CdSe	25% HNO_3(conc)+75% HCl(conc)		665
CdTe	10 ml HNO_3(conc)+20 ml H_2O + 4g $K_2Cr_2O_7$		304
CeO_2	HF(48%)+H_2O (1:1)	15 min	634
Cr_2O_3	NaOH-Schmelze	5–7 min, 550°C	78
CsJ	0,025% $CuCl_2$ in Methanol		602
Cu	HCl (6n)+HBr (0,03–1n)	5–30 A/cm²	299
	25 ml HCl (conc)+90 ml H_2O + 15 ml CH_3COOH+1 ml Br_2		389, 402
	80 ml HCl (conc)+103 ml H_2O + 50 g $FeCl_3$+3 ml HBr (conc)		402
Fe	HCl (conc)+H_2O_2(30%)+H_2O (1:5:100)	5 sec	581
	$FeCl_3$+H_2O (1:5)	1 min	581, 560
	HCOOH+H_2O_2+C_2H_5OH+H_2O (1:1:1:1)	1 min	581, 560
	Pikrinsäure (4%) in Äthanol(„Pikrat")		109
	HNO_3(2%) in Äthanol(„Nital")		109
	$NaHSO_3$(21–28%)	10–25 sec, 25°C	615
	H_2SO_4, $HClO_4$, HNO_3 (alle verdünnt)	3mA/cm²	152
	Phthalatpuffer (K-Phthalat+KH-Phthalat)		614
α-Fe_2O_3	HCl (verd)		27, 313, 679
$Ga_{0,16}Al_{0,84}As$	HF (conc)+HCl (conc)+H_2O (3:10:10)+$AgNO_3$	10–30 sec, 20°C	524
	HCl (conc)	1–2 min, 20°C	524
$Ga_{0,3}Al_{0,7}Sb$	HNO_3(conc)+HCl (conc) + ges. Weinsäure (3:3:2)	6–8 min, 20°C	524

Fortsetzung der Tab. 18

Substanz	Ätzlösung	Bedingungen	Referenz
GaAs	HF (46%)+CrO_3(33%) (1:2)	4 min, 25°C	583
	CH_3OH+Br_2(<5%)	25°C	583
	H_2O_2+HF+H_2O (1:1:4)		166
	HNO_3+ Weinsäure (40%) (3:1)		166
	HNO_3+HCl+H_2O (1:1:2)		166
	H_2O_2+NaOH (40%) (3:1)		166
{111}	HNO_3(20%)	15–100 sec, 50°C	437
{111}	In-Schmelze	120 min, 310°C	437
{100}	HF (5%)+CrO_3(5 mg/ml)	15 min, 25°C	437
{110}	HF (5%)+CrO_3(80 mg/ml)	15 min, 25°C	437
{110}	HNO_3(conc)+H_2O (1:3) + 0,5% $AgNO_3$	15 sec	588
{111}	HNO_3+H_2O (2:3)	60°C	517
{100}	KOH-Schmelze	330°C	214
{111}	HCl/H_2-Gas	630–730°C	158
	NH_3+H_2O_2 (3:1–8:1)	4–10 sec	89
	1 ml HF+2 ml H_2O+1 g CrO_3 + 8 mg $AgNO_3$	60 min, 25°C	531
GaSb	H_2O_2+HCl+H_2O (1:1:2)		166
	HNO_3 + Weinsäure (40%) (1:3)		166
	HNO_3+HF+H_2O (1:1:1)		166
	HNO_3+HF+CH_3COOH (2:1:1)	15 sec, 25°C	189
Ge	6 g KOH+4 g $K_3Fe(CN)_6$ in 50 ml H_2O		51
{111} + {100}	H_2O_2(30%)+HF (48%)+H_2O (1:1:4) („Superoxol")	1 min, 25°C	30, 94, 585
	HF (48%)+HNO_3(65%)+H_2O (9:9:2)		94
{111} + {110}	HF+HNO_3+$AgNO_3$(5%) („WAg-etch") (2:1:2)	1 min	293, 516
{111} + {100}	HF+HNO_3+$Cu(NO_3)_2$(10%) (2:1:1)	2 min	293
{111}	KOH (0,8n)+Cl_2. Davon 15 ml in 60 ml 0,5% KOH	mehrere Stunden	149
	In-Schmelze	200–350°C	126
	HF+HNO_3+JBr		577
	X+H_2O_2+H_2O (1:1:4) (X=HCl, HF, HAc, HOx)		143
	25% HNO_3(conc)+25% HF(48%) + 50% HAc+1 g J_2/100 ml („CP1")		294
H_2O (Eis)	1% Polyvinylformat (Formvar) in Äthylendichlorid		1, 80

Fortsetzung der Tab. 18

Substanz		Ätzlösung	Bedingungen	Referenz
InAs	$\{\bar{1}\bar{1}\bar{1}\}$	HCl (conc)		166
		H_2O_2+HF+H_2O(1:1:4)		166
		HNO_3+H_2O_2+ Weinsäure (40%) (1:1:6)		166
		75% HNO_3+15% HF+15% HAc+Br_2		166, 627
	$\{\bar{1}\bar{1}\bar{1}\}$	0,4n Fe^{2+}in HCl (conc)	3 min, 25°C	189
InSb		H_2O_2+HF+H_2O (1:1:4)		166
		HNO_3+HF+H_2O (1:1:4)		166
		HNO_3+HF (1:1)		166
	{100}	0,2n Fe^{3+}in 6n HCl	10–82°C	190
		H_2O_2(30%)+HF (48%)+H_2O (1:1:8)+0,4% Butylthiobutan	25°C	381
		H_2O_2(30%)+HF(48%)+H_2O (1:1:8)+1% $Cr_2(SO_4)_3$	25°C	381
		HNO_3+HF+CH_3COOH(2:1:1), ges. mit Stearinsäure	8°C	190
KCl	{100}	Thermisch	15 min, 766°C	127
		CH_3COOH(100%)+Zn^{2+}		511
KJ	{100}	Isopropylalkohol, Pyridin	25 sec	424
LiF		HF(47%)+HAc(1:1)+1% HF (1%) ges. mit FeF_3		661
		$H_2O+2\cdot10^{-6}$m FeF_3		201
		H_2O+2,4ppm Fe^{3+}als FeF_3	1–50°C	309
		0,01n NaCN		538
		C_2H_5OH+4% HBF_4	0,5–1,5^h	537
		Thermisch, 10^{-5}Torr	250–300°C	403
		Thermisch, 10^{-5}Torr	1^h, 680°C	145
MgF_2	{100}	H_2SO_4(conc)	heiß	487
MgO	{100}	HNO_3(rauchend)		69
		H_2SO_4+H_2O+NH_4Cl (ges) (1:1:5)	15 min, 25°C	567
		0,5m $AlCl_3$	2 min, 60°C	564
$xMgO\cdot yAl_2O_3$ (Spinelle)	{111}	H_3PO_4	2 min, 270–420°C	210
		$KHSO_4$	650°C	210
		$Na_2B_4O_7$	3–5 min, 850°C	210
	{100}	$KHSO_4$	620–650°C	210
$(Mg, Fe)_2SiO_4$		HF (40%)	5 min, 23°C	298
(Olivin)		HCl, HJ, HNO_3, $HClO_4$ usw.		298
$MgZn_2$		Alkohol. HCl (10%)	5–30 sec	468
		H_3PO_4+C_2H_5OH (1:1)	60 sec, 1–2 V, 10–20mA	468

Fortsetzung der Tab. 18

Substanz		Ätzlösung	Bedingungen	Referenz
Muskovit		HF (40%)	36^h, 25°C	464
NaCl		$C_2H_5OH+CdCl_2$		47, 355
		$CH_3COOH+HNO_3$(50%)		510
		$CH_3COOH+CH_3OH$ (2:1)	25 sec, 25°C	457
		$C_2H_5OH+J_2$(500:1)	3 min, 25°C	60
		$CH_3COOH+(NH_2)_2CO$ (7:3), 1:100 verdünnt	20 sec, 40°C	60
		$C_2H_5OH+HCOH$	30 min, 25°C	315
		$C_2H_5OH+HgCl_2$(3g/l)	30 sec, 25°C	424
		$C_2H_5OH+Fe(NO_3)_2$(3 g/l)	20 sec, 25°C	318
		CH_3COOH	0,1 sec	315
		Ges.Lösung von $MnCl_2+H_2O$(1:4)	5–60 sec	432
		CH_3COOH+1% $FeCl_3$	15–30 sec	8
Ni	{110}	$H_2O_2+H_3PO_4+NiCl_2$		475
Pb		$CH_3COOH+H_2O_2$(1:3)		282
PbS	{100}	HCl (conc)+ Thioharnstoff (100 g/l) (1:3)	1–10 min, 60°C	74
Sb		30 ml HCl+10 g $FeCl_3$ + 120 ml H_2O	einige min, 25–45°C	548
		HF (48%)+ HNO_3(65%)+HAc+Br_2 (3:5:3:1)		349
Si		SF_6-Gas	$\lesssim$ 1100°C	483
	{100}	HF+CrO_3 (2:3)		553
		HF+HNO_3+HAc (1:3:6)		119
		KOH (50 g in 250 ml H_2O)	50–60 sec, 50–60°C	185
		Schmelzen von In, Sn, Pb, Sb, Bi, Zn, Au		646
		NaOH (20%)	20 min, 50°C	646
		HF+$H_2O+H_3PO_4+NH_4HF_2$ (Molverhältnisse sehr variabel)		234
		HF+HNO_3+JBr		577
		0,1m NH_4HF_2+ wenig HNO_3	>30 mA/cm²	181
SiC		Na_2O_2-Schmelze		61, 63
		NaOH+Na_2O_2-Schmelze (3:1)	700°C	29
		Cl_2/O_2-Gas (6% + 26%) in Argon	850–900°C	29
		NaF/Na_2SO_4-Schmelze (1:1), Einleitung von Ar, N_2, O_2		187
		$Na_2B_4O_7$-Schmelze	800–1000°C	194
		$NaNO_3$(60%)+Na_2CO_3(40%)	4–5 min, 650°C	451

Fortsetzung der Tab. 18

Substanz	Ätzlösung	Bedingungen	Referenz
SiO_2	Na_2CO_3-Lösung	200–350°C, 40–140 at	596
	NaOH (20 g)+H_2O (5 ml)	200–400°C	321
	HF (56%)+HNO_3(70%) (1:3)	10 min, 25°C	237
	0,5n NaOH	16–24^h, 160–200°C	105
	HF (8–12%)	16–24^h, 25°C	105
β-Sn	Königswasser	30 sec	656
	Ges. Lösung von $FeCl_3$	30 sec	656
	HCl+CrO_3 (95:5)	4 min	656
	Ges. Lösung von $Fe_2(SO_4)_3$	2 min	656
	10 ml HCl(conc)+10 g NH_4NO_3 + 50 ml H_2O+$CuSO_4$	15°C	676
α-S	CS_2, CS_2+ Toluol		671
$SrTiO_3$	HNO_3+HF+H_2O (2:1:2)	8 min, 25°C	628
	H_3PO_4 (85%)	>300°C	493
TiO_2	$(NH_4)_2SO_4$+H_2SO_4	350°C	433
U	130 ml H_2SO_4(conc)+50 ml H_2O_2 (30%)+60 ml H_2O+0,2 g Na_2SiF_6		478
UO_2	H_2O_2+H_2O+H_2SO_4 (6:3:1)	3 min, 20°C	76
	HNO_3(conc)	10 sec, 120°C	76
	KCl ges. + Cl_2	4 min, 840°C	76
$Y_3Al_5O_{12}$(YAG)	KOH-Schmelze	30 sec	108
	5 ml HF+15 ml HNO_3+30ml Milchsäure	10 min, 65°C	557
$Y_3Fe_5O_{12}$(YIG)	HCOOH+H_2SO_4	5 min, 25°C	452
Y_2O_3	HCl (azeotrop)	3–5 min	79
Zn	50 ml NH_4OH(conc)+50 ml H_2O+15 g NH_4NO_3		418
	C_2H_5OH+HF (48%) (30:1) + 1 mol Br_2	1–12 sec, –70 bis 25°C	419
ZnO (0001)	HNO_3 (20%)	90 sec, 25°C	400
(10$\bar{1}$0)	HNO_3(conc)+CH_3COOH + H_2O (6:6:1)		400

Anhang C: Polierlösungen

Tabelle 19

Substanz		Polierlösung	Bedingungen	Referenz
Ag		CrO_3(ges. Lösung)+H_2O + HCl (10%) (1:1:0,1)		575
Al		H_2SO_4+HNO_3	⩽3 min, 90°C	473
		10% $HClO_4$+20% Glyzerin + 70% Methanol	15 V, 25°C	328
		70% H_3PO_4+12% HAc+3% HNO_3 + 15% H_2O	90–100°C	317
Al_2O_3		H_3PO_4	2–3 min, 425°C	2
		$Na_2B_4O_7$-Schmelze	1000°C	279
		B_2O_3+PbO (0,9:10–1.1:10)	750°C	489
		H_2SO_4(conc)	>30 min, 200°C	406, 498
		Thermisch	24^h, 1200–1800°C	279
Alaune		Weinsäure (47%)	55–60°C	232
B		$K_3Fe(CN)_6$+KOH+H_2O (1:1:5)		68
Bi		HNO_3+HAc+H_2O (6:6:1)		394
$CaWO_4$		H_3PO_4(conc)	300°C	193, 213
Cd		HNO_3(conc)		192
		Pikrinsäure in Aceton (ges.)	2 min, 25°C	191
CdS		16n H_2SO_4+0,5m $K_2Cr_2O_7$	10 min, 95°C	626
CdTe		HNO_3+HF (1:1)	8–10 sec, 25°C	626
Cu		HNO_3+$CuCl_2$($FeCl_3$)		580
Fe		H_2O_2+H_3PO_4+C_2H_5OH (8:10:1)		581
FeS_2		H_3PO_4(conc), ges. mit CrO_3 + HCl (conc) (4:1)	0,375 A/cm^2	141
GaAs	{100}	Br_2+CH_3COOH (1:4)	25°C	214
	{111}	H_3PO_4+HNO_3 (49:11)	60°C	214
		Br_2+CH_3OH (0,5 ml/l)		535
GaP		Br_2+CH_3OH (0,5 ml/l)		535
Ge		HNO_3+HF+HAc+Br_2 (5:3:3:0,1) („CP 4")	1 min, 25°C	617

Fortsetzung der Tab. 19

Substanz	Polierlösung	Bedingungen	Referenz
HgSe	HNO_3+HCl+H_2SO_4(18n)+HAc (50:10:1:20)	10–15 min, 40°C	626
HgTe	HNO_3+HCl+H_2O (6:1:1)	10–15 min, 25°C	626
KCl	C_2H_5OH (95%) („langsam")		318
	C_2H_5OH (95%)+H_2O („schnell")		318
LiF	HF (conc)	1 min	145
	H_2O+1,5% NH_4OH		201
MgO	H_3PO_4 (85%)	siedend, 30 sec	567
NaCl	C_2H_5OH (95%) („langsam")		318
	C_2H_5OH (95%)+H_2O („schnell")		318
	CH_3OH+10% C_2H_5OH+1 % H_2O		510
PbS	Königswasser (essigsäurehaltig)	einige min, 50°C	74
Sb	HNO_3+HF+HAc (3:1:12)		633
Si	HF+HNO_3 (1:5)		528
	HF+HNO_3 (1:3–4)		122
Spinelle	B_2O_3+PbO (0,9:10–1,1:10)		489
	KOH-Schmelze	360°C	404
	H_2SO_4 (conc)	$>1^h$, 200°C	404
$SrTiO_3$	KOH-Schmelze	650°C	493
TiO_2	KOH-, NaOH-Schmelze	500–600°C	268, 290
UO_2	H_3PO_4 (88%)	>180°C	76
$Y_3Al_5O_{12}$(YAG)	H_3PO_4 (85%)	$1–2^h$, 250°C	108
$Y_3Fe_5O_{12}$(YIG)	B_2O_3+PbO (1:10)	675°C	489
Y_2O_3	H_3PO_4 (85%)	290–300°C, 40 sec	79
Zn	HNO_3 (conc)		192
ZnS	H_2SO_4(16n)+0,5m $K_2Cr_2O_7$	10 min, 95°C	626
ZnTe	HNO_3 (70%)+HF (48%) (3:4)	8–10 sec, 25°C	626
Zr	2% $HClO_4$ in Methanol	16 V, –70°C	331

Verzeichnis der wichtigsten verwendeten Symbole

a_o, b_o, c_o	Gitterkonstanten
$\boldsymbol{b}_i$	Burgers-Vektor
$\lvert \boldsymbol{b}_i \rvert$	Versetzungsstärke, Betrag des Burgers-Vektors
c	Momentankonzentration
c_o	Sättigungskonzentration
c_F	Konzentration unmittelbar am Kristall
c_s	Konzentration am Boden einer Ätzgrube
$c\,(k)$	kinematische Wellengeschwindigkeit
d	Netzebenenabstand
D	Diffusionskoeffizient
E	Elastizitätsmodul
E_{St}	elastische Verzerrungsenergie einer Stufenversetzung
E_{Schr}	elastische Verzerrungsenergie einer Schraubenversetzung
f	Verflachungskoeffizient bei der Auflösung einer Kugel
f_o	Flächenbedarf eines Gitterbausteins
$f(\epsilon), g(\epsilon)$	Geschwindigkeitsfunktionen für wandernde Stufen auf einer Kristallfläche
F_i	Flächeninhalt der *i*-ten Kristallfläche
Δg	Änderung der freien Enthalpie bei der Auflösung (Potentialdifferenz zwischen Kristall und umgebender Phase)
G	Schermodul
$\Delta G_{\text{ideal}}, \Delta G_{\text{real}}$	Gesamtänderung der freien Enthalpie bei der Bildung eines Lochkeims auf einer ideal-ungestörten Oberfläche bzw. an einer Versetzung
h, h'	Höhe einer monomolekularen Stufe
$\overline{H}$	Mittlere Stufenhöhe
H_s	Sublimationswärme
k	Boltzmannkonstante
k	Stufendichte (Zahl der Stufen pro Einheitslänge)
k_c	kritische Stufendichte

k_o	Stufendichte an einer Versetzungsquelle
k_F, k_s, k^*	Geschwindigkeitskonstanten von Grenzflächenreaktionen
K	Verhältnis der Verschiebungsgeschwindigkeiten zweier Gleichgewichtsformflächen oder -ränder
K'	Geschwindigkeitsparameter für die Abtrennungen von Bausteinen aus der Halbkristall-Lage
K''	Geschwindigkeitsparameter, wenn die Verschiebungsgeschwindigkeit von Oberflächenstufen durch Oberflächendiffusion bestimmt wird ($K'' = \sqrt{2} \cdot \overline{x}_s$)
M	Molekulargewicht
$M_{\max}$	maximale förderliche Vergrößerung
n, n_o	Zahl der pro Oberflächeneinheit in der Zeiteinheit adsorbierten Admolekeln
n_i	Zahl der *it*-nächsten Nachbarn
N	Zahl der Atome bzw. Ionen
n_i, n_j, n_k	Einheitsvektoren
p, s	reziproker Lösungsgeschwindigkeitsvektor, Lösungswiderstandsvektor
p	Dampfdruck
P	Abtrennwahrscheinlichkeit eines Bausteins, Wahrscheinlichkeit des Stufenzerfalls
Q	Aktivierungsenergie
q	Stufenfluß (Zahl der Stufen pro Zeiteinheit)
q_s	kritischer Stufenfluß
q_o	Stufenfluß an einer Versetzungsquelle
r_o	Radius des Versetzungskerns
r_a	Krümmungsradius einer Kugel zu Beginn der Auflösung
r_K	Radius des kritischen Lochkeims
$s, \overline{\epsilon}$	mittlerer Stufenabstand auf einer Kristalloberfläche
s_o	Stufenabstand an einer Versetzungsquelle
T	absolute Temperatur
u_o	Aperturwinkel
v, v_s	Verschiebungsgeschwindigkeit einer Kristallfläche bzw. Stufe
v_h	Verschiebungsgeschwindigkeit parallel zur Oberfläche (tangentiale V.)
v_F	Verschiebungsgeschwindigkeit senkrecht zur Oberfläche (radiale V.)
v'_F	Verschiebungsgeschwindigkeit einer Ätzgruben- bzw. Ätzhügelwand

v_G	Verschiebungsgeschwindigkeit einer Gleichgewichtsformfläche oder eines Gleichgewichtsformrandes
v_L	Verschiebungsgeschwindigkeit einer Lösungsformfläche oder eines Lösungsformrandes
$v(k)$, v_i	Verschiebungsgeschwindigkeit einer Einzelstufe
W, W_ϕ	Wellenfront
$\bar{x}_s$	mittlerer freier Diffusionsweg auf einer Stufe
y_s	Konvergenzpunkt (Schnittpunkt der Isoklinen mit der y-Achse)
α	linearer thermischer Ausdehnungskoeffizient
γ	spezifische freie Oberflächenenergie
Γ	reduzierte Randspannung
δ	Dicke der Nernstschen Diffusionsgrenzschicht
ϵ_i	Stufenabstand auf einer Kristalloberfläche (Terrassenbreite)
$\bar{\epsilon}$, s	mittlerer Stufenabstand auf einer Kristalloberfläche
ϵ_R	Gleichgewichtsabstand von Stufen
ϑ	thermische Spannung
Θ	Flächennormalenwinkel
κ, κ_o	momentane bzw. maximale Belegungsdichte der Kristalloberfläche Leitfähigkeit
λ	Wellenlänge
λ_i	Laufzahl von Stufen auf einer Kristalloberfläche
λ_{Ad}	molekulare Adsorptionswärme
Λ	Langmuirsche Adsorptionsisotherme
ν	Schwingungsfrequenz eines Atoms, Poissonzahl
ρ	spezifische freie Randenergie
ρ_i	Poldistanz einer Fläche
ρ_o, ρ_t	Krümmungsradius einer Lösungsfläche zur Zeit $t = 0$ und t
ρ_c	kritische Krümmung im Zentrum einer Spirale
σ_i	spezifische freie Oberflächenenergie der i-ten Kristallfläche
$\Delta\,\sigma_i$	Erniedrigung von σ_i
τ	mittlere Verweilzeit einer Admolekel an einer Adsorptionsstelle, Schubspannung
τ_o	mittlere Zeit zwischen zwei Ad- bzw. Desorptionsakten, allgemeines Zeitintervall
$\phi_{1/2}$	Abtrennarbeit aus der Halbkristallage
Φ_i	Bindungsenergien der it-nächsten Nachbarn
Ω	Atomvolumen

Literaturverzeichnis

1. DeAchaval, E. M., L. Levi, and E. Suraski: Chemical etching in ice crystals. Phys. stat. sol. **5**, K 61–63 (1964).
2. Alford, W. J., and D. L. Stephens: Chemical polishing and etching techniques for Al_2O_3 single crystals. J. Am. Ceram. Soc. **46**, 193–194 (1963).
3. Altmann, E.: Das neue Lehrbuch der Glasätzerei, Stuttgart: Gentner. 1963.
4. Amelinckx, S.: Etch pits and dislocations along grain boundaries. Slip lines and polygonization walls. Acta Met. **2**, 848–853 (1954).
5. Amelinckx, S.: The direct observation of dislocation nets in rock salt crystals. Phil. Mag. **1**, 264–290 (1956).
6. Amelinckx, S.: Dislocation patterns in potassium chloride. Acta Met. **6**, 34–58 (1958).
7. Amelinckx, S.: The Direct Observation of Dislocations. Solid State Physics **6**. New York-London: Academic Press. 1964.
8. Amelinckx, S.: Dislocations in alkali halide whiskers. Growth and perfection of crystals, ed. by R. H. Doremus, B. W. Roberts, and D. Turnbull.p. 139–153. New York: John Wiley. 1958
9. Amelinckx, S., W. Bontinck, and M. Maenhout van der Vorst: Helical dislocations in CaF_2 and NaCl crystals. Physica **23**, 270–272 (1957).
10. Amelinckx, S., W. Bontinck, and W. DeKeyser: Helical dislocations and spiral etch pits. Phil. Mag. **2**, 1264–1270 (1957).
11. Amelinckx, S., and R. Strumane: Silicon Carbide. New York: Pergamon Press. 1960.
12. Aminoff, G.: Über Verdampfungs- und Lösungserscheinungen bei Zink. Z. Krist. **65**, 23–27 (1927).
13. Anders, W.: Studien über chemische Wirkungen an Kristallen. 3. Ätz- und Lösungserscheinungen am Phosgenit sowie Lauediagramme am selben Mineral. Ber. math.-phys. Kl. Sächs. Akad. Wiss. Leipzig **73**, 117–133 (1921).
14. Andrade, E. N. da C., and R. F. Y. Randall: The thermal etching of single crystals of cadmium. Proc. Phys. Soc. **B 63**, 198–208 (1950).
15. Archdale, G., and J. A. Harrison: Anodic dissolution of lead in sulfuric acid. J. Electroanaly. Chem., Interfacial Electrochem. **39**, 357–366 (1972).
16. Armstrong, D., P. E. Madsen, and E. C. Sykes: Cathodic bombardment etching of nuclear materials. J. Nuclear Mat. **2**, 127–135 (1959).
17. Artemiew, D. N.: Methode der Kristallisation von Kugeln und ihre Anwendung für das Studium der Formen und des Baus kristallisierter Körper. Petrograd: 1914.
18. Augustine, F.,and D. R. Hale: Topography and etch patterns of synthetic quartz. J. Phys. Chem. Solids **13**, 344–346 (1960).
19. Austerman, S. B., D. A. Berlincourt, and H. H. A. Krueger: Polar properties of BeO single crystals. J. Appl. Phys. **34**, 339–341 (1963).
20. Austerman, S. B., D. K. Smith, and H. W. Newkirk: Etching studies of BeO crystals. J. Mater. Sci. **2**, 378–387 (1967).
21. Bakradze, R. V., und I. A. Rom-Krichewskaja: Ätzfiguren auf CdSe-Kristallen. Fiz. Tverd. Tela (Russ.) **4**, 567–568 (1962).

22. Bakradze, R. V., and I. A. Rom-Krichewskaja: Detecting dislocations in cadmium sulfide and zinc sulfide single crystals. Soviet Phys.-Cryst. **8**, 176–181 (1963).
23. Baltzinger, C., und R. Baro: Zur Entwicklung von Ätzfiguren auf Hämatit durch Salzsäure. Beitr. Elekronenmikrosk. Direktabbildung Oberfl. **4/2**, 615–623 (1971).
24. Baranova, G. K., und E. M. Nadgornyi: Kinetik des Polierens und Ätzens von Natriumchlorid-Kristallen, Kristallografiya (Russ.) **16**, 596 (1971).
25. Barber, D. J., F. C. Frank, M. Moss, J. W. Steeds, and I. S. T. Tsong: Prediction of ion-bombarded surface topographies using Franks kinematic theory of crystal dissolution. J. Mater. Sci. **8**, 1030–1040 (1973).
26. Barmore, W. L., and R. R. Vandervoort: High-temperature creep and dislocation etch pits in polycrystalline beryllium oxide. J. Am. Ceram. Soc. **50**, 316–320 (1967).
27. Baro, R., et A. Janot: Contribution a l'étude physique de l'attaque chimique de cristaux d'hématite Fe_2O_3 α par l'acide chlorhydrique. II.Mécanisme de l'attaque dans le plan (01.2). J. de Microscopie **8**, 431–437 (1969).
28. Barrett, C. S.: Structure of Metals, 2ndEdition, New York: McGraw-Hill. 1952.
29. Bartlett, R. W., and M. Barlow: Surface polarity and etching of beta-silicon carbide. J. Electrochem. Soc. **117**, 1436–1437 (1970).
30. Batterman, B.: Hillocks, pits, and etch rate in germanium crystals. J. Appl. Phys. **28**, 1236–1241 (1957).
31. Bauhans, H.: Ätz- und Lösungsversuche am Alaun. Verh. Heidelberg. Naturhist.-Med. Vereins, N. F. **12**, 319–354 (1912–1914).
32. Bauhans, H., und V. Goldschmidt: Über Endkörper und Lösungsgeschwindigkeit von CaF_2. Beitr. Krist. Min. **1**, 219–240 (1916).
33. Baumhauer, H.: Die Resultate der Ätzmethode in der kristallographischen Forschung, an einer Reihe von kristallisierten Körpern dargestellt. Leipzig: W. Engelmann. 1894.
34. Becke, F.: Ätzversuche an der Zinkblende. Tschermaks Min. Petr. Mitteil. **5**, 457ff (1883).
35. Becke, F.: Ätzversuche an Bleiglanz. Tschermaks Min. Petr. Mitteil. **6**, 237 ff (1885).
36. Becke, F.: Ätzversuche am Pyrit. Tschermaks Min. Petr. Mitteil. **8**, 239 ff (1887).
37. Becke, F.: Ätzversuche am Fluorit. Tschermaks Min. Petr. Mitteil. **11**, 349–437 (1890).
38. Beckert, M., und H. Klemm: Handbuch der metallographischen Ätzverfahren.Leipzig: VEB Deutscher Verlag für Grundstoffindustrie. 1962.
39. Belitz, R. K.: Differential etching of $BaTiO_3$ by H_3PO_4. J. Am. Ceram. Soc. **45**, 617–618 (1962).
40. Berghezan, A., A. Fourdeux, and S. Amelinckx: Dislocations and stacking faults in a hexagonal metal: zinc. Acta Met. **9**, 464–490 (1961).
41. Bernstein, T., and E. F. Labuda: Spectroscopic monitor for sputter-etching processes. J. Vac. Sci. Technol. **10**, 108–110 (1973).
42. Bessières, J., et R. Baro: Détermination de la forme d'équilibre de cristaux d'hématite α-Fe_2O_3. I. Prévision théorique par la méthode de P. Hartman. J. Cryst. Growth **18**, 225–236 (1973).
43. Bessières, J., et R. Baro: Détermination de la forme d'équilibre de cristaux d'hématite α-Fe_2O_3. II. Étude experimentale. J. Cryst. Growth **19**, 218–220 (1973).
44. Bethge, H.: Electron microscopic studies of surface structures and some relations to surface phenomena. Surface Sci. **3**, 33–41 (1964).
45. Bethge, H., und W. Keller: Über die Abbildungen von Versetzungen durch Abdampfstrukturen auf NaCl-Kristallen. Z. Naturforsch. **15a**, 271–272 (1960).
46. Beyer, H.: Handbuch der Mikroskopie. Berlin: VEB Verlag Technik. 1973.
47. Bhagavan Raju, I. V. K., and K. G. Bansigir: On the mechanism of selective dissolution of of NaCl cleavages. J. Cryst. Growth **15**, 288–290 (1972).

48. Bienfait, M., R. Boistelle, et R. Kern: Les morphodromes de NaCl en solution et l'adsorption d'ions étrangers. Conf. Rep. Adsorption et croissance cristalline. p. 577–594. C. N. R. S. Nancy, 6.-12. 6. 1965.
49. Bierlein, T. K., H. W. Newkirk, and B. Mastel: Etching of refractories and cermets by ion bombardment. J. Am. Ceram. Soc. **41**, 196–200 (1958).
50. Bilenko, D. I., Yu. N. Galishnikova, and A. I. Smirnov: Control of layer thickness during selective growing or etching. Prib. Techn. Eksp. **5**, 231 (1972).
51. Billig, E.: Some defects in crystals grown from the melt. I. Defects caused by thermal stresses. Proc. Roy. Soc. (London) **A 235**, 37 (1956).
52. Bliznakov, G.: Die Kristalltracht und die Adsorption fremder Beimischungen. Fortschr. Min. **36**, 149–191 (1958).
53. Bliznakov, G., and S. Yaneva: Effect of adsorption on the dissolution of crystals. I. Effect of phenol on the rate of KBr dissolution. Kristall und Technik **5**, 121–127 (1970).
54. Bloem, J., and J. C. van Vessem: Etching Ge with mixtures of HF-H_2O_2-H_2O. J. Electrochem. Soc. **109**, 33–42 (1962).
55. Böttger, W.: Herstellung fadenförmiger Kristalle nach dem Verfahren der Firma Julius Pintsch, A.-G. Z. Elektrochem. **23**, 121–126 (1917).
56. Bogenschütz, A. F.: Ätzpraxis für Halbleiter. München: Carl Hanser-Verlag. 1967.
57. Bogenschütz, A. F., W. Krusemark, K.-H. Löcherer, and W. Mussinger: Activation energies in the chemical etching of semiconductors in HNO_3-HF-CH_3COOH. J. Electrochem. Soc. **114**, 970–973 (1967).
58. Bohm, J.: Über Ätzversuche an Dolomit unter besonderer Berücksichtigung von optisch aktiven Säuren. Dipl.-Arbeit, Humboldt-Univ. Berlin. 1–96 (1958).
59. Bohm, J.: Experimentelle Verfahren zur unmittelbaren Untersuchung von Versetzungen. Fortschr. Min. **38**, 82–107 (1960).
60. Bohm, J.: Licht- und elektronenmikroskopische Untersuchungen an geätzten Steinsalz-Spaltflächen. Beitr. Metallphys., Abh. Dtsch. Akad. Wiss. Berlin, Kl. Math., Naturw. und Technik **6**, 58–62 (1962).
61. Bohm, J.: Probleme und Erfahrungen bei der Züchtung von Siliciumcarbid-Kristallen unter besonderer Berücksichtigung von Reinheitsfragen. Reinststoffe in Wissenschaft und Technik. S. 337–344. Berlin: Akademie-Verlag. 1963.
62. Bohm, J., und W. Kleber: Zur Topochemie der Ätzung von Dolomit-Einkristallen. N. Jb. Mineralogie, Mh. 201–210 (1968).
63. Bohm, J., und D. Schulze: Erfahrungen mit einem widerstandsbeheizten Hochtemperaturofen zur Erzeugung von Siliziumkarbid. Neue Hütte **6**, 638–643 (1961).
64. Bond, W. L.: Etch figures of quartz. Z. Krist. **99**, 488–498 (1938).
65. Bond, W. L.: Making small spheres. Rev. Sci. Instr. **22**, 344–345 (1951).
66. Bontinck, W., and S. Amelinckx: Observation of helicoidal dislocation lines in fluorite crystals. Phil. Mag. **2**[8], 94–96 (1957).
67. Boone, G. M., and E. P. Wheeler: Staining for cordierite and feldspars in thin section. Am. Mineral. **53**, 327–331 (1968).
68. Born, E.: Etching of radiation damaged boron single crystals after exposure to thermal neutrons. Atomkernenergie **20**, 325–326 (1972).
69. Bowen, D. H.: Observation of impurity precipitates in magnesium oxide. Trans. Brit. Ceram. Soc. **62**, 771–784 (1963).
70. Boyde, A.: Calibration of the specimen stage of Stereoscan. Beitr. Elektronenmikrosk. Direktabb. Oberfl. **3**, 403–410 (1970).
71. Brace, W. F., and J. B. Walsh: Some direct measurements of the surface energy of quartz and orthoclase. Am. Mineral. **47**, 1111–1122 (1962).

72. Brander, R. W., and A. L. Boughey: The etching of α-silicon carbide. Brit. J. Appl. Phys. **18**, 905–912 (1967).
73. Brandes, H.: Zur Theorie des Kristallwachstums. Z. Phys. Chem. (Leipzig). **A 126**, 196–210) (1927).
74. Brebrick, R. F., and W. W. Scanlon: Chemical etches and etch pit patterns on PbS crystals. J. Chem. Phys. **27**, 607–608 (1957).
75. Brewster, D.: On the optical figures produced by the disintegrated surfaces of crystals. Edinb. Trans. **14**, 164 ff (1837).
76. Briggs, A.: Dislocation etching and chemical polishing studies on UO_2 single crystals. Trans. Brit. Ceram. Soc. **60**, 505–516 (1961).
77. Brown, C. S., and L. A. Thomas: The effect of impurities on the growth of synthetic quartz. J. Phys. Chem. Solids **13**, 337–342 (1960).
78. Brower, W. S., and E. N. Farabaugh: Etch pits in chromium oxide. J. Appl. Phys. **36**, 1489–1490 (1965).
79. Brower, W. S., and E. N. Farabaugh: Dislocation etchant for single-crystal Y_2O_3. J. Am. Ceram. Soc. **53**, 225 (1970).
80. Bryant, G. W., and B. J. Mason: Etch pits and dislocations in ice crystals. Phil. Mag. **5**, 1221–1227 (1960).
81. Buck, W. R., and H. Leidheiser: The corrosion of single crystals and recrystallized single crystals of iron and steel in citric acid. J. Electrochem. **104**, 474–481 (1957).
82. Buckley, H. E.: Crystal Growth. London: Chapman and Hall. 1956.
83. Budurow, St., und N. Stojčew: Über die Gleichgewichtsform des Kadmiums und Zinks. Compt. Rend. de l'Acad. Bulgare des Sci. **16**, 397–400 (1963).
84. Buerger, M. J.: Elementary Crystallography. London: Chapman and Hall. New York: J. Wiley and Sons. 1956.
85. Burgers, J. M.: Geometrical considerations concerning the structural irregularities to be assumed in a crystal. Proc. Phys. Soc. **52**, 23–33 (1940)
86. Burgess, T. E.: Chemical etching of germanium in HF-HNO_3-H_2O solutions. J. Electrochem. Soc. **109**, 341–342 (1962).
87. Burmeister, J.: The surface morphology of epitaxial silicon. J. Cryst. Growth **11**, 131–140 (1971).
88. Burton, W. K., N. Cabrera, and F. C. Frank: The growth of crystals and the equilibrium structure of their surfaces. Phil. Trans. Roy. Soc. (London) **A 243**, 299–358 (1951).
89. Butter, E., R. Günther, B. Jacobs, K. Jacobs, P. Streubel, und A. Zehe: Ätzuntersuchungen an natürlichen Spaltflächen von (Ga, Al)As/GaAs-Heterostrukturen. Krist. und Technik **8**, 1021–1028(1973).
90. Cabrera, N.: The formation of etch pits and of oxide nuclei at dislocations. J. Chem. Phys. **53**, 675–680 (1956).
91. Cabrera, N.: Kinematic theory of crystal dissolution and its application to etching. Proc. Intern. Symp. Reactivity Solids, **4**, p. 345–351. Amsterdam 1960.
92. Cabrera, N., and M. M. Levine: On the dislocation theory of evaporation of crystals. Phil. Mag. **1**, 450–458 (1956).
93. Camp, P.: Vortrag M. I. T. Conference on Physical Electronics, 27. – 29. 3. 1952, Cambridge, Mass. cit.: [94].
94. Camp, P.: A study of the etching rate of single-crystal germanium. J. Electrochem. Soc. **102**, 586–593 (1955).
95. Casey, E. J., and R. E. Bergeron: The electrolytic polishing of amphoteric metals. Can. J. Chem. **31**, 422–424 (1953).
96. Cass, T. R., and J. Washburn: Dislocation etch pits on {110} planes of magnesium oxide. J. Am. Ceram. Soc. **49**, 343–344 (1966).

97. Centnerszwer, M., und W. Zablocki: Lösungsgeschwindigkeit des Aluminiums. Z. Phys. Chem. **A 122**, 455–481 (1926).
98. Cerniglia, N., and P. Wang: Dissolution of germanium in aqueous hydrogen peroxide solutions. J. Electrochem. Soc. **109**, 508–512 (1962).
99. Chalmers, B.: The twinning of single crystals of tin. Proc. Phys. Soc. **47**, 733–746 (1935).
100. Chalmers, B., R. King, and R. Shuttleworth: The thermal etching of silver. Proc. Roy. Soc. **A 193**, 465–483 (1948).
101. Chayes, F.: Notes on the staining of potash feldspar with sodium cobaltnitrite in thin sections. Am. Mineral. **37**, 337–340 (1952).
102. Chernow, A. A.: Kinetische Gleichung für Stufen auf Kristallflächen. Dokl. Akad. Nauk SSSR (Russ.) **117**, 983–986 (1957).
103. Chernow, A. A.: The spiral growth of crystals. Soviet Phys. Uspekhi **4**, 116–148 (1961).
104. Christenhuss, R., und G. Pfefferkorn: Bilddrehung und -verzerrung beim Raster-Elektronenmikroskop Stereoscan. Beitr. Elektronenmikroskop. Direktabb. Oberfl. **1**, 129–140 (1968).
105. Christoph, A.: Die Untersuchung der Wachstumsstruktur von Quarzkristallen durch Ätzen. Krist. und Technik **8**, 77–93 (1973).
106. Ciszewski, B., J. Wasiak, and H. Zicucik: Über einige bei der thermischen Ätzung von Korund-Einkristallen beobachtete Phänomene. Biul.Wojsk. Akad. Techn. (Pol.) **16**, 73–78 (1967).
107. Clarke, R. C., D. S. Robertson, and A. W. Vere: Preliminary study of dislocations in indium and gallium phosphides. J. Mater. Sci. **8**, 1349–1354 (1973).
108. Cockayne, B., and D. B. Gasson: Yttrium aluminium garnet single crystals: polishing, etching and dislocation distribution. J. Mater. Sci. **1**, 112–113 (1966).
109. Coleman, R. V.: Observation of dislocations in iron whiskers. Growth and perfection of crystals, ed. by R. H. Doremus, B. W. Roberts, and D. Turnbull. p. 239–246. New York: John Wiley. 1958.
110. Cottrell, A. H.: Dislocations and Plastic Flow in Crystals. Oxford: Oxford University Press. 1953.
111. Cretella, M. C., and H. C. Gatos: The reaction of germanium with nitric acid solutions. J. Electrochem. Soc. **105**, 487–496 (1958).
112. Crockett, C. G.: A glow discharge ion gun for etching. Vacuum **23**, 11–13 (1973).
113. Cunningham, R. L., and J. Ng-Yelim: Orientation determination of crystals using ejection patterns resulting from ion bombardment. J. Appl. Phys. **35**, 2185–2188 (1964).
114. Cunningham, R. L., and J. Ng-Yelim: Ejection of atoms from metallic single crystals. Am. J. Phys. **33**, 1064–1069 (1965).
115. Cunningham, R. L., and J. Ng-Yelim: Simplified apparatus and technique for the determination of crystal orientation by ion bombardment. Rev. Sci. Instr. **36**, 54–56 (1965).
116. Czyzak, S. J., J. C. Manthuruthil, and D. C. Reynolds: Etch pit studies on ZnS crystals. J. Appl. Phys. **33**, 180–184 (1962).
117. Van Damme-van Weele, M. A.: The influence of ferrocyanide complexes on the dissolution of sodium chloride. Conf. Rep. Adsorption et croissance cristalline. p. 433–499. C. N. R. S. Nancy, 6.–12. 6. 1965.
118. Danilov, V. N.: Investigation of the condition of the formation of hillocks, etch pits, and unstable faces in silver at high temperatures. Soviet Phys.-Cryst. **7**, 127–129 (1962).
119. Dash, W.C.: Copper precipitation on dislocations in silicon. J. Appl. Phys. **27**, 1193–1198 (1956).
120. Dash, W. C.: The observation of dislocations in silicon. Dislocations and Mechanical Properties of Crystals, ed. by J. C. Fisher et al. p. 57–68. New York: John Wiley. 1957.
121. Dash, W. C.: Dislocations in silicon and germanium crystals. Properties of Elemental and Compound Semiconductors, 1959 AIME Conf., ed. by H. C. Gatos. p. 195–208. New York: Interscience. 1960.

122. Dash, W. C.: Evidence of dislocation jogs in deformed silicon. J. Appl. Phys. **29**, 736–737 (1958).
123. Dawihl, W., und E. Dörre: Über Festigkeits- und Verformungseigenschaften von Sinterkörpern aus Aluminiumoxid in Abhängigkeit von Zusammensetzung und Gefüge. Ber. Dtsch. Keram. Ges. **41**, 85–87 (1964).
124. Day, R. B., and R. J. Stokes: Mechanical behavior of magnesium oxide at high temperatures. J. Am. Ceram. Soc. **47**, 493–503 (1964).
125. De DeMicheli, S. M., and L. Lubart: Thermal etching of ice under vacuum. Phys. Stat. Sol. **5**, K 57–59 (1964).
126. Denda, S.: Pits on germanium surface formed by molten indium. J. Phys. Soc. Japan **13**, 533 (1958).
127. Deo, P. G., and S. Kumar: Observation of dislocations in melt grown potassium chloride crystals using thermal etching. J. Cryst. Growth **3/4**, 694–699 (1968).
128. Deren, J., und J. Nowok: Physikalisch-chemische Eigenschaften von Zinkoxid-Einkristallen. II. Chemische Ätzung von Zinkoxid-Einkristallen. Zesz. Nauk Akad. Gorn-Hutn., Krakow, Keram. (Pol.) **22**, 67–73 (1973).
129. Derge, G.: Relations between crystal structure and corrosion. Trans. Electrochem. Soc. **75**, 449 (1939).
130. DeVries, R. C.: Etched structures dependent on sidewise motion of 180° domains in $BaTiO_3$. J. Am. Ceram. Soc. **48**, 18–22 (1965).
131. Dewald, J. F.: The kinetics and mechanisms of formation of anode films on single-crystal InSb. J. Electrochem. Soc. **104**, 244–251 (1957).
132. Dickson, J. A. D.: Carbonate identification and genesis as revealed by staining. J. Sed. Petr. **36**, 491–505 (1966).
133. Dillon, J. A., and R. M. Oman: Ion-bombardment etching of silicon and germanium. J. Appl. Phys. **31**, 26–28 (1960).
134. Doerschel, J.: Einkristallzüchtung und Versetzungsätzung von Antimon und antimonreichen Antimon-Wismut-Legierungen. Krist. und Technik **7**, 197–206 (1972).
135. Drechsler, M., und R. Vanselow: Untersuchung der Temper- und Wachstumsformen einiger Metalleinkristalle mit dem FEM. Z. Krist. **107**, 161–181 (1956).
136. Drees, W.: Über Ätzversuche an Kalkspat unter besonderer Berücksichtigung der optisch aktiven Säuren. Diplom-Arb., Humboldt-Univ. Berlin. 1957.
137. Duc Chinh, N.: Pers. Mitteilung. 1971.
138. Dugdale, R. A., and S. D. Ford: Etching of alumina and fused silica by sputtering. Trans. Brit. Ceram. Soc. **65**, 165–180 (1966).
139. Ebner, V. v.: Die Lösungsflächen des Kalkspathes und des Aragonites. Wiener Sitzungsberichte **91**, 760 ff (1885).
140. Edwards, P. L., and S. Huang: Comparison of whisker growth sites and dislocation etch pits on single-crystal sapphire. J. Am. Ceram. Soc. **49**, 122–125 (1966).
141. Ehlers, E. G., and J. D. Birle: Electropolishing of pyrite. Am. Mineral. **49**, 800–804 (1964).
142. Ehman, M. F., and S. B. Austerman: Dislocation etchant for beryllium oxide. J. Am. Ceram. Soc. **56**, 382–384 (1973).
143. Ehman, M. F., J. W. Faust, and W. B. White: The influence of the complexing agent concentration on the etch rate of germanium. J. Electrochem. Soc. **118**, 1443–1447 (1971).
144. Eichler, M.: Ätz- und Lösungserscheinungen an Topas. Ber. math.-phys. Kl. Sächs. Akad. Wiss. Leipzig **73**, 232–246 (1921).
145. Ejima, T., W. H. Robinson, and J. P. Hirth: Thermal etch pits at dislocations in lithium fluoride. J. Cryst. Growth **7**, 155–162 (1970).

146. Elanskaja, L. G., N. G. Neronowa, A. G. Safina, und B. V. Smirnow: Entwicklung der Versetzungsdichte der (211)-Fläche von InSb durch eine anodische Ätzmethode. Sawod. Lab. (Russ.) **38**, 1481–1483 (1972).
147. Ellis, R. C.: Etching of single crystal germanium spheres. J. Appl. Phys. **25**, 1497–1499 (1954).
148. Ellis, R. C.: Etching of single-crystal germanium spheres. J. Appl. Phys. **28**, 1068 (1957).
149. Ellis, S. G.: Surface studies on single-crystal germanium. J. Appl. Phys. **28**, 1262–1269 (1957).
150. Engelhardt, W. v.: Untersuchungen über den Randwinkel von Flüssigkeiten auf Kristalloberflächen. Conf. Rep. Adsorption et croissance cristalline, C. N. R. S. Nancy, 6.–12. 6. 1965. 119–135.
151. Engelhardt, W. v., und P. J. Sell: Grenzflächenenergie und spezifische Adsorption von Kristallflächen. Naturwiss. **47**, 105 (1960).
152. Engell, H. J.: Elektrochemische Messungen beim Ätzabbau von α-Eisen-Einkristallen. Naturwiss. **42**, 124 (1955).
153. Englert, A., and H. Tompa: Energy and configuration of atoms in a simple model of an edge dislocation. II. Morse potential. J. Phys. Chem. Solids **24**, 1145–1148 (1963).
154. Erdman, W. C., and P. F. Schmidt: Etching solutions for germanium and silicon. US-Patent 182.891 vom 22. 9. 1971.
155. Erdmann-Jesnitzer, F., G. Hötzsch, und E. Günther: Beitrag zur Korngrenzenwanderung von Germanium. Bergakademie **13**, 300–303 (1961).
156. Ernst, E.: Über echte Ätzhügel und Lösungskörperformen am Brasilianer Beryll. Z. Krist. **63**, 153–156 (1926).
157. Ernst, E.: Das Verhalten der echten Ätzhügel eines aus einer Flußspatkugel gewonnenen Endkörpers. Festschrift V. Goldschmidt, 89–97 (1928).
158. Etienne, D., J. Chevrier, and G. Bougnot: Evaporation chimique du GaAs soux flux d'hydrogene et d'acide chlorhydrique. Mat Res. Bull. **8**, 951–960 (1973).
159. Evans, P. E., and G. Wildsmith: Evidence of phase changes in zirconia from thermal etching. Nature **189**, 569–570 (1961).
160. Evans, U. R.: Inhibitors-Safe and dangerous. Trans. Electrochem. Soc. **69**, 213–231 (1936).
161. Fastert, C.: Über das Wachstum von Chlornatriumkristallen. N. Jb. Mineralogie, Beil.-Bd. **23**, 265–324 (1912).
162. Faust, A., und P. Schreiter: Der Einfluß von Ultraschall auf das Ätzen von Galliumarsenid. Krist. und Technik **8**, 95–106 (1973).
163. Faust, C. L.: Surface preparation by electropolishing. Pittsburgh Intern. Conf. on Surface Reactions. Pittsburgh: Corrosion Publishing Comp. 1948.
164. Faust, J. W.: Surface preparation. Methods of Experimental Physics-Solid State Physics. New York: Academic Press. 1959.
165. Faust, J. W., H. F. John, and S. O'Hara: Vortrag Metallurg. Soc. Conf., New York, 15, **181** (1962), cit. nach [468].
166. Faust, J. W., and A. Sagar: Effect of the polarity of the III-V intermetallic compounds on etching. J. Appl. Phys. **31**, 331–333 (1960).
167. Feklitschew, W. G.: Mikrokristallmorphologische Untersuchung der Lösungserscheinungen von Beryllkristallen. Trudy Inst. Min., Geokhim. i Kristallokhim. Redk. Element. (Russ.) **18**, 85–106 (1963).
168. Felius, R. O., and P. Hartman: The theoretical habit of crystals with rutile – or trirutile structure. Vortrag III. Intern. Conf. Cryst. Growth, Marseille. 1971.
169. Fersman, A., und V. Goldschmidt: Der Diamant. Heidelberg: 1911.
170. Fiedler, O., and R. Hoerhold: Vaccum apparatus for coating substrates by cathodic sputtering and purifying them by ion etching. DBP 222. 1600 vom 15. 2. 1973.

171. Fiedler, O., G. Reisse, and K. Thiemt: Vacuum apparatus for coating substrates by cathodic sputtering and for cleaning by ionic etching. DDR-Patent 91404 vom 12. 7. 1972.
172. Figueroa, D., and E. Laredo: Dissolution of precipitates in Cd^{++}-doped sodium chloride crystals. Solid State Commun. **11**, 1209–1212 (1972).
173. Fischer, C., and E. Heasell: Formation of thermal etch patterns during diffusion in indium antimonide. Surface Sci. **30**, 592–600 (1972).
174. Fleischer, R. L., P. B. Price, and E. M. Symes: On the origin of anomalous etch pits in minerals. Am. Mineral. **49**, 794–800 (1964).
175. Flint, E. E.: A new type of photogoniometer. Soviet Phys.-Cryst. **6**, 226–227 (1961).
176. Frank, F. C.: Mechanical properties of metals. Physica **15**, 131 (1949).
177. Frank, F. C.: Sessile dislocations. Proc. Phys. Soc. **62A**, 202–203 (1949).
178. Frank, F. C.: On the kinematic theory of crystal growth and dissolution processes. Growth and perfection of crystals, ed. by R. H. Doremus, B. W. Roberts, and D. Turnbull. p. 411–419. New York: John Wiley. 1958.
179. Frank, F. C.: On the kinematic theory of crystal growth and dissolution processes, II. Z. Phys. Chem., N. F. **77**, 84–92 (1972).
180. Frank, F. C., and M. B. Ives: Orientation-dependent dissolution of germanium. J. Appl. Phys. **31**, 1996–1999 (1960).
181. Franke, R., H. König, E. Than, und D. Dressel: Elektrochemische Ätzuntersuchungen an einkristallinen Siliziumscheiben. Krist. und Technik **8**, K 47–50 (1973).
182. Franke, W.: Pers. Mitteilung. 1972.
183. Franke, W., and R. Heimann: Hydrothermal reactions of magnesium aluminate spinel in alkaline solutions. J. Cryst. Growth **7**, 97–101 (1970).
184. Franke, W., R. Heimann, and R. Lacmann: The dissolution forms of single crystal spheres. III. Dissolution forms of Ge and Si. J. Cryst. Growth. **28**, 145–150 (1975).
185. Fricke, P.: Einrichtung für die Orientierung von Siliziumeinkristallstäben nach der Lichtfiguren-Methode direkt am Trennschleifautomaten. Krist. und Technik **3**, K 15–20 (1968).
186. Friedel, G.: Expériences sur la dissolution de formes concaves dans les cristaux. Bull. Soc. Franc. Min. **48**, 6–11 (1925).
187. Gabor, T., and V. J. Jennings: Effect of stirring on the etching characteristics of silicon carbide. Electrochem. Technol. **3**, 31–36 (1965).
188. Gates, J. W.: Fringe spacing in interference microscopes. J. Sci. Instr. **33**, 507 (1956).
189. Gatos, H. C., and M. C. Lavine: Characteristics of the {111} surfaces of the III-V intermetallic compounds. J. Electrochem. Soc. **107**, 427–432 (1960).
190. Gatos, H. C., and M. C. Lavine: Etching behavior of the {110} and {100} surfaces of InSb. J. Electrochem. Soc. **107**, 433–436 (1960).
191. George, J.: Etch patterns on cadmium crystals grown from vapour. Nature **189**, 743–744 (1961).
192. German, S.: Morphologie des chemischen und physikalischen Abbaus von Zink- und Kadmium-Einkristallen. Metallk. **45**, 484–489 (1954).
193. Gernand, M., P. Görlich, R. Hultzsch, G. Kötitz, und W. Lüdke: Züchtung, spektroskopische Prüfung und Lasereigenschaften von Molybdat- und Wolframatkristallen mit Nd^{3+}-Dotierung. Krist. und Technik **3**, 129–151 (1968).
194. Gevers, R. S., S. Amelinckx, und W. DeKeyer: Interferometric study of etch pits. Naturwiss. **39**, 448–449 (1952).
195. Ghosh, T.K., and F. J. P. Clarke: Etching and polishing studies on MgO single crystals. Brit. J. Appl. Phys. **12**, 44–50 (1961).
196. Gibbs, B. M., and H. Rawson: Thermal etching of sintered UO_2. Trans. Brit. Ceram. Soc. **60**, 854–857 (1961).
197. Gibbs, J. W.: Thermodynamische Studien. Leipzig: 1892.

198. Gill, A. C.: Beiträge zur Kenntnis des Quarzes. Z. Krist. **22**, 97–128 (1894).
199. Gilman, J. J.: Direct measurement of the surface energies of crystals. J. Appl. Phys. **31**, 2208–2218 (1960).
200. Gilman, J. J., and W. G. Johnston: The origin and growth of glide bands in lithium fluoride crystals. Dislocation and Mechanical Properties of Crystals.p. 116–164. New York: John Wiley. 1957.
201. Gilman, J. J., W. G. Johnston, and G. W. Sears: Dislocation etch pit formation in lithium fluoride. J. Appl. Phys. **29**, 747–754 (1958).
202. Gjostein, N.A.: Adsorption and surface energy. I. The effect of adsorption on the γ-plot. II. Thermal faceting from minimization of surface energy. Acta Met. **11**, 957–978 (1963).
203. Gjostein, N. A., and W. L. Winterbottom: The structure and properties of metal surfaces. Fundamentals of Gas-Surface Interactions, ed. by H. Saltsburg, J. N. Smith and M. Royer. p. 42–74. New York: Academic Press. 1967.
204. Glauner, R., und R. Glocker: Bestimmung der Lösungsgeschwindigkeit der verschiedenen Flächen von Kupfereinkristallen. Z. Krist. **80**, 377–390 (1931).
205. Goldschmidt, V., und F. E. Wright: Über Ätzfiguren, Lichtfiguren und Lösungskörper, mit Beobachtungen am Calcit. N. Jb. Mineral., Paläont., Beil.-Bd. **17**, 355–390 (1903).
206. Goldschmidt, V., und F. E. Wright: Über Lösungskörper und Lösungsgeschwindigkeiten von Calcit. N. Jb. Mineral. Paläont., Beil.-Bd. **18**, 335–376 (1904).
207. Gorjunova, N. A.: The Chemistry of Diamond-like Semiconductors. London: Chapman and Hall Ltd. 1965.
208. Gorjunowa, N. A.: Halbleiter mit diamantähnlicher Struktur. Leipzig: B. G. Teubner Verlagsgesellschaft. 1971.
209. Gorum, A. E., W. J. Luhman, and J. A. Pask: Effect of impurities and heat-treatment on ductility of MgO. J. Am. Ceram. Soc. **43**, 241–245 (1960).
210. Gottschalch, V., W.-H. Petzke, und E. Butter: Ätzuntersuchungen an Verneuilspinellen. Krist. und Technik **7**, 1007–1017(1972).
211. Goujon, G., C. Chapon, et B. Mutaftschiev: Observation de germes bidimensionelles sur des faces de croissance de NaCl en bain fondu. J. Cryst. Growth **5**, 317–320 (1969).
212. Grabmaier, B. C., and J. G. Grabmaier: Dislocation-free GaAs by the liquid encapsulation technique. J. Cryst. Growth **13/14**, 635–639 (1972).
213. Grabmaier, J., und B. Chr. Watson: Ätzuntersuchungen an Calciumwolframat-Laser-Kristallen. Z. angew. Phys. **22**, 82–86 (1967).
214. Grabmaier, J. G., and C. B. Watson: Dislocation etch pits in single crystal GaAs. Phys. Stat. Sol. **32**, K 13–15 (1969).
215. Grappiolo, G. C.: Thermal etching as a means of delineating grain boundaries in high density UO_2. Energia Nucl. (Milano) **11**, 273–276 (1964).
216. Grimes, C., J. Hinkley, and J. E. Lester: Kinetics of vaporization of potassium chloride containing calcium impurity. J. Chem. Phys. **56**, 524–527 (1972).
217. Grinberg, A.: Thermal etching of sodium chloride. Phys. Stat. Sol. **3**, 1369–1378 (1963).
218. Gross, N.: Die Bezugsfläche der Lösungsgeschwindigkeiten von Gips. Z. Krist. **57**, 145–179 (1922).
219. Gross, R.: Zur Theorie des Wachstums- und Lösungsvorganges kristalliner Materie. Abhandl. d. K. Sächs. Ges. Wiss. Leipzig, math.-phys. Kl. **35**, 137–202 (1918).
220. Gross, R., und N. Blassmann: Drahtförmige Kristalle von Wolfram. N. Jb. Mineral., Beil.-Bd. **42**, 728–753 (1919).
221. Gross, R., F. Koref, und K. Moers: Über die beim Anätzen krummflächiger und hohler Metallkristalle auftretenden Körperformen. Z. Phys. **22**, 317–321 (1924).
222. Gross, R., und H. Möller: Sind die Wachstumserscheinungen aus den Lösungserscheinungen durch Umkehrung des Vorzeichens abzuleiten? N. Jb. Mineral., Beil.-Bd. **53**, 95–133 (1925).

223. Groves, G. W., and A. Kelly: Climb of dislocations in magnesium oxide. J. Appl. Phys. **33**, 456–460 (1962).
224. Grubitsch, H.: Ursachen der Korrosion. Übersichtsbericht II. Chem.-Ing.-Techn. **28**, 9–25 (1956).
225. Gualtieri, J. G., M. J. Katz, and G. A. Wolff: Gas etching and its effect on semiconductor surfaces. Z. Krist. **114**, 9–22 (1960).
226. Gülzow, H.: Der Einfluß des Richtungsverlaufes von Kristallstörungen auf die morphologische Entwicklung von Ätzgruben. Phys. Stat. Sol. **3**, 1268–1273 (1963).
227. Gülzow-Qual, G.: Ätzversuche an synthetischem Quarz. Phys. Stat. Sol. **1**, 62–67 (1961).
228. Günther, O., und K. Spangenberg: Wachstums- und Auflösungsversuche am KCr- und NH_4-Al-Alaun. Kiel: Diss. Univ. 1929.
229. Guthnick, E.: Chemisches Polieren und Ätzen von Halbleitern, besonders Zinkselenid. DDR-Patent 98310 vom 12. 6. 1973.
230. Gwathmey, A. T., and A. F. Benton: The reaction of gases on the surface of single crystal of copper. I. Oxygen. J. Phys. Chem. **46**, 969–980 (1942).
231. Haasen, P.: On the plasticity of germanium and indium antimonide. Acta Met. **5**, 598–599 (1957).
232. Hähnert, I.: Ätzuntersuchungen an Alaunen mit nichtwässrigen Lösungsmitteln. Krist. und Technik **7**, 419–426 (1972).
233. Hanak, J. J., and J. P. Russell: Sputter etching techniques for recording holograms or other fine-detail relief patterns in hard, durable materials. US-Patent 3.733.258 vom 15. 5. 1973.
234. Hancock, R. D.: Process of etching semiconductors and etchant solutions used therefore. US-Patent 3.107.188 vom 15. 10. 1963.
235. Haneman, D., and F. Chung: Hillocks on sputtered germanium surfaces. J. Appl. Phys. **34**, 2488–2489 (1963).
236. Hanke, I.: Ermittlung der Störstellenverteilung in Calcitkristallen mit Hilfe von Phasenkontrast- und Interferenzverfahren. Phys. Verh. 169–170 (1959).
237. Hanyu, T.: Dislocation etch tunnels in quartz crystals. J. Phys. Soc. Japan **19**, 1489 (1964).
238. Hari Babu, V., D. B. Sirdeshmukh, and K. G. Bansigir: Rotation of etch pits on (001) surface of sodium chloride. Phil. Mag. **14**, 1067–1070 (1966).
239. Harsy, M.: Etching of GaP crystals by solution containing halogenides. Krist. und Technik **3**, K 95–97 (1968).
240. Hartman, P.: An approximate calculation of attachment energies for ionic crystals. Acta Cryst. **9**, 569–572 (1956).
241. Hartman, P.: The effect of adsorption on the face development of the equilibrium form. Acta Cryst. **12**, 429–439 (1959).
242. Hartman, P.: La morphologie structurale du quartz. Bull. Soc. Franc. Min. Crist. **82**, 335–340 (1959).
243. Hartman, P.: Über die Gleichgewichtsformen einiger Ionenkristalle. N. Jb. Mineral., Mh 73–84(1959).
244. Hartman, P.: Sur la structure atomique de quelques faces de cristaux du type blende et wurtzite. Bull. Soc. Franc. Min. Crist. **82**, 158–163 (1959).
245. Hartman, P.: Strukturelle Morphologie von Korund. Sap. Wses. Mineral. Obschestw. (Russ.) **91**, 672–682 (1972).
246. Hartman, P.: Comparison between theoretical and observed morphology of crystals with rutile type structure. Paper Proc. 5. General Meeting Int. Min. Assoc., p. 94–99. Cambridge: 1966.
247. Hartman, P.: Theoretical morphology of crystals with the spinel structure. Pers. Mitteilung 1971.

248. Hartman, P.: Berechnung der Gleichgewichtsform von Korund mit verschiedenen elektrostatischen Punktladungsmodellen. Pers. Mitteilung 1973.
249. Hartman, P., and W. Perdok: On the relation between structure and morphology of crystals. Acta Cryst. **8**, 49–52 (1955).
250. Hartnagel, H., and B. L. Weiss: Etch polishing of gallium arsenide. J. Mater. Sci. **8**, 1061–1063 (1973).
251. Haushofer, K.: Über Asterismus und die Brewsterschen Lichtfiguren am Calcit. München: Habilit.-Schrift. 1865.
252. Hausser, K. W., und P. Scholz: Metall-Einkristalle. Wiss. Veröff. Siemens-Konzern **V 3**, 144–164 (1927).
253. Haussühl, S., und W. Müller: Zur Auflösungsgeschwindigkeit von Kristallen in Wasser. Krist. und Technik **5**, 533–554 (1972).
254. Hedges, J. M., and J. W. Mitchell: Sub-structure in crystals of silver bromide. Phil. Mag. **44**, 223–224 (1953).
255. Heidenreich, R. D.: Surface treatment of germanium circuit elements. US-Patent 2.619.414 vom 25. 11. 1952.
256. Heidenreich, R. D., and W. Shockley: Report of a Conference on Strenght of Solids. p. 57. London: Physical Soc. 1948.
257. Heiland, G., P. Kunstmann, und H. Pfister: Polare Eigenschaften von Zinkoxid-Kristallen. Z. Phys. N. F. **176**, 485–497 (1963).
258. Heimann, R.: Untersuchungen zur Morphologie und Reaktionsanisotropie von Quarzeinkristallen bei der Auflösung in Flußsäure und der Reaktion in Alkalifluorid-Schmelzen. Berlin: Freie Univ. Dipl.-Arbeit. 1963.
259. Heimann, R.: Über Kinetik und Morphologie der Auflösung von Quarz in glasbildenden Schmelzen. Berlin: Freie Univ. Diss. 1966.
260. Heimann, R.: Unpublizierte Arbeiten 1969–1974.
261. Heimann, R.: Dissolution forms of single crystal spheres of quartz in acid alkali fluoride melts. J. Cryst. Growth **18**, 61–69 (1973).
262. Heimann, R.: Relation between equilibrium form and dissolution form of β-tin. J. Cryst. Growth **21**, 315–316 (1974).
263. Heimann, R., und B. Siesmayer: Zusammenhang zwischen Gleichgewichts- und Lösungsformen von Korund. Chem.-Ing.-Techn. **46**(18), 793 (1974).
264. Heimann, R., und W. Franke: Kinetik und Morphologie der Auflösung von Quarz. II. Auflösung in Flußsäure mit organischen Lösungsgenossen. N. Jb. Mineral., Mh 161–173 (1969).
265. Heimann, R., und W. Franke: Kinetik und Morphologie der Auflösung von Quarz. IV. Auflösung in Natriumfluorid-Natriummetaphosphat-Schmelzen. N. Jb. Mineral., Mh 316–322 (1969).
266. Heimann, R., und W. Franke: Bildung von Calciumsilicaten im System CaO-SiO_2-CaF_2. Ber. Dtsch. Keram. Ges. **47**, 165–168 (1970).
267. Heimann, R., und W. Franke: Unpublizierte Arbeit. 1972.
268. Heimann, R., W. Franke, and R. Lacmann: Dissolution forms of single crystal spheres of rutile. J. Cryst. Growth **13/14**, 202–206 (1971).
269. Heimann, R., W. Franke, and R. Lacmann: The dissolution forms of single crystal spheres. IV. Dissolution of MgO. J. Cryst. Growth. **28**, 151–156 (1975).
270. Heimann, R., W. Franke, und A. Willgallis: Kinetik und Morphologie der Auflösung von Quarz. V. Auflösung in überkritischer wäßriger Phase. N. Jb. Mineral., Mh 413–425 (1969).
271. Heimann, R., W. Franke, und A. Willgallis: The kinetics and morphology of the dissolution of quartz. VI. Dissolution in alkaline environments under supercritical conditions. N. Jb. Mineral., Mh 74–83 (1970).

272. Heimann, R., und B. Siesmayer: Einige Erfahrungen mit dem Leitz-Mikroskopheiztisch 1350. Leitz-Mitt. Wiss. Techn. **5**, 110–116(1970).
273. Heimann, R., und A. Willgallis: Kinetik und Morphologie der Auflösung von Quarz. I. Auflösung in wäßrigen Lösungen von Flußsäure und Ammoniumhydrogenfluorid. N. Jb. Mineral., Mh 145–160 (1969).
274. Heimann, R., und A. Willgallis: Kinetik und Morphologie der Auflösung von Quarz. III. Auflösung in Natriumfluorid -(Lithiumfluorid)-Schmelzen. N. Jb. Mineral., Mh 305–316 (1969).
275. Herring, C.: Some theorems on the free energies of crystal surfaces. Phys. Rev. **82**, 87–93 (1951).
276. Herring, C.: The use of classical macroscopic concepts in surface-energy problems. Structure and Properties of Solid Surfaces, ed. by R. Gomer and C. S. Smith. Chicago: University of Chicago Press. 1953.
277. Herzfeld, K. H., und A. Hettich: Die Symmetrie von Sylvin und die Natur der Ätzfiguren. Z. Phys. **38**, 1–7 (1926).
278. Hettich, A.: Über die äußere scheinbare Unsymmetrie der Alkalihalogenide. Z. Krist. **64**, 265–295 (1926).
279. Heuer, A. H., and J. P. Roberts: Thermal etching of single-crystal corundum. Trans. Brit. Ceram. Soc. **65**, 219–232 (1966).
280. Heyer, H., in B. Honigmann: Gleichgewichts- und Wachstumsformen von Kristallen. Darmstadt: Steinkopf. 1958.
281. Heyer, H., F. Nietruch, und I. N. Stranski: Wachstums- und Schmelzvorgänge an gerundeten Zink-Einkristallen. J. Cryst. Growth **11**, 283–292 (1971).
282. Hiki, Y.: Etch pits in lead crystals. J. Phys. Soc. Japan **13**, 970–971 (1958).
283. Himmel, H.: Ätzversuche an Fluoritkugeln. N. Jb. Mineral., Beil.-Bd. **A 60**, 111–170 (1930).
284. Himmel, H., und W. Kleber: Ätzversuche an Konkavkörpern. I. N. Jb. Mineral., Beil.-Bd. **A 69**, 42–59 (1935). II. N. Jb. Mineral., Beil.-Bd. **A 70**, 49–64 (1936).
285. Himmel, H., und W. Kleber: Ein Beitrag zum chemischen Abbau von Kristallen durch Spiegelbildisomere. (Mit Ätzversuchen am Calcit mit den vier Weinsäureformen.) N. Jb. Mineral., Beil.-Bd. **A 72**, 347–366 (1937).
286. Hirth, J. P., and G. M. Pound: Evaporation of metal crystals. J. Chem. Phys. **26**, 1216–1224 (1957).
287. Hirth, J. P., and G. M. Pound: Condensation and Evaporation. Nucleation and Growth Kinetics.– Progress in material science. Oxford, London, Paris: Pergamon Press. 1963.
288. Hirth, J. P., and J. Lothe: Theory of Dislocations. New York: McGraw-Hill Book Comp. 1968.
289. Hirthe, W. M., N. R. Adsit, and J. O. Brittain: Dislocation and plastic deformation in TiO_2 single crystals. Direct Observation of Imperfection in Crystals, ed. by J. B. Newkirk, and J. H. Wernik. p. 135–162. New York: Interscience Publ., Inc. 1961.
290. Hirthe, W. M., and J. O. Brittain: Dislocations in rutile as revealed by the etch-pit technique. J. Am. Ceram. Soc. **45**, 546–554 (1962).
291. Hochschild, Ph.: Studien an Zinkblende. N. Jb. Mineral., Beil.-Bd. **26**, 151–212 (1908).
292. Hoh, G.: Dipl.-Arbeit Danzig 1941, unveröffentlicht. Aus: Kossel, W.: Gerichtete chemische Vorgänge. Die Chemie **56**, 40 (1943).
293. Holmes, P. J.: The orientation dependence of etching effects on germanium crystals. Acta Met. 7, 283–290 (1959).
294. Holmes, P. J.: The Electrochemistry of Semiconductors. London: Academic Press. 1962.
295. Honess, A. P.: The Nature, Origin and Interpretation of Etch Figures on Crystals. New York: John Wiley and Sons, Inc. 1927.
296. Honigmann, B.: Gleichgewichts- und Wachstumsformen von Kristallen. Darmstadt: Steinkopf. 1958.

297. Honigmann, B., E. W. Müller, und I. N. Stranski: Die Wachstumsform des Wolframs und die Gleichgewichtsform kubisch-raumzentrierter Kristalle. Z. Phys. Chem. **A 196**, 6–11 (1950).
298. Horn, P., und M. Maurette: Ein Beitrag zum Ätzverhalten des Olivins. N. Jb. Mineral., Mh 170–178 (1967).
299. Hulett, L. D., and F. W. Young: An application of the kinematic theory to copper crystal etching studies. J. Phys. Chem. Solids **26**, 1287–1292 (1965).
300. Hull, D: Introduction to Dislocations. Oxford: Pergamon Press. 1965.
301. Huntington, H. B., J. E. Dickey, and R. Thomson: Dislocation energies in NaCl. Phys. Rev. **100**, 117–128 (1955).
302. Ilter, G.: Kinetik und Morphologie der Auflösung von Erdalkalifluorid-Einkristallkugeln. Pers. Mitteilung. 1973.
303. Iljuschenkow, M. A., K. K. Burnakow, und A. F. Bykonja: Thermische Ätzung von Al_2O_3 und SiC im Vakuum. Kristallografija (Russ.) **11**, 341–344 (1966).
304. Inoue, M., I. Teramoto, and S. Takayanagi: Etch pits and polarity in CdTe crystals. J. Appl. Phys. **33**, 2578–2582 (1962).
305. Irving, B. A.: Shapes of etch hillocks and pits and their correlation with measured etch rates. J. Appl. Phys. **31**, 109–111 (1960).
306. Irving, B. A.: The chemical polishing of germanium. J. Electrochem. Soc. **109**, 120–123 (1962).
307. Ives, M. B.: Orientation-dependent dissolution of lithium fluoride. J. Appl. Phys. **32**, 1534–1535 (1961).
308. Ives, M. B.: On kink kinetics in crystal dissolution. J. Phys. Chem. Solids **24**, 275–281 (1963).
309. Ives, M. B., and J. P. Hirth: Dissolution kinetics at dislocation etch pits in single crystals of lithium fluoride. J. Chem. Phys. **33**, 517–525 (1960).
310. Iwonin, I. V., und L. M. Krasilnikowa: Einfluß der Behandlung von GaAs-Oberflächen auf deren Mikromorphologie. Isw. Wys. Utscheb. Sawed., Fiz. (Russ.) **15**, 137–138 (1972).
311. Jaccodine, R. J.: Use of modified free energy theorems to predict equilibrium growing and etching shapes. J. Appl. Phys. **33**, 2643–2647 (1962).
312. Jacquet, P. A.: Polissage Électrolytique des Surfaces Métalliques et leurs Applications. Saint-Germain-en-Laye: E. Métaux. 1948.
313. Janot, A., et R. Baro: Contribution a l'étude physique de l'attaque chimique de cristaux d'hématite Fe_2O_3 α par l'acide chlorhydrique. I. Description de la forme des figures d'attaque. J. de Microscopie **7**, 323–330 (1968).
314. Jasper, L., und W. Schaarwächter: Ätzgrubenbildung an Versetzungen in Kupfereinkristallen durch potentiostatische Analyse. Z. Metallk. **57**, 661–668 (1966).
315. Jeszensky, B.: Etch figures on sodium chloride crystals. Nature **181**, 559–560 (1958).
316. Johnsen, A.: Wachstum und Auflösung der Kristalle. Vortrag 82. Versamml. Naturf. u. Ärzte. Leipzig: W. Engelmann. 1910.
317. Johnson, E., and J. A. Ytterhus: Stereo electron microscopy of self-ion radiation damage in aluminium single crystals. Phil. Mag. **28**, 489–503 (1973).
318. Johnston, W. G.: Dislocation etch pits in non-metallic crystals. Progress in Ceramic Science, ed. by J. E. Burke. p. 1–75. New York: Pergamon Press Inc. 1962.
319. Johnston, W. G., and J. J. Gilman: Dislocation velocities, dislocation densities, and plastic flow in lithium fluoride crystals. J. Appl. Phys. **30**, 129–144 (1959).
320. Joshi, M. S., and M. A. Ittyachen: Inclined dislocations in apophyllite crystals. Z. Krist. **126**, 321–329 (1968).
321. Joshi, M. S., and A. S. Vag: Application of the selective etch method in the study of structural defects in synthetic quartz. Soviet Phys.-Cryst. **12**, 573–580 (1968).
322. Käss, M., und S. Magun: Zur Überhitzung am Phasenübergang fest-flüssig. Z. Krist. **116**, 354–370 (1961).

323. Kaischew, R., L. Keremidtschiew, und I. N. Stranski: Über Wachstumsvorgänge an Kadmium- und Zinkkristallen und deren Bedeutung für die Ermittlung der zwischen den Gitteratomen wirksamen Kräfte. Z. Metallk. **34**, 201–206 (1942).
324. Kaischew, R., und Chr. Nenow: Untersuchung über die Gleichgewichtsformen von Zinkeinkristallen. Phys. Stat. Sol. **10**, 779–792 (1965).
325. Kawabuchi, K.: Orientation of chemical etch pits on (100) and (111) surfaces of silver. J. Cryst. Growth **11**, 92–94 (1971).
326. Kawabuchi, K., and T. Suzuki: Variation in orientation of etch pits on (100) and (111) surfaces of silver. J. Cryst. Growth **8**, 288–290 (1971).
327. Kawachi, M.: Etching of GaP. Patentschrift. Japan Kokai 73.44198 vom 25. 6. 1973.
328. Kegg, G. R., C. A. P. Horton, and J. M. Silcock: Grain boundary dislocations in aluminium bicrystals after high temperature deformations. Phil. Mag. **27**, 1041–1055 (1973).
329. Keig, G. A., and H. R. Haines: The cathodic etching of plutonium ceramics. Trans. Brit. Ceram. Soc. **62**, 363–373 (1963).
330. Keller, K. W.: Molekularkinetische Einzelschritte bei der Bewegung von Oberflächenstufen auf einem NaCl-Kristall. Krist. und Technik **5**, K 1–4 (1970).
331. Kelly, P. M., and R. G. Blake: The characterization of dislocation loops in neutron irradiated zirconium. Phil. Mag. **28**, 415–426 (1973).
332. Kelly, W. C., and J. M. DeNoyer: A heating micro-coil for the study of mineral fragments and heat-etching of polished sections. Am. Mineral. **45**, 1185–1197 (1960).
333. Kempter, M.: Studien über chemische Wirkungen an Kristallen. 2. Ätz- und Lösungserscheinungen an Cölestin. Ber. math.-phys. Kl. Sächs. Akad. Wiss. Leipzig **72**, 56–64 (1920).
334. Kern, R.: Etude du faciés de quelques cristaux ioniques a structure simple. B. Influence des compagnons de cristallisation sur le faciés des cristaux. Bull. Soc. Franc. Min. Crist. **76**, 391–414 (1953).
335. Kleber, W.: Lösungsversuche an Fluorit. N. Jb. Mineral., Beil.-Bd. **A 65**, 447–477 (1932).
336. Kleber, W.: Zum Mechanismus der Einkristallätzung mit optisch aktiven Säuren. Zbl. Mineral. A., 294–301 (1938).
337. Kleber, W.: Metallkorrosion und Einkristallätzung. Z. Angew. Mineral. **3**, 53–58 (1940).
338. Kleber, W., und H. O. Koch: Ätzversuche an Einkristallen im elektrischen Feld. Naturwiss. **39**, 19–20 (1952).
339. Kleber, W.: Die Korrespondenz zwischen Morphologie und Struktur der Kristalle. Naturwiss. **42**, 170–173 (1955).
340. Kleber, W.: Angewandte Gitterphysik, 3. Aufl. Berlin: Walter de Gruyter. 1960.
341. Kleber, W.: Zur topochemischen Adsorptionstheorie der Einkristallätzung. Z. Elektrochem. **62**, 587–594 (1958).
342. Kleber, W.: Über die Anisotropie der Ätzung von kubischen Einkristallen (Klasse m3m). Monatsber. Dtsch. Akad. Wiss. **6**, 287–292 (1964).
343. Klein, D. L., and D. J. D'Stefan: Controlled etching of silicon in the HF-HNO_3 system. J. Electrochem. Soc. **109**, 37–42 (1962).
344. Klija, M. O., und M. A. Tschernischewa: Dekoration von Versetzungen in Korundkristallen. Kristallografija (Russ.) **11**, 656–661 (1966).
345. Knacke, O., und I. N. Stranski: Kristalltracht und Adsorption. Z. Elektrochem. **60**, 816–822 (1956).
346. Knight, C. A.: Formation of crystallographic etch pits on ice, and its application to the study of hailstones. J. Appl. Meteorol. **5**, 710–714 (1966).
347. Kohli, C. S., and M. B. Ives: Computer simulation of crystal dissolution morphology. J. Cryst. Growth **16**, 123–130 (1972).
348. Korumatsu, A., I. Kitahiro, and A. Watanabe: Etch pits indicating plane directions in VO_2. Japan J. Appl. Phys. **6**, 1005 (1967).

349. Kosevich, V. M.: Detection of dislocation defects in antimony by the etch method. Soviet Phys.-Cryst. **5**, 715–721 (1961).
350. Kosow, A. V., und M. G. Milwidskii: Lamellare Verteilung von Verunreinigungen und elektrischen Inhomogenitäten in Galliumarsenid-Einkristallen. Isw. Akad. Nauk SSSR, Neorg. Mater. (Russ.) **9**, 1105–1108 (1973).
351. Kossel, D.: Kristalle und Kristallwachstum. Physik der festen Körper. Teil I. Hrsg. G. Joos. S. 18–25. Wiesbaden: Dieterich. 1947.
352. Kossel, W.: Reziprozitätssatz beim Kristallwachstum. Probleme der modernen Physik. A. Sommerfeld-Festschrift. S. 215–221. Leipzig: 1928.
353. Kossel, W.: Gerichtete chemische Vorgänge (Auf- und Abbau von Kristallen). Die Chemie (Angew. Chemie, N. F.) **56**, 33–44 (1943).
354. Kossel, W.: Die Beobachtung von Kristallkugeln als Forschungsmittel für Oberflächenvorgänge. Zur Struktur und Materie der Festkörper. S. 56–95. Berlin-Göttingen-Heidelberg: Springer. 1952.
355. Kostin, N. F., S. V. Lubenets, and K. S. Aleksandrov: Selective etching of sodium chloride crystals. Soviet Phys.-Cryst. **6**, 588–593 (1962).
356. Kostron, H., E. Höffler, und W. Sautter: Zur Metallographie der Leichtmetalle. VI. Über den Ätzangriff auf Reinstaluminium. Z. Metallk. **44**, 17–21 (1953).
357. Krausz, A. S., and L. W. Gold: Surface features observed during thermal etching of ice. J. Colloid Interface Sci. **25**, 255–262 (1967).
358. Krone, H.: Dipl.-Arbeit Danzig 1939, unveröffentlicht. Aus: [353].
359. Krüger, W.: Studien über chemische Wirkungen an Kristallen. 6. Ätz- und Lösungserscheinungen am Aragonit. Ber. math.-phys. Kl. Sächs. Akad. Wiss., Leipzig **74**, 253–268 (1922).
360. Kubo, I., M. Fujii, and M. Hirose: Polarity of ZnO crystals. II. Chemical etching behavior. Japan J. Appl. Phys. **8**, 627–628 (1969).
361. Kubo, I., and Y. Tokita: Polarity of ZnO crystals. I. Ion bombarding behavior. Japan J. Appl. Phys. **8**, 626–627 (1969).
362. Kuczinsky, G. C., L. Abernathy, and J. Allen: Sintering mechanisms of aluminium oxide. Kinetics of High Temperature Processes. p. 163–171. London: Chapman and Hall. 1959.
363. Kuhn, A.: Halbleiter- und Kristallzähler. S. 158. Leipzig: Akademische Verlagsgesellsch. Geest & Portig KG. 1969.
364. Kulaszewski, Ch.: Studien über chemische Wirkungen an Kristallen. 1. Ätz- und Lösungserscheinungen an Turmalin. Ber.math.-phys. Kl. Sächs. Akad. Wiss., Leipzig **72**, 48–55 (1920).
365. Kuramoto, E.: Etch-pit observation of the dislocation motion in copper-2 at. aluminium single crystals. Scr. Met. **6**, 1227–1230 (1972).
366. Kuznetsow, V. D.: Einfluß der Oberflächenenergie auf das Verhalten fester Körper. Berlin: Akademie-Verlag. 1961.
367. Kuznetsow, V. Yu.: Kristall und Kristallisation. Moskau: Gostechnisdat. 1953.
368. Kwietniak, M., and W. Piekarczyk: Method of chemical polishing of rutile (TiO_2). Electron. Technol. **5**, 65–71 (1972).
369. Kyser, D. F., and M. F. Millea: Etching of gallium arsenide (GaAs) with nitric acid. J. Electrochem. Soc. **111**, 1102–1104 (1964).
370. Lacmann, R.: Die Gleichgewichtsform von Kristallen und die Keimbildungsarbeit bei der Kristallisation. Springer Tracts in Modern Physics **44**. Berlin-Heidelberg-New York: Springer. 1968.
371. Lacmann, R.: Oberflächenenergie und Gleichgewichtsform von Kristallen mit β-Zinn-Struktur. J. Cryst. Growth **5**, 354–360 (1969).
372. Lacmann, R.: Lösungsform einer Kupferkugel in HNO_3. Pers. Mitteilung. 1973.

373. Lacmann, R., W. Franke, und R. Heimann: Molekularkinetische Deutung der Lösungsformen von Einkristallkugeln. 3. Koll. „Physik und Chemie der Grenzflächen", Erlangen, 9.–11. 10. 1972.
374. Lacmann, R., W. Franke, und R. Heimann: Molekularkinetische Deutung der Lösungsformen von Einkristallkugeln. Chem.-Ing.-Techn. **44**, 946–947 (1972).
375. Lacmann, R., W. Franke, and R. Heimann: The dissolution forms of single crystal spheres. I. Theory for the molecularkinetic interpretation. J. Cryst. Growth **26**, 107–116 (1974).
376. Lacmann, R., R. Heimann, and W. Franke: The dissolution forms of single crystal spheres. II. Theory for the molecular-kinetic interpretation. J. Cryst. Growth **26**, 117–121 (1974).
377. Lacmann, R., und H. J. Randig: Lösungsform einer Platin-Einkristallkugel. Pers. Mitteilung. 1973.
378. Lang, A. R.: On the origin of certain spirals of large step-height observed on crystal surfaces. J. Appl. Phys. **28**, 497–498 (1957).
379. Lang, A. R.: The projection topograph: a new method in X-ray diffraction microradiography. Acta Cryst. **12**, 249–250 (1959).
380. Laudise, R. A., E. D. Kolb, and A. J. Caporasa: Hydrothermal growth of large sound crystals of zinc oxide. J. Am. Ceram. Soc. **47**, 9–12 (1964).
381. Lavine, M. C., H. C. Gatos, and M. C. Finn: Characteristics of the {111} surfaces of the III-V intermetallic compounds. III. The effect of surface active agents on InSb and the identification of antimony edge dislocations. J. Electrochem. Soc. **108**, 974–980 (1961).
382. Lavizzari, G.: Nouveaux phénomènes des corps cristallises. Lugano: 1865.
383. Lasorina, E. I., V. V. Soroka, und A. M. Smyslenow: Untersuchung von Defekten in kristallinem Quarz durch eine Ätzmethode. Trud. Leningr. Inst. Aviats. Priborostr. **75**, 11–16 (1972).
384. Levi, L., S. M. de DeMicheli, and L. Lubart: Thermal etching on ice crystals. Phys. Stat. Sol. **4**, 63–70 (1964).
385. Leydolt, F.: Über eine neue Methode, die Struktur und Zusammensetzung der Kristalle zu untersuchen mit besonderer Berücksichtigung der Varietäten des rhomboedrischen Quarzes. Wiener Sitzungsberichte **15**, 59 ff (1855).
386. Liebmann, W. K.: Zusammenhang zwischen Ätzgrübchenform und polarem Charakter von Verbindungshalbleitern. Phys. Verh. **16**, 12 (1965).
387. Lighthill, M. J., F. R. S. Whitham, and G. B. Whitham: On kinematic waves. I. Flood movements in long rivers. II. A theory of traffic flow on long crowded roads. Proc. Roy. Soc. **A 229**, 281–316, 317–345 (1955).
388. Lincio, G.: Auflösungs- und Wachstumskörper des Quarzes. Beitr. Krist. **1**, 87–101 (1914–1918).
389. Livingston, J. D.: Etch pits at dislocations in copper. J. Appl. Phys. **31**, 1071–1076 (1960).
390. Livingston, J. D.: The density and distribution of dislocations in deformed copper crystals. Acta Met. **10**, 229–239 (1962).
391. Lochte-Holtgreven, I.: Dipl-Arbeit Danzig 1944. Aus: [353].
392. Lorenz, J.: Studien über chemische Wirkungen an Kristallen. 5. Über Vizinalbildungen, Ätz- und Lösungserscheinungen an Apatit. Ber. math.-phys. Kl. Sächs. Akad. Wiss. Leipzig **73**, 249–270 (1921).
393. Lovell, L. C.: Dislocation etch pits in apatite. Acta Met. **6**, 775–778 (1958).
394. Lovell, L. C., and J. H. Wernick: Dislocation etch pits in bismuth. J. Appl. Phys. **30**, 234–235 (1959).
395. Lukirsky, P. I.: Experiments with rock-salt crystals. Compt. Rendues (Doklady) de l'Academie des Sci. de l'URSS, **46**, 274–276 (1945).
396. Maas, A.: Zur Methodik der Verdampfungsätzung. Mikroskopie (Wien) **16**, 8–17 (1961).

397. Maas, A., und K. Recker: Elektronenmikroskopische Untersuchungen an reinen und U-haltigen Alkalifluorid-Einkristallen nach Verdampfungsätzung. I. NaF und NaF-$Na_2U_2O_7$. Fortschr. Mineral. **39**, 72–74 (1961).
398. Mahl, H., und I. N. Stranski: Über Ätzfiguren an Al-Kristalloberflächen. I. Z. Phys. Chem. **B 51**, 319–346 (1942).
399. Mahl, H., und I. N. Stranski: Über Ätzfiguren an Al-Kristalloberflächen. II. Z. Phys. Chem. **B 52**, 257–262 (1942).
400. Mariano, A. N., and R. E. Hanneman: Crystallographic polarity of ZnO crystals. J. Appl. Phys. **34**, 384–388 (1963).
401. Maronchuk, I. E., V. V. Khainowskaja, and F. L. Edelman: Etching of gallium arsenide and indium antimonide by iodine vapor. Soviet Phys.-Cryst. **10**, 477 (1966).
402. Marukawa, K.: Dark and light etch pits on (111) surface of copper. Japan J. Appl. Phys. **6**, 944–949 (1967).
403. Mason, B. F., and B. R. Williams: The thermal etching of LiF and its effect on the scattering of atomic beams. Surface Sci. **33**, 326–344 (1972).
404. McBrayer, R. D., H. Palmour III, and P. Kumar Mehta: Chemical etching of defect structures in alumina-rich spinel single crystals. J. Am. Ceram. Soc. **46**, 504–505 (1963).
405. McLachlan, Jr., D.: The use of deep-field microscopy in crystal morphology. J. Cryst. Growth **8**, 363–371 (1971).
406. McVickers, R. C., S. D. Ford, and R. A. Dugdale: Polishing and etching techniques for dense alumina. J. Am. Ceram. Soc. **45**, 199 (1962).
407. Mears, R. B., and U. R. Evans: The „probability" of corrosion. Trans. Faraday Soc. **31**, 527–542 (1935).
408. Menzel, E.: Die Hochtemperatur-Modellierung von Kupfer. Naturwiss. **37**, 166 (1950).
409. Menzel, E.: Mehrfacher mikroskopischer Lichtschnitt. Naturwiss. **38**, 332–333 (1951).
410. Menzel, E.: Farbaufnahmen von Oberflächenerscheinungen auf Kupfereinkristallen. Photogr. und Wiss. **3**, 3–5 (1953).
411. Menzel, E., B. Schichler, and U. Jeschkowski: Thermal faceting of copper and structures of oxygen adsorption. Surface Sci. **7**, 482–485 (1967).
412. Menzel, E., W. Stössel, und Chr. Menzel-Kopp: Die diskontinuierliche Oxydulbedeckung von Kupfer. Z. Naturforsch. **12a**, 404–409 (1957).
413. Metzik, M. S., und R. V. Afanasjewa: Die Bedeutung mechano-elektrischer Erscheinungen für die Bestimmung der Oberflächenenergie von Kristallen. Krist. und Technik **8**, 907–911 (1973).
414. Meyer, K.: Physikalisch-chemische Kristallographie. Leipzig: VEB Deutscher Verlag für Grundstoffindustrie. 1968.
415. Meyer, O.: Ätzversuche an Kalkspat. N. Jb. Mineral. **1**, 74–78 (1883).
416. Meyer, O., and S. L. Penfield: Results obtained by etching a sphere and crystals of quartz with hydrofluoric acid. Trans. Conn. Acad. **8**, 158–165 (1889).
417. Mielke, H.: Studien über chemische Wirkungen an Kristallen. 7. Ätz- und Lösungserscheinungen am Magnetit. Ber. math.-phys. Kl. Sächs. Akad. Wiss. Leipzig **74**, 319–329 (1922).
418. Mikuriya, N., and M. Ohkohchi: Etch pits at dislocation sites in zinc crystals. Japan J. Appl. Phys. **6**, 1141–1142 (1967).
419. Miller, J. W., N. Nagata, and T. Vreeland: Observation of dislocations in zinc by chemical etching. Mater. Sci. Eng. **13**, 121–124 (1974).
420. Mohs, F.: Grundriß der Mineralogie. 2. Band. 47. (1824). Nach [205].
421. Mokijewski, W. A., and I. I. Schafranowski: A graphic method for describing real crystal forms. Soviet Phys.-Cryst. **6**, 761–764 (1962).
422. Monier, J.-C., et R. Kern: Interprétation des formes caractéristiques des cristaux appartenant aux mériédries non centrées. Bull. Soc. Franc. Min. Crist. **79**, 495–514 (1956).

423. Moon, R. L., and L.W. James: Auger spectra of hydrogen chloride vapor-etched n^+-gallium arsenide (100) substrates. J. Electrochem. Soc. **120**, 581–583 (1973).
424. Moran, P. R.: Dislocation etch techniques for some alkali halide crystals. J. Appl. Phys. **29**, 1768–1769 (1958).
425. Moreau, J., et J. Benard: Sur la striation reversible du fer et de ses alliages. Acta Met. **10**, 247–251 (1962).
426. Mullins, W. W.: Theory of thermal grooving. J. Appl. Phys. **28**, 333–339 (1957).
427. Mullins, W. W.: Theory of linear facet growth during thermal etching. Phil. Mag. **6**, 1313–1340 (1961).
428. Mullins, W. W., and J. P. Hirth: The microscopic kinetics of step motion in growth processes. J. Phys. Chem. Solids **24**, 1391–1404 (1963).
429. Murphy, R. J., and G. J. Ritter: Laser-induced thermal etching of metal and semiconductor surfaces. Nature **210**, 191–192 (1966).
430. Mutaftschiev, B., H. Chayes, et R. Gindt: Cinétique de dissolution de NaCl et adsorption des ions cadmium. Conf. Rep. Adsorption et croissance cristalline. p. 419–432. C. N. R. S. Nancy, 6.–12. 6. 1965.
431. Nacken, R.: Ätzversuche an Kugeln aus Quarz und α-Quarz. N. Jb. Mineral. Bd. I. 71–82 (1916).
432. Nakagawa, S.: Etch pits on the cleavage surface of NaCl crystals. J. Sci. Hiroshima Univ., **A 23**, 85–93 (1959).
433. Nakazumi, Y., K. Suzuki, and T. Yazima: Observation of etch patterns in TiO_2 single crystals. J. Phys. Soc. Japan **17**, 1806 (1962).
434. Navias, L.: Sintering experiments on sapphire spheres. J. Am. Ceram. Soc. **39**, 141–145 (1956).
435. Nechaew, A. V., und A. I. Lewin: Anodische Auflösung von hochreinem Aluminium bei hohen Stromdichten. Isw. Wyssch. Utscheb. Sawed., Khim. Khim. Technol. (Russ.) **15**, 464–465 (1972).
436. Neels, H., und R. Müller: Ein Beitrag zum Ätzen von GaAs. Krist. und Technik **3**, K 89–91 (1968).
437. Neels, H., und R. Voigt: Beiträge zum Ätzen von Galliumarsenid. I. Strukturtheoretische Diskussion der erzeugten Ätzmorphologien. Krist. und Technik **6**, 255–279 (1971).
438. Neuhaus, A.: Messungen von geometrischen Verschiebungsgeschwindigkeiten am NaCl und deren Abhängigkeit von Begrenzungsart, Konzentration und Lösungsgenossen. Z. Krist. **68**, 15–81 (1928).
439. Neuhaus, A.: Einfluß organischer Lösungsgenossen auf die Lösungsform von NaCl-Kugeln. Pers. Mitteilung. 1974.
440. Neumann, G.: Zum Gleichstromeffekt am Wolfram. Pers. Mitteilung. 1972.
441. Ney, P.: Zeta-Potentiale und Flotierbarkeit von Mineralen. Applied Mineralogy, Bd. 6. Wien: Springer. 1973.
442. Nielsen, J. W., and F. G. Foster: Unusual etch pits in quartz crystals. Am. Mineral. **45**, 299–310 (1960).
443. Niggli, P.: Grenzphänomene am kristallinen Wachstumskörper. Studium generale (Heidelberg) **5**, 342–374 (1952).
444. Nishikawa, H.: Dislocation etch pit formation on cadmium crystal. Japan J. Appl. Phys. **12**, 1647–1648 (1973).
445. Nishimura, J.: The dislocation etch pits of CdS crystals. J. Phys. Soc. Japan **15**, 232 (1960).
446. Nold, J. L., and K. P. Erickson: Changes in K-feldspar staining methods and adaptions for field use. Am. Mineral. **52**, 1575–1576 (1967).
447. Nomarski, G., and A. R. Weill: Application of the method of interference of two polarized waves to metallography. Rev. Metallurgy **52**, 121–127 (1955).

448. Ondracek, G., und K. Spieler: Gasätzen – ein neues Kontrastierungsverfahren in der Gefügepräparation. I. Oxide, Oxidcermets und andere Verbundwerkstoffe. Prakt. Metallographie **10**, 324–341 (1973).
449. Orem, T. H.: Influence of crystallographic orientation on the corrosion rate of aluminium in acids and alkalies. J. Res. Bur. Stand. **59**, 157–167 (1957).
450. Otake, S., S. Koike, and Y. Motohashi: Dislocation etch pits on various crystal planes with higher order indices of bismuth. Japan J. Appl. Phys. **12**, 636–640 (1973).
451. Padurow, N. N.: Ätzfiguren des Karborundes. N. Jb. Mineral., Mh Abt. A 144–150 (1945–1948).
452. Paladino, A. E., E. A. Maguire, and L. G. Rubin: Oxygen ion diffusion in single-crystal and polycrystalline yttrium iron garnet. J. Am. Ceram. Soc. **47**, 280–282 (1964).
453. Palmour III, H., J. J. DuPlessis, and W. W. Kriegel: Microstructural features and dislocations on thermally etched sapphire surfaces. J. Am. Ceram. Soc. **44**, 400–404 (1961).
454. Parthé, E.: Crystal Chemistry of Tetrahedral Structures. New York: Gordon and Breach Science Publ. 1964.
455. Patel, A. R.: Structure of etch pits on diamond surfaces. Physica **27**, 1097–1100 (1961).
456. Patel, A. R.: Mechanism of etching and development of etch figures on octahedral faces of diamond. Physica **28**, 44–51 (1962).
457. Patel, A. R., O. P. Bahl, and A. S. Vagh: Thermal etching and whisker growth on sodium chloride single crystals. Acta Cryst. **19**, 1025–1026 (1965).
458. Patel, A. R., and C. C. Desai: Etching of calcium fluoride cleavages. Acta Cryst. **18**, 373–374 (1965).
459. Patel, A. R., and C. C. Desai: Etching of neutron-irradiated calcium fluoride crystals. Z. Krist. **126**, 199–209 (1968).
460. Patel, A. R., and K. N. Goswami: A new method for the study of dislocation etch pits. Z. Krist. **117**, 81–91 (1962).
461. Patel, A. R., and K. N. Goswami: Etching of topaz cleavages. Acta Cryst. **17**, 569–573 (1964).
462. Patel, A. R., and S. M. Patel: Electron-optical studies of etch patterns on calcium fluoride. Z. Krist. **126**, 214–221 (1968).
463. Patel, A. R., and K. S. Raju: Optical and interferometric studies on selenite cleavages. Acta Cryst. **23**, 217–219 (1967).
464. Patel, A. R., and S. Ramanathan: Comparative study of the etch patterns on muscovite from different sources. Am. Mineral. **48**, 691–698 (1963).
465. Patel, A. R., and S. Tolansky: The etching of crystal cleavages. I. Mica. Proc. Roy. Soc. **A 243**, 33–40 (1957). II. Diamond octahedral cleavages. Proc. Roy. Soc. **A 243**, 41–47 (1957).
466. Patel, A. R., A. S. Vagh, and O. P. Bahl: Structure of etch pattern at helical dislocations in NaCl single crystals. Z. Krist. **126**, 222–226 (1968).
467. Paufler, P.: Forschungsbericht 4507001/7-26/6, TU Dresden. 1967. Nach [468].
468. Paufler, P., und G. E. R. Schulze: Zum Ätzen von Versetzungen in $MgZn_2$. Krist. und Technik **3**, 113–124 (1968).
469. Pavloska, A., and D. Nenow: Experimental study of the equilibrium form of negative crystals in diphenyl. J. Cryst. Growth **8**, 209–212 (1971).
470. Perewoschtschikow, V. A., und V. V. Malew: Untersuchung der Auflösung von Silizium im System HNO_3-HF-H_2O mit der Methode der rotierenden Scheibe. Zh. Prikl. Khim. (Russ.) **45**, 504–511 (1972).
471. Pietsch, E., und E. Josephy: Zur Topochemie der Korrosion und Passivität. I. Versuch einer Darstellung der theoretischen Grundlagen. Z. Elektrochem. **37**, 823–838 (1931).
472. Plaskett, T. S., and A. H. Parsons: Detection of striae in GaAs by chemical etching. J. Electrochem. Soc. **112**, 954–955 (1965).

473. Politycki, A., und H. Fischer: Zur Deutung der Ätzfiguren beim chemischen Polieren von Aluminium. Z. Elektrochem. **56**, 326–330 (1952).
474. Politycki, A., und H. Fischer: Über den Ätzabbau des Reinstaluminiums. Z. Elektrochem. **57**, 393–399 (1953).
475. Popkowa, E. G., und A. A. Predwoditeljew: Selektive Ätzung an Versetzungen in Metallen (Nickel). Kristallografija (Russ.) **18**, 1033–1038 (1973).
476. Poppe, W.: Über die Auflösung von Natriumchlorid- und Natriumchloratkristallen. N. Jb. Mineral., Beil.-Bd. **37**, 363–428 (1914).
477. Portnoff, A., et H. Frisby: Méthode de polissage électrolytique du dioxyde d'uranium. Compt. Rend. Acad. Sci. Paris **250**, 1486–1488 (1960).
478. Posey, W. N.: Etching uranium for bright-field examination. Met. Progress **76**. 101–102 (1959).
479. Pugh, E. N., and L. E. Samuels: Etching of abraded germanium surfaces with CP-4 reagent. J. Electrochem. Soc. **109**, 409–412 (1962).
480. Pulliam, G. R.: Decorated dislocations in magnesia crystals. J. Am. Ceram. Soc. **46**, 202–206 (1963).
481. Quinn, R. E.: Apparatus for etching of thin layers of material by ion bombardment. US-Patent 3.708.418 vom 2. 1. 1973.
482. Raaz, F., und E. Purtscher: Spaltlampenmikroskopie – eine neue Methode der morphologischen Kristalluntersuchung. N. Jb. Mineral., Mh 127–132 (1955).
483. Rai-Choudhury, P.: Sulfur hexafluoride as an etchant for silicon. J. Electrochem. Soc. **118**, 266–269 (1971).
484. Rau, R. C.: Electron microscopy of sintered beryllia. J. Am. Ceram. Soc. **46**, 484–488 (1963).
485. Read, W. T., and W. Shockley: Dislocation models of crystal grain boundaries. Phys. Rev. **78**, 275–289 (1950).
486. Readey, D. W., and G. C. Kuczynski: Sublimation of aluminium oxide in hydrogen. J. Am. Ceram. Soc. **49**, 26–29 (1966).
487. Recker, K., und R. Leckebusch: Zur Einkristallzüchtung hochschmelzender Fluoride aus der Dampfphase. I. MgF_2. J. Cryst. Growth **5**, 125–131 (1969).
488. Regel, V. R., A. A. Urusovskaja, and V. N. Kolomiichuk: Revealing the emergence of dislocations on the surface of a crystal by the etch method. Soviet Phys.-Cryst. **4**, 895–917 (1960).
489. Remeika, J. P., D. B. James, und D. P. Kretsch: Verfahren zum Ätzen von Einkristallen. BRD-Patent 1.175.138 vom 30. 7. 1964.
490. Rexer, J., und M. Vogel: Erfahrungen beim Ionenätzen mit dem Vakuum-Katodenätzgerät der Firma Numec. Prakt. Metallogr. **5**, 361 (1968).
491. Reynolds, C., and S. J. Czyzak: Dislocations in two types of CdS crystals. J. Appl. Phys. **31**, 94–98 (1960).
492. Reynolds, F. H., and A. B. M. Elliot: Etching corundum with silicon. Phil. Mag. **13**, 1073–1074 (1968).
493. Rhodes, W. H.: Etching and chemical polishing of single-crystal $SrTiO_3$. J. Am. Ceram. Soc. **49**, 110–112 (1966).
494. Rinne, F.: Morphologische und physikalisch-chemische Untersuchungen an synthetischen Spinellen als Beispiel unstöchiometrisch zusammengesetzter Stoffe. N. Jb. Mineral., Beil.-Bd. A **58**, 43–108 (1928).
495. Rinne, F., und L. Kulaczewski: Natürliche und künstliche Lösungskörper von Granat. Tschermaks Min. Petr. Mitteil. **38**, 376–381 (1925).
496. Ritzel, A.: Kristallisations- und Auflösungsgeschwindigkeit. Fortschr. Mineral. **1**, 86–98 (1911).

497. Robbins, H., and B. Schwartz: Chemical etching of silicon. J. Electrochem. Soc. **107**, 108–111 (1960).
498. Robinson, G. W., and R. E. Gardner: Preparation of highly dense Al_2O_3 for microscopic examination. J. Am. Ceram. Soc. **44**, 418 (1961).
499. Rösch, S.: Über Reflexphotographie. Abh. math.-phys. Kl. Sächs. Akad. Wiss. Leipzig **39**, 5–62 (1926).
500. Rösch, S.: Goniometrie auf photographischem Wege. Ber. math.-phys. Kl. Sächs. Akad. Wiss. Leipzig **77**, 89–98 (1926).
501. Rösch, S.: Über Feinstrukturen im Reflexbild. N. Jb. Mineral. Beil.-Bd. **A 64**, 35–46 (1931).
502. Rösch, S.: Kristallographische Forschungsmöglichkeiten mittels der optischen Reflexphotographie, Fortschr. Mineral. **39**, 88–90 (1961).
503. Rošický, V.: Über japanischen Topas. Ber. Böhm. Akad. Wiss. **18**, 23 ff (1909).
504. Rothwell, W. S.: Etch pits in $BaTiO_3$ single crystals. J. Am. Ceram. Soc. **47**, 409–411 (1964).
505. Rowland, P. R.: Reactivity of different faces of a copper single crystal. Nature **164**, 1091 (1949).
506. Rowland, P. R.: A simple goniometer for the study of crystal surfaces. J. Sci. Instr. **28**, 61–62 (1951).
507. Roy, U., and D. Glassco: Characterization of InBi single crystal by etching and indentation. J. Cryst. Growth **16**, 227–234 (1972).
508. Royer, L.: Nouvelles observations sur la décroissance d'un cristal de calcite dans un milieu isotrope actif; remarque sur les figures de corrosion dans la dolomie. Compt. rend. Acad. Sci Paris **202**, 420–431 (1936).
509. Royer, L.: De l'influence de la symétrie du milieu sur la symetrie des figures de corrosion dans le cristaux; nouveaux exemples. Comp. Rend. Akad. Sci. Paris **202**, 1346–1348 (1936).
510. Rozhanskii, V. N., E. V. Parvova, V. M. Stepanova, and A. A. Predvoditelev: Study of the kinetics of selective etching and polishing of NaCl crystals. Soviet Phys. Cryst. **6**, 564–570 (1962).
511. Sakamoto, M., and S. Kobayashi: One to one correspondence between etch pits and dislocations in KCl crystals. J. Phys. Soc. Japan **13**, 800–809 (1958).
512. Salm, H., Fürst zu: Über das Verhalten des Quarzes beim Ätzen und Schleifen. Ann. Phys. Chemie (Pogg. Ann.) **120**, 334 ff (1863).
513. Sannikow, V. A., und L. N. Sysoewa: Ätzen und Polieren von Galliumarsenid in weinsauren Lösungen von Salpetersäure. Trudy Konf. Molodykh Uch-Khim. Goroda Tomska, (Russ.) 145–149 (1970).
514. Schaarwächter, W.: Zum Mechanismus der Versetzungsätzung. I. Die Bildung zweidimensionaler Lochkeime an den Enden von Versetzungslinien. Phys. Stat. Sol. **12**, 375–382 (1965).
515. Schaarwächter, W., und K. Lücke: Der Einfluß der Versetzungsstruktur auf die Auflösung von Kristallen. Z. Phys. Chem. **53**, 367–386 (1967).
516. Schell, H. A.: Ätzversuche an Germanium-Einkristallen. Z. Metallk. **47**, 614–620 (1956).
517. Schell, H. A.: Ätzversuche an Galliumarsenid. Z. Metallk. **48**, 158–161 (1957).
518. Scheuplein, R., and P. Gibbs: Surface structure in corundum. I. Etching of dislocations. J. Am. Ceram. Soc. **43**, 458–472 (1960).
519. Schiebold, E., und G. Siebel: Studien an Magnesium und Magnesiumlegierungen. Z. Phys. **69**, 458–482 (1931).
520. Schloemer, H., und F. Müller: Bildung und Erscheinung von Versetzungsätzungen an orientiert geschnittenen Korundkristallflächen. Ber. Dtsch. Keram. Ges. **45**, 11–18 (1968).
521. Schmaltz, G.: Technische Oberflächenkunde. Berlin: 1936.
522. Schmidt, B.: Ätz- und Lösungserscheinungen an Wolfram. Greifswald: Diss. Phil. Fak. Univ. 1924.

523. Schmidt, R. W.: Über Wachstums- und Abbauformen von Wolframkristallen, insbesondere über den Gleichstromeffekt. Z. Phys. **120**, 69–85 (1943).
524. Schmidt, W., B. Pilgermann, G. Kühn, und P. Fischer: Kristallographische Polarität von $A^{III}B^{V}$-Mischkristallen. Krist. und Technik **8**, 913–921 (1973).
525. Schnorr, W.: Über die Auflösung von Chlornatriumkristallen in harnstoffhaltigen Lösungen. Z. Krist. **54**, 290–331 (1914).
526. Schnorr, W.: Über das Wachstum von Auflösungskörpern und von Kugeln aus Steinsalz. Z. Krist. **68**, 1–14 (1928).
527. Schrader, A.: Ätzheft. Berlin: Bornträger. 1957.
528. Schreckenbach, M.: Zur Ätzstruktur von Silizium-Einkristallen, besonders in versetzungsfreien Bereichen. Kristall und Technik **6**, 757–767 (1971).
529. Schreibers, C. V.: Beitrag zur Geschichte und Kenntnis der meteorischen Steine und Eisenmassen. Wien: 1820. Nach [205].
530. Schulz, G.: Über Interferenzen gleicher Dicke und Längenmessung mit Lichtwellen. Ann. Phys. **14**, 177–187 (1954).
531. Schulz, M., B. Schumann, R. Sarodnik, und H. Schaefer: Zur Charakterisierung von hochdotierten GaAs-Einkristallen. Krist. und Technik **8**, 1421–1438 (1973).
532. Schumann, H.: Ein Goniometer mit Mikroskop-Optik. Leitz Mitt. Wiss. Techn. **3**, 165–167 (1966).
533. Schuyff, A., and J. B. Hulscher: Instrument for making small spherical crystals. Rev. Sci. Instr. **36**, 957–958 (1965).
534. Schwarzmann, M.: Krystallophotogrammetrie. Neues Hilfsverfahren bei der Krystallmessung. N. Jb. Mineral. **2**, 1–38 (1900).
535. Schwartz, B.: Preliminary results on the oxidation of GaAs and GaP during chemical etching. J. Electrochem. Soc. **118**, 657–658 (1971).
536. Schwartz, B., and H. Robbins: Chemical etching of germanium in solutions of HF, HNO_3, H_2O and $HC_2H_3O_2$. J. Electrochem. Soc. **111**, 196–201 (1964).
537. Scott, W. D., and J. A. Pask: Deformation and fracture of polycrystalline lithium fluoride. J. Am. Ceram. Soc. **46**, 284–293 (1963).
538. Sears, G. W.: Dislocation etchings. J. Chem. Phys. **32**, 1317–1322 (1960).
539. Seebach, M.: Ätz- und Lösungsfiguren von Korund. N. Jb. Mineral. Beil.-Bd. **A 54**, 420–443 (1926).
540. Seifert, H., R. Buhl, und K.-F. Seifert: Feinstrukturelle Überlegungen zu Adsorptionsvorgängen an Quarzgrenzflächen. Kolloid-Z. **141**, 146–159 (1955).
541. Seifert, K.-F.: Orientierte Aufwachsungen von α-Glycin auf Quarz. Z. Krist. **114**, 287–309 (1960).
542. Seitz, F.: Prismatic dislocations and prismatic punching in crystals. Phys. Rev. **79**, 723–724 (1950).
543. Semmler, E.: Übermikroskopische Beobachtungen an tiefgeätztem Aluminium und Hydronalium. Aluminium 2–6 (1942).
544. Sergejew, W. N.: Über die Strukturätzung einiger oxidischer und silikatischer Minerale mit Flußsäure. Sap. Wsesoj. Mineral. Obschest. (Russ.) **92**, 66–73 (1963).
545. Shamba, N. A.: Negative crystals of silicon. Soviet Phys. Cryst. **4**, 744–745 (1959).
546. Shamba, N. A.: The solution forms of silicon crystals. Soviet Phys.-Cryst. **6**, 222 (1961).
547. Shaskolskaya, M. P., Wang Yang-Wen and Ku Shu-Chao: Arrangement of dislocation around indentations on the faces of rock-salt type crystals. Soviet Phys.-Cryst. **6**, 216–218 (1961).
548. Shigeta, I., and M. Hiramatsu: Etch pits of Sb single crystals. J. Phys. Soc. Japan **13**, 1404 (1958).
549. Siesmayer, B.: Über die Kinetik und Morphologie der Auflösung von Quarz in Natriumkarbonatschmelzen. Berlin: Dipl.-Arbeit FU Berlin. 1969.

550. Siesmayer, B.: Zur Kinetik und Morphologie der Auflösung von Korund. Berlin: Diss. FU Berlin. 1973.
551. Siesmayer, B., R. Heimann, R. Lacmann, and W. Franke: The dissolution forms of single crystal spheres. V. Dissolution of α-Al_2O_3. J. Cryst. Growth. **28**, 157–161 (1975).
552. Sirotenko, I. G., and G. V. Spivak: Detection of edge dislocations in germanium by ionic bombardment. Soviet Phys.-Cryst. **6**, 213–215 (1961).
553. Sirtl, E., und A. Adler: Chromsäure-Flußsäure als spezifisches System zur Ätzgrubenentwicklung auf Silizium. Z. Metallk. **52**, 529–531 (1961).
554. Slack, G. A.: Thermal conductivity of potassium chloride crystals containing calcium. Phys. Rev. **105**, 832–842 (1957).
555. Smakula, A., and M. W. Klein: Investigation of crystal growth by thermal etching and oriented overgrowth. J. Chem. Phys. **21**, 100–104 (1953).
556. Šmid, J., A. Neuhaus, und K. Recker: Wachstums- und Lösungsversuche an NaCl-Kugeln und -hohlhalbkugeln. Koll. Komm. für Festkörperforsch. S. 91–92. DFG. München, 14.–16. 10. 1970.
557. Soden, R. R., and F. R. Monforte: Etching reagent for oxides. J. Am. Ceram. Soc. **48**, 548 (1965).
558. Solger, F.: Über die Benutzung der Lichtfiguren geätzter Kristallflächen zur krystallographischen Bestimmung der Ätzfiguren. N. Jb. Mineral., Beil.-Bd. **13**, 469–506 (1901).
559. Spangenberg, K.: Beiträge zur Erkenntnis des Kristallwachstums. N. Jb. Miner., Beil.-Bd. **A 57**, 1197–1302 (1928).
560. Spink, G. M., and M. B. Ives: Morphology of crystallographic etch pits in iron. J. Appl. Phys. **42**, 511–516 (1971).
561. Springer, E.: Die Korrelation von Versetzungsdichte und Ätzgrübchendichte bei Germanium. Z. Metallk. **62**, 298–302 (1971).
562. Stepanowa, V. M.: Cinemicrography of etching and the behavior of dislocations in NaCl crystals. Soviet Phys.-Cryst. **8**, 543–545 (1963).
563. Sterk, E., und K. Hochmann: Ein neues Verfahren zur Kennzeichnung der verschiedenen Phasen polykristalliner Ferrite. Ber. Dtsch. Keram. Ges. **42**, 291–298 (1965).
564. Stiefbold, D. R., J. R. Boston, and R. A. Huggins: A new dislocation etchant for magnesium oxide. J. Am. Ceram. Soc. **46**, 507 (1963).
565. Stiehr, W.: Formätzung. Galvanotechnik **63**, 246–337 (1972).
566. Stokes, R. J.: Thermal-mechanical history and the strength of magnesium oxide single crystals. II. Etch pit and electron transmission studies. J. Am. Ceram. Soc. **49**, 39–46 (1966).
567. Stokes, R. J., T. L. Johnston, and C. H. Li: Effect of surface conditions on the initiation of plastic flow in MgO. Trans. AIME **215**, 437–444 (1959).
568. Stranski, I. N.: Zur Theorie des Kristallwachstums. Z. Phys. Chem. **136**, 259–278 (1928).
569. Stranski, I. N.: Zur Deutung der Ätzfiguren an Aluminium-Kristallflächen. Ber. Dtsch. Chem. Ges. **A 75**, 105–113 (1942).
570. Stranski, I. N., und R. Kaischew: Gleichgewichtsformen homöopolarer Kristalle. Z. Krist. **A 78**, 373–385 (1931).
571. Straumanis, M.: Das elektrochemische Verhalten und die Auflösungsgeschwindigkeit von Zinkeinkristallen in Schwefelsäure. Z. Phys. Chem. **147**, 161–187 (1930).
572. Straumanis, M.: Zur Theorie der Metallauflösung. VII. Auflösungsgeschwindigkeit und Abbau des Aluminiumgitters nach I. N. Stranski. Korrosion und Metallschutz **19**, 157–160 (1943).
573. Streb, G., and B. Reppich: Steady-state deformation and dislocation structure of pure and magnesium-doped lithium fluoride single crystals. II. Etch pit studies of dislocation structure. Phys. Stat. Sol. **A 16**, 493–505 (1973).

574. Suzuki, H.: Some observations on dislocations in Cu crystals. J. Phys. Soc. Japan **10**, 981–995 (1955).
575. Suzuki, T.: Rotation of etch pits on the (100) surface of silver. J. Cryst. Growth **20**, 152–154 (1973).
576. Swann, R. C. G., P. G. Eldridge, and J. I. Penton: Manufacture of semiconductor components using the dry etching technique. US-Patent 126.218 vom 19. 3. 1971.
577. Szudlapski, A. H.: Etching of silicon and germanium. US-Patent 3.272.748 vom 13. 9. 1966.
578. Tammann, G., und A. A. Botschwar: Über die Lichtfiguren des Kupfers und des Eisens. Z. Anorg. Allg. Chem. **175**, 121–130 (1928).
579. Tammann, G., und W. Krings: Über die Lage der Ätzfiguren und die Verteilung der Atome im Raumgitter. Z. Anorg. Allg. Chem. **146**, 420–432 (1925).
580. Tammann, G., und F. Sartorius: Ätzerscheinungen am Kupfereinkristall. Z. Anorg. Allg. Chem. **175**, 97–120 (1928).
581. Taoka, T., E. Furubayashi, and S. Takeuchi: „Gonio-microscope" and its metallurgical applications. Japan J. Appl. Phys. **4**, 120–128 (1965).
582. Taran, Yu. N., and V. I. Nowik: Etch figures on cementite crystals. Soviet Phys.-Cryst. **10**, 748–752 (1966).
583. Tarui, Y., Y. Komiya, and Y. Harada: Preferential etching and etched profile of GaAs. J. Electrochem. Soc. **118**, 118–122 (1971).
584. Tegart, W. J. McG.: The Electrolytic and Chemical Polishing of Metals in Research and Industry. 2nd Ed. London: Pergamon Press. 1959.
585. Theuerer, H. C.:Etching process for germanium. US-Patent 2.542.727 von 1951.
586. Thomas, J. M., E. E. Glenda Hughes, and B. R. Williams: Variations in orientation of etch pits on graphite surfaces. Phil. Mag. **8**, 1513–1518 (1963).
587. Thompson, N.: Dislocation nodes in face-centred cubic lattices. Proc. Phys. Soc. **B 66**, 481–492 (1953).
588. Tietze, H.-J., und E. Butter: Zum Wachstum von A^{III}-B^{V}-Verbindungen aus nichtstöchiometrischen Schmelzen. III. Untersuchungen zur Flächenmorphologie homoepitaktischer GaAs-Schichten. Krist. und Technik **8**, 1303–1311 (1973).
589. Tolansky, S.: Multiple-beam Interferometry of Surfaces and Films. Oxford: Clarendon Press. 1948.
590. Tolansky, S.: A light-profile microscope for surface studies. Z. Elektrochem. **56**, 263–267 (1952).
591. Treffner, W. S.: Microstructure of periclase. J. Am. Ceram. Soc. **47**, 401–409 (1964).
592. Treivus, E. B.: Solution forms of crystals. Soviet Phys.-Cryst. **8**, 751–753 (1963).
593. Trojer, F.: Zur Mikroskopie des Portland-Klinkers und seiner Rohstoffe. Handbuch der Mikroskopie in der Technik. Band IV, Teil 3. Frankfurt/Main: Umschau-Verlag. 1965.
594. Tschermak, G.: Über die Isomorphie der rhomboedrischen Carbonate und des Natriumsalpeters. Min. Mitt. **4**, 102 (1882).
595. Tsinzerling, E. V., and Z. A. Mironowa: Revealing dislocations in quartz by the selective etch method. Soviet Phys.-Cryst. **8**, 89–91 (1963).
596. Tsinzerling, E. V., and Z. A. Mironowa: Revelation of dislocations in quartz by etching in an autoclave. Soviet Phys.-Cryst. **9**, 478–479 (1965).
597. Tsinzerling, E. V., and O. B. Volskaya: Determination of the sign of rotation of the plane of polarization in quartz from etch figures on the base. Soviet Phys.-Cryst. **10**, 93–94 (1965).
598. Tuck, B.,and A. J. Baker: Chemical etching of (111) and (100) surfaces of indium phosphide. J. Mater. Sci. **8**, 1559–1566 (1973).
599. Tucker, G. E. G., and P. C. Murphy: A method of determining orientations in aluminium single crystals and polycrystalline aggregates. J. Inst. Metals **8**, 235–244 (1952).

600. Turchanyi, Gy.: The effect of impurities on the formation of surface feature of NaCl crystals. Soviet Phys.-Cryst. **8**, 224–227 (1963).
601. Tyndall, J.: The Glaciers of the Alps. London: 1860.
602. Urusovskaya, A. A.: Selective etching of caesium iodide crystals. Soviet Phys.-Cryst. **8**, 53–56 (1963).
603. Valeton, J. J.: Wachstum und Auflösung der Kristalle. I. Z. Krist. **59**, 135–169 (1924), II. Z. Krist. **59**, 335–365 (1924).
604. Valeton, J. J.: Bemerkungen zur Arbeit von K. F. Herzfeld und A. Hettich: Die Symmetrie von Sylvin und die Natur der Ätzfiguren. Z. Phys. **39**, 69–74 (1926).
605. Vandervoort, R. R., and W. L. Barmore: Dislocation etch pits in single-crystal and polycrystalline beryllium oxide. J. Appl. Phys. **37**, 4483–4486 (1966).
606. Vasilos, T., J. B. Mitchell, and R. M. Spriggs: Mechanical properties of pure, dense magnesium oxide as a function of temperature and grain size. J. Am. Ceram. Soc. **47**, 606–610 (1964).
607. Vassamillet, L., and J. P. Hirth: Correlation of thermal etch pits with dislocations in silver. J. Appl. Phys. **29**, 595 (1958).
608. Venables, J. D.: Electron microscope observation of precipitates on grown-in dislocations in MgO. Phys. Rev. **122**, 1388–1389 (1961).
609. Verhaege, M., and R. De Wilde: New method for electrolytic polishing and etching of lead and lead alloys. Prakt. Metallogr. **10**, 220–226 (1973).
610. Vermilyea, D.: On the formation of etch pits at dislocations. Acta Met. **6**, 381–382 (1958).
611. Vermilyea, D.: The dissolution of MgO and $Mg(OH)_2$ in aqueous solutions. J. Electrochem. Soc. **116**, 1179–1183 (1969).
612. Vertoprakhov, V. N.: The anisotropic solution of germanium and silicon monocrystals. Soviet Phys.-Cryst. **6**, 600–605 (1962).
613. Vetter, K. J., und H.-H. Strehblow: Lochfraßpotentiale und Lochfraßinhibitionspotentiale an reinem Eisen. Ber. Bunsen-Ges. Phys. Chem. **74**, 449–455 (1970).
614. Vetter, K. J., und H.-H. Strehblow: Entstehung und Gestalt von Korrosionslöchern bei Lochfraß an Eisen und theoretische Folgerungen zur Lochfraßkorrosion. Ber. Bunsen-Ges. Phys. Chem. **74**, 1024–1035 (1970).
615. Vilella, J. R., and W. F. Kindle: Sodium bisulfite as an etchant for steel. Metal Progr. **76**, 99–100 (1959).
616. Vlach, B.: Breakdown of high spiral growth steps on silicon carbide crystals. Soviet Phys.-Cryst. **6**, 519–520 (1962).
617. Vogel, F. L., W. G. Pfann, H. E. Corey, and E. E. Thomas: Observation of dislocations in lineage boundaries in germanium. Phys. Rev. **90**, 489–490 (1953).
618. Vorobeva, I. V., and Ya. E. Geguzin: Change during annealing in etch figure patterns of tracks conditioned by fragments of fissible nuclei in phlogopite crystals. Ukr. Fiz. Zhurn. (Russ.) **17**, 1369–1371 (1972).
619. Vozmilowa, L. N., V. T. Maslennikowa, und N. M. Stupina: Ermittlung von Versetzungen auf der (111)-Arsenfläche von Galliumarsenid). Isw. Akad. Nauk SSSR., Neorg. Mat. (Russ.) **9**, 1633–1634 (1973).
620. Vyatkin, A. P., K. N. Fedorow, und U. M. Kulisch: Benetzung und Auflösung von Galliumantimonid durch geschmolzenes Zinn und eine Zinn-Tellur-Legierung. Smachiw. Powerch. Swoist. Rasplaw. Twerd. (Russ.) 56–58 (1972).
621. Wagner, F.: Contribution a l'étude des figures d'attaque sur les faces (01.2) de l'hématite par microscopie interférentielle et stéréoscopie au microscope électronique a balayage. Metz: These Univ. Metz. 1973.
622. Wagner, G. A.: Die Anwendung anätzbarer Partikelspuren zur geochemischen Analyse. Fortschr. Mineral. **51**, 68–93 (1973).

623. Wagner, P. R.: Method for rapid removal of metallic Ga from GaP crystals. Electrochem. Technol. **5**, 64 (1967).
624. Waku, S.: Etch pits corresponding to dislocations in barium titanate single crystals. J. Phys. Soc. Japan **17**, 1068–1069 (1962).
625. Walter, J. L., and C. G. Dunn: An effect of impurity atoms on the energy relationships of (100) and (110) surfaces in high purity silicon iron. Acta Met. **8**, 497–503 (1960).
626. Warekois, E. P., M. C. Lavine, A. N. Mariano, and H. C. Gatos: Crystallographic polarity in the II-VI compounds. J. Appl. Phys. **33**, 690–696 (1962).
627. Warekois, E. P., and P. H. Metzger: X-ray method for the differentiation of {111} surfaces in $A^{III}B^{V}$ semiconducting compounds. J. Appl. Phys. **30**, 960–962 (1959).
628. Waugh, J. S., A. E. Paladino, B. di Benedetto, and R. Wantman: Effect of dislocations on oxidation and reduction of single-crystal $SrTiO_3$. J. Am. Ceram. Soc. **46**, 60 (1963).
629. Weertman, J., et J. R. Weertman: Theorie Elementaire des Dislocations. Paris: Masson & Cie. 1970.
630. Wehner, G. K.: Sputtering yields for normally incident Hg^+-ion bombardment at low ion energy. Phys. Rev. **108**, 35–45 (1957).
631. Wehner, G. K.: Etching of germanium crystals by ion bombardment. J. Appl. Phys. **29**, 217–221 (1958).
632. Weill, A. R.: Diskussionsbemerkung zu Buckley, H. E.: Some remarks on facts and theories of crystal growth, in: Structure and Properties of Solid Surfaces, ed. by R. Gomer and C. S. Smith. Chicago: Univ. Chicago Press. 1953.
633. Wernick, J. H., J. N. Hobstetter, L. C. Lovell, and D. Dorsi: Dislocation etch pits in antimony. J. Appl. Phys. **29**, 1013–1018 (1958).
634. Williams, C. E., A. E. Calabra, and D. L. Marts: Metallographic preparation of sintered CeO_2. J. Am. Ceram. Soc. **47**, 538 (1964).
635. Winter, A. T.: Etching studies of dislocation microstructures in crystals of copper fatigued at low constant plastic strain amplitude. Phil. Mag. **28**, 57–64 (1973).
636. Wirtz, K.: Zwischenmolekulare Kräfte mit besonderer Berücksichtigung der Möglichkeit von H-Brücken und Energieleitung in Proteinen. Mosbach: Biophys. Arbeitstagung „Zwischenmolekulare Kräfte". 1948.
637. Woensdregt, C. F.: Computation of surface energies in an electrostatic model applied to quartz and feldspar. 3rd Intern. Conf. Cryst. Growth, Marseille. 1971.
638. Woensdregt, C. F., und R. O. Felius: Zur Gleichgewichtsform von Rutil. Pers. Mitteilung. 1971.
639. Woizsechowski, W. N., and G. I. Dolivo-Dobrovalskaja: About the morphology of the forms of crystals with plane faces and rounded crystal forms. Acta Cryst. **21**, A 264–265 (1966).
640. Woizsechowski, W. N., und W. A. Mokijewski: Einige Fragen der Wechselwirkung zwischen Wachstum und Auflösung von Kristallen. Sap. Wsjesoj. Mineral. Obschestw. (Russ.) **94**, 71–82 (1965).
641. Wolf, K. L., und P.-J. Sell: Die grenzflächenenergetischen Grundgrößen (Unter besonderer Berücksichtigung ihrer Anisotropie). Nova Acta Leopoldina, Suppl. 1. S. 23–49. Leipzig: Johann Ambrosius Barth. 1968.
642. Wolff, G. A., and J. D. Broder: Microcleavage, bonding and surface structure in materials with tetrahedral coordination. Acta Cryst. **12**, 313–323 (1959).
643. Wolff, G. A., and J. D. Broder: The role of ionicity, bonding and adsorption in crystal morphology. S. 171–194. Conf. Rep. Adsorption et croissance cristalline, C. N. R. S., Nancy 6.–12. 6. 1965.
644. Wolff, G. A., J. J. Frawley, and J. R. Hietanen: On the etching of II-VI and III-V-compounds. J. Electrochem. Soc. **111**, 22–27 (1964).
645. Wolff, G. A., and J. G. Gualtieri: PBC vector, critical bond energy ratio and crystal equilibrium form. Am. Mineral. **47**, 562–584 (1962).

646. Wolff, G. A., J. M. Wilbur, and J. C. Clark: Etching and orientation measurements of diamond type crystals by means of light figures. Z. Elektrochem. **61**, 101–106 (1957).
647. Woodring, G. D.: Method of etching aluminium. US-Patent 3.281.293 vom 25. 10. 1966.
648. Woskresenskaja, I. E., und G. K. Jeremenko: Künstliche Auflösungsskulpturen von Topas unter hydrothermalen Bedingungen. Mineral. Sbornik (Lwow) (Russ.) **26**, 95–99 (1972).
649. Wulff, G.: Zur Frage der Geschwindigkeit des Wachstums und der Auflösung der Kristallflächen. Z. Krist. **34**, 449–530 (1901).
650. Wyon, G., J. M. Marchin, and P. Lacombe: Influence of the composition of etching reagents on the demonstration of dislocations in aluminium. Mém. Sci. Rev. Mét. **56**, 549–566 (1959).
651. Yamamoto, M.: Solution anisotropy and shape of solution body in crystals. Sci. Rep. Res. Inst. Tohuku Univ. (RITU), **A 10**, 183–200 (1958).
652. Yamamoto, M.: The relationship between the dissolution shape and solution anisotropy in cubic crystals. Sci. Rep. RITU, **A 13**, 151–159 (1961).
653. Yamamoto, M.: On the growth and dissolution shapes of spherical shell crystals and the shapes of etch pits on crystals. Sci. Rep. RITU, **A 13**, 168–173 (1961).
654. Yamamoto, M., and J. Watanabé: On the solution-body phenomenon and anisotropy of solution rate in bismuth crystals. Sci. Rep. RITU **A 6**, 233–243 (1954).
655. Yamamoto, M., and J. Watanabé: On the solution-body phenomenon and anisotropy of solution rate in zinc crystals. Sci. Rep. RITU **A 7**, 262–268 (1955).
656. Yamamoto, M., and J. Watanabé: The light-figure phenomenon revealed and crystal planes developed by etching in tetragonal tin crystals and the determination of their crystal orientations by the light-figure method. I. Sci. Rep. RITU **A 7**, 145–160 (1955).
657. Yamamoto, M., and J. Watanabé: On the solution-body phenomenon and anisotropy of solution rate in tetragonal tin crystal. Sci. Rep. RITU **A 8**, 271–279 (1956).
658. Yamamoto, M., and J. Watanabé: Light-figure phenomena revealed and crystal faces developed by chemical etching in copper and α-brass crystals. Sci. Rep. RITU **A 10**, 240–250 (1958).
659. Yamamoto, M., J. Watanabé, and K. Hoshi: Light-figures and surface structures of chemically etched single crystals of germanium. Oyo Butsuri **28**, 352–361 (1959).
660. Yamamoto, M., J. Watanabé, K. Matsumoto, and T. Kawada: Light-figure phenomena revealed and crystal faces developed by chemical etching in silicon crystals. Sci. Rep. RITU **A 12**, 226–234 (1960).
661. Yamamoto, M., J. Watanabé, and H. Suenaga: Some observations on etch pits and light figures revealed by chemically etched lithium fluoride crystals. Sci. Rep. RITU **A 17**, 243–258 (1965).
662. Young, D. A.: Etching of radiation damage in lithium fluoride. Nature **182**, 375 (1958).
663. Young, Jr., F. W.: Etch pit studies of dislocations in copper deformed by bending. I. Annealed crystals. II. Irradiated crystals. J. Appl. Phys. **33**, 3553–3564 (1962).
664. Young, Jr., F. W., and A. T. Gwathmey: Development of facets, spirals, and etch pits on copper crystals by heating to high temperature in high vacua. J. Appl. Phys. **31**, 225–230 (1960).
665. Zare, R., W. R. Cook, and L. R. Shiozawa: X-ray correlation of the A-B layer order of cadmium selenide with the sign of the polar axis. Nature **189**, 217–219 (1961).
666. Zeiss-Druckschrift 40-160 d. Phasenkontrast und Interferenzkontrast.
667. Holt, R. T., and M. Perry: The role of solute atoms in geometric etch-pitting of aluminium. J. Inst. Met. **101**, 151–152 (1973).
668. Gorski, W.: Die Entstehung von Ätzkanälen in Steinsalz bei der Behandlung mit konzentrierter NaCl-Lösung. Naturwiss. **51**, 3/8–9 (1964).
669. Vaughan, W. H., and J. W. Davisson: Dislocation motion associated with indentations. Acta Met. **6**, 554–556 (1958).

670. Prager, M.: Der Langmuirsche Kreisprozess als Transportmechanismus für das Wachstum von Wolfram-Einkristallen in Formiergas (80% N_2, 20% H_2). J. Cryst. Growth **22**, 6–12 (1974).
671. Hampton, E. M., B. S. Shah, and J. N. Sherwood: The growth and perfection of orthorhombic (α) sulphur single crystals. J. Cryst. Growth **22**, 22–28 (1974).
672. Bagdasarov, H. S., G. V. Berezhkova, V. G. Govorkov, and A. E. Smirnov: Experimental investigation of the thermochemical dissolution of leucosapphire single crystals. J. Cryst. Growth **22**, 61–64 (1974).
673. Neumann, G. M., W. Hirschwald, und I. N. Stranski: Der Mechanismus des Gleichstromeffektes. Z. Metallk. **57**, 836–842 (1966).
674. Kleber, W.: Einführung in die Kristallographie, 13. Aufl. Berlin: VEB Verlag Technik. In Vorbereitung.
675. Doliwo-Dobrowolskaja, G. I., M. D. Ljubalin, und W. A. Mokijewski: Symmetrie und Form von Ätzfiguren auf Germaniumkristallen. Izw. Akad. Nauk, Ser. Fiz. (Russ.) **36**(3), 567–569 (1972).
676. Hirokawa, T., K. Honda, and T. Shibuya: Formation of etch hillocks in white tin. J. Cryst. Growth **24/25**, 484–487 (1974).
677. Ives, M. B.: Etch pitting-theory and observation. Localized Corrosion, NACE-3, Houston: National Association of Corrosion Engineers. 78–103. 1974.
678. Siesmayer, B.: Pers. Mitteilung. 1975.
679. Baltzinger, Chr.: Contribution à l'étude du mécanisme de l'attaque des cristaux en relation avec leur structure: cas particulier de l'hématite. Metz: Thèse Univ. Metz. 1974.
680. Ohishi, M., und K. Ohmori: Ätzgruben und Lichtfiguren von ZnSe-Einkristallen. Oyo Butsuri (Jap.) **43** (11), 1108–1110 (1974).
681. Wagner, F., Chr. Baltzinger et R. Baro: Stéréoscopie au microscope électronique à balayage: application à l'étude des figures de corrosion de l'hématite α-Fe_2O_3. J. Microscopie **19** (3), 201–206 (1974).

Namenverzeichnis

Sachverzeichnis

Substanzverzeichnis

GPSR Compliance

The European Union's (EU) General Product Safety Regulation (GPSR) is a set of rules that requires consumer products to be safe and our obligations to ensure this.

If you have any concerns about our products, you can contact us on ProductSafety@springernature.com

In case Publisher is established outside the EU, the EU authorized representative is:

Springer Nature Customer Service Center GmbH
Europaplatz 3
69115 Heidelberg, Germany

Batch number: 10584556

Printed by Printforce, the Netherlands